科学出版社“十三五”普通高等教育本科规划教材
水产科学系列丛书

水产学概论

常亚青　丁　君　王　荦　主编

科学出版社
北　京

内 容 简 介

本书系统地介绍了水产业现状、水产基础理论及水产技术与工程，共分九章，主要包括绪论、水产动物遗传育种、水产养殖、水产动物营养与饲料、水产动物病害、渔业资源与捕捞、渔业装备与工程技术、休闲渔业和渔业管理。

本书可作为高等院校水产相关专业的教科书，也可作为水产相关从业者的参考资料和关心水产读者的科普读物。

图书在版编目（CIP）数据

水产学概论 / 常亚青，丁君，王荦主编. —北京：科学出版社，2019.6
科学出版社“十三五”普通高等教育本科规划教材　水产科学系列丛书
ISBN 978-7-03-061269-4

Ⅰ. ①水…　Ⅱ. ①常…　②丁…　③王…　Ⅲ. ①渔业－高等学校－教材
Ⅳ. ①S9

中国版本图书馆CIP数据核字（2019）第094677号

责任编辑：王玉时 / 责任校对：严　娜
责任印制：吴兆东 / 封面设计：迷底书装

科学出版社出版
北京东黄城根北街16号
邮政编码：100717
http://www.sciencep.com
北京厚诚则铭印刷科技有限公司印刷
科学出版社发行　各地新华书店经销
*
2019年6月第 一 版　开本：787×1092　1/16
2024年7月第五次印刷　印张：16
字数：379 000

定价：59.00 元

（如有印装质量问题，我社负责调换）

《水产学概论》编写人员名单

主　编　常亚青　丁　君　王　荦

编　者（按姓氏汉语拼音排序）

常亚青（大连海洋大学）

丁　君（大连海洋大学）

郝振林（大连海洋大学）

刘明泰（大连海大蓝鲸水产科技有限公司）

骆小年（大连海洋大学）

王　荦（大连海洋大学）

左然涛（大连海洋大学）

前言

教育、科技、人才是全面建设社会主义现代化国家的基础性、战略性支撑。必须坚持科技是第一生产力、人才是第一资源、创新是第一动力，深入实施科教兴国战略、人才强国战略、创新驱动发展战略，开辟发展新领域新赛道，不断塑造发展新动能新优势。

我国是一个渔业生产及贸易大国，2017 年渔业水产品总产量达 6445.33 万吨，产值达 12 313.85 亿元，连续多年在世界领先，当前正处于加快现代渔业建设和转变发展方式的重要时期。为保持渔业经济平稳健康发展，水产品持续充足供给和质量安全稳步提高，产业结构进一步优化升级，实现现代渔业发展新格局，社会对水产技术与管理的复合型人才的需求将不断增加。

本书系统地介绍了水产基础理论及水产技术与工程，是在编者们长期从事相关教学的基础上，参考近些年国内外出版的相关学术专著和研究论文，根据现阶段我国水产学科发展、适应水产人才培养、扩大学生知识面和适应面的需求而编写的。本书集知识性、系统性和前瞻性于一体，不但可以作为高等院校水产相关专业的教科书，还可以作为渔业工作者的参考资料及关心水产读者的科普读物。

本书共九章，包括绪论、水产动物遗传育种、水产养殖、水产动物营养与饲料、水产动物病害、渔业资源与捕捞、渔业装备与工程技术、休闲渔业和渔业管理等方面内容。本书使读者能够了解和掌握水产的基本概念及主要内容，了解水产业在我国国民经济发展中的重要作用，水产业在国内外的研究现状及发展趋势，为从事水产学研究、水产相关技术开发与应用、渔业管理等工作提供知识储备。

本书在编写出版过程中，参阅并引用了国内外相关资料和文献，在此向有关作者致以崇高的敬意和深深的感谢。同时，感谢大连海洋大学的领导和同事对本书编写工作提供的帮助和支持。第一章由常亚青编写，第二章由常亚青和丁君共同编写，第三章由丁君编写，第四章由左然涛和王荦共同编写，第五章由王荦和丁君共同编写，第六章由郝振林和王荦共同编写，第七章由王荦和刘明泰共同编写，第八章由骆小年和王荦共同编写，第九章由丁君和王荦共同编写。此外，本书获得大连海洋大学蓝色教材建设项目和辽宁省一流学科（水产）的资助，在此一并致以深深的谢意。

由于作者水平有限，书中难免存有不妥之处，恳请有关专家和广大读者提出宝贵意见，使之日臻完善。

编　者

2018 年 11 月

目　　录

第一章　绪　论

第一节　水产内涵及特点

一、水产概念

水产是海洋、江河、湖泊里出产的生物的统称，一般是指具有经济价值的动植物，如各种鱼、虾、蟹、贝类、海带、海参等。“水产”一词最早出现在张华《博物志》卷一：“东南之人食水产，西北之人食陆畜”。王僧孺的《忏悔礼佛文》记载：“天覆地养，水产陆生，咸降慈悲，悉蒙平等”。曾巩的《广德湖记》记载：“既成，而田不病旱，舟不病涸，鱼雁、茭苇、果蔬、水产之良，皆复其旧”。

水产业又称为渔业，是指利用各种可利用的水域或开发潜在水域（包括低洼地、废坑、古河道、坑塘、沼泽地、滩涂等），以采集、栽培、捕捞、增殖、养殖具有经济价值的鱼类或其他水生动植物产品的行业。广义的水产业还包括渔具、渔船、渔业机械、渔用仪器及其他生产资料的制造、维修、供应等产前行业，水产品的贮藏、加工、综合利用、运输和销售等产后行业及渔港的建设等辅助行业。水产业是国民经济的一个重要组成部分，是改善人民生活和社会发展的基础产业。

二、水产业性质及分类

水产业属于农业范畴；而捕捞则是对天然动物性资源（鱼类）的开发，属采掘工业范畴；水产品加工业，一般来说属于食品工业范畴。因此，一般认为水产业具有工业和农业的双重性质。

水产业按其生产性质、功能和方式，分为水产捕捞业（包括海洋和内陆捕捞业）、水产养殖业（包括海水、浅海滩涂和内陆养殖业）和水产品加工业等。按其作业水域空间和地理环境条件特点，分为海洋水产业和内陆水产业，前者按距陆远近又分为沿岸、近海、外海、远洋等水产业；后者按水域类型分为湖泊、江河、水库、池塘等水产业。水产业按水域可分为海洋渔业和淡水渔业。按水产品的获取方式分为捕捞渔业和养殖渔业。按水界可分为内陆水域渔业、沿岸渔业、近海渔业、外海渔业和远洋渔业等。

三、水产业特点

不同于一般的工业和农业，它具有自身固有的特点。

1. 不稳定性　渔业生产活动受各种自然条件的制约和支配，对自然的依赖程度比工业大，如海洋捕捞，一方面受情况多变的海洋气象的影响，另一方面因捕捞对象不断移动，产量往往不稳定。

2. 生物性　渔业的劳动对象是具有再生能力的水生动物。渔业资源一方面是有限的，另一方面又是可以人工增殖的，因此必须严格保护、合理利用、积极增殖，只有这样才能使渔业资源长盛不衰，为人们永续利用。

3. 立体性　渔业生产以水域为依托，而湖泊、水库、海洋等水域是个立体空间，它们每个位置都可能成为水生动植物生存、繁殖的场所，因此捕捞生产要利用多种渔具，实行多种渔法，养殖生产要适当混养和密养，充分利用多种水层的资源，提高水域的利用率。

4. 综合性　渔业是一项综合性的生产，特别是海洋渔业，其对科学和技术装备的要求很高，需要多方面密切合作，才能取得较好的效果。因此，渔业生产的物化劳动所占比例往往比较大，投资多，成本高。

5. 季节性　由于鱼类在不同季节和不同阶段，常常集群沿着一定的洄游路线到一定海区或江河进行产卵、索饵和越冬，形成旺淡不同的渔汛。养殖鱼类的繁殖、生长也有明显的季节性，为冬放夏捕或开春放秋捕。因此，要根据鱼类的生活习性，及时合理地组织捕捞和养殖生产，不误“渔时”。

6. 商品性　渔业生产是商品生产，商品率高。水产品大部分作为食品出售，要求鲜活，但是水产品却是容易腐败变质的产品。因此，要使水产品的价值得以实现，就必须讲求使用价值，也就是要做好水产品的保鲜加工、运输、贮藏工作，保证产品质量，否则只能造成浪费。

7. 共有性　渔业资源是一种公共资源。公海上的渔场不属于某个私人、某个团体或某个国家所有，任何人都可以开发利用。

第二节　水产业的作用和地位

一、渔业在社会经济中的作用

（一）提供动物蛋白质食品

如何开发新的食物资源，拓展人类生存与发展的空间，已经成为备受世界各国瞩目的重要问题。人们曾将20世纪60年代通过矮化基因育成稻麦高产品种称为“绿色革命”。后来又将畜牧业上重大技术变革的成就，称为“白色革命”。如今，将从水域索取食物的重大技术变革称为“蓝色革命”，把耕海牧渔看作节粮、节水、节地型立体农业的一个重要部分。2017年，全国水产品总产量为6445.33万吨。其中，养殖产量为4905.99万吨，占总产量的76.12%，全国水产品人均占有量约为46.37kg（人口约13.9亿人）。其中70%直接供人类食用，占全人类所需动物蛋白质食品的1/6。渔产品对绝大多数的国家和地区而言，是人类重要的动物蛋白的来源之一，具有不可替代性。

（二）提供就业机会

20世纪末，全世界直接从事渔业的人口达2850万人，涉及渔业的总人口多达数亿，渔业是吸纳最基层劳动力的重要基础产业。

（三）增加贸易收入

渔业是提供经济贸易收入的一个重要方面。不少国家把渔业作为获取外汇和增加收益的一个重要手段，发展中国家更是提出发展创汇渔业的主张。

二、渔业在国民经济中的地位

（一）促进国土资源的合理开发和综合利用

我国渔业海域广阔，其中浅海滩涂面积在水深15m以内的为1200万hm^2，潮间带面积为200万hm^2。大陆海岸线1.8万km，加上6500多个岛屿岸线1.4万km，共3.2万km，渔业水域和生物资源丰富。

我国也是世界上内陆淡水总面积最大的国家之一，2017年全国内陆水域总面积约为1838万hm^2，全国水产养殖总面积为744.903万hm^2。淡水养殖面积为536.496万hm^2，其中池塘养殖面积为252.778万hm^2，水库养殖面积为161.541万hm^2，湖泊养殖面积为88.649万hm^2，河沟养殖面积为21.374万hm^2，其他养殖面积为12.154万hm^2，大多数水域都可以进行渔业开发。另外，全国还有水稻田2000万hm^2和难以开展种植业的1100万hm^2沼泽地，300万hm^2靠近水系的低洼地和盐荒地，这其中不少可进行渔业开发。特别是水稻田，渔稻综合种养可使稻谷增产、鱼增收，已成为某些地区调整产业结构的重要举措之一。开发蓝色国土，发展海洋和内陆渔业，对有效开发利用国土资源有着重要的意义。

（二）促进产业结构调整，发展农村经济，增加农民收入

发展水产业，对拓展就业门路，调整产业结构，繁荣农村经济，增加农民收入有着重要意义。与陆生动物相比，水生动物消耗的能量少，饲料转化率较高，排泄率低，有利于降低生产成本，保护环境，提高经济效益，这正是水产养殖业在产业结构调整中发挥作用的重要原因之一。发展水产业，还可以带动许多相关产业的发展，如可带动渔船渔机、码头冷库设施、水产品加工和饲料加工等相关产业的发展。近年来，渔业已成为我国农村经济新的增长点，在大农业中的份额进一步增加，为增加农民收入、优化农村产业结构做出了贡献。

（三）保障食品安全，优化居民膳食结构，提高人民生活水平

我国是一个人多地少的发展中国家，人均耕地资源更为稀缺，仅为世界人均耕地的47%。我国农业经济的发展、农民收入的增长，受到耕地资源的严重制约。食物安全问题，直接制约着我国经济、社会和政治的发展。目前易于开发的耕地资源和畜牧资源已基本上得到了开发，今后能用于开发的，主要是海洋和内陆水域资源。渔业生产，既不与种植业争耕地，又不与畜牧业争草场，对保障食品安全具有重要意义。同时，水产品不仅味道鲜美，蛋白质等营养成分丰富，而且富含人体必需氨基酸及多种维生素，易于人体消化吸收。另外，水产品中还含有不饱和脂肪酸（DHA、EPA）、多糖等对人体有益的活性成分。发展水产业，对优化我国居民膳食结构、提高人民生活水平具有重要作用。

（四）扩大对外经济技术合作，增强国民经济整体实力

水产养殖生产属于第一产业，水产品加工为第二产业，游钓渔业为第三产业。水产品生产必须依赖其他产业的支持，同样，水产品生产又为其他生产部门提供了原料和材料。在对外经济技术合作方面，我国水产业的综合生产能力在世界居首。水产科学技术的某些方面位居国际领先地位，在国际上具有重大影响，但在渔业资源管理等方面与渔业发达国家仍存在一定差距，需从国外汲取先进的管理经验，开展水产业的国际合作与交流，这对扩大对外经济技术合作、增强国民经济整体实力具有深远意义。

（五）改造区域性小气候，改善生态环境

渔业是一项用水不耗水的产业，合理开发渔业水域，对保持水土、营造区域性小气候、改善生态环境、实现农业生态的良性循环和建设美丽中国有着重要意义。开展草食性鱼类、藻类、贝类等的养殖，还可以有效固定水体中的CO_2，改善生态环境。

第三节　水产业发展史及现状

一、世界水产业发展史

远古渔猎时期，人们用兽角和兽骨制成鱼叉、鱼镖等，从河流、湖泊和浅海滩涂捕捉鱼、虾、贝类。

产业革命后，随着蒸汽机渔船的出现，现代渔业开始形成，使沿岸、近海的捕捞活动迅速扩展到外海和远洋。

20世纪初柴油机开始用作渔船动力。20世纪40年代后，渔船、渔具和渔业机械、仪器装备等逐渐形成体系，使捕捞技术装备日趋先进，加上冷冻、冷藏和渔业加工技术的不断进步，渔业生产力水平得到极大提高，促使渔港和渔业市场的发展，远洋渔业取得了飞速发展，逐步形成了现代渔业的完整体系。20世纪70年代后，由于过度捕捞，传统渔场资源出现衰退，世界水产品总产量增长速度明显下降。许多国家为保护水产资源和维护本国权益，采取宣布专属经济区等措施，加强了对渔业资源的管理。同时，水产养殖业受到进一步重视，养殖产量显著增长。20世纪80年代起，世界水产品总量又出现持续增长趋势，我国是世界水产品第一生产大国，产量连续多年居世界首位。改革开放以来，我国水产品生产保持了快速增长，产量从1978年的465万吨增加到2011年的5603万吨，增加了约11倍。1978～2011年，除1998年产量略有下降之外，其他年份都保持了持续快速增长。近年来，我国水产品产量增速在4%左右，高于全球2%左右的增速，其中，人工养殖水产品产量以更快的速度增长，近年来平均增速在5%左右。

二、我国水产业发展史

（一）我国古代、近代的渔业发展近况

我国渔业有着悠久的历史。在周口店遗址发现的大量鱼骨、半坡遗址发现的骨刺叉和鱼钩，是我们祖先从事渔业生产的遗物。从殷墟出土的甲骨文可以证实，我国在殷商时期就开始进行池塘养鱼。早在公元前1000多年前的商朝，人们就开始了淡水鱼养殖，到春秋战国时期池塘养鱼已颇具规模，鲤成为最早的养殖种类。春秋末年，范蠡著的《养鱼经》是世界上最早的一部养鱼著作。在汉代，人们除在池塘中养鱼外，还发展到大水面中养殖。唐代因为帝王姓李，而鲤与李同音，因此禁捕鲤鱼，人们开始饲养青鱼、草鱼、鲢、鳙，增加了养殖的种类。在宋代，人们在长江、珠江张捕四大家鱼鱼苗到各地饲养，人工养殖已很发达。到了明清两代，我国已形成几个淡水池塘养鱼和外荡养鱼的集中产区，明代养鱼业有很大发展，技术更全面，有黄省曾的《养鱼经》和徐光启的《农政全书》问世；清代，屈大均在《广东新语》中，对鱼苗的生产季节、习性、鱼苗的过筛分类及运输都有较详细的记载。随着世界各国的交往，我国的养鱼技术和养殖品种还传往欧洲各地，为我国古代文明增添了光辉。

我国近代渔业兴起于20世纪初，渔业生产发展非常缓慢，尤其在1931～1945年，我国沿海渔业生产被日本所控制。在1946～1955年，渔业生产又受到严重破坏。1949年，我国的机动渔船仅60艘，水产品年产量只有45万吨。

（二）1949年之后我国渔业发展状况

第一阶段：1949～1957年，恢复发展阶段。

渔区经过民主改革和社会主义改造，解放了生产力，大大调动了渔业劳动者的积极性，同时也由于此前连年战争，渔业资源客观上得到了保护，较充裕，因此尽管当时的物质和技术条件都很差，但渔业生产仍然得到了比较快的恢复和发展，1957年淡水鱼总产量达到118万吨。

第二阶段：1958～1969年，徘徊阶段。

1958年家鱼人工繁殖试验成功，在这一时期总结得出“八字精养法”，即“水、种、饵、混、密、轮、防、管”。同时，这一时期机动渔船增加很多，生产工具有了较大改进，可是由于某些原因，挫伤了广大渔民的积极性，水产品年产量徘徊在230万～310万吨。虽然经过1963～1966年的调整，生产有所好转，但这一阶段的产量一直没有恢复到1957年的水平。

第三阶段：1970～1978年，缓慢发展阶段。

水产品产量在1970年达318.5万吨，1974年突破400万吨，1977年上升到创历史最高水平的469.5万吨。但这一时期，鱼品质量大大下降，经济鱼类比重减少，幼鱼、低值鱼比重增加（约占一半），腐烂变质现象严重，其被大量用作肥料，致使经济效益越来越差。按每马力生产水产品产量计算，20世纪50年代为2.3吨/年，20世纪60年代为1.6吨/年，而1970年仅为1吨/年。广大渔民增产不增收，市场供应得不到改善，反而加剧了对近海资源的破坏，造成船只增加、资源衰减、经济效益下降和鱼货供应紧张的恶性循环。

第四阶段：1979年至今，调整回升、飞速发展的阶段。

1979年以来，在党的十一届三中全会路线的指引下，按照国民经济调整、改革、整顿、提高的方针，我国对渔业开始进行以“合理利用资源，大力发展养殖，着重提高质量”为重点的调整，并进行了卓有成效的经济体制改革，使渔业获得生机，一举打破多年徘徊甚至每况愈下的局面，成为大农业中发展最快、最引人注目的行业之一。1979～1981年，虽然海洋年捕捞产量下降到280万吨左右，但由于水产养殖得到重视，水产品总产量从1981年起逐年提高，至1985年达到697万吨。

1985年3月，中共中央、国务院下发了《关于放宽政策，加快发展水产业的指示》这一纲领性文件，确定了“以养殖为主，养殖、捕捞、加工并举，因地制宜，各有侧重”的方针，并对渔业生产、流通体制和水产品购销政策做了重大突破性的改革，从此渔业生产进入大发展的“黄金时期”。至1989年，我国水产品产量达到1151.66万吨，首次超过苏联和日本，居世界首位，在水产动物育种与繁殖、水产动物营养与饲料、水产动物疾病防治、养殖环境和设施、水产管理与人才培养、水产业服务体系等方面取得了很大成就和长足发展。

2017年7月，在全国水产技术推广工作会议暨生态健康养殖技术集成现场会上，农业部（现为农业农村部）副部长于康震在会上强调，水产养殖业要认真贯彻落实绿色发展新理念，把打造现代水产养殖新模式作为引领水产养殖业绿色发展的重要抓手，为促进渔业转型升级提供有力支撑。于康震指出，实现水产养殖业绿色发展，要坚持问题导向，念好“地、水、饲、种、洁、防、安、工”八字诀。土地集约利用是水产养殖业绿色发展的重要前提，要严守耕地保护红线，做到不与粮争地，发展好“一田两用，一水双收”综合种养模式和大水面增殖，利用好盐碱地和废弃区土地资源；水资源高效利用是绿色发展的重要支撑，要坚持节水减排、循环利用，开发非传统养殖水体，做到不与人争水；饲料是绿色发展的重要物质基础，要把研发和使用绿色安全环保的全价配合饲料摆在更加重要位置，取代野生幼杂鱼的使用；优良品种是绿色发展的关键要素，要加快构建现代水产种业体系、推进自主品种创新；清洁生产是绿色发展的基本要求，必须按照农业部打好农业面源污染治理攻坚战的总体要求，把解决水产养殖面源污染作为一项重要任务；疫病防控是绿色发展的安全保障，要加大病害预测预报技术研发及集成应用，要防重于治；质量安全是绿色发展的立命之基，要积极推广使用国家标准渔药，科学规范用药，有效管控渔药残留，努力推进“零用药”；现代工程科技和信息技术是绿色发展的必要条件，要用先进的工业化、信息化科技成果武装水产养殖业。于康震强调，挖掘提升现代水产养殖技术集成和模式创新尤为重要，要将“八字诀”要素融为一体，通过现有技术模式集成组装、新兴技术模式熟化提升、传统技术模式升级改造、一二三产业融合发展和新型经营主体培育等措施，着力打造一批可复制可推广的现代水产养殖新模式，推动水产养殖业转型升级。

三、我国渔业发展存在的问题

改革开放以来，我国渔业科技实现了快速发展，与国际先进水平差距明显缩小，总体上已接近世界先进水平，在新种质创制、养殖模式等方面已达到国际领先水平。建成了一批以青岛海洋科学与技术国家实验室为代表的国际先进的科技创新和应用示范平台，培养了一批具有国际视野的创新团队，攻克了藻、虾、贝、鱼、参等人工养殖技术，生态修复受到高度重视，近海捕捞实现了零增长，远洋捕捞作业渔场遍及40个国家和三大洋公海及南极海域，水产品加工实现了规模化生产，建立了“基础研究—种质种苗—养殖模式—资源管理—精深加工”的全链条现代渔业发展模式，率先实施海洋农牧化，掀起了我国“海水养殖五次产业浪潮”。但在我国渔业不断进步发展的同时，环境、资源及其持续利用方面也存在着诸多问题。

（一）区域近海环境不断恶化，渔业资源严重衰退

某些区域大规模围填海、过度捕捞、大量废水和污水的排放、近海油气的规模化开发与密集运输是近海环境遭到破坏的主要原因。近40年来，全国大规模围填海使滨海湿地累计损失约2.19万km^2，相当于全国沿海湿地总面积的50%。主要河流（长江、珠江、黄河、闽江、钱塘江等）入海污染物总量总体呈波动式上升趋势，2014年比2002年增加124.7%，2014年我国近海海域一半以上受到污染，而海湾是污染最严重的海域。

近海环境的不断恶化，导致渔业资源严重衰退，产卵场和洄游通道遭到严重破坏，生物多样性下降。我国管辖海域的渔业资源可捕捞量为800万～900万吨，而实际年捕捞量为1300万吨左右，捕捞对象也由20世纪60年代大型底层和近底层种类转变为以鳀、黄鲫、鲐鲹类等小型中上层鱼类为主，经济价值大幅度降低。

（二）过度捕捞导致生态系统失衡，经济生物资源呈现低龄化和小型化

过度捕捞是指渔业捕捞力度超出合理水平，导致鱼类种群退化、渔获物质量下降、捕捞成本提高和渔民贫困等后果。过度捕捞导致生态系统结构和功能失衡主要表现在：由于捕捞船只急剧增加及渔业捕捞的不规范，经济生物生长周期遭到破坏，许多物种无法形成渔汛，进而造成海洋食物链顶层生物受到影响，食物网脆弱动荡，最终破坏渔业生态系统平衡。

过度捕捞还会造成经济生物呈现低龄化、低值化和小型化。我国海域的重要经济鱼类资源近几十年来已出现衰退现象，如大黄鱼、小黄鱼、带鱼及其他经济鱼类资源出现全面衰退，其中，大、小黄鱼已被列为“易危”物种，鲐、梭鱼、鲈等传统捕捞对象也相继受到破坏。与此同时，主要经济鱼类的幼鱼比例增大，且呈现出性成熟提前、个体变小的趋势。

（三）养殖种类结构基本合理，养殖活动对近海生态系统产生影响

我国养殖种类结构具有显著的高多样性特点，丰富度和均匀度均高于世界其他主要水产国家。淡水养殖种类为135个，海水养殖种类为166个。淡水养殖与海水养殖均具有种类繁多且优势突出的特点，这对物种多样性和遗传多样性保护、养殖生态系统稳定性持续及其生物量高效产出具有重要意义。我国水产养殖营养级低且较稳定，以营养级二级为主（占70%），由于养殖生物生态转换效率与营养级呈负相关关系，即营养级低，生态转换效率则高，我国水产养殖生态系统将有更多的生物量产出。

海水养殖引起的化学需氧量占入海总量的0.71%，总氮污染占入海总量的0.67%，总磷污染占入海总量的1.4%，入海输入量很少，但某些区域规模化养殖直接占用了渔业生物的产卵场和栖息地，进而影响渔业资源的再生能力，加剧了近海生态系统的脆弱性。据《2017年中国海洋生态环境状况公报》显示，2017年中国海洋生态环境状况稳中向好，海水质量总体有所改善，典型生态系统健康状况和生物多样性保持稳定。而近岸局部海域污染依然严重，2017年冬、春、夏、秋四季，近岸海域劣于第四类海水水质的海域面积，分别占近岸海域的16%、14%、11%和15%；严重污染区域主要分布在辽东湾、渤海湾、莱州湾、江苏沿岸、长江口、杭州湾、浙江沿岸、珠江口等近岸区域。面积在$100km^2$以上的44个大中型海湾中，20个海湾全年四季均出现劣四类海水水质。典型海洋生态系统健康状况不佳，实施监测的河口、海湾、滩涂湿地、海草、珊瑚礁等20个典型海洋生态系统中有16个处于亚健康和不健康状态，杭州湾、锦州湾持续处于不健康状态。

（四）渔业装备机械化水平低，养殖和捕捞技术亟须创新

我国在渔业设施、养殖工程、捕捞装备、自动控制、数字化等高新技术方面取得了一定进展，但养殖整体装备和关键技术仍较为落后，主要表现在：信息化、数字化、自动化、智能化等高新技术在海水养殖中的应用率较低，捕捞装备多为进口，核心竞争力不强，渔业设施设备的机械化水平差距明显。

目前，池塘养殖技术规范和技术标准有待建立和完善，滩涂养殖人工调控技术缺乏，浅海底播养殖生物存活率低和采捕难度大，离岸深水养殖技术尚处于起步阶段，生态多元化增养殖新模式与新技术亟待建立，远洋渔船总体装备及捕捞技术水平不高，养殖和捕捞技术急需研发和创新。

（五）水产品质量安全水平堪忧，精深加工与高值利用技术亟待创新

水产品质量安全对于我国渔业健康发展、国家食品安全具有重要影响，然而，我国的水产品质量在过去几年里却一直饱受诟病。非法使用违禁或淘汰药物、养殖过程用药不规范、局部渔业水域污染严重、标准化生产及检测滞后等问题致使我国水产养殖业蒙受巨大经济损失，严重制约渔业自身的发展。

加工与流通装备自主研发与制造能力初步形成，在水产品保鲜保活、前处理加工、初加工、精深加工与副产物综合利用等领域，人们进行了一系列相关装备技术的研究与开发。但水产品精深加工的生产装备自动化程度差、能耗和物耗偏高，特别是对提高加工品质量和附加值有重要作用的酶工程、冷杀菌和膜分离等高新技术与国外先进水平相比还有较大差距。

四、现代渔业创新发展思路与途径

（一）发展思路

现代渔业建设是一个长期的、涉及多学科的综合性、系统性工程，具有独特的自然属性、经济属性、空间属性、资源属性和生态属性。现代渔业建设必须坚持“生态优先，陆海统筹，三产融合，四化同步”的发展思路，实现环境保护与渔业资源的安全、高效和持续利用。必须夯实水产养殖遗传、免疫、生态修复等基础理论原始创新能力，提升种质创制、疫病防控、营养饲料、工程装备、精准管理、资源养护、新资源开发、高值化和清洁化加工等能力；重点突破品种选育、智能装备、免疫防控、资源养护与牧场构建、友好捕捞、绿色加工等共性关键技术；构建现代渔业科技创新发展战略智库，培育和集聚现代渔业创新、创业核心团队；创建现代渔业科技研究与示范平台，着力打造一批新品种、新装备、新技术、新模式和新制品，形成三产融合、链条完整的产业集群，建成具有区域特色的蓝色粮仓。

（二）发展路径

现代渔业建设是一个长期的系统工程，涉及重大认知创新、关键装备和技术突破、区域性和典型示范。而经济新常态和21世纪“海上丝绸之路”建设对现代渔业提出了新要求，必须在养殖海域承载力评估与生产力布局优化、海水养殖与生物资源综合利用、近海海域生境修复与资源养护、海水养殖综合管理与支撑保障等方面实现新突破。

1. *开展海域生产力与承载力评估*　调查典型增养殖海域生物生产力分布和变化特征，综合调查我国增养殖海域生物生产力水平与发展趋势，绘制近海增养殖海域生物生产力分布特征图。调查我国典型海域增养殖设施装备、生产模式及其效益，构建我国近海增养殖生产数据信息库，系统评估我国近海海域的养殖承载力，为我国近海增养殖模式和区域布局优化提供基础数据。

2. *优化产业结构和科学合理布局*　优化和调整产业结构，减少对环境资源的过度开发与利用，结合海水养殖生产模式和效益，系统规划陆基养殖、浅海增养殖、深水海洋牧场等的区域布局、养殖种类、生产方式和生产规模。根据渤海、黄海、东海、南海等不同海域的环境特点进行陆海统筹布局增养殖生产活动，实现近海增养殖产业健康发展和环境保护并举。

3. *推进水产生物养殖良种工程*　开展全基因组选择育种、分子设计育种等育种技术创新；集成家系选育、群体选育、分子标记辅助选育、细胞工程及全基因组选择等育种技术，创制高产、优质、抗病的水产养殖新品种。研发养殖新对象野生群体驯化和人工繁育技术，优化苗种保育的生态调控技术，形成高效、稳定、健康的苗种培育技术体系。

4. *提升病害免疫防治与生态防控能力* 发展病原现场快速检测新技术，研究病原流行特征、阻断途径与控制措施，开发病害风险分析和监测预警技术。研制安全高效疫苗、抗病生物制品和安全高效药物，开发免疫防治和生态防控新技术，构建疫病综合防控技术体系。

5. *加强陆基高效精准养殖* 研发智能化和信息化的工厂化养殖系统装备，开发新能源利用设施与技术，建立节能型工厂化循环水养殖技术；研制全价配合饲料和功能性添加剂，研发智能化水质调控与饲料投喂控制技术，构建全程管控高效设施装备，构建数字化的工厂和池塘养殖与精准管理系统。

6. *发展离岸深水设施养殖* 开发适合离岸深水海域的大型深水网箱、养殖工船等养殖设施及智能化配套设施，研发专业化、多功能工程作业平台，集成精准化监测、智能化控制与机械化作业的成套装备；评估与筛选离岸深水适宜养殖种类，突破养殖种类苗种扩繁与健康养殖技术，构建海陆接力养殖与工程化开发新模式。

7. *强化生态养殖和海洋牧场建设* 研发浅海增养殖新设施，建立基于养殖承载力的浅海生态综合养殖新模式；研发近海生物资源养护新设施和重要渔业资源健康苗种扩繁与标志放流技术，开发渔业资源放流管理决策和效果评价技术。以构建全海湾或离岸岛礁等大型生态牧场为目标，研究海洋牧场生境适宜性评价、增养殖动物驯化和控制技术，开发海洋牧场建设关键工程化设施，研发牧场实时监测和采捕设施与技术，突破海洋牧场生态安全和环境保障技术。

8. *促进水产生物资源的综合利用* 研发水产品保质工艺及过敏原、腐败菌等的控制技术，开发加工、储运、保鲜的新型节能装备和技术，研发生态保活运输、冷链品质保持、监控和追溯技术。开发加工高效节能节水、活性物质与大宗产品联产开发综合利用技术，开发加工废弃物的综合利用技术。开展水产品风险指数、风险排序及获益-风险平衡研究，建立关键危害物质风险预警和全生产过程的质量安全防控技术体系。

9. *实施生境修复与资源养护计划* 在全面认识我国近海海域环境和资源现状的基础上，实施生境修复工程，研发生境修复与资源养护新设施与新技术，建立资源与环境修复评价技术体系；强化渔业活动管理和执法力度，实现我国海洋渔业环境与资源的持续利用。

10. *建立基于生态系统的综合管理* 建立涵盖环境影响评估、饲料优化投喂策略、渔药使用规范、水产动物运输管控、养殖废水管理及资源化利用等在内的养殖管理体系；制定流域管理措施，如流域环境战略评估、界定环境承载力和维护生物多样性；建立健全水产养殖与环境常态的、系统的、长期的调查、监测体系，为基于生态系统的水产养殖管理提供数据支撑；强化科技在决策中的重要作用，实现以科技支持决策的精细化管理。

第四节 渔业组织与水产研究机构

一、国际渔业组织与相关学会

（一）联合国粮食及农业组织（FAO）

联合国粮食及农业组织简称联合国粮农组织，是联合国专门机构之一，是各国政府间讨论和协调粮食和农业问题的国际组织。于1945年10月成立，总部原设在华盛顿，后改设在罗马。它拥有194个成员，其中包括大多数发达国家和约90%的发展中国家。每两年开会一次，下设理事会和秘书处。理事会下设8个委员会，其中有渔业委员会。秘书处下设农业、林业、渔业等局。联合国粮农组织的宗旨是提高人民的营养和生活水平，改进粮农产品的生产和分配效率，改善农村居民状况，从而促进世界经济的发展和确保人类免于饥饿。我国是联合国粮农组织的创始国之一，自1973年恢复了合法席位后一直当选为理事国。我国也向粮农组织提供捐款并接受其援助。

（二）联合国开发计划署（UNDP）

联合国开发计划署是联合国系统内最大的多边技术援助机构。1965年11月由联合国技术援助扩大方案署和联合国特别基金会合并而成，总部设在纽约。该组织的宗旨是通过提供技术援助“帮助发展中国家加速经济和社会发展”。它的援助项目遍及农业、工业、交通、商业、教育、卫生、科研、公用事业等领域。

（三）联合国工业发展组织（UNIDO）

联合国工业发展组织简称工发组织，是联合国下设的一个多边援助机构，也是联合国开发计划署的17个参加和执行机构之一，根据第二十一届联合国大会1966年11月的决议，于1967年1月1日成立。该组织的目的在于促进发展中国家的工业特别是制造业的发展，帮助发展中国家加速工业化。工发组织现有156个国家参加其活动，总部设在维也纳，领导机构是工业发展理事会，另设有常设委员会和秘书处等机构。工发组织的援助资金有三个来源：联合国正常预算、联合国开发计划署拨款和各国政府的捐款。每4年召开一次大会。

（四）联合国粮农组织渔业委员会（FCFAO）

联合国粮农组织渔业委员会是国际性行政组织，成立于1966年，为联合国粮农组织的一个常设委员会。总部设立于罗马。主要职责是审议联合国粮农组织渔业部的工作计划；审理各种国际性的渔业问题；促进渔业方面的国际合作。该委员会是处理世界上渔业问题的唯一政府机构，下设9个区域性渔业委员会。

（五）世界水产养殖学会（WAS）

世界水产养殖学会原名为世界海水养殖学会，成立于1970年，1984年易为现名，会员来自100多个国家。学会每年召开一次年会，会议时间和地点由理事会决定。理事会下设10个委员会：选举委员会、财务委员会、分会委员会、规章制度委员会、年会时间和地点委员会、协议委员会、规划委员会、荣誉和授奖委员会，主席委员会和出版委员会。学会刊物为《世界水产养殖学会杂志》。

（六）亚洲水产学会（AFS）

亚洲水产学会成立于1984年，总部设在菲律宾马尼拉。该学会是非营利性的国际组织。该学会的宗旨是：促进亚洲渔业科学工作者和技术人员之间更有效的合作，为研究活动的互助、分享情报、发表研究成果提供方便；加强认识并宣传合理利用、保护和开发亚洲地区水产资源的重要性；与本会有相同宗旨的学会、组织和研究单位建立合作关系等。学会设有主席、副主席、秘书、财务主任，他们从理事中选举产生，理事会由17名理事组成。

（七）欧洲水产养殖学会（EAS）

欧洲水产养殖学会原名为欧洲海水养殖学会。该学会成立于1976年，1983年易为现名。学会拥有会员约500人，会员来自42个国家。其理事会由各成员国的官员和选举出的代表组成。学会的宗旨是促进各国间的联系和水产养殖信息交流，支持多学科交流。加强政府、学科和商业机构间的横向联系。学会有数种刊物，并经常出版一些有关水产养殖的书籍。

（八）美洲水产学会（AAA）

美洲水产学会成立于1870年，是世界上建立最早的水产学术团体，其使命为通过推动渔业和水产科学发展，提高渔业专业水准，来促进渔业资源的保护和可持续利用，以及维护水体生态系统的可持续性。

（九）日本水产学会（JSSF）

日本水产学会成立于1932年，是一民间组织，宗旨是开展与水产科学有关的学术交流以促进水产科学研究的发展。主要任务是召开研究报告会和学术讲演会，出版学术刊物和图书，同有关学会联系等。学会办事处设在东京大学内，在北海道、东北、关东、中部、近畿等地设有分会，学会下设8个委员会：编辑、讨论会、计划、出版、渔业座谈会、水产增殖座谈会、选举管理、学术奖评。学会刊物有《日本水产学会杂志》和《水产学丛刊》。

（十）东南亚渔业发展中心（SEAFDEC）

东南亚渔业发展中心成立于1967年，是东南亚国家参加的分区域研究和培训中心。该中心下设海洋渔业培训部、水产养殖部和海洋渔业调查部。海洋渔业培训部的学员来自各成员国，也吸收非成员国学员。培训课程分海洋捕捞和轮机两方面。其宗旨是以培养学员的实际操作能力为主。除正规培训班外，还开设短期培训班和推广员短训班。

二、国际主要渔业研究机构

（一）法国海洋开发研究院（IFREMER）

法国国家海洋开发研究院是法国最大的涉渔研究机构。在整个法国海岸及法属海外领地有5个研究中心、26个研究站，共有25个研究部门。在国际上，它在多个研究领域具有研究优势，如近海环境、赤潮治理、海洋生态动力学、海洋生物技术、深潜技术及海洋综合管理等。在海洋生态、渔业资源、水产养殖等方面有丰富的研究成果。

（二）德国联邦渔业研究中心（FRC）

德国联邦渔业研究中心是德国鱼和渔业研究水平的核心代表，主要从事渔业及相关科学的应用研究。它的很大一部分研究和协调工作与德国在国际海洋协定、法令和规则方面的决策直接相关。主要任务是收集长期的渔业系列数据，研究过度开发主要鱼种的种群动态、水生生态系统的相互关系和相互作用，开展科学的渔业资源管理和保护。

（三）德国莱布尼兹淡水生态与内陆渔业研究所（IGB）

IGB是德国研究湖泊生态系统的主要研究所之一，拥有诸如水文学家、化学家、微生物学家、鱼类生态学家和鱼类生物学家等众多科学家。其任务是把基础研究和预警研究有效结合起来，为高质量生态系统可持续发展奠定基础。研究专长是淡水生态系统的结构和功能分析，特别感兴趣的研究课题有：水生系统和陆地环境之间的交互作用过程；水体内部的物质转化过程；从细菌至鱼类的食物链。

（四）荷兰瓦格宁根海洋资源与生态系统研究所（Wageningen IMARES）

荷兰瓦格宁根海洋资源与生态系统研究所前身是创建于1888年的荷兰渔业研究所，

现从属于荷兰瓦格宁根大学，擅长于对综合污染及其后果进行评估，拥有经国际标准化组织（ISO）认证从事化学与生态毒理学研究用的先进设施。荷兰瓦格宁根海洋资源与生态系统研究所在生态毒理学评估和风险评估、贝类养殖与鱼类循环水养殖技术研究方面有特长。

（五）挪威渔业与水产养殖研究所（NIFAR）

挪威渔业与水产养殖研究所是公司性质的研究机构（挪威北方研究集团拥有 51% 股份，挪威渔业与沿海事务部拥有 49%）。研究范围涵盖产业内的所有价值链——从海底到餐桌。作为一个国家级研究所，专长于高质量海产品、重要的水产养殖品种、生物技术产品和工艺技术解决方案等方面的开发和商业推广。

（六）挪威水产养殖研究所（AKVAFORSK）

挪威水产养殖研究所为有限公司性质的研究机构，专业研究生殖和遗传、饲料营养、水产品质量和海洋物种等。在水产养殖领域应用遗传育种技术已有 30 多年的经验，具有很强的技术优势，在世界同行中处于领先地位。它的遗传研究中心是一个国际级的专业技术中心。到目前为止，已在 25 个国家对 16 个种类展开育种研究，鲑高能饲料开发也是该所的优势之一。

（七）挪威海洋研究所（IMR）

挪威海洋研究所是挪威最大的海洋科学研究中心，它在挪威政府的渔业管理中发挥着重要作用。IMR 以 19 个研究团队代表该所的 19 个研究领域，包括巴伦支海生态系统与鱼类资源、挪威海和北海生态系统与鱼类资源、沿海地区生态系统，海洋地理与气候，浮游生物，贝类、甲壳类生物，海底栖息地，海洋环境质量，渔业与鱼类资源，观测方法学，海洋哺乳动物，负责任渔业捕捞，种群遗传学，海洋基因组，鱼类生长与繁殖生理学，水产养殖中的鱼类福利，鱼类健康与疾病，饲料、饲喂与鱼的质量，增殖生物学与生物行为。挪威海洋数据中心（NMD）是国家级数据中心，拥有挪威最大的海洋环境和渔业数据。

（八）挪威 SINTEF 集团渔业与水产养殖研究所（SINTEF）

该所是挪威最著名的应用科研机构 SINTEF 集团（挪威科学与工业发展研究院）下属研究部门之一，属非营利性股份公司，致力于研究和开发从生物到海产品，从渔业与水产养殖到加工和物流的整个价值链。80% 来自合约研究。研究专长：陆基水产养殖，沉降式网箱，多元生态养殖，海洋资源，水产品加工，贝类养殖。在有害藻类暴发及海洋生态系统研究上有优势，在咨询服务方面也很有特色。

（九）英国斯德灵大学水产养殖研究所（STIRLING-IAU）

英国斯德灵大学水产养殖研究所的研究活动集中于与可持续水产养殖战略相关的基础性问题。在环境、繁殖、遗传、水生生物健康、营养和饲料、生产养殖系统、市场，以及社会和经济影响等方面的研究中都扮演重要角色。2001 年在英国的学术评鉴为 5 星。拥有水产养殖创新研究团队 10 个，分别为水产养殖系统和开发团队，地理信息系统和应用生理学团队，国际发展部，疾病团队，水生生物疫苗团队，寄生虫学团队，鱼类福利团队，环境团队，营养团队，生殖与遗传团队。

（十）英国环境、渔业与水产养殖科学中心（CEFAS）

英国环境、渔业与水产养殖科学中心具有 100 多年的科研经验，是世界公认的可持续渔业管理及渔业科学研究与咨询中心。该中心是英国环境、食品和农村事务部的执行部门，其主要任务是应用研究成果支持政府各部门的工作目标。因此，它的绝大部分资金来自政府。该中心擅长于海洋环境管理、监测和质量评估，环境影响评估，沿海区域管理，海水和淡水渔业，鱼类和贝类健康养殖和安全，水产养殖业发展，气候变化，可再生能源及综合数据管理体系。

（十一）美国奥本大学农学院渔业与水产养殖系（AU-DFAA）

美国奥本大学农学院渔业与水产养殖系的任务是对水资源管理涉及的所有方面进行研究，包括水产养殖、水生动物健康、染色体组、水生生态、水资源保护和渔业管理，首创杂交鲇，对鲇有深度研究，掌握了鲇基因组图谱，进行细菌性鲇病原体的遗传分析，同时，依托奥本大学贝类实验室，开展贝类资源的重建和养殖。

（十二）美国热带和亚热带水产养殖中心（CTSA）

热带和亚热带水产养殖中心是由美国农业部在全美设立的5个地区性水产养殖中心之一。该中心由海洋研究所和夏威夷大学联合管理，其特点是本身没有研究实体，而是通过行业咨询委员会（代表水产养殖与农业企业、金融机构和政府机构）和技术委员会（有研究人员、技术推广人员和渔业官员组成）确定研究方向和研究内容，然后公开征集和遴选研究项目，与中选者签订项目研究合同，定期监控项目进展情况。

（十三）加拿大国家研究委员会海洋生物科学研究所（NRC-IMB）

加拿大国家研究委员会海洋生物科学研究所是加拿大国家研究委员会下辖的20个研究所之一，是一个综合、系统的生物研究机构，从基因组水平到整个生物体水平研究海洋生物。研究核心领域涉及水产养殖、天然海洋毒素和包括生物信息学、基因组学、蛋白质组学在内的高级生物技术研究。其在分析化学、生物信息学、鱼贝类健康与营养、功能基因组学、代谢组学和蛋白质组学等方面有专长，其毒素鉴定能力享有国际声誉。

（十四）南澳大利亚研究与开发研究所（SARDI）

南澳大利亚研究与开发研究所进行商业养殖、研究和开发的生物主要有金枪鱼、太平洋牡蛎、青边鲍、黄尾鰤、尖吻鲈、微藻、鲑、鳟、石首鱼、紫贻贝和麦龙虾等。目前的水产养殖研究集中于4个相关的子项目：繁殖与水产养殖系统，营养与饲料技术，遗传、生殖与生物技术和综合生物系统。

（十五）以色列国家海水养殖研究中心（NCM）

以色列国家海水养殖研究中心致力于开发具有高经济价值的海水鱼类和其他海洋物种的养殖技术。在渔业工程和设施养殖研究方面有专长，重点是开展工程化循环水养殖和网箱养殖技术研究，通过开发地中海养殖网箱系统和在陆地建造全封闭海水循环养殖系统发展海水养殖。

（十六）日本水产综合研究中心（FRA）

FRA由日本水产厅所属的原日本国立水产研究机构重组形成，是独立行政法人机构。中心下辖北海道区、东北区、中央、日本海区、远洋渔业、濑户内海区、西海区、水产养殖和水产工学9个研究所。重组之后，为确保达到政府指定的运营与管理中期目标，确立了7个优先研究领域，分别是渔业资源的可持续利用，阐明水生生物的功能，阐明水生生态系统的结构与功能和渔场动态特性及其管理和保护技术，稳定渔业和振兴渔业社团的管理，水产品供应安全以满足消费者需求，渔业资源增殖技术，加强国际合作。

（十七）韩国国立水产科学院（NFRDI）

韩国国立水产科学院基本上代表了韩国海洋水产研发的最高水平。主要研究领域有海洋环境调查和保护；维护渔业资源，开发海洋技术；开发有用水生生物的繁殖与养殖方法；开发用于海洋渔业资源健康管理技术和加工技术；改良水产养殖品种基因，从水生生物中开发新的高附加值品种。NFRDI 下辖 4 个总部，9 个研究所，11 个研究中心。

（十八）丹麦渔业研究所（DIFRES）

丹麦渔业研究所是丹麦最大的渔业研究所。研究范围包括海洋生态与水产养殖，海洋渔业，内陆渔业，海产品加工与质量监控。国际渔业研究合作相当广泛。继 2007 年 1 月 1 日并入丹麦科技大学后，2008 年 1 月 1 日起，丹麦渔业研究所更名为国家水生资源研究所（DTU）。更名后更加关注水生生态的结构和功能，研究涉及海水和淡水资源多个领域，如渔业新技术的开发，鱼类资源的评估，饲育方法和食品生产。

三、国内水产科学研究相关单位、技术推广机构与渔业组织

（一）中国水产科学研究院（CAFS）

中国水产科学研究院（简称水科院）创建于 1978 年，本部设在北京，是我国最大的国家级水产综合科研机构，以应用基础研究、应用技术研究为主，组织承担国家和部门的重大科研任务，解决生产中的关键性技术问题，同时积极开展开发研究，进行国际合作，开展学术交流，培养人才，为各级水产行政领导部门决策和促进水产业发展提供服务。

经过 40 多年的建设和发展，中国水产科学研究院初步形成了一个学科比较齐全、地域分布较为合理的综合水产科研体系，其按海区设有黄海、东海、南海水产研究所，渤海水产增殖科学基地和北戴河、营口、长岛、东营增殖实验站；按流域设有长江、黄河、珠江、黑龙江水产研究所，淡水渔业研究中心和太湖水产增殖基地；按专业设有渔业机械仪器研究所、渔业工程研究所、渔业综合信息研究中心。研究范围涵盖水产资源、养殖、捕捞、鱼病防治、饲料营养、环保、遗传育种、生物技术、水产品贮藏与加工、渔业工程渔业机械仪器、渔业经济、信息等领域。共有国家实验室 1 个（共建）、国家地方联合工程实验室 1 个、国际参考实验室 2 个、国际联合实验室 7 个、农业部重点实验室 11 个、部级科学观测实验站 9 个、省级重点实验室 6 个、省级工程技术研究中心（工程实验室）7 个、院重点实验室 14 个、院工程技术研究中心 14 个、国家级质量检测中心 2 个、部级质量检测中心 8 个、部级水产品质量安全风险评估实验室 7 个、国家水产品加工技术研发（分）中心 6 个。拥有国际水产培训中心 2 个，科研实验及中试基地 37 个，拥有“北斗”号和“南锋”号 2 艘千吨级海洋科学调查船。

（二）中国科学院海洋研究所（IOCAS）

中国科学院（简称中科院）海洋研究所始建于 1950 年 8 月 1 日，是从事海洋科学基础研究与应用基础研究、高新技术研发的综合性海洋科研机构，是在国际海洋科学领域具有重要影响的研究所。作为中国科学院博士研究生重点培养基地，研究所设有海洋科学、环境科学与工程、水产 3 个一级学科博士学位授权点、9 个二级学科博士学位授权点和 10 个硕士学位授权点，以及海洋科学博士后流动站。

（三）中国科学院南海海洋研究所（SCSIO）

中国科学院南海海洋研究所（简称南海海洋所）成立于 1959 年 1 月，是我国规模最

大的综合性海洋研究机构之一。拥有海洋科学一级学科博士学位授权点。中国科学院南海海洋研究所立足南海，跨越深蓝，围绕热带海洋环境与热带海洋资源，着力突破海洋气候环境与观测技术、边缘海地质演化与油气资源、海洋生态与生物资源领域的前沿科学问题和关键核心技术，建成具有国际水平的热带海洋科学研究、人才培养、成果转移转化三高地，为发展我国海洋经济和维护海洋权益做出基础性、战略性和前瞻性贡献。

（四）中国科学院水生生物研究所（IHB）

中国科学院水生生物研究所（简称水生所）前身是1930年1月在南京成立的国立中央研究院自然历史博物馆，经历数次重组、迁址、改隶后，1950年2月定名为中国科学院水生生物研究所。主要从事内陆水体生命过程、生态环境保护与生物资源利用研究的综合性学术研究机构。

（五）中国科学院烟台海岸带研究所

中国科学院烟台海岸带研究所筹建于2006年，正式成立于2009年12月1日，是中国科学院与山东省、烟台市三方共建的。是中国科学院下属的事业法人单位，是中国专门从事海岸带综合研究的唯一国立研究机构。研究所面向国家战略需求和世界科技前沿，研究全球气候变化和人类活动影响下海岸带陆海相互作用、资源环境演变规律和可持续发展，创建海岸海学理论、方法与技术体系，建成海岸科技研发与成果转化中心和高级人才培养基地。

（六）全国水产技术推广总站（NFTEC）

全国水产技术推广总站于1990年经中央机构编制委员会批准成立，为农业农村部直属正局级单位，与中国水产学会合署办公。其主要职责是贯彻国家有关技术推广的方针、政策，指导全国水产技术推广体系和队伍建设；组织实施有关国家重点科技成果和先进技术的示范推广；国外关键技术的引进、试验、示范；水生动植物病虫害及灾情的监测、预报、防治和处置；水产品生产过程中质量安全的检测、监测和强制性检疫；水产养殖投入品使用监测；水产养殖中兽药使用的指导；水产原良种和苗种管理的相关技术工作；国内外水产技术交流和公共信息咨询服务；水产技术推广公共培训教育及渔业行业职业技能鉴定；政策宣传和《中国水产》等期刊的出版发行。

中国水产学会是中国水产科技工作者的群众性学术团体，是中国科学技术协会的组成部分，接受中国科学技术协会和农业农村部的业务指导与监督管理，挂靠在农业农村部，2016年与全国水产技术推广总站合署。中国水产学会下设淡水养殖分会、海水养殖分会、鲑鱼类专业委员会、观赏鱼分会、水产动物营养与饲料专业委员会、鱼病专业委员会、渔药专业委员会、水产生物技术专业委员会、渔业资源与环境分会、水产捕捞分会、水产品加工和综合利用分会、渔业制冷专业委员会、渔业装备专业委员会、渔业工程专业委员会、渔业信息与渔业经济分会、水产名词审定工作委员会、科普工作委员会、鱼类工业化养殖研究会、海洋牧场研究会、渔文化分会和期刊分会。

学会主要围绕水产及水产有关科技领域开展以下活动：组织开展学术交流与科技合作，举办各种形式的学术会议、讲座、展览、科技考察等活动，促进学科发展，推动自主创新；根据《中华人民共和国科学技术普及法》，弘扬科学精神，传播科学思想和方法，普及水产科学知识，推广先进水产科学技术；开展面向社会的水产科技知识普及活动，提高全民科学素质；反映水产及与水产有关的科学技术工作者的建议、意见与诉求，维护科学技术工作者的合法权益，促进学术道德建设和学风建设；组织科学技术工作者开展水产方面的科学论证、信息咨询服务，提出政策性建议，促进科技成果转化；接受委托承担项目评估、成果评价、专业技术资格评审等任务；开展水产科技继续教育和培训工作；开展国际水产科学技术交流活动，促进水产科学技术国际合作，发展同国外水产科技团体与科技工作者的友好交往；推荐人才，依照有关规定经批准表彰奖励优秀水产科技工作者；组织出版水产学术期刊、科普读物和声像制品，出版有《水产学报》《海洋渔业》《淡水渔业》《国外水产》《科学养鱼》5 种刊物；承担中国科学技术协会交办及行业行政主管部门委托的工作任务。

（七）其他水产技术推广机构

水产技术推广机构是由水产专业技术人员组成的专门从事水产技术试验示范推广工作的全民所有制事业单位，是各级政府水产主管部门对水产生产者生产技术的改进和提高的专业组织，也是构成水产技术推广体系的主体。水产技术推广机构由全国水产技术推广总站和各省、地（市）、县、乡五级站组成。

水产技术推广机构的中心工作是技术推广，并以此区别于科研和生产单位，其是联系科研与生产的纽带，是把科技成果转化为生产力的桥梁。随着社会经济的发展，增加了为生产单位和个人进行系列化服务的功能。水产技术推广机构一般称为水产技术推广站、水产技术推广培训中心或水产站，也有与农业系统内部其他行业联合组建的站或中心。水产技术推广机构的管理体制是，县以上的水产技术推广机构由本省、市、县水产行政主管部门领导，业务上接受上一级水产技术推广机构的指导；乡、镇水产技术推广机构由县水产主管部门和乡、镇政府双重领导。

（八）中国渔业协会（CFA）

中国渔业协会是经民政部批准注册登记的全国性渔业行业社团组织，是渔业生产、经营、加工、机械制造及相关企（事）业单位和地方社团自愿结成的非营利性的具有法人资格的社会团体。协会现有 1000 余家会员单位，以渔业产业内具有代表性的大中型企业为核心，是真正由企业自己当家做主维护行业自身权益的组织。

协会的宗旨：坚持改革开放方针，贯彻国家政策法令，遵守社会公德，增强行业凝聚力，发挥桥梁纽带作用为政府和企业服务，加强行业自律管理，维护企业合法权益，促进企业改革与发展。协会的主要职责：积极宣传贯彻国家政策法令，加强行业自律，规范行业行为，反映企业意见与要求，维护企业合法权益；受政府委托，做好行业管理工作，协助执行政府间渔业协定，协调处理涉外海事渔业纠纷；开展渔业国际合作，发展同各国（地区）渔业界的民间友好往来、科技交流和经济合作；在生产经营、市场营销、信息交流、企业管理、科学技术、政策法规、金融保险、人才培训等方面为企业提供服务；举办渔业交易会、展示会、信息发布会、研讨会和交流会；表彰先进企业，评选优势水产品特色之乡，推动品牌建设；普及渔业科技成果，促进产业和产品升级；协调指导各分会、工作委员会开展工作。

（九）中国水产流通与加工协会（CAPPMA）

中国水产流通与加工协会是由水产品加工、经营、科研、教学具有独立法人资格的企（事）业单位，以及经社团登记管理部门核准的相关社会团体和在水产品流通、加工领域具有一定影响的专家、学者自愿结成的全国性社会组织，属国家一级行业协会。目前有分布全国各地的团体会员 500 多家。

协会的宗旨是：在遵守宪法、法律、法规和国家政策，遵守社会道德风尚的前提下，积极向政府部门反映会员的愿望和要求，指导会员执行国家的政策法令，协调会员的关系，维护会员的合法权益，为会员提供技术咨询和信息服务，组织国内外水产品加工技术交流和贸易洽谈，促进我国水产品加工技术水平和管理水平的提高，规范和繁荣水产品市场，不断提高水产品加工流通行业的经济效益和社会效益。

第五节　水产教育史及主要大学

一、水产教育史

水产教育是指培养和训练从事渔业生产、科学研究和渔业管理的专门人才的事业，包括高等专业教育、职业教育和成人教育。世界水产教育始于 19 世纪下半叶，目前水产教育较为发达的国家主要有日本、美国、俄罗斯、中国等。

日本于 1888 年在东京开办水产传习所，此后各地又相继建立了许多高等和中等水产学校。主要专业有资源增殖、水产养殖、渔业学、渔业生产工学、水产食品工学、水产化学等。中等水产专业学校主要设水产捕捞、轮机、无线电通信、水产增殖、水产品加工、渔业经营管理等学科。

美国于 20 世纪初开始在一些大学举办短期渔业培训班。1919 年华盛顿大学最早成立了渔业学院，此后许多大学相继开设了渔业系或渔业课程，并设置了渔业或与渔业有关的学位。目前美国水产高等教育机构都是综合性大学的一个部门，设有渔业学院、渔业系，开设渔业课程及可授予渔业学位的大学多达 100 多所，几乎遍布各州，所设学位有准学士学位、学士学位、硕士学位和博士学位。大学一般还设有水产研究机构，也为学生开设课程或培养研究生。美国一般采用几星期至几个月的短期职业培训来完成中等水产职业教育。

中国的水产专业教育始于 20 世纪初。1904 年，实业家张謇在吴淞镇创办了江浙渔业公司，次年在该公司内成立了水产学校和商船学校各一所。1909 年，奉天水产实业学堂在辽宁营口开学，学期 3 年，1912 年改为营口水产学校，1924 年 2 月，改建为奉天省水产高级中学，校址在双庙子南街，有制造、造船、航海、渔捞及航海渔业等专业，1929 年改为辽宁省立水产中学。1910 年，天津筹办直隶水产讲习所，1912 年完成筹备工作，定名为直隶水产学堂。1912 年江苏省成立了江苏省立水产学校，其校址在吴淞镇，故称为吴淞水产学校。1915 年浙江省立水产学校在临海县成立，后迁定海县改名为浙江省立高级水产学校。1920 年爱国华侨陈嘉庚先生创办的集美学校增设了水产航海部。1925 年，广东省在汕头蜈蚣村成立了广东省高级水产学校。1934 年连云港东海中学的渔村师范科发展成为江苏省连云港水产科职业学校。1906～1936 年，是中国水产教育的初创和发展时期，沿海各省相继成立了中等水产专业学校。在办学层次上也有所提高，天津的直隶省甲种水产学校在此期间，改为河北省立水产专门学校，为专科建制；江苏省立水产学校增设了远洋渔业和航海两个专科班。此外，沿海渔区还成立了一些培养初级渔业技术人才的渔业学校，如初级渔村师范学校和渔民小学等。1937～1945 年，全国各地的水产教育机构遭到严重破坏而先后停办。在此期间，为了克服沿海地区沦陷所造成人民生活上的困难，黄炎培先生倡导发展内地养鱼业和培养养鱼技术人才。1945年沿海各省的水产学校相继重新恢复，并发展了一批新的学校。1946年山东大学成立了水产系。1947年经上海政府批准定名了吴淞水产专科学校。同年，浙江乍浦镇新创办了国立高级水产职业学校。广东省海丰县汕尾镇成立了广东省立水产学校。江苏省崇明县成立了江苏省立水产职业学校。厦门集美学校的水产部和河北省立水产专门学校也相继恢复。至1949年10月，全国的水产教育机构，计有大学本科的一个系、水产专科学校2所、中等水产职业学校5所，另有设置水产科的中等农业学校3所，在校学生700余人，在职教师约150人。1949年以后，水产教育的规模、专业、层次和办学方式都有很大的发展。

二、水产教育体系

20世纪50年代初，各级水产教育机构所设置的专业，一般只有渔捞、制造（水产品加工）和养殖3个专业。目前，全国设有水产一级学科博士学位授权点的高等水产院校有10个，设有一级学科硕士学位授权点有15个。全国有近80所高校开设了水产本科专业，水产本科专业有水产养殖学、海洋渔业科学与技术、水族科学与技术、水产动物医学4个专业。在水产教育的层次上有博士、硕士、大学本科、专科生、中等专科和技工教育等多种层次，从而使水产教育形成了一个层次齐全、专业配套、办学形式多样，同我国水产业发展基本适应的教育体系。

三、国内主要水产类院校

（一）中国海洋大学（OUC）

中国海洋大学简称中海大，原名青岛海洋大学，位于山东省青岛市，始建于1924年，2002年更名为中国海洋大学。学校是教育部直属重点综合性大学，是国家“985工程”和“211工程”重点建设高校之一，是国务院学位委员会首批批准的具有博士、硕士、学士学位授予权的单位。具有水产博士、硕士和学士授予权。

（二）上海海洋大学（SHOU）

上海海洋大学是上海市人民政府与国家海洋局、农业农村部共建的农林类高等院校。前身为始建于1912年的江苏省立水产学校，1952年更名为上海水产学院，1985年更名为上海水产大学，2008年更名为上海海洋大学，具有水产博士、硕士、学士学位授予权。

（三）华中农业大学（HZAU）

华中农业大学是教育部直属的一所以生命科学为特色，农、理、工、文、法、经、管协调发展的全国重点大学，是国家“211工程”和“985工程优势学科创新平台”重点建设院校，是武汉七校联合办学成员，是国家生命科学与技术、农业现代化建设优秀人才培养的重要基地，具有水产博士、硕士、学士学位授予权。

（四）大连海洋大学（DLOU）

大连海洋大学简称大海大，是国家海洋局与辽宁省人民政府共同建设高校。其是中国北方地区唯一的一所以海洋和水产学科为特色，工、农、理、管、文、法、经、艺等学科协调发展的多科性高等院校。大连海洋大学的前身为创建于1952年的东北水产技术学校，1978年升格为大连水产专科学校，2010年3月，更名为大连海洋大学，具有水产硕士和学士学位授予权。

（五）宁波大学（NBU）

宁波大学简称宁大，坐落于国家历史文化名城、著名的国际化港口城市——浙江宁波，是由教育部、国家海洋局、浙江省和宁波市共建的重点综合性大学。学校在1986年由包玉刚先生捐资创立，邓小平同志题写校名；建校之初，由浙江大学、复旦大学、中国科学技术大学、北京大学、原杭州大学五校对口援建；1996年，原宁波大学、宁波师范学院和浙江水产学院宁波分院三校合并，组建新的宁波大学，具有水产博士、硕士、学士学位授予权。

（六）南京农业大学（NJAU）

南京农业大学是一所以农业和生命科学为优势和特色，农、理、经、管、工、文、法多学科协调发展的教育部直属全国重点大学，是国家"211工程"重点建设大学和"985工程优势学科创新平台"高校之一。南京农业大学前身可溯源至1902年三江师范学堂农学博物科和1914年私立金陵大学农科；1952年，全国高校院系调整，由金陵大学农学院和南京大学农学院以及浙江大学农学院部分系科合并成立南京农学院，1984年更名为南京农业大学，具有水产博士、硕士、学士学位授予权。

（七）广东海洋大学（GDOU）

广东海洋大学是广东省人民政府和国家海洋局共建的省属重点建设大学，是一所以海洋、水产、食品学科为特色，理、工、农、文、经、管、法、教、艺等学科协调发展，以应用学科为主体的多科性海洋大学，是具有学士、硕士、博士完整学位授权体系的大学。学校的前身是创建于1935年的广东省立高级水产职业学校。1997年1月10日，湛江水产学院和湛江农业专科学校合并组建湛江海洋大学。2001年12月，全国重点中专湛江气象学校并入。2005年6月15日，经教育部批准，湛江海洋大学更名为广东海洋大学。具有水产博士、硕士和学士授予权。

（八）浙江海洋大学（ZJOU）

浙江海洋大学创建于1958年，始名舟山水产学院，1975年更名为浙江水产学院，1998年与舟山师范专科学校合并组建为浙江海洋学院，2000年之后浙江省海洋水产研究所等单位相继并入，2016年更名为浙江海洋大学，是以海洋、水产为特色、多学科协调发展的省属教学研究型大学，具有水产硕士、学士学位授予权。

（九）集美大学（JMU）

集美大学始于著名爱国华侨领袖陈嘉庚先生1918年创办的集美学校师范部和1920年创办的集美学校水产科、商科。1994年，在集美航海学院、厦门水产学院、福建体育学院、集美财经高等专科学校和集美师范高等专科学校5所高校的基础上合并组建集美大学。学校具有水产博士、硕士、学士学位授予权。

（十）天津农学院（TJAU）

天津农学院始建于1976年。学校以农科为主体，农、工、管、理、经、文、艺协调发展。学校现有15个学院（部）、7个学科门类、45个本科专业及方向、8个高职专业，有3个一级学科、9个二级学科学术硕士学位授权点、3个硕士专业学位授权点。具有水产硕士、学士学位授予权。

（十一）西南大学（SWU）

西南大学是国家"211工程""985工程优势学科创新平台""111计划""2011计

划”“卓越农林人才教育培养计划”“卓越教师培养计划”的教育部直属重点综合性大学。学校由教育部直属高校原西南师范大学与农业部（现为农业农村部）直属重点大学原西南农业大学于2005年合并组建而成。几经发展演变，遂成教育部直属，由教育部、农业农村部和重庆市重点共建的西南大学。具有水产博士、硕士和学士学位授予权。

（十二）湖南农业大学（HNAU）

湖南农业大学是湖南省属具有研究生推免资格的六所高校之一，以农科为特色，农、工、文、理、经、管、法、医、教、艺术多学科综合发展的省属重点大学。1994年3月正式更名为湖南农业大学。现有20个专业学院、1所独立学院，有72个本科专业，11个博士学位授权一级学科，20个硕士学位授权一级学科，11个硕士专业学位授权类别，10个博士后科研流动站。具有水产硕士和学士学位授予权。

（十三）海南大学（HAINU）

2007年8月，海南大学由原华南热带农业大学与原海南大学合并组建而成。是海南省属综合性重点大学，是海南省人民政府与教育部、财政部共建高校，是国家“211工程”重点建设高校，是“国家卓越工程师教育培养计划”“国家卓越法律人才教育培养计划”、国家“中西部高校综合实力提升工程”入选高校，是“中西部高校联盟”主要成员。具有水产硕士和学士学位授予权。

（十四）河南师范大学（HENANNU）

河南师范大学的前身是创建于1923年的中州大学（原国立河南大学前身）理科，1953年与平原师范学院合并，改称河南师范学院，后更名为新乡师范学院，1985年始称河南师范大学。河南师范大学水产学院下设水产养殖专业，该专业创建于1983年，1984年招收第一届本科生，是河南省第一个水产养殖本科专业。2018年获批水产一级学科博士学位授权点。

（十五）中国台湾高雄海洋科技大学（NKMU）

高雄海洋科技大学是中国台湾高等教育中唯一一所以海洋特色为教学主轴、培育海洋专业人才的学府。学校源于1946年成立的中国台湾省立基隆水产职业学校高雄分校。2004年，改制为“高雄海洋科技大学”。具有博士、硕士、学士学位授予权。

四、世界水产学专业主要大学

（一）东京海洋大学（Tokyo University of Marine Science and Technology）

东京海洋大学成立于2003年，由东京商船大学和东京水产大学合并而成。学校设有海洋工学部，包括海洋事业系统工学科、海洋电子机械工学科、流通信息工学科，海洋科学部包括海洋环境学科、海洋生物资源学科、食品生产科学科、海洋政策文化学科，研究生大学院设有海洋科学技术研究科，开设理学、农学、水产学、人文、社会科学等课程。作为日本唯一一所海洋专门大学，东京海洋大学在海洋、船舶、鱼类、食品、地球环境、运筹学等方面具有领先地位。

（二）北海道大学（Hokkaido University）

北海道大学是日本一所国立大学，也是历史上7所旧制帝国大学之一，建立于1876年，1918年开设大学教育。北海道大学开设的本科专业有文学、教育学、法学、经济学、理学、医学、齿学、药学、工学、农学、兽医学、水产学。硕士、博士专业开设有理学院研究院、农学院研究院、兽医学研究科、水产科学研究院等研究部。

（三）鹿儿岛大学（Kagoshima University）

鹿儿岛大学是日本一所国立大学，建立于1773年，组建于1949年，并于1949年开设大学教育。硕士开设如地球环境科学、法学、国际综合文化论、海洋土木工程、化学工程、化学生命、建筑学、经济社会系统、护理学、理疗、环境学、生物生产学、数理信息学、水产学等专业方向。 博士开设如系统信息科学、保健学、健康科学、临床心理学、生命环境学、生物生产学、物质生产学、先进治疗学、应用生命学等专业方向。

（四）木浦海洋大学（Mokpo Ocean University）

木浦海洋大学是韩国的一所水产海洋系列国立大学，1950年建校，1994年3月更名为木浦海洋大学，1997年设立了木浦海洋大学研究生院。木浦海洋大学教授和研究海运产业发展所必需的专业知识和理论，专业有航海、航海法系统工学、海洋安全系统工学、国际物流系统、海洋警察、机关工学、动力机械工学、造船海洋工学等。

（五）韩国海事海洋大学（Korea Maritime and Ocean University）

韩国海事海洋大学是韩国的一所以航运、物流、海洋、交通运输学科为特色的国立大学，创办于1945年，是韩国两所海事大学之一。该校坐落于釜山市影岛。该校持续培养了海洋事业领域的专业人才，为进一步提高韩国的海洋、海运产业竞争力起到了决定性作用。

（六）挪威生命科学大学（Norwegian University of Life Sciences）

挪威生命科学大学（原挪威农业大学），位于挪威奥斯陆市，是一所建成于1859年的公立大学。挪威生命科学大学可授予本科、硕士和博士学位，专业有动物科学、水产学、生物学、生物技术、企业行政管理、化学、生态与自然资源管理、经济与资源管理、食品科学、森林、环境与工业、自然科学、植物科学、绿色能源、动物育种与遗传学、水与环境技术、微生物学等。

（七）华盛顿大学（Washington University）

华盛顿大学创建于1861年，具有世界一流的商学院、法学院、医学院、教育学院、工学院、戏剧学院、音乐学院、美术学院、信息学院、行政学院、国际关系学院、海事学院、药学院等。华盛顿大学的医学、生命科学、计算机科学、教育学、公共关系、社会工作和海洋科学领先世界。

（八）奥本大学（Auburn University）

奥本大学创办于1856年，是亚拉巴马州最大的大学，是美国传统百强大学之一。学校设有12个学院，覆盖140多个专业，可授予硕士、博士学位。奥本大学在农业、海洋科技、水产、电子工程、工业工程、化学工程、药学及工商管理硕士（MBA）等专业中，享有很高的声誉。

（九）釜山大学（Pusan National University）

釜山大学由韩国政府创办于1946年，是韩国10所国立旗帜大学之一，位于韩国第二大城市釜山。2014年世界大学排名431名，亚洲第68位。学校由15个学院、1个分校区、1个综合研究生院、4个专业研究生院及5个特殊研究生院组成，目前在筹建世界渔业大学。

第六节　水产学科研究内容及发展现状

水产学科是国务院学位委员会审定的国家一级学科，是一门研究水域环境中经济动植物捕捞、增养殖理论与工程技术的综合性学科。水产学科研究范畴包括内陆和海洋水域经济水生生物（鱼、虾、藻类等）的资源结构与数量变动规律、捕捞、资源养护、增殖放流、全人工养殖、收获等。水产学科是一门交叉性学科，与湖沼学、海洋学、淡水生物学、海洋生物学、资源保护学、生态学、种群动力学、经济学、管理学等交叉渗透。

一、我国水产学科研究方向

水产学科主要包括水产养殖学、渔业资源学、捕捞学、水产遗传育种与繁殖、水产营养与饲料学、水产医学等方向。

（一）水产养殖学

水产养殖学是研究水产养殖对象的生物学特征、生存规律及其与环境相互作用的联系、养殖理论与技术的一门应用性学科。其基本内涵是采用现代技术和管理理念，实现水产养殖高效、安全、与社会及生态环境和谐发展，以较少的环境资源投入，产出更多、更安全卫生的水产品。

（二）渔业资源学

渔业资源学是探索水产动植物的生活史、年龄与生长、种群组成和繁殖洄游迁移习性等渔业生物学特征；开展渔业资源量评估方法研究和评估模型构建，并估算其资源量，从而掌握渔业资源数量变动规律；考察各种捕捞方式、捕捞强度和管理措施等人类活动，以及全球环境因素变化等对渔业资源的种群数量和结构动态变化的影响；探索在自然水域中增殖放流经济水生动植物的方向和手段，从而达到增加或恢复渔业资源的目的。

（三）捕捞学

捕捞学是研究捕捞对象的行为特征、渔场探测技术、负责任捕捞技术和渔业设施工程技术及相关理论的学科，其基本内涵是采用现代技术和装备，实现天然水域及其渔业资源的高效与可持续利用。

（四）水产遗传育种与繁殖

在种质资源评价与筛选的基础上，从群体、个体、细胞和分子水平研究水产生物重要经济性状的遗传基础与遗传规律，并应用育种学手段实现水产生物经济性调控技术，获取繁殖新理论、新方法和新技术，建立规模化繁育技术体系，为养殖提供高质量的苗种。

（五）水产动物营养与饲料学

水产动物营养与饲料学是一门阐明营养物质摄入、代谢过程、废物排出与水生动物生命活动的科学。主要研究水产动物的摄食行为、营养生理与营养需求特点，以及其指导的饲料配方设计、饲料添加剂及饲料加工工艺和投饲技术。养殖对象的生长、繁殖、健康、品质与安全的营养调控理论与技术，饲料配方和投饲技术与环境的可持续利用，非鱼粉蛋白源的开发利用为该研究领域的前沿热点。

（六）水产医学

从病原学、流行病学、病理学、药理学和免疫学入手，研究水生动物疾病的病因、流行规模、致病机理、药物筛选、免疫防治与健康养殖技术；研究水环境生态系统中各生态因子的相互作用及其对水生动物健康和疾病发生的影响，为水生动物疾病的生态防控奠定理论基础。

（七）设施渔业技术

根据现代渔业发展需求，围绕捕捞、集约化水产养殖、增殖工程设施展开研究。结合新技术和新材料，进行设施渔业装备的系统集成研究和技术运用，开展渔港、渔船、离岸、陆基工厂化、池塘、筏式等养殖设施及人工渔礁等渔业工程设施的设计理论和工程技术的研究，提升产业现代化水平。

（八）渔业生态环境监测与评价

主要研究水体污染因素的生态毒理学和胁迫效应，渔业生态环境变化及极端环境因素对渔业生物的影响及调控机制，渔业生态环境衰退的监测、评价技术、预警措施及修复对策等科学问题，从而为防止渔业水域的荒漠化，保证渔业的可持续发展和水产品质量安全等提供理论和技术支撑。

二、我国水产学科最新进展

近年来，我国渔业科研工作着力提升渔业自主创新能力，在基础研究、高新技术研究、共性关键技术攻关、行业科技和国际合作等方面取得了一批重要研究成果，为发展“资源节约、环境友好、质量安全、高产高效”渔业提供了强有力的科技支撑，提升了水产学科发展水平。

（一）渔业资源和生态环境研究，为客观评价和保护水生生物资源提供了科学依据

渔业资源和生态环境研究进一步得到加强，取得了一系列成果。一是海洋生态系统动力学研究方面获得了一系列的创新性研究成果，初步建立了我国近海生态系统动力学理论体系；二是渔业资源调查为我国海洋生物资源养护、渔业发展新模式的探索和实现生态系统水平的渔业管理提供了可靠、系统的基础数据和重要的科学依据；三是渔业资源增殖及放流技术的基础研究得到加强，初步形成了评价模式、评价规范、技术路线和构建措施等框架体系；四是在渔业生态环境保护、水产养殖排污系数测算和管理技术等方面的研究，有效阐明了生态环境变化对渔业生物的影响，科学揭示了某些污染物的环境行为和污染规律，显著提高了部分前沿科学基础问题的认识水平。

（二）质量安全研究进展为管理提供了有力的技术支撑

积极开展水产品质量安全和控制技术的研究，为提高我国水产品质量安全水平提供了重要的技术支撑。一是加强了水产品质量安全保障体系建设，水产品质量安全检测体系逐步完善；二是积极开展了水产品生产基地认定和水产品质量安全追溯系统建设工作，对推动我国实现水产品安全生产全程控制发挥了重要作用，为我国水产品质量全面提升提供了有效的科学管理模式；三是基础研究取得了显著进展，水产品质量安全管理的理论依据更加充分。

（三）水产健康养殖模式和相关技术研究促进了结构调整优化和产业升级

依托国家各类项目，开展技术攻关、系统组装与集成，推动水产健康养殖的科技创新和模式转变。一是水产健康养殖、无公害养殖和标准化养殖技术研究成果促进了产业结构调整和布局优化；二是苗种人工繁殖技术不断发展，新品种产出速度加快，丰富和优化了养殖品种结构，挽救了一批珍稀水生生物，中华鲟全人工繁殖成功，标志着我国珍稀濒危水生野生动物繁殖和保护工作向前迈进了一大步；三是全国渔业科技与技术推广部门紧密结合，通过发布技术标准、创办健康养殖示范区等活动，宣传普及了健康养殖理念，为养殖产业技术升级提供了有力的技术支撑。

（四）水产病害防治理论技术研究提升了我国水生动物疫病防控能力

一是在重要养殖生物病害发生和抗病基础机理研究方面取得了一定进展，水产品疫苗研发技术已进入生产应用阶段，为水产疫病防控体系建设和保障水产品质量安全提供了技术保障；二是在水产药物研发、药物代谢动力学与药残检测技术研究方面取得了显著成绩，研制出几十种鱼病防治新药，并制定了渔药的残留限量、休药期与使用技术规范；三是水产养殖重大病害防治体系建设日益完善，提高了水生动物疫病的防控能力。

（五）水产生物和遗传育种技术的融合，加快了我国水产育种技术的集成创新和新品种产出

在基因组解析、分子标记筛选及应用、细胞工程、杂交选育等领域取得了较大的进展，初步形成了以数量遗传学为理论基础、以生物技术为辅助手段的现代水产育种技术方法体系。一是新品种产出加快，一大批水产新品种大幅度提高了我国水产良种化进程；二是分子标记和基因组研究取得显著进展，为分子育种的推进打下了良好的基础；三是现代生物技术已全面应用于水产育种工作，为育种研究技术的突破奠定了较好的理论基础，许多技术已居国际领先水平。

（六）水产品加工关键技术的突破，提高了我国水产品的竞争力

水产品加工关键技术的突破，促进了我国水产品国际竞争力的提升和产业素质的提高。一是淡水产业加工技术获得突破，优质罗非鱼雄性化养殖及加工出口关键技术达到国际领先水平，淡水水产品加工流通质量控制研究取得明显进展；二是水产加工产品向多品种、高值化发展，开发出一系列优质水产加工产品；三是生物化学和酶化学技术促进了资源利用产业化进程，开发了海洋功能食品等系列产品，大幅度提高了产品附件值。

（七）渔业装备与工程技术提升了现代渔业装备水平和生产效率

渔业装备与工程技术是现代化渔业发展的重要保障，是实现渔业高效生产的重要保证。一是循环水养殖系统模式与系统技术的研究开发提高了集约化生产效率；二是池塘养殖生态工程化设施研究和经济型模式的推广大幅度降低了养殖排污；三是网箱养殖配套设备和工艺研究大大拓展了渔业生产水域；四是渔业装备开发研究、海洋捕捞船和集约化养殖节能降耗技术为渔业实施节能减排战略提供了科学依据和技术手段。

（八）信息技术应用研究加快了渔业信息化进程

渔业信息的研发促进了现代信息技术在渔业管理、科技、生产和流通领域的应用。一是水产种质资源共享平台和渔业科学数据平台建设，完成了对水产种质和渔业生产科技信息两大类资源的整理、整合，其有效运行促进了信息共享，直接支撑了政府决策并服务于实际生产和科研，取得了较好的社会和经济效益；二是建起了一大批渔业信息网站、实用数据库或基础数据平台，信息量、相关栏目和质量都较前期有相当程度的提高；三是利用卫星遥感技术，对构建海况、渔况测预报业务系统进行了探索，开始逐渐应用于渔业的科研和生产管理。

三、国内外水产学科发展比较

（一）资源保护及利用领域

渔业资源是水域生态系统的重要组成部分，也是渔业最基本的生产对象和人类食物的重要来源，是保证水产业持续健康发展的重要物质基础。经过几代科研人员的奋斗，我国在水产资源的保护及合理利用方面取得了一系列的科研成果，开创和推动了我国鱼类分类学、渔业资源调查评估、渔业资源增殖、海洋生态系统动力学、濒危物种保护等研究领域的发展，完成了大量的论著，并取得了一批具有国际先进水平的科研成果，为今后渔业资源保护和利用学科的发展奠定了基础。但与渔业发达国家相比，在渔业资源多鱼种、群落及生态系统研究及资源开发利用方面还有较大差距。

（二）生态环境评价与保护领域

良好的渔业水域生态环境是水生生物赖以生存和繁衍的最基本条件，是渔业发展的命脉。渔业资源的保护和利用、水产增养殖业的健康发展无不与相应的水域生态环境状况密切相关。我国主要针对所辖渔业水域生态环境进行监测，重点是水产养殖区与重要鱼、虾、蟹类的产卵场、索饵场和水生野生动物自然保护区等功能水域。而国际生态环境监测与保护学科主要有以下几个特点：一是将生态环境保护与生态修复设为最优先课题，向微观和宏观两方面发展；二是生态环境监测和保护学科与其他如生命学科和信息科学相互渗透；三是对持久性污染物和新化学污染物进行鉴别研究，探索污染物在环境中的实时动态变化工程，开展环境生态安全的早期预报；四是开展区域、国际和地球规模环境变动对水产资源及其生态系统的影响评估和预测技术及研究手段的仿真化和智能化。

（三）水产生物技术应用领域

生物技术可以提高水产业的生产能力，同时不断地将生物科学及其他科学技术领域的新发现、新技术引进并应用到水产生产技术和研究工作中，以提升产业的技术水平。我国在水产生物技术的某些方面具有较好的基础和优势，其中鱼类基因转移技术等已达到世界先进水平，基因组学研究工作逐步展开并具有一定的国际知名度。但在功能基因、分子标记、基因工程疫苗研制等方面研究较为落后；在水产生物技术研究和开发的许多方面，我国原创性人才相对缺乏，研究手段相对落后。

（四）水产遗传育种领域

育种是水产养殖业结构调整和水产业持续健康发展的首要物质基础。我国水产种质资源与选育种研究虽然起步较晚，但发展势头很好。但与国外相比，我国水产种质资源与遗传改良在基础理论研究、管理、科技水平、基金、设备条件方面还有巨大的提升空间。

（五）病害防治领域

我国水产养殖产量位居世界第一，这导致我国水产病害防控任务异常艰巨，水产病害防治学科理论及科技成果，对保障我国水产养殖业可持续健康发展意义重大。我国水产养殖病害学的研究起步较晚，但是随着近年来我国对于水产动物疾病学的重视、从事水产动物疾病学研究队伍的壮大及研究手段的提高，这种差距在不断缩小，而且在水产养殖动物病原分子生物学研究方面跻身国际先进水平，水产养殖动物免疫学总体水平逼近国际前沿。但在研究对象与方式上存在较大差异，研究水平存在一定差距。

（六）养殖技术领域

水产养殖技术学科是我国的传统学科，也是优势学科。水产养殖技术的进步与创新有效地拓展了渔业生产领域，大幅度提高了水域利用率和劳动生产率，有力地促进了渔业生产方式的变革，加快了渔业现代化的过程，加速了水产业及农业产品结构的调整和产品的升级换代，提高了水产业的综合竞争力、整体效益和行业素质。我国水产养殖技术从整体上看处于先进水平，在鲆鲽类封闭式养殖系统与技术等领域达到国际领先水平。但在养殖产品的质量安全技术及监控力度上，和先进国家相比还有很大差距。

（七）加工与产物资源利用技术领域

近年来，我国水产品加工业发展迅速，水产加工企业数量、产量和产值不断增加。但加工品种不多，与发达国家相比，我国水产品深加工比例低，产业化程度低，生产设备相对落后。

（八）水产品质量安全领域

随着我国质量安全法规逐步建立，标准不断完善，水产品质量安全水平大大提高。然而，我国水产品生产规模小、养殖户生产技能低，生产经营者的质量安全意识还不够高，致使国内市场水产品质量问题频发，水产品潜在的质量安全深层次问题进一步显现，相关的科学问题有待于进一步深入研究，水产品质量安全工作任重而道远。与国外先进技术相比，我国水产品质量安全研究的差距体现在：质量安全基础研究薄弱；检测技术落后；质量安全标准体系不健全；监管力度不够等。

（九）渔业装备与工程技术领域

近年来，我国渔业装备与工程不断向高新科技发展，促进了渔业生产向高产、优质、高效方向发展，其科技进步对渔业经济发展的贡献率不断提高，为实现渔业经济增长方式从传统向现代集约化转变奠定了良好的基础。我国在淡水循环水养殖设施技术领域已具有相当的应用水平，在深海抗风浪网箱研制方面也取得了重大进步，在一些设备和技术水平上达到了国际先进水平，在结构工艺方面达到了国际领先水平。但与发达国家相比，我国的渔船装备水平落后很多，海水循环养殖设施技术领域也存在一定的差距。

（十）渔业信息及战略研究领域

渔业信息及战略研究领域是一个相对比较年轻的研究领域，但却是一个成长性很强的新型领域，也是我国现代渔业建设中不可或缺的领域，担负着渔业信息技术研究、渔业信息产品开发、渔业信息服务和为政府决策提供咨询等重要责任。与发达国家相比，差距主要有缺乏带动全局性和战略性的重大技术、重大产品和重大系统，缺乏必要的渔业信息技术规范和标准，渔业信息技术的基础研究、应用研究和成果转化之间严重脱节，战略研究较为薄弱等。

四、我国水产学科发展问题分析

通过近年来的努力，我国水产科学得到进一步发展，渔业科技自主创新能力得到明显提升。但要实现我国渔业可持续发展，水产学发展要不断解决以下主要矛盾：海洋捕捞资源衰退与天然资源养护及生态修复的矛盾；渔业装备陈旧，耗能高与安全、节能的矛盾；养殖模式落后与安全养殖、资源节约、环境友好的矛盾；水产品加工产业链过短与深加工、机械化加工的矛盾；渔业生产方式转变与生态化、精准化、数字化、智能化的矛盾等。

1. 我国水产科学发展战略需求 我国水产业所取得的巨大成就，除了受益于改革开放政策和正确的水产业发展指导方针，水产科技进步也发挥了极其重要的作用。但在建设中国特色现代化农业道路的新形势下，如何建设现代渔业，促进渔业增长方式的转变，实现渔业可持续发展，水产科技工作面临着许多新的要求。

（1）食品安全对渔业科技的需求 随着我国人口的增长和收入水平的提高，作为人民生活重要优质蛋白来源的水产品需求将进一步增长。但是，过度捕捞造成渔业资源严重衰退，受水域功能变化的影响，养殖面积也难以大幅增加。同时，渔业水域环境污染、养殖病害增多、鱼药使用不规范等也严重威胁着水产品的质量安全。只有依靠渔业科技进步，利用高新技术改造传统渔业，提高资源利用率和水产品质量，才能从数量和质量上实现水产品有效供给，保障食品安全。

（2）生态安全对渔业科技的需求 我国水域生态环境污染状况不断加重，水生生物的生存空间不断被挤占，生物灾害、疫病频繁发生，水域生态遭到破坏，渔业资源严重衰退，水域生产力不断下降，渔业经济损失日益增大。生态安全问题已严重影响我国渔业的可持续发展，因此迫切需要加强渔业资源养护和水域生态环境保护，减少污染危害，开发环境友好型生产技术，研究和推广适合不同区域生态安全的渔业生产和管理模式，提供渔业的生态安全水平和可持续发展能力。

（3）现代渔业发展对渔业科技的需求 现代渔业已成为各种新技术、新材料、新工艺密集应用的行业，渔业的规模化、集约化、标准化和产业化发展，使其对科技的依赖程度在不断提高。因此必须加快渔业科技进步，充分吸纳、融合现代生物技术、信息技术和材料技术的新成果，发展具有自主知识产权、自主品牌的设施渔业和水产品精深加工业，降低资源消耗、环境污染和生产成本，不断提高渔业的资源产出率和劳动生产率，进一步引领和支撑优质、高效、生态、安全的现代渔业发展。

渔业增长方式转变对渔业科技的需求。在当前我国水生生物资源衰退、水域环境恶化及国际竞争日趋激烈的情况下，要实现渔业经济的可持续发展，促进渔业增效与渔民增收，必须改变现有生产模式和增长方式，用科学发展观来统领资源、环境和经济的协调发展。因此，应遵循经济模式，加强科技创新和科技进步，大力发展资源节约、环境友好、质量安全、优质高效型渔业，推动渔业经济增长切实转移到依靠科技进步和提高渔民素质的轨道上来。

2. 我国水产科学发展趋势 根据我国经济社会发展的客观现实和一般性规律，对于今后我国水产学科发展方向可以做出如下基本判断。

产业结构调整速度将进一步加快，产业结构调整和产业转移并存，发展现代渔业的科技需求将进一步迫切。渔业的发展要以资源高效利用和改善生态环境为主线，着力优化产业结构，转变发展方式，坚持和深化生态、高效、品牌发展理念，重点发展健康安全的水产养殖业、科学合理的渔业增殖业、多元化复合型海外渔业、先进高附加值的水产加工业、功能形式多样的渔业服务业等现代渔业产业体系。其中，高效、安全健康养殖业作为今后渔业主要发展方向之一尤为重要，其包括了水产生物遗传育种、水产生物免疫与病害控制、水产养殖技术、水产生物营养与饲料等各方面内容。

重点地区渔业产业体系将逐步完善，导致对集成配套技术、多学科融合技术和优势特色技术需求的增加，技术需求将呈现多样化。需要因地制宜地做好不同重点地区渔业产业体系建设，发展、熟化各类、各层次水产技术，满足产业发展需求。

随着现代渔业建设进程的加快，渔业管理现代化需求将更加迫切，支撑现代渔业管理的重大理论研究、关键技术研发和系统集成技术等研究的需求将更加紧迫。根据以上分析，结合我国渔业发展的客观现实，要满足渔业发展的科技需求，水产学科要紧紧围绕现代渔业建设和可持续发展能力这一主题，以解决产业需求为目标，围绕产业发展的全局性、方向性和关键性重大问题，开展重点领域科技攻关，掌握一批核心技术，拥有一批自主知识产权，加快推进渔业科技创新。

思考题

1. 简述水产业的特点。
2. 论述水产业在社会经济中的作用和地位。
3. 试述我国水产业发展史。
4. 简述我国渔业存在的问题。
5. 我国水产学科主要研究方向有哪些?

第二章　水产动物遗传育种

第一节　水产动物遗传育种基础

一、水产动物遗传育种学相关概念

水产动物遗传学是研究水产动物遗传物质、遗传规律和遗传变异机理的科学，是水产动物育种学最主要的理论基础。水产动物遗传学主要研究水产动物遗传的细胞基础、遗传的基本规律、遗传的基本原理、质量性状的遗传、数量性状的遗传、群体遗传学、分子遗传基础及其在动物中的应用。水产动物遗传学的原理用于育种主要有两大任务：一是基于对遗传性状的预测，选择最理想的亲本；二是通过育种规划和交配系统生产基因型最好的商品动物。水产动物育种学主要研究水产动物品种的形成，水产动物遗传资源的调查、开发利用和保存，主要经济性状的遗传规律，生产性能测定，培育新品种、品系的理论和方法，杂种优势机理和利用，保证育种工作有效进行的规划、育种组织、措施和必要法则等。其是人类应用遗传学理论指导水产动物育种实践的科学知识体系，通过人为控制动物个体的繁殖机会，利用适当的育种方法，尽可能“优化”地开发和利用水产动物遗传变异的一系列理论和方法。水产动物遗传育种学是研究水产动物遗传规律、育种理论和方法的科学，是理论与实践紧密结合的一门综合性学科。

在影响水产动物生产效益的科技因素中，遗传育种的科技贡献率最大，占 40% 左右。在影响水产动物生产效率的诸多因素中，品种或种群的遗传基础起主导作用。开展水产动物育种工作，可充分利用水产动物品种资源，发挥优良品种基因库的作用，提高水产动物产品的质量和生产特色产品，同时，开展水产动物多样性研究和保护动物学研究，更有效地保护现有品种资源，并合理开发利用水产动物品种资源，为水产业可持续发展奠定基础。

水产动物遗传育种学常用相关概念如下。

1. 种（species）　种是指具有一定形态、生理特征和自然分布区域的生物类群，是生物分类系统的基本单位。一个种中的个体一般不与其他种中的个体交配。亚种是在同一物种内，由于地理分布的不同，在形态上有一定差异的类群。亚种之间能互相配育，其后代有繁殖力。

2. 品种（breed）　品种是指具有一定经济特性，能满足人们的需要，经过定向的人工选择，主要性状的遗传性比较一致且遗传稳定的生物群体。历史上的品种多是人们在长期生产活动中培育、选择得到的，如“江西三红”就是这类品种。品种是养殖学中的一个概念，与生物学分类单元中的种的概念不同，种是生物分类系统中的最基本单元，是指能够自然交配并生产可育后代的一个生物群体。品种是源自于种的，但它是人们创造出来的生产资料或实验材料，品种可以由一个种（选育）得到，也可以由 2 个以上种（杂交等）获得。因此，品种既不同于种，又相似于种，一些在生产中使用的品种直接来源于种，如白鲢、草鱼等至今没有人工培育的品种，从特定江河区域捕捞经简单筛选就作为养殖品种（原种）进行商业生产了，在水产养殖业中由于使用很多这样的原种作为苗种的生产群体，因此种和品种这两个概念容易混淆。自1991年以来，获得的品种都要经过国家原良种审定委员会的审定才能作为品种在我国境内使用。

3. 原种（stock） 取自定名模式种采集水域或取自其他天然水域并用于养（增）殖生产的野生种及用于选育种的原始亲本。在我国，原种在苗种水产生产中仍占很重要的地位，但随着管理的规模化，苗种的生产正在逐步向良种化的方向发展，直接利用原种的比例将越来越低。原种保护及其开发利用是当前水产遗传和育种工作的主要任务，也是政府种质资源管理的基本方向。

4. 种群（population） 种群是指同一物种在某一特定时间内占据某一特定空间的一群个体所组成的群集。种群中的个体并不是机械地集合在一起，而是彼此可以交配，并通过繁殖将各自的基因遗传给后代。种群是进化的基本单位，同一种群的所有生物共用一个基因库。同时种群也是种所代表的生物的具体载体，没有确切的具体群体的物种是不存在的。

5. 品系（strain） 品系是指一群具有突出优点，并能将这些突出优点相对稳定地遗传下去的具有较高种用价值的种群。品系用于遗传学研究和品种培育。品系经比较鉴定，优良者繁育推广后即可成为品种。在养殖鱼类研究中使用的品系一般有两类：一类是为基础研究所建立的品系，可以是近交也可以是远交并经多代选育使其特异性状基本上固定下来，虽然还没有经过审定，但为同行所接受并广为利用的实验群体；另一类是品种培育过程中形成的经济性状相似的个体的集合，为集中选育目标而选择出或合并形成的遗传性状基本一致的个体的集合。

6. 良种（good breed） 良种是指生长快、抗逆性强、性状稳定和适应一定地区自然条件并用于养（增）殖生产的水生动植物种。品种不一定是良种，一般来说良种源于品种。

7. 质量性状（discrete character） 质量性状是指同一种性状的不同表现型之间不存在连续性的数量变化，而呈现质的中断性变化的性状。它由少数起决定作用的遗传基因所支配，如角的有无、毛色、血型、遗传缺陷等都属于质量性状。

质量性状的基本特征如下：多由一对或少数几对基因所决定，每对基因都在表型上有明显的可见效应；其变异在群体内的分布是间断的，即使出现有不完全显性杂合体的中间类型也可以区别归类；性状一般可以描述，而不是度量；遗传关系较简单，一般服从三大遗传定律；遗传效应稳定，且受环境因素影响小。

8. 数量性状（quantitative character） 水产动物生产中所关注的绝大多数经济性状呈连续性变异，其在个体间表现的差异只能用数量来区分，这类性状称为数量性状，如水产动物的体尺、体重、饲料转化率等。与质量性状相比较，数量性状主要有以下特点：性状变异程度可用度量衡度量；性状表现为连续性分布；性状表现易受环境影响；控制性状的遗传基础为多基因系统。

水产动物大多数经济性状属于数量性状。掌握数量性状的遗传规律和遗传参数，对生产性能的保持、地方品种经济性能的提高、新品种及新品系的培育等工作都是十分必要的。数量性状的遗传是有规律可循的，虽然在不同群体、不同条件下，因估计方法不同得到的参数有所变化，但遗传参数反映的数量性状的基本遗传规律的趋势是一定的。

数量性状在动物生产中占有非常重要的地位。但是，到目前为止，对数量性状遗传基础的解释主要还是基于 Yule 首次提出、由 Nilsson-Ehle 总结完善，并由 Johannsen 和 East 等补充发展的多因子假说，也称为多基因假说或 Nilsson-Ehle 假说，其主要论点为：数量性状是由大量的、效应微小而类似的、可加的基因控制；这些基因在世代传递中服从孟德尔遗传规律；这些基因间一般没有显隐性区别；数量性状表型变异受到基因型和环境的共同作用。这一假说在实践中已得到大量数据的证实，在育种中发挥了重要作用，并在生产中取得了巨大成就。同时，随着科学的不断发展，这一假说还在不断完善之中。

9. 遗传力（heritability） 由于数量性状呈现出连续变异，因此要确定各种因素对它的影响大小，只能借助于生物统计学方法估计出各种因素造成的变异大小来衡量，也即进行变量的方差、协方差分析，然后得到相应的定量指标。遗传力就是这样的指标，它是数量遗传学中的一个最基本参数。

遗传力不同的性状适合于不同的繁殖方法。遗传力高的性状上下代的相关性大，通过对亲代的选择可以在子代得到较大的反应，因此选择效果好。这一类性状适宜采用纯繁来提高。遗传力低的性状一般来说杂种优势比较明显，可通过经济杂交利用杂种优势。但有些遗传力低的性状，品种间的差异很明显，而品种内估测的遗传力因随机环境方差过大而呈低值，这一类性状可以通过杂交引入优良基因来提高。遗传力与选择方法也有很大关系，遗传力中等以上的性状可以采用个体表型选择这种既简单又有效的选择方法。遗传力低的性状宜采用均数选择方法，因为个体随机环境效应偏差在均数中相互抵消，平均表型值接近于平均育种值，根据平均表型选择，其效果接近于根据平均育种值选择。遗传力这个参数几乎贯穿整部数量遗传学，而且其概念还在不断发展，如群建差异遗传力、综合指数遗传力、相关遗传力和杂种遗传力等。遗传力除用于以上宏观决策外，还有 3 种具体用处：一是预测遗传进展；二是估计个体育种值；三是制定综合选择指数。

10. 重复力（repeatability） Lush（1937）在《动物育种计划》一书中提出了重复力这一概念，用来衡量一个数量性状在同一个体多次度量值之间的相关程度，即组内相关系数。

对一个个体而言，其合子一经形成，基因型就完全固定了，因而所有的基因效应都对该个体所有性状产生终身影响。同时，个体所处的一般环境（或称持久性环境）也将对性状的终身表现产生相同的影响。所谓持久性环境效应是指时间上持久或空间上非局部效应的环境因素对个体性状表现所产生的效应。除持久性环境因素的影响外，一些暂时的或局部的特殊环境因素只对个体性状的某次度量值产生影响，这种效应称为暂时性环境效应。当个体性状多次度量时，这种暂时性环境效应对各次度量值的影响有大有小、有正有负，可以相互抵消一部分，从而可提高个体性状生产性能估计的准确性。由于个体基因型效应和持久性环境效应完全决定了个体终身生产性能表现的潜力，Lush（1937）将这两部分效应统称为最大可能生产力。重复力的作用大致可归纳为以下 5 个方面。

1）重复力可用于验证遗传力估计的正确性。由重复力估计原理可以知道，重复力的大小不仅取决于所有的基因型效应方差，而且取决于持久性环境效应方差，这两部分之和必然高于基因加性效应方差，因而重复力是同一性状遗传力的上限。另外，因重复力估计方法比较简单，而且估计误差比相同性状遗传力的估计误差要小，估计更为准确。

因此，如果遗传力估计值高于同一性状的重复力估计值，则一般说明遗传力估计有误。

2）重复力可用于确定性状需要度量的次数。由于重复力就是性状同一个体多次度量值间的相关系数，依据它的大小就可以确定达到一定准确要求所需的度量次数。

3）重复力可用于估计个体最大可能生产力。

4）重复力可用于水产动物育种值的估计。类似于生产能力（MPPA）的估计，个体多次度量均值也可用于提高个体育种值的估计准确度，这时就需要用到重复力。

5）重复力可用于确定各单次记录估计总性能的效率。此外，还可以利用重复力确定不同次记录合并估计总均值的效率大小等。

11. 遗传相关（genetic correlation）　正如对数量性状表型值剖分一样，研究性状间的相关也需区分表型相关和遗传相关。所谓表型相关就是同一个体的两个数量性状表型值间的相关，造成这一相关的原因很多且十分复杂。一般而言，可将这些原因区分为两大类：一类是出于基因的一因多效和基因间的连锁造成的性状间遗传上的相关。不同基因间的连锁造成的遗传相关，由于基因间的重组而改变。因此，随着连续世代的基因重组，基因连锁逐渐消失，由此造成的遗传相关也逐渐减小，除非是基因间高度紧密连锁。一般而言，由基因连锁造成的遗传相关是不能稳定遗传的。但是，出于基因一因多效造成的遗传相关则是能够稳定遗传的。此外，即使非连锁基因也能由于它们对个体生活力有类似的效应而造成部分遗传相关。另一类是由于两个性状受个体所处相同环境造成的相关，称为环境相关。另外，由等位基因间的显性效应和非等位基因间的上位效应所造成的一些相关也不能真实遗传。因此，一般也并入环境相关之中，统称为剩余值间的相关。在这两类遗传和环境相关原因的共同作用下，两个性状之间就呈现出一定的表型相关。遗传相关的估计方法与遗传力估计方法类似，需要通过两类亲缘关系明确的个体的两个性状表现型值间的关系来估计。遗传相关的作用可归纳为以下三个方面。

1）间接选择。遗传相关可用于确定间接选择的依据和预测间接选择反应大小。间接选择是指当一个性状（如 X）不能直接选择或者直接选择效果较差时，借助于相关的另一性状（如 Y）的选择来达到对性状 X 的选择目的。间接选择在育种实践中具有很重要的意义，如有些性状只有在屠宰后才能度量；有些性状直接选择效果不理想，在这些情况下都可以考虑采用间接选择。

2）不同环境下的选择。遗传相关用于比较不同环境条件下的选择效果。实际上，不但不同性状可以来估计遗传相关，而且同一性状在不同环境下的表现也可以作为不同的性状来估计遗传相关。这就为解决育种工作的一个重要实际问题提供了理论依据，即在条件优良的种畜场选育优良品种，推广到条件较差的其他条件生产场能否保持其优良特性呢？实质上就是用遗传相关进一步推断同一性状在不同环境下的选择反应是否一致。

3）多性状选择。一般而言，只要涉及两个性状以上的选择问题，都需要用到遗传相关这一参数制定相关性状的选择指数，这也是遗传相关最主要的用途之一。

二、水产动物遗传育种学发展史

水产动物遗传育种学是以遗传学、动物育种学为理论和实践基础。遗传学主要研究遗传物质的结构与功能，以及遗传信息的传递与表达。遗传学真正发展成为一门独立的学科，是从 20 世纪开始的，孟德尔经过大量的杂交试验，成功地建立了遗传学的两个基本规律——遗传因子的分离定律和独立分配定律，为近代遗传学理论奠定了科学基础。

动物育种学是一门古老的学科，每个国家都有其育种历史。我国早在周代就对马的外形鉴定技术有了丰富的经验，春秋战国时期伯乐的《相马经》、宁戚的《相牛经》可称为动物育种学的早期专著。现代动物育种历史可以从18世纪算起，英国的科学家利用大群选择和近亲繁殖的方法，育成多种牛、羊和马的品种，当时，育成一个品种需要60～70年，到19世纪末，培育品种仅用20～30年。现代动物育种学的原理，是利用人工选择的方法代替自然选择以加速品种形成过程，在人工条件下进行动物选育改良的过程是：变异→人工选择→控制交配制度→产生良种→遗传→变异，不断选育，不断提高。在几十年或更短的时间内完成自然选择需要几十万年甚至几百万年才能完成或不可能完成的工作。

Lush将数量遗传学理论与育种实践相结合，提出了重复力和遗传力的概念，建立了现代育种理论体系。Henderson的线性模型理论和方法使更精确的统计方法在育种中得以应用，促进了动物生产的发展。随着数量遗传学的发展，动物育种工作取得了巨大的进展，动物生产水平也得到了极大的提高。自20世纪80年代以来，随着分子生物学，尤其是基因工程技术的快速发展，一门新的边缘学科——分子数量遗传学诞生，以分子数量遗传学为理论基础的分子育种也应运而生。20世纪90年代初，美国、日本等发达国家先后启动了动物基因组计划（Animal Genome Project，AGP），相继构建了猪、牛、羊、鸡等主要家养动物的遗传图谱和物理图谱，并已完成猪、鸡等140多个物种的基因组测序工作。展望21世纪，以基因组分析和转基因动物技术为依托的分子育种将在动物育种改良中发挥越来越大的作用。

三、我国水产遗传育种及种业发展

水产遗传育种作为水生生物学、水产学和生物技术的一部分，在揭示水产生物遗传变异的本质和规律的基础上，面向生产，挖掘利用野生种质资源，进行水产生物的遗传改良，创造高产、抗病或抗逆等经济性状优良的水产新品种，在提高水产品的产量和质量等方面起到重要的作用。水产遗传育种科技创新是水产种业发展的关键要素，是水产种业及养殖业健康发展的先决条件。

（一）国内水产遗传育种与种业现状

我国是世界上最早开展水产选择育种技术研究的国家之一，经过40多年的发展，水产遗传育种中的有些领域尽管落后于发达国家，但在水产遗传育种基础研究方面总体处于世界领先水平。自1992年起，国家行业管理部门就开始建设以良种场为主体的全国水产原良种体系来保存和保护重要的水产种质资源；近年来在国家基础条件平台项目的支持下，我国开展了全国范围的水产种质资源收集、整理、整合与共享工作，初步建成了水产种质资源保护和共享利用平台；自2007年起发布与水产相关的法律法规，积极推进建立水产种质资源保护区，初步构建了覆盖各区域的水产种质资源保护区网络；建立了大量与种质资源评价和辅助育种相关的限制性片段长度多态性（RFLP）、随机扩增多态性脱氧核糖核酸技术（RAPD）、扩增片段长度多态性（AFLP）、序列标签位点（STS）标记、单核苷酸多态性（SNP）标记等多态性脱氧核糖核酸标记技术。20多年来，生物技术的创新和发展为水产遗传育种和病害控制及水产种业的形成提供了持续动力。通过深入研究水产养殖品种的生物学特性和遗传背景，进而开发新品种，如新品种鲤、各类鲫等，其中多数已在产业中发挥了重大作用，推动水产种业可持续发展（见附录3）；全雄黄颡鱼也是在揭示其性别决定机制、开发出X和Y染色体连锁标记的基础上培育的。在养殖性状的遗传改良方面，构建了一批重要养殖种类的互补脱氧核糖核酸（cDNA）文库、细菌人工染色体（BAC）文库或高密度遗传连锁图谱；发掘鉴定了一批具有重要育种价值的功能基因、数量性状基因座（QTL）位点和分子标记；初步解析了调控水产动物生殖、性别、生长、抗病、抗逆等重要性状的主要功能基因及其调控网络，在水产动物分子生物学基础研究领域已经取得了重要突破或进展，其中对鲤、鲫、草鱼、半滑舌鳎、虾、贝类等功能基因的研究处于国际领先水平。在基因组测序和生物技术创新浪潮推动下，中国水产遗传育种的基础研究已迎来新的机遇。自2012年起，相继破译了太平洋牡蛎、半滑舌鳎、鲤、草鱼、大黄鱼、虾夷扇贝、栉孔扇贝、刺参、凡纳滨对虾等的全基因组序列，这些重要水产动物全基因组信息及其详细的分子解析，已在水产动物性状遗传改良和病害防控研究方面发挥了重要的参考作用。

（二）水产新品种培育

20多年来，我国科研人员运用常规育种和现代育种技术已培育出一批水产新品种。截至2017年，全国水产原种和良种审定委员会审定通过的水产养殖新品种共达201个，涵盖了鱼、虾、贝、蟹、藻等主要养殖种类。选择育种是我国研究最早、使用最广泛的技术之一，特别是近十年来遗传分子标记的辅助使用和多性状复合评价（BLUP）方法的引入，选择育种技术更趋完善，迅速在银鲫、鲤、中国对虾、罗氏沼虾、大菱鲆、牙鲆、斑点叉尾鮰、罗非鱼、鲍、扇贝、牡蛎、珍珠贝和文蛤等养殖种类中培育出新品种。在细胞工程、性别控制和多倍体育种方面，利用银鲫特殊的生殖方式，已连续培育出三代异育银鲫新品种，促进了鲫产业持续快速发展。人工雌核生殖和雄核生殖技术在草鱼、鲢、罗非鱼、泥鳅、真鲷、牙鲆、大麻哈鱼、非洲鲇、虹鳟、黄颡鱼和团头鲂等鱼类中都得到应用。采用性别连锁遗传标记辅助的鱼类性别控制技术，成功培育出黄颡鱼“全雄1号”、全雌牙鲆“北鲆1号”和“北鲆2号”、罗非鱼“鹭雄1号”和半滑舌鳎高雌苗种。水产动物倍性育种研究始于20世纪70年代中期，已成功诱导出草鱼、鳙、鲤、鲫、鲢、罗非鱼、胡子鲇、黄颡鱼、虹鳟、大黄鱼、真鲷、牙鲆等20多种鱼类的三倍体和四倍体试验鱼，特别是利用远缘杂交制备出首例两性可育的异源四倍体鲫鲤群体，再利用其与二倍体间进行杂交连续培育出两代湘云鲫和湘云鲤。我国还培育出世界首例转基因鱼，目前转基因技术已非常成熟。此外，在模式鱼类基因组精细编辑技术方面也取得了重要突破，2014年率先完成了“斑马鱼1号染色体全基因敲除计划”。全基因组测序为水产生物的机制研究提供了大量数据，我国遗传育种学家已经开始在水产动物分子设计育种技术、全基因组育种技术等方面进行了探索和研究，如在海水贝类完成了长牡蛎、虾夷扇贝和栉孔扇贝的全基因组框架图的基础上，成套研发了低成本、高通量遗传标记分型技术，建立了贝类全基因组选择育种分析评估系统，由此形成了基于全基因组分型的选择育种技术。

（三）水产种业体系建设

“发展养殖，种业先行”，种业在水产生物产业链中占有引领性的战略地位。我国政府高度重视水产种业的发展，制定了一系列的法律法规，2012年中共中央、国务院先后出台《关于加快推进农业科技创新持续增强农产品供给保障能力的若干意见》和《关于加快发展现代农业进一步增强农村发展活力的若干意见》，明确提出“着力抓好种业科技创新”“加强种质资源收集、保护、鉴定，创新育种理论方法和技术，创制改良育种材料，加快培育一批突破性新品种”“推进种养业良种工程，加快农作物制种基地和新品种引进示范场建设”等要求，为我国现代水产种业提供了政策保障，指明了发展方向，也从另一角度昭示着我国水产种业将迎来新的历史发展机遇。1992 年，我国开始建设以原良种场为主体的全国水产原良种体系，2001 年开始建设水产遗传育种中心，2013 年起启动了国家水产种业示范场建设，截至 2014 年，全国共建有遗传育种中心 25 个，水产原种场 90 个，水产良种场 423 个，水产种苗繁育场 1.5 万家。预计到 2020 年将建设 50 家水产遗传育种中心，其功能集中在建立育种技术体系，构建核心群体和培育新品种，与国家级良种场（良种扩繁场）和苗种场等相辅相成，国家水产良种与种业体系建设有效地推动了我国水产良种化进程。

四、国际水产遗传育种及种业发展

随着水产养殖业的广泛开展，越来越多的适合不同生态环境的水产种质资源得到开发和利用，包括水生生物种质资源在内的种质资源和生物多样性问题日益受到国际社会的重视，世界各国尤其是发达国家均设立了各种专业或综合性的生物种质资源保藏、评价和发掘机构，制订了不同形式的重大计划。当前及未来世界水产养殖业发展的主要推动力依然是针对生长、饲料转化率、抗病、性别控制等重要经济性状的遗传改良。美国、英国、日本、澳大利亚等纷纷明确了适应本国特点的水产经济重点发展方向，已在水产遗传育种研究相关领域取得了技术突破，并形成了产业优势。美国早在 2003 年就培育出了高抗尼氏明钦虫病和中抗海水肤囊菌病的牡蛎品系，目前，培育的三倍体牡蛎已占美国牡蛎苗种来源的 70% 左右，培育的凡纳滨对虾良种因其高产抗逆的特性，已占领并垄断国际养虾产业。挪威从 1972 年以来一直坚持鲑鳟选育，研究了鲑鳟生长速度、性成熟年龄、抗病毒病和抗细菌病能力、肉色和肌肉中脂肪含量等的机制，并在此基础上进行良种选育，现已培育出一批鲑鳟类的优良品种，大大缩短了育种周期和降低了饵料系数。世界鱼类中心与挪威、菲律宾有关研究机构协作实施了罗非鱼遗传改良计划（GIFT 计划），在完成 6 代选育后取得了生长速度比基础群提高 85% 的品种，在多个国家养殖并进行遗传和经济性状评估后广泛推广。

世界主要养殖国家的育种模式主要以选择育种和杂交优势利用为主，研究对象集中在鲑鳟、罗非鱼、对虾、牡蛎和鲍等养殖种类上，主要采用以多性状复合评价方法为基础的多性状复合育种技术。美国从 20 世纪 90 年代开始，针对凡纳滨对虾的生长性能和桃拉综合征病毒（TSV）抗性开展选择育种，经连续 4 代选择后，凡纳滨对虾在抗桃拉综合征病毒时的存活率高达 92%～100%。细胞工程育种、性控育种和多倍体育种也一直是水产育种领域关注的重点之一。日本、印度尼西亚、菲律宾、美国等利用组织无性繁殖、染色体组操作、干细胞移植等细胞工程技术在长心卡帕藻、虹鳟等育种方面取得了进展；美国成功培育了四倍体牡蛎，并与正常二倍体杂交获得了三倍体牡蛎苗种。在转基因育种方面，虹鳟、鳅、罗非鱼、斑点叉尾鮰、草鱼等经济鱼类的转基因研究主要集中在生长、抗寒及抗病等性状上。目前美国最先批准了转基因鱼产品上市，各国也都或多或少地进行战略技术储备研究。随着测序相关技术的发展和测序平台的不断完善，全基因组序列的解析使研究人员可以从基因组水平来认识和理解生物的各种生命过程，为设计和优化生物性状提供了可能。分子设计育种和全基因组选择育种在世界各国都呈现方兴未艾的状态。目前，全基因组选择育种主要集中在抗病性状育种方面。

当前，水产养殖对世界水产供应的作用已在发达国家中达成共识，水产养殖仍是全球食品安全和经济增长的时代主题。挪威鱼类遗传育种学家 Trygve Gjedrem 教授认为鱼类和贝类的遗传育种还有很大的改良空间。一些欧洲学者甚至认为“中国正在转向水产养殖工业化的新时代”。水产遗传育种与种业有很深远的科学和经济意义。今后一段时间，我国水产遗传育种与种业的目标在于：建立和完善以全基因组解析为基础的水产遗传育种创新型技术体系，培育出高产、优质、抗病、抗逆、生态安全的，有重大市场价值、覆盖率高的鱼虾贝藻系列新品种，培养一批水产遗传育种和水产种业人才，打造具有自主创新能力的“育—繁—推”一体化大型种业企业。

第二节　遗传育种技术

一、概述

我国宋代就开始开展金鱼的品种培育，一开始只是建立在经验和技巧的基础上，无意识地利用了遗传学和育种学的知识，获得了可供人类生产生活利用的生活品种。例如，我国浙江省渔民培育出的彩鲤，江西省渔民培育出的荷包红鲤、兴国红鲤和玻璃红鲤等都是利用经验，在自然突变体的基础上经过选育、扩繁等方法得到的。

近年来，我国在水产生物育种尤其是海洋生物的育种研究方面做了大量的创新性工作，在传统育种技术的基础上，开发了多性状复合育种技术，开展了分子标记辅助育种技术和基于基因组的育种等，性状选择方面在保持生长性能基础上开展了抗病育种、抗逆育种、单性生殖和优良品质选择等。这些研究都取得了相当好的育种结果，近 5 年，共有 85 个鱼、虾蟹、贝类、藻类和棘皮动物等水产新品种通过全国水产原种和良种审定委员会的审定，并在生产中发挥作用。

水产育种基本上有两大方面的技术：一是选择培育；二是遗传操作。前者是通过选择优秀个体或家系使目标水产生物群体达到经济性状优于原有群体的目的，选择操作技术的对象既包括自然群体，也经常包括遗传改造过的群体。而遗传操作多是对现有目标群体的经济性状不满意而采取的遗传操作，以动摇、改变选育对象的遗传基础。杂交、染色体组操作、基因编辑、转基因等都是改变目标生物遗传组成的技术，以此来获得有优异表现的个体。

二、水产动物选择育种

选择育种（selective breeding）是对一个原始材料或品种群体实行有目的、有计划地反复选择淘汰，而分离出几个有差异的系统。将这样的系统与原始材料或品种进行比较，使一些经济性状表现显著优良而又稳定，于是形成新的品种。选择育种的理论和方法是数量遗传学研究的中心内容，也是数量遗传学应用于动植物育种实践的桥梁和手段。在现代育种遗传学研究中涉及多个层次，如孟德尔遗传学、细胞遗传学、群体遗传学、分子遗传学、数量遗传学等，它们在选择育种中均作为重要的工具，但它们自身不会产生所需要的遗传进展，在农作物或动物遗传改良的养殖实践中，传统选择育种的应用是无法取代的。

（一）选择育种的一般原理

选择育种的原理随育种目的、育种对象和目标性状等的差异而有所不同，但就一般原理而言，有以下几点共性。

1. *人工选择的作用*　人工选择是人们按照自己的意愿，对自然界现存生物的遗传变异性进行选择，巩固和发展那些对人类有益的变异，使其最终与原来的种群隔离，形成符合人们要求的新品种或品系。由于人工选择控制了交配对象和交配范围，选择效果比自然选择快得多，只要几十年甚至几年就可以创造出一个新品种。

2. *可遗传的变异是选择的基础*　生物体变异有可遗传的变异和不遗传的变异两种。体细胞的变异、环境引起的变异（不涉及性细胞遗传物质的变异）都不能遗传，只有发生在性细胞遗传物质上的变异才能遗传。遗传是选择的保证，没有遗传，选择便毫无意义。

3. *表现型是选择的主要依据*　理论上来讲，只有根据基因型选择才能收到好的选择效果，获得可遗传的变异，但是基因型目前主要通过表现型去认识或估测。

4. *定向选择加近交是选择育种的基本方法*　定向选择就是按照育种目标，在相传的世代中选择表型合意的个体作亲本繁殖后代，以选择出基因型合意的个体。近交是合意基因和不合意基因分离和纯化的最佳交配方式，能够使合意基因型快速地纯合、固定和发展，早日形成新品种。因此，近交是定向选择所需的最好交配方式。

5. *纯系内选择无效*　在纯系内，同一数量性状也会参差不齐，表现出连续的差异，但这种差异是由环境影响所造成的，是不遗传的，因而选择无效。所以，选择育种要以遗传变异丰富的群体作为育种基础群，对可遗传的变异进行有目的的选择。

6. *选择要在关键时期进行*　由于基因的表达往往需要一个过程，存在一定的顺序，如有的基因在胚胎早期表达，而有的则在胚胎中期或晚期表达，还有一些在孵化或出生后表达。因此，要依据育种目标并结合目标性状发育的特点在合适的时间进行选择，过早或过晚效果都不好。对美洲牡蛎生长速度所做的选择工作表明，对3～4龄个体进行选择比在个体2龄时选择更有效。

（二）常用的选择方法

1. *单性状选择*　在单性状选择中，除个体本身表型值外，最重要的信息来源就是个体所在家系的遗传信息，也即家系平均表型值，从而可以在较大程度上消除环境所引起的误差。因此，经典的单性状选择方法，就是从个体表型值和家系平均表型值出发，包括个体选择、家系选择、家系内选择及复合选择等概念。

（1）*个体选择*　个体选择（individual selection），有时也称为混合选择（mass selection），即以个体表型值为选择依据，简单易行，而且在大部分情况下可以获得较大的选择反应。在实际育种工作中较常用。

（2）*家系选择*　家系选择（family selection），是以整个家系作为一个选择单位，以各家系被选择性状的平均值为标准。常用的家系为全同胞家系或半同胞家系。在应用家系选择时有下列两种情况：一是根据包含被选个体在内的家系均值选择，这时就称为家系选择；二是根据不包含被选个体在内的家系均值选择，这时称为同胞选择（sib selection）。在家系含量小时，两者有一定差异，但家系含量大时，两者基本上是一致的。

（3）家系内选择　家系内选择（within family selection），就是指在家系中选择生产性状表型值高的个体。相对于个体选择而言，家系内选择适用于低遗传力性状。家系内选择更主要的是具有选配和保种上的意义，这时每个家系都有个体留种，因而群体有效含量大于其他选择方法，近交系数上升较慢，有利于保持群体不发生近交衰退和减少等位基因的丢失。

（4）复合选择　复合选择（combined selection），又称为合并选择，与上述几种选择方法不一样，对家系均值和家系内偏差两种信息来源，不是非此即彼，或者一视同仁，而是针对具体性状的不同遗传力、不同的家系内表型相关，给予不同的对待。通过对这两种信息的不同加权，构成一个新的合并指标，称为合并选择指数（combined election index）。用这一指数来估计个体的育种值，可以获得高于上述任何一种方法的估计准确度及最大的选择进展。

各种选择方法应用的最适宜条件：个体选择适用于高遗传力性状。家系选择适用于低遗传力性状，并且家系内表型相关小。当然这并不意味着遗传力越低，家系选择效果越好，实际上正好相反。只不过相对于个体选择而言，高遗传力性状用个体选择效果已很好，采用家系选择不如个体选择好而已。家系内选择类似于家系选择，在相对意义上来说，适用于低遗传力性状，并且家系内表型相关大。合并选择在任何情况下均具有最高的选择效率，但较难直接应用于育种实践，主要原因是合并选择既要有个体成绩记录，又要有家系其他个体成绩记录，较难做到且代价很高。在具体实践中应根据具体情况具体分析，选择合适的选择方法，做到选择工作的效果好、成本低和周期短。

2. 多性状的选择

（1）顺序选择法　顺序选择法（tandem selection），又称为依次选择法或单项选择法，是指针对计划选择的多个性状逐一选择，每个性状选择一代或几代，待得到满意的选择效果后，再选择第二个性状，然后再选择第三个性状……这种选择方法的主要不足有二：一是费时，要想使所有重要的经济性状都有很大改善则需要很长的时间；二是性状间的相互影响和自然选择的回归作用，往往影响选择的效果。因此，在水产动物的育种中这种方法一般很少采用。

（2）独立淘汰法　独立淘汰法（independent culling），也称为独立水平法或限值淘汰法，即将所要选择的性状分别确定一个选择界限，凡是要留种的个体，必须同时超过各性状的选择标准。如果有一项低于选择界限，不管其他性状优劣程度如何，均予淘汰。这种方法显然同时考虑了多个性状的选择，但不可避免地会将那些在大多数性状上表现十分优秀，而仅在个别性状上有所不足的个体淘汰，而将在各性状上都表现平平的个体保留下来。

（3）综合指数法　综合指数法（index selection），是按照一个非独立的选择标准确定选留个体的方法，将所涉及的性状，根据其遗传基础和经济重要性，分别给予适当的加权，然后综合到一个指数中。个体的选择不再依据个别性状表现的好坏，而是依据这个综合指数的大小。可以综合考虑候选个体在各性状上的优点和缺点，并用经济指标表示个体的综合遗传素质。因此，这种选择方法具有最高的选择效果。综合指数法虽有不少优点，但指数的科学制定和实际应用尚存在较大的研究空间，对于水产动物更是如此。主要原因：第一，遗传参数具有估计误差；第二，各选择工作者给予目标性状的经济加权值不同；第三，候选群体过小时，选择效应估计偏高；第四，信息性状与目标性状不一致，遗传关系不确切。

（4）BLUP 法　BLUP 法即最佳线性无偏预测法（best linear unbiased prediction），是一种能显著提高遗传进展，特别是对于中等程度和高遗传力性状和限性性状，系谱信息较健全、个体表型值较准确的性状，其效果更加明显。BLUP 法具有估计值无偏、估计值方差最小、可消除因选择和淘汰等原因造成的偏差等特性，获得的个体育种值具有最佳线性无偏性，是当今世界范围内主要的种畜遗传评定方法。

3. 影响选择育种效果的因素　在育种实践中经常发现一些跟选择育种理论计算上的偏差，有时候这些偏差导致我们选育工作的效率低下甚至整个选育计划的失败。所以，我们应该对导致这种偏差的原因有所了解并在育种实践中加以规避和克服。导致误差的原因主要如下。

（1）遗传力估计偏差　主要有负的非遗传相关、母体效应和共同环境效应等，遗传力估计不准确，将直接导致期望选择反应的偏差。有时候会导致对遗传力低下的性状的无效选择和错过对高遗传力的优良性状的选择，从而会影响整个选育计划的成败。所以准确的遗传力估计对育种工作的开展是至关重要的。

（2）基础群体的质量　选择育种理论的计算是建立在群体无限大、性状呈正态分布的假设基础上的。因此在基础群体含量和质量有限时，出现小群体导致的随机偏差是难以避免的，而且小群体可能导致被迫近交，再加上选择的作用，将导致群体遗传变异的逐渐消失，选育群体遗传结构恶化，最终导致“始祖”效应和“瓶颈”效应。所谓“始祖”效应，就是指由极少数的个体形成品种的现象，在这一过程中高度近交是不可避免的，但实际上有不少家畜品种的祖先可能只是极少个体而已。这种效应常常是伴随着“瓶颈”效应出现的，该效应的存在也能导致选择实践与理论的偏差。

（3）选择反应的非对称性　主要原因有随机漂变、尺度效应、选择差不同、近交衰退、基因频率的不对称性、巨效基因、定向显性、母体效应和性状组分等。所谓尺度效应，是指采用特定尺度来度量性状时，有时出现方差随平均数而变化的现象。为消除这一效应，可做适当的尺度转换，如对数变换，以达到 3 个目的：使分布变为正态；使方差独立于平均数；消除或减少非加性互作。

（4）拮抗选择　主要是多目标选择及自然选择两种拮抗选择作用。

（5）遗传自调节作用　主要有中间型适应性和杂合子优势，它们的存在将导致选择效果难以稳定遗传，必然产生理论选择反应的偏差。

4. 提高选择育种效果的途径

（1）合理地选择育种原始群体　在进行选择育种时，首先必须有优良的育种材料，也就是要在优良的品种或自然种中进行选择，因为优良品种的基础好、底子厚、具有可遗传的优良性状。在优良品种中选拔出具有特色的优良个体就是优中选优，往往能达到最佳、最准确的效果。

（2）把握好育种目标　培育一个新的品种，往往会有若干个育种目标，把握育种目标也就是正确理解选择的方向，将育种目标加以权重，按照权重来确定选择中每一目标方向所给予的重视程度。

（3）制定好明确的选择标准　水产养殖生产上要求一个产品具备优良的综合性状，如果它只是某单一性状比较突出，而其他性状并不理想，就很难成为生产上应用的品种。因此需要对选择对象做全面的分析，明确其基本优点和存在的主要缺点，确定哪些优良性状是要保持和提高的，哪些不良性状必须改进和克服，在苗种培育过程中严格按照标准进行选择。

（4）确定最适宜的选择时间　在选择的整个过程中，都必须对选育对象的生长和发育进行仔细的观察并认真记录，避免因为疏忽记录而使选育时间延长和选育结果失败，造成人力、物力的极大浪费。重要性状的选择应在该性状充分表现后进行，如体长、体重、生长速度的选择应在达到商品规格的年龄进行，产卵量的大小则应在性成熟后进行。

三、水产动物杂交育种

（一）杂交育种的基本原理与方法

用杂交方法培育优良品种或利用杂种优势称为杂交育种。杂交可以使生物的遗传物质从一个群体（物种、亚种、品种或种群）转移到另一个群体，是增加生物变异性的重要方法。杂交并不产生新基因，而是利用现有生物种质资源的基因和性状重新组合，将分散于不同群体的基因组合在一起，建立合意的基因型和表型。因此，杂交育种从根本上来说是运用遗传的分离规律、自由组合规律和连锁互换规律来重建生物的遗传性，创造理想变异体。

杂交可以依据双方的亲缘关系分为种间杂交和种内杂交。种间杂交包括科间、亚科间和属间杂交。种内杂交又可分为近亲交配和非亲缘交配。近亲交配能导致后代纯合性增加，提高遗传稳定性，但也能使某些有害隐性基因从杂合状态转变为纯合状态而产生近交衰退。通常所说的杂交是指种间杂交、种内不同居群的杂交、不同品种或品系的杂交及一切非近亲关系的交配。

杂交育种的积极因素是多方面的，可以增加变异性、增加异质性、综合双亲的优良性状、产生某些双亲所没有的新性状、出现可利用的杂种优势等。杂交的这些积极作用并非任何杂交组合都具有，更不能苛求某一特定的杂交组合同时具有所有的优良特性。一般来说，杂交难以表现出全新的性状，但有可能出现部分新性状，有的还能综合双亲的优良性状，部分或全部地表现出来，以致表现为介于双亲之间的中间性状或杂种优势。

常用的杂交组合通常有不同地理种群杂交、不同品系（种）之间杂交、选育品种与野生种杂交、本地野生种与外来品种杂交和种间杂交等。根据育种目的和杂交方式，杂交育种可分为以下几种方法。

1. 增殖杂交育种　是指经由一次杂交，从杂种子代优良个体的累代自群交配后代中选育新品种。这种育种方法可以表示为：$A \times B \rightarrow F_1 \rightarrow F_2 \rightarrow F_3 \rightarrow F_n$（形成新品种）。增殖杂交育种实际上只采用一次杂交，然后利用杂种子一代繁殖和培育新品种，这种只涉及1次杂交和2个群体的交配也称为单交，其后代称为单交种。当2个群体杂交所产生的后代能综合双亲的有益性状并能作为下一代（F_2）的亲本时，才可以采用这种育种方法。

2. 回交育种　利用杂交子代与亲本之一相互交配，以加强杂种世代某一亲本性状的育种方法称为回交育种，如果育种目的是试图把某一群体（或种、品种）B的一个或几个经济性状引入另一群体A中去，那么采用回交育种是适宜的。

3. 复合杂交育种　将3个或3个以上品种或群体的优良性状，通过杂交综合在一起，产生杂种优势或培育新品种的育种方法，称为复合杂交育种。

4. 经济杂交　杂交可以增加有益基因的组合机会，也可以产生一些非加性的遗传变异供利用。水产动物杂交子代的某些数量性状的平均值高于父母本的平均值，甚至超出父母本类群性状的范围，这就是杂种优势。

杂种优势＝（F_1表型平均值－双亲表型平均值）/ 双亲表型平均值 ×100%

杂种优势往往表现出有经济意义的性状，因此通常把产生和利用杂种优势的杂交称为经济杂交，经济杂交只利用子一代，是对非加性遗传变异的利用，由于水产动物往往可以产出大量的配子，因此大量生产杂交子一代比较容易，生产上多有使用。

（二）杂种优势的概念和特点

1. 杂种优势的概念　杂种优势是指不同品种、品系间杂交产生的杂种，其生活力、生长势和生产性能在一定程度上优于两个亲本纯繁群体的现象。

表示杂种优势的方法主要有两种：一种是杂种平均值超过亲本纯繁均值的百分率，用杂种优势率表示；另一种是杂种平均值超过任一亲本纯繁均值，用杂种优势比表示。

不同品种、品系间杂交的效果是不同的，盲目杂交甚至可能导致杂种劣势。

杂种优势主要是个体杂种优势，表现为杂种个体本身在生长、繁殖、生活力和其他性状等方面的提高。

2. 杂种优势的特点　杂种优势不是一两个性状单独地表现优势，而是多个性状的综合表现。杂种优势的大小取决于双亲性状间的相互补充，在一定范围内，双亲的基因型差异越大、亲缘关系越远，杂种优势越强。这可能是因为亲缘关系远了，双亲性状的优缺点可互补，其优势就强，反之则弱。

杂种优势的大小与双亲基因型的纯合度有关。双亲的基因型纯合程度越高，F_1代的优势就越强。这是因为双亲高度纯合时，F_1代的杂合性就是一致的，没有分离，群体优势强。杂种优势在F_1代最高，在F_2代及以后世代将出现衰退，所以在水产养殖生产上一般只用杂种第一代。水产动物有很多是利用杂交子代进行养殖，如“大连鲍1号”、西盘鲍、刺参“水院1号”等。

（三）杂交育种的步骤

杂交育种一般分为杂交创新、自繁定型和扩群提高3个阶段。

1. 杂交创新阶段　这个阶段的任务是用2个或2个以上种群（或物种）杂交创造合意的变异体或杂种优势子一代。因此，杂交亲本的选择必须有助于合意性状的产生。选择亲本一般考虑以下原则：一是性状互补，即亲本双方在性状方面所表现出来的优缺点能够相互补充，以便杂种后代按自由组合规律进行重组，产生优良杂种。二是双亲的生物学差异比较显著，尤其是地理分布、生态类型和主要性状存在明显不同，以求杂种后代的变异幅度广泛，可供选择。三是品种或种群要尽可能纯正，以获得更大的杂种优势，亲本不纯，杂种也难以综合双亲的优点。四是双亲或亲本的一方要适合本地养殖，以获得适应当地自然条件的杂种。除此之外，还要注意亲本的性腺发育、年龄、体重等问题。

2. 自繁定型阶段　本阶段的任务是将杂交创新阶段所选出的合意个体自群交配，以求在育种性状方面获得基因型纯正的优良后代，使优良性状得以固定并稳定遗传。因此，近交和选择是本阶段的两大环节。这一阶段应停止对理想杂种的杂交，以便使杂种的遗传基础免受其他类群或原亲本类群的干扰和混杂。进行适当的自群繁育，以便使优良性状的基因有较多的纯合机会，有利于固定优良性状并使之稳定地遗传下去。但自群繁育要严格选择亲本，淘汰不合意个体；对于已达到育种目标，但表型值不很高的个体不要轻易抛弃，以免将基因型纯合的个体淘汰掉。

3. 扩群提高阶段　杂交育种的第3阶段是大量繁殖已固定的优良个体，增加数量，提高质量，使之达到新品系或新品种的程度。为了使前段已定型的遗传性状得以保持，应以自繁交配为主，但为了避免近交衰退，还应进一步做好选种和培育等工作，以综合优良性状，建立新品系。水产动物有很多是利用杂交子代进行养殖的。

四、水产动物多倍体育种

水产动物多倍体育种，又称为水产动物染色体工程育种。水产动物多倍体育种的原理大体相似，下面以贝类为例，阐述遗传育种原理。多倍体诱发的机制在于抑制第一或第二极体的排放。贝类的精子在排放前已完成两次减数分裂过程，形成单倍性的精子。而卵子尤其是双壳贝类的卵子在排放时一般停止在第一次减数分裂的前期或中期，在受精后或经激活后再完成减数分裂，释放出两个极体后，雌雄原核融合或联合，进入第一次有丝分裂。这一延迟的减数分裂过程为贝类多倍体遗传育种操作提供了有利的时机和条件。若在卵子释放第二极体时，人为地利用化学或物理方法，抑制其排放，卵子就具有2倍染色体数，与正常单倍体精核融合形成三倍体。若抑制第一极体释放，虽然也可产生三倍体，但导致了第二次减数分裂中染色体分离复杂化，产生许多非整倍体，影响孵化率。在多倍体育种研究中，抑制第一、第二极体的方法一直都在使用。多倍体育种的方法如下。

（一）物理方法

温度休克即温差处理，包括高温休克和低温休克。其作用机制是温度的骤变引起细胞内酶构型的改变，不利于酶促反应的进行，导致细胞分裂时形成纺锤体所需的ATP的供应途径受阻，使已完成染色体加倍的细胞不能分裂。静水压处理，其作用机制是抑制纺锤体的微丝和微管的形成，阻止染色体的移动，从而抑制细胞的分裂，形成多倍体。此外，电脉冲也可诱导多倍体，与静水压和电脉冲处理相比，温度休克方法操作简便、经济、安全，更适用于大规模生产。

（二）化学方法

利用化学药品诱导贝类多倍体的出现，在多倍体研究中使用得较多。常用的药品有细胞松弛素B（CB）、6-二甲基氨基嘌呤（6-DMAP）、秋水仙素、咖啡因等。CB处理可诱导一系列的细胞学效应，它可特异性地破坏微丝，最终导致由微丝构成的收缩环解体，抑制细胞质分裂，阻止极体的释放，从而产生多倍体。6-DMAP是一种蛋白质磷酸化抑制剂，抑制蛋白质磷酸化，通过作用于特定的酶，破坏微管的聚合中心，使微管不能形成，从而抑制极体的形成和释放。秋水仙素能抑制微管的组装，使已有的微管解聚，从而阻止纺锤体的形成或破坏已形成的纺锤体，使细胞的染色体加倍而不分离。咖啡因的作用效果在于提高细胞内的 Ca^{2+} 浓度，由于微管对 Ca^{2+} 敏感，当 Ca^{2+} 浓度极低或高于 10^{-3}mol/L 时，会引起微管二聚体的解聚，阻止细胞分裂，从而形成多倍体。

此外，聚乙二醇（PEG）、氰化钙等化学试剂对抑制细胞分离，使染色体加倍也有一定的作用。比较这几种化学方法，CB 是一种致癌剂，水溶性较差，而 6-DMAP 是一种非致癌性物质，具水活性，在诱导中使用得越来越多，一般认为 6-DMAP 较适合诱导冷水性贝类。咖啡因和热休克结合使用，较单一使用咖啡因的诱导效果更好。

（三）生物方法

物理方法、化学诱导往往难以获得 100% 的三倍体。在四倍体太平洋牡蛎和二倍体杂交实验中，子一代均为三倍体。目前杂交生产的太平洋牡蛎四倍体苗种已在美国和我国批量生产。

五、水产动物分子标记辅助育种

传统的选择育种主要依据表现型来进行，受环境条件的影响明显，选择效率比较低。分子标记辅助育种直接从 DNA 水平对目标基因的有无进行检测，不受环境条件影响，可以在生物发育早期对个体进行筛选，还可以同时选择多个目标性状，能通过显性互补和加性效应提高杂交效果，并且在重要性状的改良中可以将所需要的基因在种群间互相引入，极大地提高了选择育种的效率。

分子标记是在分子生物学的发展过程中诞生和发展的，理想的分子标记应该达到以下几个要求：遗传多态性高；共显性遗传，信息完整；在基因组中大量存在且分布均匀；选择中性（即无基因多效性）；稳定性、重现性好；信息量大，分析效率高；检测手段简单、快速，易于实现自动化；开发成本和使用成本尽量低廉；重复性好，便于数据交换。目前，分子标记技术已经发展到几十种。但是，任何一种分子标记均不能满足所有要求。分子标记按其所依托的技术基础，可分为以下几类。

（一）以分子杂交技术为基础的分子标记技术

此类标记技术是利用限制性内切酶酶解及凝胶电泳分离不同的生物 DNA 分子，然后用经标记的特异 DNA 探针与之进行杂交，通过放射自显影或非同位素显色技术来揭示 DNA 的多态性。包括限制性片段长度多态性（restriction fragment length polymorphism，RFLP）和可变数目串联重复（variable number of tandem repeat，VNTR）。

（二）基于 PCR 技术的分子标记技术

1. 随机引物的 PCR 标记　所用引物的核苷酸序列是随机的，其扩增的 DNA 区域信息未知。随机引物 PCR 扩增的 DNA 区段产生多态性的分子基础是模板 DNA 扩增区段上引物结合位点的碱基序列的突变，不同来源的基因组在该区段上表现为扩增产物有无差异或扩增片段大小的差异，随机引物 PCR 标记表现为显性或共显性。主要包括随机扩增多态 DNA（randomly amplified polymorphic DNA，RAPD）、单引物扩增反应（SPAR）和随机引物 PCR（arbitrarily primed PCR，AP-PCR）等。

2. 特异引物的 PCR 标记　简单序列重复（simple sequence repeat，SSR），也称为微卫星 DNA、短串联重复（short tandem repeat，STR）、简单序列长度多态性（simple sequence length polymorphism，SSLP），它是一类由几个（多为 1～6 个）碱基组成的序列串联重复而成的 DNA 序列，一般长几十至几百个碱基，其中最常见是二核苷酸重复，即

(CA)$_n$和(TG)$_n$，也有一些微卫星重复单元为3个核苷酸，少数为4个核苷酸或更多。

简单重复间序列(inter-simple sequence repeat，ISSR)是Zietkeiwitcz等于1994年在微卫星DNA基础上发展起来的一种新的分子标记。另外，也包括扩增片段长度多态性(amplified fragment length polymorphism，AFLP)和酶切扩增多态性序列(cleaved amplified polymorphism sequences，CAPS)。

3. 基于DNA测序的分子标记技术　其代表性技术为表达序列标签(expressed sequence tag，EST)和单核苷酸多态性(single nucleotide polymorphism，SNP)等。

EST是由cDNA克隆序列产生的单向序列。EST在鉴定基因和通过表达分型的方式来分析表达上是一种有效的方法。在特殊的生理条件下或特殊的发展阶段，它能对特殊的组织类型提供一种快速有效的观察方法。除了在基因组作图上有价值以外，EST在分析系统决定的微型表达基因的cDNA芯片发展中也是非常有用的。

SNP标记是第三代DNA遗传标记。SNP描述的是由点突变引起的多态性，只在某种生物不同个体DNA序列中，存在单个核苷酸变异，包括置换、颠换、缺失和插入的多态现象。在基因组中，最普遍的DNA变异就是单个碱基的变异，SNP在CG序列上出现最为频繁，而且多是C转换为T，原因是CG中的C常为甲基化的，自发脱氨后即成为胸腺嘧啶。

六、遗传连锁图谱与图谱标记辅助育种

目前，水产动物的鱼虾贝藻等很多种类均已经完成多个高密度遗传连锁图谱的构建并开展了经济性状的数量性状基因座(quantitative trait locus，QTL)定位。

(一)遗传连锁图谱的原理

遗传连锁图谱是指以染色体重组交换为基础，以染色体重组交换率为相对长度单位(centi-Morgan，cM)，采用遗传学方法将基因或者其他标记线性地标定在染色体上，构成连锁的图谱。最初的遗传图谱构建一般采用的是形态学、细胞学或者生化标记，存在标记数量少、图距大、饱和度小等问题，其应用受到很大限制。利用DNA水平上的变异作为遗传标记进行遗传作图是遗传图谱领域的重大突破之一，随着DNA标记技术的迅速发展，越来越多生物的遗传图谱被构建，并且标记密度越来越大，可用性逐渐提高。

性状连锁规律是构建遗传连锁图谱的理论基础。染色体是基因的载体，是减数分裂中分离的单位。不同染色体上的基因分离符合孟德尔的独立分配规律。遗传学中把不同性状常常联系在一起向后代传递的现象称为连锁遗传。连锁遗传是生物的一种非常普遍的现象。不完全连锁基因在减数分裂时形成一定数量的重组型配子，但是不同的连锁基因组合形成的重组型配子差别较大。连锁越紧密，产生重组型配子的比例越小，根据重组类型的多少可以估计连锁基因间的遗传距离。

(二)遗传连锁图谱的应用

1. 基因定位　基因定位是通过分析目的基因和标记之间的连锁关系，从而确定目的基因在染色体上的位置。经济性状的基因包括控制质量和数量性状的位点。生物的多数经济性状都是数量性状，如产量、籽粒重等。这些性状在一个群体内的不同个体间连续变化，容易受环境影响，一般由多个基因共同控制，遗传基础比较复杂。在已知遗传连锁图谱的条件下，Lander和Botstein(1989)提出利用染色体区间上的两个相邻标记座位对QTL进行定位，并估计QTL遗传效应，称为简单区间作图。

2. 基因克隆 基因克隆又叫作图位克隆，是遗传图谱的重要应用之一。遗传图谱和物理图谱的发展，使得在未知基因 DNA 序列信息的条件下也可定位克隆基因。其过程是：利用遗传连锁图谱找到与靶基因紧密连锁的分子标记，之后用找到的分子标记去筛选大片段 DNA 文库，鉴定出与标记有关的克隆后，再利用亚克隆和染色体步移的方法不断逼近靶基因，最后通过转化和互补测验来确定靶基因的序列。

3. 比较基因组研究 比较基因组研究主要是用共同的分子标记在物种间构建物理图谱或者遗传图谱，通过比较这些标记在不同物种基因组中的分布情况，揭示染色体或染色体片段上的标记和其排列顺序的相似（同线性）或者相同性（共线性），以及据此研究对应物种的基因组结构特征和物种起源进化等方面的问题。比较基因组研究对进化研究有重要意义，此外，还可显著增加生物可用的遗传标记，对遗传研究相对滞后的生物非常有利。近年来，随着测序技术的发展，分子标记的数目不断增加，遗传图谱的饱和度不断增大，为借助遗传图谱进行比较基因组研究奠定了基础，使我们能更快、更好地了解生物的遗传本质。

4. 染色体 QTL 定位 控制数量性状的基因在基因组中的位置叫作数量性状基因座（QTL）。利用分子标记进行遗传连锁分析，检测出 QTL，叫作 QTL 定位（QTL mapping）。寻找和数量性状基因座连锁的分子标记是现代研究数量性状遗传基础的重要方法。

经济性状的 QTL 定位都是以一定分辨率的遗传图谱为基础的，通过性状与标记的连锁分析，确定一些控制相关经济性状的 QTL 位点在图谱上的位置及与特定标记之间的遗传距离。水产动物的许多重要的经济性状，如生长、抗病、抗逆、产卵时间、肉质等，多数为复杂的数量性状，由多基因控制，易受环境的影响，在分离后代中呈现连续的表型变异。一般来说，体重、体长、体高等形态性状及抗病、抗逆等适应性性状可根据测定的相关表型数据解释数量性状基因座等位基因上存在的差异。但是，肉质性状，包括肉色、嫩度、纤维密度、口感等及饲料转化率等性状，由于难以对其表现型进行测定，因此也难以进行 QTL 定位。目前，水产动物的 QTL 研究主要以生长、抗病、抗逆性状为主。

七、新技术在水产动物遗传育种中的应用

（一）全基因组测序技术

基因组研究获得的信息除了应用于医学和药物学外，农业也是其重要领域，各国已纷纷开展包括水产动物基因在内的农业基因组计划，美国农业部在 1997 年 9 月正式启动全面的水产养殖动物基因组计划，选择斑点叉尾鮰、虹鳟、罗非鱼、太平洋对虾和牡蛎作为首批测序研究对象。挪威、法国、丹麦和苏格兰等几个欧洲国家与加拿大开展了鲑鳟类基因组计划；日本也开展了虹鳟的基因组计划；英国和法国早在 20 世纪 90 年代初就开始了河鲀的基因组研究；对虾基因组研究的国际合作网已经形成。目前，研究者已经对 40 多种常见水产动物进行了基因组测序（表 2-1），全基因组测序为水产动物研究与应用提供了一大批与生长、发育、繁殖、营养、免疫、抗逆等相关的候选基因，同时全基因组功能注释也为水产生物物种特有生物学现象的遗传基础和分子机制解析提供了全方位基因层面的生物信息证据，丰富了水产动物的遗传资源，也为物种进化研究提供参考。由于水产动物基因组结构复杂、重复序列高，经济、快捷、目的性较强的简化基因组测序和外显子组深度测序将是水产动物基因组研究的重要方法之一。

表 2-1　已完成基因组测序的水产动物

物种名称	发表期刊，时间（年-月）和 DOI
红鳍东方鲀 *Fugu rubripes*	*Science*, 2002-08, DOI:10.1126/science.1072104
黑青斑河鲀 *Tetraodon nigroviridis*	*Nature*, 2004-10, DOI:10.1038/nature03025
海胆 *Strongylocentrotus purpuratus*	*Science*, 2006-11, DOI:10.1126/science.113609
青鳉 *Oryzias latipes*	*Nature*, 2007-06, DOI:10.1038/nature05846
海葵 *Nematostella vectensis*	*Science*, 2007-07, DOI:10.1126/science.1139158
鳉 *Nothobranchius furzeri*	*Genome Biology*, 2009-10, DOI:10.1186/gb-2010-10-2-r16
水螅 *Hydra magnipapillata*	*Nature*, 2010-03, DOI:10.1038/nature08830
海绵 *Amphimedon queenslandica*	*Nature*, 2010-08, DOI:10.1038/nature0920l
大西洋鲑 *Salmo salar*	*Genome Biology*, 2010-11, DOI:10.1186/gb-2010-11-9-403
水蚤 *Daphnia pulex*	*Science*, 2011-02, DOI:10.1126/science.1197761
大西洋鳕 *Gadus morhua*	*Nature*, 2011-09, DOI:10.1038/nature10342
鲇 *Ictalurua punctatus*	*BMC Genomics*, 2011-12, DOI:10.1186/1471-2164-12-629
虾夷扇贝 *Patinopecten yessoensis*	*Nature Methods*, 2012-05,DOI:10.1038/nmeth.2023
三刺鱼 *Gasterosteus aculeatus*	*Nature*, 2012-04, DOI:10.1038/naturel0944
鳗鲡 *Anguilla japonica*	*Gene*, 2012-09, DOI:10.1016/j.gene.2012.09.064
牡蛎 *Crassostrea gigas*	*Nature*, 2012-10, DOI:10.1038/nature1413
帽贝 *Lottia gigantea*、海蠕虫 *Capitella teleta*、淡水水蛭 *Helobdella robusto*	*Nature*, 2013-01, DOI:10.1038/naturel696
七鳃鳗 *Petromyzon marinus*	*Nature Genetics*, 2013-04, DOI:10.1038/ng.2568
斑马鱼 *Danio rerio*	*Nature*, 2013-04,DOI:10.1038/nature11992
腔棘鱼 *Latimeria chalumnae*	*Nature*, 2013-04, DO1:10.1038/nature 2027 *Genome Research*, 2013-06, Dal10.DOI/gr.158105.113
剑尾鱼 *Xiphophorus maculatus*	*Nature Genetics*, 2013-05, DOI:10.1038/ng.2604
蓝鳍金枪鱼 *Thunnus thynnus*	*PNAS*, 2013-07, DOI:10.10737/pnas,1302051110
水母 *Mnemiopsis leidyi*	*Science*, 2013-12, DOI:10.1126/science.1242592
姥鲨 *Cetorhinus maximus*	*Nature*, 2014-01, DOI:10.1038/nature12826
半滑舌鳎 *Cynoglossus semilaevis*	*Nature Genetics*, 2014-03, DOI:10.1038/ng2890
虹鳟 *Oncorhynchus mykiss*	*Nature Communications*, 2014-04, DOI:10.1038/ncomms4657
菊黄东方鲀 *Takifugu flovidus*	*DNA Research*, 2014-07, DOI:10.1093/dnares/dsu025
南极抗冻鱼 *Notothenia coriiceps*	*Genome Biology*, 2014-06, DOI:10.186/s13059-014-0468-1
罗非鱼 *Oreochromis niloticus*	*Nature*, 2014-09, DOI:10.1038/nature13726
墨西哥脂鲤 *Astyanax mexicanus*	*Nature Communications*, 2014-10, DOI:10.1038/ncomms6307
大黄鱼 *Larimichthys crocea*	*Nature Communications*, 2014-11, DOI:10.1038/ncomms6277 *Plos Genetics*, 2015 -04, DOI: 10.1371/journal. pgen.1005118
鲤 *Cyprinus carpio*	*Nature Genetics*, 2014-11, DOI: 10.1038/ng3098
弹涂鱼 *Periophthalmus modestus*	*Nature Communications*, 2014-12, DOI:10.1038/ncomms6594
舌齿鲈 *Dicentrarchus labrax*	*Nature Communications*, 2014-12, DOI:10.1038/ncomms6770

续表

物种名称	发表期刊，时间（年-月）和 DOI
文昌鱼 *Branchiostoma floridae*	*Nature Communications*, 2014-12, DOI: 10.1038/ncomms6896
草鱼 *Ctenopharyngodon idellus*	*Nature Genetics*, 2015-06, DOI:10.1038/ng3280
章鱼 *Octopus bimaculoides*	*Nature*, 2015-08, DOI: 10.1038/nature14668
栉孔扇贝 *Chlamys farreri*	*Nature Communications*, 2017-08, DOI:10.1038/s41467-017-01927-0
刺参 *Stichopus japonicus*	*PLOS Biology*, 2017-12, DOI:10.1371/journal.pbio.2003790
	GigaScience, 2017-06, DOI:10.1093/gigascience/giw006
凡纳滨对虾 *Litopenaeus vannamei*	*Cell Discov*, 2018-07, DOI:10.1038/s41421-018-0030-5
	Nature Communications, 2019-1, DOI:10.1038/s41467-018-08197-4

2006 年由多国科学家组成的研究小组绘制出了海胆的基因组序列草图。基因分析显示，这一无脊椎动物的基因组与人类基因组的相似程度高得出乎意料。他们的基因测序对象是一种雄性加利福尼亚紫海胆，研究显示，这种紫海胆含有超过 8.14 亿个碱基，共辨认出了它的 233 万个基因，研究小组对海胆基因组中的近 1 万个基因进行了仔细观察。分析还发现，海胆具有十分独特、复杂的先天免疫系统。

2010 年 7 月，牡蛎基因组计划（Oyster Genome Project，OGP）项目组宣布牡蛎基因组序列图谱绘制完成，标志着基于短序列的高杂合度基因组拼接和组装技术获得重大突破。初步分析表明，牡蛎基因组由 8 亿个碱基对组成，大约包含 2 万个基因，基因组数据支持了海洋低等生物具有高度遗传多样性的结论，牡蛎基因组序列图谱揭示了海洋生物逆境适应的进化机制。

随后，半滑舌鳎、鲤、草鱼和大黄鱼的全基因组测序先后完成，半滑舌鳎全基因组精细图谱揭示了半滑舌鳎 ZW 性染色体进化机制和其适应底栖生活的分子机制；鲤全基因组序列揭示出其独特的全基因组复制事件并通过进化分析解析了其遗传多样性机制；草鱼基因组和转录组分析诠释了其草食性适应的分子机制；大黄鱼全基因组测序解析了其先天免疫系统的进化特征和独特的免疫模式。2015 年 7 月，中国科学院海洋研究所杨红生研究员团队和相建海研究员团队共同完成了刺参基因组测序和组装。刺参全基因组序列的成功破译，为刺参的繁殖发育、免疫调控、营养代谢、遗传解析提供了重要理论支撑，有力推动了刺参重要经济性状解析、分子标记辅助选育和全基因组遗传育种，揭示了刺参的夏眠、再生、自溶等特殊生命现象的机理机制等相关研究，为我国刺参产业健康可持续发展提供有力的科技支撑。2017 年，由中国海洋大学科研人员领衔的国际科研团队在国际上首次完成了扇贝基因组精细图谱绘制，扇贝基因组精细图谱让科研人员在探究原始动物祖先染色体核型进化、躯体结构多样性产生、眼睛起源和调控机制等方面取得多项新发现和新认识，并为理解动物早期起源和演化机制提供关键线索。2018 年 6 月，*Cell Discovery* 发表了中国海洋大学、大连海洋大学、辽宁省海洋水产科学研究院和英国约翰英纳斯中心等单位合作完成的刺参的基因组图谱，研究采用多组学手段解析了海参皂苷合成和夏眠调控机制，解答了动物获得皂苷合成能力的进化起源之谜，为实现海参皂苷体外生物工程合成提供了新思路。2019 年 1 月，中国科学院海洋研究所研究员相建海和李富花课题研究组主导，与国内外多家单位共同合作，获得了世界上首个高质量的凡纳滨对虾基因组参考图谱，并推测凡纳滨对虾大量的物种特异性基因和大量的串联重复基因，可能与对虾科的特异性进化有密切联系，为甲壳动物研究及对虾基因组育种和分子改良提供了重要理论支撑。

随着水产基因组时代的到来，对基因组资源的深度挖掘和利用主要集中在以下几个方面：一是结合比较基因组学研究，对基因组进行深度解析，了解水产生物基因组结构和功能特征。二是批量发掘生长、发育、生殖、性控和抗逆性等重要性状相关功能基因，为深入开展水产生物生物学基础研究提供基因资源。三是对重要经济性状进行基因解析，筛选和验证生长、发育、抗性等关键基因，研究其作用机理和调控网络，明确基因型与表型关联性，为性状改良和品种培育提供理论基础。四是研究分子设计育种的理论和方法，分析基因、调控网络对环境的反应，建立 G-P 链接模型和数据库，开发生长和抗性性状的复合 / 聚合技术，构建模拟育种技术平台。五是开发编码具特殊营养或应用价值的多肽和蛋白质基因，筛选水产生物特有的具有自主知识产权的药物功能基因或药物合成相关的功能基因，为批量生产功能多肽和蛋白质及研制开发新型海洋药物奠定基础。

（二）基因芯片技术

在 DNA 杂交技术基础上发展的基因芯片（gene chip）又称为 DNA 微阵列或 DNA 芯片，是研究最深入、实用性最强的生物芯片之一，目前已经得到了极大的发展与应用。根据所用探针的差异分为寡核苷酸微阵列和 cDNA 微阵列两大类。基因芯片同时检测大量基因的相对量，高通量研究基因组上的全部基因，已从基因表达谱发展到单核苷酸多态性（SNP）谱、拷贝数变异（CNV）谱和功能基因组分析的许多方面。基因芯片技术应用于水产动物的免疫调控和病原检测等领域，具有高度的平台化、多元化、微型化和自动化等优势，可以在无损伤前提下对养殖动物进行研究，可应用于水产动物养殖环境监测、细菌性疾病预警预报和抗病育种等领域。

（三）传统基因敲除技术和转基因技术

转基因和基因打靶是早期应用于基因功能的研究技术。基因组测序得到大量结构已知而功能未知的基因，随后功能基因组学研究开启，对目标基因进行定点突变，从整体观察目标生物推测基因功能的基因打靶技术应运而生，已成为研究功能基因组最有效和最直接的方法之一。基因打靶的研究策略可分为：完全基因剔除的策略、基因捕获、精细突变、条件性基因打靶、时空特异性基因打靶、染色体组大片段的删除和重排、诱导性基因打靶和基因敲入等。基因打靶可通过建立相应疾病模型，为疾病的基因治疗提供科学理论依据，还可应用于生物改造和新物种的培育中。

利用转基因技术使目标物种获得特定基因所关联的性状，也是目前水产动物育种中的常见方法。基因的转移有电转法、精子介导法、逆转录病毒法和显微注射法等，其中应用最广泛的是显微注射法。水产动物的转基因研究主要是在其繁殖与育种过程中把牛羊等大动物的生长激素基因转移到水产动物受精卵中，以促进快速生长；同时，转基因技术在疾病预防中应用较广，如溶菌酶基因被导入大西洋鲑中以使其获得抗病特性。除天然编码基因用于转基因之外，更高效的“分子设计”和“合成生物学”也开始应用于水产动物转基因育种。

（四）RNAi 技术

RNA 干扰（RNA interference，RNAi）是双链 RNA（dsRNA）产生多个小干扰 RNA（small interfering RNA，siRNA），介导对同源靶 mRNA 的降解，诱导产生强大的特异性基因表达抑制或沉默作用，是生物进化过程中产生的自我保护机制。通过 RNAi 系统，细胞可以清除当前细胞不需要的或外源的mRNA及畸变的RNA，从而提高细胞运转效率，抑制病毒、“跳跃”因子等可能对细胞基因稳定性造成伤害的基因成分。RNAi在基因组水平上主要用来筛选确定改变转基因表达或导致某一特异性表型的基因。RNAi技术可经济、快捷地进行基因功能分析，同时也可以对基因数据库中功能尚不清楚的基因或序列进行功能分类或初步分类，是后基因组学时代的一项研究基因功能的重要工具。

（五）基因组编辑技术

基因组编辑技术是在基因组水平上对特定位点DNA序列进行突变、插入或缺失等改造的遗传操作技术，基因组编辑不同于RNAi引起基因的“上调”或“下调”，其是对基因组的永久改变。基因组编辑技术中，以锌指核酸酶（zinc finger nuclease，ZFN）和类转录激活因子核酸酶（transcription activator-like effector nuclease，TALEN）为代表的序列特异性核酸酶技术以其能够高效率地进行定点基因组编辑，在基因研究、基因治疗和遗传改良等方面展示出了巨大的潜力。CRISPR/Cas9是继ZFN、TALEN之后出现的第三代“基因组定点编辑技术”。与前两代技术相比，其以成本低、制作简便、快捷高效的优点，迅速风靡于世界各地的实验室，成为科研、医疗等领域的有效工具。CRISPR/Cas9技术被认为能够在活细胞中最有效、最便捷地“编辑”任何基因，目前CRISPR/Cas9技术已在斑马鱼和海胆等水产动物中得到应用。

思考题

1. 如何区分质量性状和数量性状？
2. 试述水产生物选择育种的一般原理。
3. 阐述水产动物选择育种常用的方法有哪些。
4. 影响水产动物选择育种效果的因素有哪些。
5. 简述提高选择育种效果的途径。
6. 论述水产动物杂交育种的基本原理与方法。
7. 简述杂种优势的概念和特点。
8. 什么是水产动物多倍体育种？多倍体育种方法有哪些？
9. 论述水产动物分子标记辅助育种的原理和方法。
10. 新技术在水产动物遗传育种中有哪些应用？

第三章　水 产 养 殖

第一节　水产养殖概念与发展历史

一、水产养殖概述

水产养殖（aquaculture）是由“水产的”“水生的”和“养殖”缩写而成，早期的学者把水产养殖定义为：“水生生物在人工控制或半控制条件下的养成”。近年来，一般把水产养殖定义为：“具商业目的的大规模的水生生物育苗或养成”。这一表述也能很好地定义“淡水养殖”“海水养殖”或“鱼类养殖”“甲壳动物养殖”“贝类养殖”“藻类养殖”，以及近几年兴起的“观赏鱼养殖”等的内涵。

水产养殖属“水产”一级学科下的二级学科。但从学科的内涵分析，水产养殖属于应用性学科，是多门学科的综合。

二、水产养殖发展历程

（一）古代

水产养殖历史可追溯到公元前2500年，古埃及人已开始进行池塘养鱼，埃及的法老墓上还有壁画描绘古埃及人在池塘里捞取罗非鱼的场景。

中国是世界上利用珍珠最早的国家之一，早在4000多年前，《尚书·禹贡》中就有河蚌能产珠的记载，《诗经》《山海经》《尔雅》《周易》中也都记载了有关珍珠的内容，珍珠养殖起源于中国，在宋代庞元英的《文昌杂录》中就有关于人工养殖珍珠的记载。到了明代，我国还发明了特异珍珠的培育方法，培育成功举世闻名的“佛像珍珠”。

我国明代初期，鳙、鲢、鲩、鲮已成为池塘养鱼的普遍鱼种。池塘养鱼地区已逐渐扩大，在三角洲区域已逐渐发展基塘养鱼生产地带。桑基鱼塘自17世纪明末清初兴起，到20世纪初，一直在发展。桑基鱼塘为充分利用土地而创造的一种挖深鱼塘，是垫高基田、塘基植桑、塘内养鱼的高效人工生态系统。桑基鱼塘的发展，既促进了种桑、养蚕及养鱼事业的发展，又带动了缫丝等加工工业的前进，逐渐发展成一种完整的、科学化的人工生态系统。

在国外，中世纪的亚得里亚海域附近的潟湖和运河成为当时欧洲的水产养殖中心。法国从8世纪中叶开始利用盐池进行鳗、鲻和银汉鱼的养殖。英国从15世纪初开始养殖鲤，最初是将野生的鲤暂养在人工开挖的池塘里作为食物备用，以后逐步变为增养殖。这种养殖方式在欧洲流行很长一段时间。德国人于1741年建立了世界上最早的鱼类育苗厂，主要繁殖培育鳟苗以供应当时日益兴旺的游钓业。

除鱼类养殖外，贝类养殖的历史也很悠久。贝类是沿海居民十分喜爱又容易采集的食物，尤其是牡蛎，其可能是无脊椎动物中最早被养殖的水产品种。1235年，爱尔兰海员在法国海边泥滩上打桩张网捕鸟时，发现了一个非常有趣的现象，木桩上覆满了贻贝，而且附着在木桩上的贻贝比泥地上的长得快得多，这一偶然发现成就了后来法国日益兴旺的贻贝养殖产业化。后来日本人应用类似的技术进行牡蛎增殖。1673 年，Koroshiya 发现牡蛎幼体可以在附着在岩石或插在海滩的竹竿上生长，这一发现奠定了后来日本盛行的浮筏养殖，并且由牡蛎等贝类养殖扩展到紫菜养殖。紫菜的养殖在 16 世纪末的广岛湾和 17 世纪末的东京湾就已经很盛行。

（二）19 世纪和 20 世纪初的水产养殖

从 18 世纪中叶开始，欧洲的科学技术突飞猛进，从不同渠道和层面进入水产养殖领域，极大地推动了水产养殖业的发展。

19 世纪 50 年代，欧洲的鱼类养殖技术已日臻成熟。1854 年法国政府在阿尔萨斯（Alsace）投资建设了一座设施齐全的鱼类养殖场。1856 年俄国的 Vrassky 发明了鱼卵“干法授精”技术，即将精子直接与卵子结合，不加水，这一技术大大增加了许多种鱼类的受精率。1857 年，加拿大首任渔业主管 Richard Nettl 先后成功地人工孵化了大西洋鲑、美洲鲑、大鳞大麻哈鱼和银大麻哈鱼，这一技术很快就传到了美国南部。1871 年美国联邦政府首任渔业专员 Spencer F. Baird 领导实施了鱼类人工放流增殖计划，首选目标是美洲河鲱。

近代牡蛎养殖研究始于 19 世纪 50 年代的法国。1879 年，美国约翰霍普金斯大学的威廉·布鲁克斯首次在实验室使牡蛎产卵，孵出幼体。但是，很长一段时间内，科学家始终未能将幼体培育成稚贝。直到 1920 年，Wells 和 Glancy 通过一套充气系统和离心设备才将牡蛎幼体成功培育至附着阶段。美国首任国家海洋渔业实验室主任 Victor Loosanff 与他的同事对牡蛎养殖做出了杰出贡献，详细描述了大规模牡蛎养殖的工艺流程、牡蛎各阶段幼体的发育细节，以及如何人工诱导牡蛎产卵。其他一些种类的贝类育苗和养殖研究也在同期展开。位于密西西比河艾奥瓦州的 Fairport 渔业生物中心在 20 世纪初开始了淡水珍珠贝的生活史研究和养殖实验。1935 年，日本的 Saburo Murayama 通过人工授精的方式成功繁殖出了鲍的幼苗。1943 年他成功地运用升温或调节水质酸碱度刺激了扇贝产卵。

人工培育浮游单细胞藻类投喂牡蛎等滤食性贝类的研究也经历了一个复杂艰难的过程。1943 年，Foyn 发明了一种藻类培养基，其中含有矿物质溶液和土壤浸出液，这种培养基对许多种藻类都有极佳的培养效果。20 世纪 40 年代，来自中国的朱树屏领先发明了各种单细胞藻类培养基及人工海水配方。在 20 世纪初，捷克斯洛伐克就开始进行藻类连续培养的尝试，但该项技术一直到 20 世纪 40 年代，经过 Monod、Ketehum 和 Redfield 等的努力才逐步完善成熟。

1934 年，日本的藤永原首次人工成功培育出了日本对虾幼苗。20 世纪 40 年代，法国的 Panouse 发现眼柄是甲壳动物的内分泌中心，切除眼柄可以诱导亲体成熟，这一技术被广泛应用于一些人工控制条件下难以成熟的甲壳动物种类幼苗，尤其是对虾如斑节对虾、日本对虾、凡纳滨对虾等。

（三）现代水产养殖业的发展

过去的近半个世纪是水产养殖大发展的时代，世界多数国家都开展了水产养殖实践和研究。表 3-1 是 1985 年和 2014 年世界主要水产养殖国家的主要养殖品种的年产量对比。

表 3-1 世界主要水产养殖国家主要养殖种类年产量 （单位：t）

国家	1985 年			
	鱼类	甲壳类	贝类	其他
中国	2 392 800	54 000	1 120 000	1 689 400
日本	283 900	—	359 000	540 600
韩国	3 700	—	369 000	417 500
菲律宾	243 700	—	37 900	212 800
美国	195 200	—	128 000	30 000

国家	2014 年			
	鱼类	甲壳类	贝类	其他
中国	45 469 000	3 993 500	13 418 700	39 935 000
日本	657 000	1 600	376 800	6 100
韩国	480 400	4 500	359 300	15 900
菲律宾	788 000	74 600	41 100	—
美国	425 900	65 900	160 500	—

注：“—”为没有具体数据。

1. 北美洲　加拿大的水产养殖已有 100 多年的历史，主要养殖鲑鳟类。1988 年鲑产量为 1.0×10^4t。20 世纪 80 年代，加拿大的水产养殖业增长趋势十分明显。加拿大养殖的贝类主要是牡蛎，东西两岸都有养殖。

美国的水产养殖业在过去的三四十年取得了长足的发展。美国对水产品的旺盛需求，促使了水产养殖技术研究和行业发展。政府、私营企业及各类大学都对水产养殖的发展给予了很大的支持，其中鲇、虹鳟、牡蛎、龙虾等种类深受美国市民喜爱，成为主要养殖对象。

尽管美国、加拿大的水产养殖历史悠久、技术先进、养殖种类丰富，但面积和产量并不大，2014 年的水产养殖产量低于世界总产量的 1%，2016 年北美洲内陆水域捕捞产量为 20.8×10^4t，产量较 2015 年提高 5.4×10^4t。

2. 拉丁美洲　在 20 世纪 80 年代初，拉丁美洲的水产养殖产量一直较低，约占全球的 1%，然而到 20 世纪 80 年代中后期，随着对虾养殖的迅猛发展，拉丁美洲各国的水产养殖业发展非常快，2012 年养殖总产量已达 2.6×10^6t，约占世界的 3.8%。1987 年，厄瓜多尔对虾产量已达 7.0×10^4t。厄瓜多尔对虾养殖的成功也带动了其他周边国家，如巴拿马、多米尼加、智利、哥伦比亚、巴西、洪都拉斯、墨西哥、秘鲁等的对虾养殖。

智利除对虾外，鲑养殖发展也很快，1989 年，鲑产量就达 1.5×10^4t。另外，还建有大型贝类育苗场，养殖太平洋牡蛎、秘鲁扇贝等。

墨西哥拥有绵长的海岸线和亚热带气候，水产养殖潜力巨大。在墨西哥开展水产养殖需要获得政府的支持。一旦获得政府支持，相关金融机构可以提供低息贷款进行生产。20 世纪 80 年代末，墨西哥虾类产量约为 4.0×10^3t。

拉丁美洲的水产养殖潜力巨大，但影响这一地区生产进一步发展的因素也较多。首先是当地居民对水产品的消费较少，基本都出口。而且养殖收获的水产品的流通环节也存在很多问题，如冷冻保鲜、运输加工等环节不完善，这些都带来了不小的负面影响。

3. 欧洲　在 20 世纪 80 年代，欧洲水产养殖发展最突出的要数挪威的鲑鳟养殖。

从 1977 年年产 2.0×10^3t 起步到 1989 年已达年产约 8.0×10^4t，占世界鲑鳟养殖产量的 63%，其中 40% 销往法国和美国。挪威现有 300 多家鱼类鱼苗场，其养殖技术已广泛传播到欧洲许多国家和地区。

鳟尤其是彩虹鳟是欧洲许多国家的主要养殖种类。1985 年欧洲鳟的年产量为 1.5×10^5t，其中丹麦（2.4×10^4t）和法国（2.7×10^4t）占了其中的 1/3。意大利、芬兰、德国、西班牙以及英国等也养殖相当数量的鳟。葡萄牙是鱼类消费大国，人均年吃鱼约 38kg，仅次于日本。其主要养殖品种是鳟和鲤。1985 年，波兰的水产品年产量为 1.9×10^4t，罗马尼亚为 5.2×10^4t，捷克斯洛伐克为 1.6×10^4t。

欧洲贝类养殖也很发达，尤其是贻贝养殖。西班牙 2016 年年产贻贝 2.5×10^5t。荷兰也是欧洲贻贝养殖的主要国家。法国则在牡蛎养殖上领先欧洲各国，2016 年年产牡蛎 1.0×10^5t。2016 年欧洲养殖食用鱼年产量为 3×10^6t，占世界总产量的 3.7%。

4. 中东　以色列主要养殖品种有鲤、罗非鱼以及对虾、沼虾、遮目鱼等。由于受水资源限制，以色列的养殖面积控制在（4.5～5.1）$\times10^3$hm^2，但养殖产量增加很快，从 1979 年的 3.49×10^3kg/hm^2 增加到 1987 年的 4.9×10^3kg/hm^2，约增加 40%。由于受到政府部门对水产养殖技术研究的支持和鼓励，以色列的水产养殖技术领先世界。

中东的水产养殖仍属起步阶段，约旦算是发展较早的。1983 年，约旦建立了第一家商业化水产养殖场，以后逐步建起了一些私营的鱼类养殖场，主要养殖鲤、罗非鱼、鳟等。这一地区近年来水产养殖业在逐步开展，2012 年养殖年产量已达 3×10^4t。

5. 非洲　非洲虽然有悠久的养殖罗非鱼的历史，但现代意义的水产养殖业在非洲起步较慢。然而近年来，非洲的水产养殖发展和技术进步列各洲之首，年均增长 11.7%，原因是人们已经认识到，水产养殖可以很大程度地解决非洲目前普遍存在的蛋白质食物缺少的问题。1986 年非洲的鳍鱼年产量是 1.1×10^4t，贝类养殖仅 278t，而 2016 年非洲的养殖食用鱼年产量达 2×10^6t，占世界总产量的 2.5%。

6. 大洋洲　澳大利亚的水产养殖起步较晚，1980～1990 年，仅新南威尔士州年产近 1.0×10^4t 牡蛎。另外，还开展微藻养殖用于工业用。澳大利亚海岸线长，水温适宜，发展水产养殖潜力很大。新西兰也建有十几家鲑育苗场，主要开展网箱养殖，20 世纪 80 年代的年产量约为 500t，2016 年养殖食用鱼年产量增长到 2.1×10^5t，占世界总产量的 0.3%。

7. 亚洲　亚洲是世界最主要的水产养殖地区，全球 80% 以上的水产来自亚洲。2014 年水产养殖年产量为 6.5×10^7t，约占世界总量的 88.4%，2016 年养殖食用鱼年产量为 7.2×10^7t。

亚洲水产养殖不仅产量大，而且养殖的种类多，常见的有大型海藻（海带、紫菜、裙带菜）、各种贝类（扇贝、牡蛎、贻贝、珍珠贝、蛤、蚶、蛏、螺、鲍）、各种甲壳动物（对虾、沼虾、龙虾、河蟹、梭子蟹、青蟹）及各种鱼类（鲤科鱼类、石斑鱼类、鲆鲽类、鲑鳟类、遮目鱼、罗非鱼）等。亚洲国家尤其是东亚和东南亚国家水域面积广阔，地处温带或温热带，特别适宜开展水产养殖。20 世纪 80 年代兴起的海水虾类养殖在亚洲地区表现尤为突出，1986 年，亚洲对虾养殖年产量为 1.9×10^5t，占世界养殖产量的 80% 以上。海藻养殖同样以亚洲国家为主，尤其是日本、中国和韩国。海藻需求以日本最大，尤其是紫菜，中韩养殖的海藻也主要销往日本市场。除食用外，海藻还被大量用于提取工业用原料，如琼胶、卡拉胶、藻酸盐等。

除传统的海藻和甲壳动物外，日本的鱼类养殖发展也很快，其重要养殖种类有鲑、鰻鲕等。鲑除进行网箱养殖外，还进行人工放流。2014 年日本的水产养殖产量已达 1.0×10^6t。

韩国的水产养殖种类与日本相似，其养殖鱼类的产量和价值远高于捕捞。2012 年韩国水产养殖产量约为 4.8×10^5t。

印度有近 6.7×10^7hm^2 的淡水养殖水域和 2.0×10^6hm^2 的海水养殖水域，水产养殖发展潜力巨大，但是以鲤科鱼类的综合养殖为主。近年来海水虾类和淡水虾类的养殖业发展很快。2014 年水产养殖年总产量已达 4.9×10^6t，占世界总量的 6.62%，仅次于中国。

东南亚由于具有温暖的气候、绵长的海岸线、良好的水源，发展水产养殖潜力巨大。据估计，可用于水产养殖的面积达 6.0×10^6hm^2，至 20 世纪 80 年代末已开发约 8.0×10^4hm^2，养殖年产量约为 1×10^6t。尤其是印度尼西亚、菲律宾和泰国发展较快。

8. 中国　中国是当今世界第一水产养殖大国，其巨大成就的取得起始于 20 世纪 50 年代。目前，中国的水产养殖规模、面积之大，养殖产量之高，参与水产养殖行业人员之多，发展速度之快在世界范围绝无仅有。特别是改革开放以来，水产养殖业快速发展。从 20 世纪 90 年代起，中国的水产养殖产量就一直稳居世界之首，而且养殖产量开始超过捕捞总量。到 2017 年中国的水产品年总量增长到 6.4×10^7t。

（1）淡水养殖　1958 年，中国水产科学研究院珠江水产研究所（广州）的钟麟成功突破了鲢、鳙的人工繁殖，改变了千百年来依靠捞取江河中自然鱼苗进行养殖的历史，为淡水鱼类大规模养殖奠定了坚实的基础。

中国的池塘养鱼综合技术始于唐朝，一直延续至今。20 世纪 60 年代左右，上海水产学院（现上海海洋大学）谭玉均等在前人养殖经验的基础上，不断总结、形成了以“水、种、饵、混、密、轮、防、管”八字精养法理论为核心的一套新的池塘高产养鱼综合技术，并逐步推广应用到全国，单位面积产量稳步提升。

目前中国淡水养殖鱼类仍以鲤、鲫、鳊等大宗鱼类和鲤科鱼类，如草鱼、鲢、鳙、青鱼（四大家鱼）为主，其次是罗非鱼、加州鲈、乌鳢、鳜、鮰、鳗鲡等，年产量均在 2.0×10^5t 以上。

中国河蟹养殖起步于 20 世纪 70 年代末。安徽省水产新技术研究所赵乃刚首先应用人工半咸水配方及工业化育苗工艺培育中华绒螯蟹幼苗，并获得成功，推动了长江流域多省市的河蟹养殖产业发展，以后河蟹养殖向西扩展到西藏，向东推广到台湾。河蟹是中国最主要的养殖蟹类，2016 年产量 80 万吨左右，产值 500 亿元左右。同时期其他淡水甲壳动物如罗氏沼虾、青虾（日本沼虾）、克氏原螯虾及凡纳滨对虾的养殖在内陆地区也迅速发展。2017 年，年产量分别为 1.4×10^5t、2.5×10^5、11.3×10^5t 和 6.0×10^5t。

内陆最重要的淡水养殖贝类是用于产珍珠的三角帆蚌。其养殖起始于 20 世纪五六十年代，在成功掌握了人工繁殖小蚌和插核技术后，80 年代末迅速发展，主要集中在长江下游两岸省市，如浙江、湖南、安徽、江苏、江西、湖北等地。2017 年，全国淡水珍珠年产量为 9×10^2t。用于食用的淡水养殖贝类有河蚌、螺、蚬等，2016 年养殖年产量达 2.1×10^5t。其他内陆大宗养殖种类还有螺旋藻（8.8×10^3t）、龟鳖类（3.7×10^5t）、蛙类（9.2×10^4t）、观赏鱼（4.2×10^9 尾）（2017 年统计数据）。

（2）海水养殖　我国的海水养殖在过去的60多年发展过程中，曾因主要养殖种类的转换而兴起5次产业化高潮，被誉为“海水养殖五次产业浪潮”。

海带养殖可以说是开了中国海水养殖的先河。20世纪50年代，中国科学院海洋研究所曾呈奎、中国水产科学研究院黄海水产研究所朱树屏等开始进行海带生物学和养殖技术研究，先后探索、掌握了海带自然光育苗、筏式人工养殖、施肥等技术，使海带养殖获得空前成功，成为北方沿海，如辽宁、山东等地的经济支柱产业，形成海水养殖的第一次产业浪潮。以后又将海带成功南移至浙江、福建等地养殖，也获得成功。1977年，全国海带总产量达7.8×10^5t，以后持续维持，2016年达1.46×10^6t。

从20世纪50年代开始中国水产科学研究院黄海水产研究所（青岛）、上海水产学院（现上海海洋大学）等地的科研人员开始研究紫菜生物学和养殖技术。60年代，我国组织15家科研生产机构进行紫菜养殖科研攻关，先后探索发明了紫菜自然附苗、半人工采苗、全人工采苗及各种海上养成技术，至八九十年代，紫菜养殖技术日臻成熟，逐步形成了种苗、养殖、流通、加工、出口一条完整的产业链，成为继海带之后又一重要的海水养殖种类。1985年，全国紫菜年产量约为1.0×10^4t，1995年，约为3.0×10^4t，2016年，达1.3×10^5t。主要产地为江苏、浙江和福建，长江以北主要养殖条斑紫菜，而福建等地主要养殖坛紫菜。除海带和紫菜之外，中国沿海养殖较多的大型海藻还有裙带菜（1.7×10^5t）、江蓠（3.1×10^5t）等（2017年统计数据）。

对虾养殖是继海藻养殖之后兴起的第二次海水养殖产业浪潮。20世纪60年代，在农业部支持下，中国水产科学研究院黄海水产研究所赵法箴作为全国对虾养殖研究组组长带领研究组开始了中国对虾育苗和养殖实验，经过十多年的努力和探索，在七八十年代，育苗养殖技术日臻成熟并逐步在山东、江苏等地推广，取得很好的经济效益。受此鼓励，中国对虾养殖迅速在整个中国沿海北至辽宁，南到广西展开，年产量迅速从1978年的450t猛增到1991年的2.2×10^4t，成为世界第一养虾大国。然而，中国的对虾养殖充满了戏剧性的起伏。1993年，因为对虾白斑病毒病的流行，对虾养殖业遭受到灭顶之灾，全国各地虾场几乎无一幸免，产量从年产20×10^4t直降至（3～4）$\times10^4$t。直到20世纪末，从西半球引进另一对虾种类——凡纳滨对虾后，中国对虾养殖业又重新崛起。而且由于凡纳滨对虾特殊的广盐性，不仅可在沿海养殖，还可以在内陆养殖，因此对虾养殖也再次成为中国养殖面积广、产量高、经济价值显著的产业。2005年，全国对虾养殖产量为62×10^4t。2010年，对虾总产量增至140×10^4t，其中凡纳滨对虾产量约为120×10^4t（其中包括了淡水养殖的60×10^4t）。2016年，全国对虾养殖产量为216.76×10^4t。其他主要养殖对虾种类是中国对虾（3.7×10^4t）、斑节对虾（7.5×10^4t）、日本对虾（5.2×10^4t）。

以扇贝尤其是海湾扇贝为代表的海洋贝类的大规模养殖可以说是海水养殖的又一次产业浪潮。20世纪五六十年代，中国的贝类增养殖已在沿海各地开展，主要种类是贻贝、牡蛎、蛤蛏等，但养殖比较分散粗放，规模不是很大，没有形成有影响的产业。1978年，大连水产学院（现大连海洋大学）王子臣突破了栉孔扇贝的人工育苗技术，获全国科学大会奖，奠定了扇贝人工育苗的基础。1982年中国科学院海洋研究所张福绥从美国引进海湾扇贝，经过几年的努力，建立了一套工厂化育苗及全人工养成技术，并从1985年开始向各地推广，20世纪90年代在黄渤海迅速形成新兴的养殖产业。栉孔扇贝与海湾扇贝同时形成扇贝养殖产业，成为北方沿海地区的又一重要经济支柱产业。1990 年全国扇贝年产量为 13×10^4t，到 2000 年增加到 71×10^4t，2016 年达到 186×10^4t。

进入 21 世纪，沿海各地的其他贝类养殖也没有停止发展的步伐，主要养殖种类有牡蛎、贻贝、蛤、蛏、蚶、螺、鲍等。2017 年全国贝类养殖的总产量为 1458.61×10^4t，其中牡蛎为 488×10^4t、贻贝为 92.8×10^4t、蛤为 418×10^4t、蛏为 86×10^4t、蚶为 35.3×10^4t、螺为 25.47×10^4t、鲍为 14.9×10^4t。

与淡水养殖兴起于鱼类不同，中国的海水鱼类养殖一直落后于藻类、虾类和贝类。1990 年全国的海水鱼类养殖年产量仅为 4×10^4t，与同时期海水养殖的对虾、贝类和海藻类产量差距相当大，与淡水养殖产量（1990 年，400×10^4t）相差更大。这种局面持续到 20 世纪末，由于北方大菱鲆和南方大黄鱼全人工鱼苗和养殖技术的突破，形成新的规模化产业，海水鱼类养殖才后来居上，形成新一波也被誉为第四次海水养殖产业浪潮。

1992 年中国水产科学研究院黄海水产研究所雷霁霖从英国引进大菱鲆，经过 7～8 年的研究，在 20 世纪末成功突破了大菱鲆规模化育苗技术和工厂化室内养殖技术，并迅速在中国北方首次形成了一个由育苗、养成、加工、运输、销售乃至渔业机械、仪器等各行业参与的产业体系。2005 年，已发展到育苗企业近千家，养殖工厂 600 多家，养殖面积达 500×10^4hm^2，年产量达 4×10^4t，约占世界鲆鲽类养殖产量的 1/3。2015 年我国鲆鲽类养殖产量达到 14.05×10^4t，在我国主要海水养殖鱼类中居第 2 位，其中大菱鲆产量占鲆鲽类产量的 80% 以上。

大黄鱼是中国东南沿海的重要经济鱼类，20 世纪 70 年代前资源一直丰富，年捕捞量在 10×10^4t 左右，1974 年最高达 20×10^4t。70 年代末由于过度捕捞，资源迅速减少，接近枯竭。为此从 80 年代开始，福建省闽东水产研究所刘家富等开始了大黄鱼育苗技术研究并于 1987 年获得成功，随后逐步推广，20 世纪末在南方，如福建、浙江等地形成了一个与北方工厂化大菱鲆相呼应的大黄鱼网箱养殖产业，2005 年产量为 5×10^4t，2010 年达 9×10^4t，2016 年达 16.5×10^4t，产量增长趋势仍在延续。

在第四次海水养殖产业浪潮的带动下，其他种类的鱼类养殖也快速发展，其中产量最高的是鲈，2017 年达 45.69×10^4t，基本以池塘养殖为主。大菱鲆的工厂化、大黄鱼的网箱和鲈的池塘养殖构成了中国当前海洋鱼类养殖的鲜明特色。

除上述 3 种鱼类外，其他比较重要的养殖鱼类有鰤、鲷（15.3×10^4t）、石斑鱼（13.15×10^4t）、美国红鱼（6.86×10^4t）、军曹鱼（4.37×10^4t）、河鲀（2.4×10^4t）（2017 年统计数据）。

第五次海水养殖产业浪潮是以海参为代表的海珍品养殖。20 世纪 70 年代，由于人们对海参、鲍等海珍品的捕捞强度过大，资源趋于枯竭。自 80 年代开始，山东和辽宁突破刺参产业化育苗，接着又突破了刺参增殖放流高产技术、刺参工厂化养殖技术、刺参池塘养殖技术等；近年又开展了刺参病害防治、刺参苗种复壮、良种培育等的研究，建立了刺参育种技术平台。2009 年大连水产学院（现为大连海洋大学）培育出我国第一个刺参养殖新品种“水院 1 号”，目前刺参养殖已在山东、辽宁、河北、福建等地全面展开，刺参产业已经成为我国水产产业链条最完善的产业之一，2017 年产量达到 20.7×10^4t。

20 世纪 80 年代开始，我国科学家就开始进行鲍的人工育苗和养殖。中国科学院海洋研究所研究员张国范领导的课题组，从解决皱纹盘鲍的种质问题入手，采用遗传育种技术和现代生物技术相结合的方法，在国际上首次将皱纹盘鲍种内杂交和杂种优势应用于大规模生产，培育出生长快、品质优、抗逆能力强的皱纹盘鲍“大连 1 号”，实现了杂种优势利用的产业化，新品种生长速度提高 20%，养成周期缩短 1/3，该品种已在辽宁、山东、福建等地大面积推广，推动了鲍人工养殖的发展。

海水养殖产业五次浪潮带来了我国蓝色产业的技术革命，标志着我国的水产业逐步从“捕捞”转向“养殖”，养殖重心逐渐从“淡水”转入“海水”。目前，采用现代生物技术支撑的海水养殖产业，正在以前所未有的速度蓬勃发展。

2017 年 1 月 19 号，农业部发布关于印发《“十三五”渔业科技发展规划》的通知，规划要求，充分发挥渔业生态功能，推动生态文明建设，是我国现代渔业保持健康发展的必由之路。促进渔业绿色发展、循环发展、低碳发展，是“十三五”渔业生态文明建设的基本理念。通过恢复渔业资源，修复严重退化的渔业生态系统，发挥渔业水域的生态服务功能、有效促进渔业水域生态环境的修复和改善，构建资源节约、环境友好、质效双增的现代渔业发展新格局，迫切需要发挥科技的有效支撑作用，解决渔业资源调查与评估、水域生态环境修复、濒危物种保护等紧迫课题。

第二节　水产养殖环境因子

一、水产养殖环境

水产养殖即养殖水产生物，那么首先就必须了解水产生物的生活环境：水。

水是一种极性分子，因此形成的氢键决定了水的各种性质，如密度、热值、形态等。海水的理化性质与淡水有许多相似之处，但又有一定的差异。海水的基本组成是 96.5% 的纯水和 3.5% 的盐，因此正常海水的盐度是三十五，习惯用 35ppt、35 等来表示。海水盐度在不同地理区域不同，过量蒸发会导致盐度升高，如波斯湾、死海，而在位于河口的地区，由于大量的内陆径流注入，盐度降低。

海水中融入了各种不同的离子，其中主要有以下 8 种：Na^+、Cl^-、SO_4^{2-}、Mg^{2+}、Ca^{2+}、K^+、HCO_3^-、Br^-。Na^+和 Cl^- 约占 86%，SO_4^{2-}、Mg^{2+}、Ca^{2+}和 K^+约占 13%，其余各种离子总和约占 1%。

海水中绝大多数元素或离子（无论大量还是微量）都是恒量的，也就是不管盐度高低，它们相互之间的比例是恒定的，不会因为海洋生物的活动而发生大的改变，因此称为恒量元素（conservative element）。与之相反的是非恒量元素（non-conservative element），如 N、P、Si 等因为浮游植物的繁殖利用，它们之间及它们与恒量元素之间会发生显著改变。这类元素通常为浮游植物繁殖所必需的营养元素，因此也称为限制性营养元素。

盐溶解在水中后还改变了水的其他性质，其影响程度随着水中盐的含量增加而增加。盐溶解越多，水的密度、黏度（水流的阻力）越大。折光率也发生改变，光线进入海水后发生比在淡水中更大的弯曲，意味着光在海水中的行进速度比在淡水中慢。海水的冰点和最大密度也随着盐度的升高而降低。

二、水产养殖重要水质参数

（一）pH

pH是氢离子浓度指数，是指溶液中H^+的总数和总物质的量的比，是表示溶液酸性或碱性的数值，用所含H^+浓度的常用对数的负值来表示，如$pH=-\log^{[H^+]}$，或者是$[H^+]=10^{-pH}$。如果某溶液所含H^+的浓度为0.000 01mol/L，它的氢离子浓度指数（pH）就是5；如果某溶液的氢离子浓度指数为5，它的H^+浓度为0.000 01mol/L。

氢离子浓度指数（pH）一般为0～14，在常温下（25℃时），当它为7时溶液呈中性，小于7时呈酸性，值越小，酸性越强；大于7时呈碱性，值越大，碱性越强。

纯水25℃时，pH为7，即$[H^+]=10^{-7}$，此时，水溶液中H^+或OH^-的浓度为10^{-7}mol/L。

许多水体都是偏酸性的，其原因为环境中存在酸性物质，如土壤中存在偏酸性物质，水生植物、浮游生物及红树林对CO_2的积累等都可能使水体pH偏酸。有的水体受到硫酸等强酸的影响，pH甚至可能低于4，在此酸性水体中，无论植物还是动物都无法生长。

养殖池塘中水体偏酸可以通过人工调控予以中和，最简单的方法就是在水中加生石灰。但这种调节不可能一次奏效，一个养殖周期，可能需要加几次，实际操作过程中要通过检测水中pH来决定。

（二）碱度

养殖池塘水体也可能发生偏碱性，虽然发生频率比偏酸性要小得多。鱼类不能生活在pH超过11的水质中。水质过分偏碱性时，也可以人为调控，常加入$(NH_4)_2SO_4$，但过量使用$(NH_4)_2SO_4$会导致氨氮浓度的上升。因为在偏碱性水体中，氨常以NH_3，而不是NH_4^+形式存在于水中（$NH_4^+ \rightleftharpoons NH_3+H^+$），而$NH_3$的毒性远高于$NH_4^+$。

碱度（alkalinity）是指水中能中和H^+的阴离子浓度。CO_3^{2-}、HCO_3^-是水中最主要的两种能与H^+进行中和的阴离子，统称为碳酸碱。碱度会影响一些化合物在水中的作用，如用$CuSO_4$控制微藻、原生动物等时，一般$CuSO_4$在低碱度水中毒性更强。

（三）缓冲系统

与其他溶解于水中的气体不同，CO_2进入水中与水发生反应，形成了一个与大多数动物血液中相似的缓冲系统（buffering system）。首先，CO_2溶于水后，与水结合形成H_2CO_3，然后部分H_2CO_3发生离解产生HCO_3^-，HCO_3^-进一步发生离解产生CO_3^{2-}：

$$CO_2+H_2O \rightleftharpoons H_2CO_3$$

$$H_2CO_3 \rightleftharpoons H^++HCO_3^-$$

$$HCO_3^- \rightleftharpoons H^++CO_3^{2-}$$

在上述缓冲系统中，若pH为6.5～10.5，系统中HCO_3^-为主要离子；当pH小于6.5时，H_2CO_3为主要成分；当pH大于10.5时，则CO_3^{2-}为主要离子。这一缓冲系统可以有效保持水体稳定，防止水中H^+浓度的急剧变化。在一个pH为7的系统中添加碱性物质，则系统中的HCO_3^-就会离解形成H^+和CO_3^{2-}以保持pH的稳定。相反，如果添加酸性物质，则反应向另一个方向发展，HCO_3^-会与H^+结合，形成H_2CO_3以保持水体酸碱稳定。

在养殖池塘中，白天由于浮游植物进行光合作用，需要消耗溶于水中的CO_2，缓冲系统的反应就朝形成H_2CO_3方向发展，水中pH就会升高，水体呈碱性。反之，在夜晚，光合作用停止，水中 CO_2 增加，反应朝相反方向发展，pH 降低，水体呈酸性。

（四）硬度

硬度（hardness）主要是研究淡水时所用的一个指标。自然界的水几乎没有纯水，或多或少总有一些化合物溶解其中。硬度和盐度是两个密切相关的词，表达溶解水中的物质。

硬度主要是水中 Ca^{2+} 和 Mg^{2+} 的作用，其他一些金属元素和 H^{+} 也起一些作用。现在硬度仅指 Ca^{2+} 和 Mg^{2+} 的总浓度，用 $\times10^{-6}$mg/L 表示，表示 1L 水中的碳酸盐浓度。从硬度来分，普通淡水可分为 4 个等级：软水，（0～55）$\times10^{-6}$mg/L；轻度硬水，（56～100）$\times10^{-6}$mg/L；中度硬水，（101～200）$\times10^{-6}$mg/L；重要硬水，（201～500）$\times10^{-6}$mg/L。

Ca^{2+} 在鱼类骨骼、甲壳动物和贝类外壳组成和鱼孵化等中起作用。有些海洋鱼类如鲯鳅属（*Coryphaena*）在无钙海水中不能孵化。而软水也不利于养殖甲壳动物，因为在软水中，钙浓度较低，甲壳动物外壳会因钙的不足而较薄，不利于抵抗外界不良环境因子的影响。Mg^{2+} 在卵的孵化、精子活化等过程中有重要作用，尤其是在孵化前后的短时间内，精子活化作用尤为明显。

（五）盐度

盐度（salinity）是研究海水或盐湖水所用的水质指标。完整的定义为：1kg 海水在氢化物和溴化物被等量的氯取代后所溶解的无机物的克数。正常的大洋海水盐度为 35。

盐度对水生生物影响很大，各种生物对盐的适应性也不尽相同，有广盐性、狭盐性之分。一般生活在河口港湾，近海的种类为广盐性，生活在外海的种类为狭盐性。绝大多数海水养殖在近海表层进行，这一区域的海水盐度一般较大洋海水低，盐度多为 28～32。

在小水体养殖中，可通过向养殖水中添加淡水来降低盐度，也可以通过加海盐或高盐海水（经过蒸发形成）来升高盐度。对于一些广盐性的养殖种类，人们可以通过调节盐度来防止敌害生物的侵袭，如卤虫是一种具有强大渗透压调节能力的动物，可以生活在盐度大于 60 的海水中，在这样的水环境中，几乎没有其他动物可以生存了，从而有效地避免了被捕食的危险。

（六）溶解氧

溶解氧（dissolved oxygen，DO）是指溶解于水中的氧的浓度。水体中正常溶解氧水平为 6～8mg/L，低于 4mg/L 则属于低水平，高于 8mg/L 则属于过饱和状态。水中的溶解氧水平与温度、盐度等有关，温度、盐度越高，水中溶解氧水平越低。正常情况下，淡水的溶解氧水平比海水稍高。另外，水中溶解氧水平还与水是否流动，以及水和空气接触面积等物理因素有关。

所有水生生物都需要依赖水中的氧气存活。高等水生植物和浮游植物在白天能利用太阳光和二氧化碳进行光合作用制造氧气，但它们同时又需要从水中或空气中呼吸得到氧气，即使夜晚光合作用停止，呼吸作用也不停止。因此如果养殖池中生物量很丰富，一天 24h 溶解氧的变化会很剧烈，下午两点至三点经常处于过饱和状态，天亮之前往往最低，容易造成缺氧。

鱼类及比较高等的无脊椎动物都具有比较完善的呼吸氧的器官——鳃，鳃组织很薄，表面积大，利于氧和二氧化碳在鳃组织内外交换。水中氧渗透进血液或血淋巴后，通过血红蛋白或其他色素细胞输送至身体各部。因此，鳃是十分重要的器官，也极易受到各种病原体的感染。

溶解氧是水产养殖中最重要的水质指标之一，如何方便、快速、准确地检测这一指标也是所有水产养殖业者所关心的。从化学滴定法到现如今的电子自动测试仪，各方法都在不断地改进。化学滴定法准确，但费时费力，而电子自动测试仪方便、快速，但仪器不够稳定，且容易出现误差。随着仪器性能的不断改进，溶解氧电子自动测试仪的使用范围越来越广，尤其对于检测不同水深的溶解氧状况，自动测试仪的长处更明显，而对于夏季水体分层的养殖池塘来说，第一时间掌握底层水溶解氧状况是每一个养殖业者最为关心的。

在自然环境中，溶解氧水平足够维持水中生物的生存，然而在养殖水环境中，溶解氧不足这一矛盾却十分突出，其原因主要如下：高密度养殖的生物所需；分解水中废物（剩饵、粪便）的微生物所需；浮游植物、大型藻类及水生植物所需。我们把上述原因对氧的消耗称为生物需氧量（biological oxygen demand，BOD），是指水中动物、植物及微生物对氧的需求量。

生物需氧量高是水产养殖的常态，解决水中氧缺乏的办法有直接换水、机械增氧及化学增氧等，其中机械增氧是最常用、便捷、有效的方法。增氧机的工作原理是增加水和空气的接触，促使空气中的氧溶于水中。能否有效达到增氧效果，不仅取决于水体本身的理化状态（温度、盐度等），更主要的是与以下几项因子有关：与进入水中气体的量及气体的含氧量有关，气体进入越多，气体含氧量越高，增氧效果越好；与气、水接触的表面积有关，1L 空气产生 10 000 个微泡比产生 10 个大泡有更大的表面积，也就更利于氧气融入水中；与水体本身溶解氧水平有关，水体溶解氧越低，增氧效果越明显。

化学增氧通常是在养殖池塘发生严重缺氧的情况下偶尔使用，常用的是 $Ca(OH)_2$、CaO、$KMnO_4$ 等，主要目的是氧化有机物，降低其对氧的消耗。

通常一个养殖池塘中，溶解氧的分布并不均匀，由于温跃层的存在，通常是表层高，底部低。这是因为表层水与空气接触更容易，而且光合作用也主要在水表层进行，而细菌的耗氧分解恰恰又发生在底部水层。另外，养殖动物往往会聚集在池塘底部某一区域，这样也很容易造成局部区域缺氧。

水产养殖对溶解氧的要求一般高于 5mg/L，然而各种生物对溶解氧的需求不尽相同，鲑鳟类要求高，而攀鲈、泥鳅很低。同一种生物对溶解氧的需求又因个体大小、温度及其他环境条件不同而差异很大。例如，一种原螯虾，在 9～12mm 的幼体时其半致死量 LC_{50} 是 0.75～1.1mg/L，而在 31～35mm 时，则降低到 0.5mg/L。

如果要建立一个数学模型来预测水中溶解氧昼夜变化规律，需要考虑的因素很多，如温度、生物量、细菌和浮游植物活动、水交换、水和底质的组成、空气中氧的溶入等。

（七）温度

温度（temperature）是水产养殖中另一个十分关键的指标，对于几乎所有的水产养殖对象，在生产开始前，首先需要了解它们适应在什么样的温度条件下生长繁殖。

尽管一些水生动物具有部分调控体温的能力，但水产养殖者还是希望为养殖对象提供一个最适温度，使它们体内的能量可以最大限度地用于生长，而不是仅仅为了生存。最适温度意味着生物的能量可以最大限度地用于组织增长。最适温度与其他环境因子也有一定的关系，如盐度。溶解氧不同，最适温度会有一定差异。在实际生产中，养殖者一般选择适宜温度的低限，以防止高温条件下微生物的快速繁殖。

最适温度基于生物体内酶的反应活力。最适温度条件下，生物体内的酶最活跃，生物对食物的吸引、消化率最佳。虽然检测养殖动物生长情况，需要有个过程，但要了解温度是否适宜，体内酶反应是否活跃，可以从动物的某些行为状况进行判断。例如，贻贝的适温为15～25℃，在此温度范围内，贻贝滤食正常，而超过或低于此温度，其滤食率显著下降，在这种不适宜的温度条件下，经过一段时间的养殖，其个体生长就会表现出差异。

低于适温，生物体内酶活力下降，新陈代谢变慢，生长速度降低。如果温度突然大幅度下降会导致生物死亡。有时在低温条件下，生物新陈代谢降低也有利于水产养殖的一面，如低温保存的作用，冷冻胚胎、孢子、精液等。

温度的突然显著升高同样致命。一方面迅速上升的温度会导致池塘养殖动物集体加快新陈代谢，增加BOD，导致缺氧情况发生；另一方面是过高的温度会导致生物体内酶调节机制失控，反应失常；另外，高温也容易导致养殖水体中病原体繁殖，疾病发生，因为细菌等病原比养殖动物更能适应温度的剧变。但控制好升温，也有正面作用，如加快生长速度，即使冷水动物也如此。例如，美洲龙虾、高白鲑等水生生物自然生活在冷水水域，但将其移植到温水区域养殖，也能存活，而且生长加快。鳕鱼卵，在15～90d卵化都属正常，温度高，孵化就快。

动物对温度的适应也可以分为广温性和狭温性。一般近岸沿海及内陆水域的生物多为广温性，而大洋中心和海洋深层种类多为狭温性。生物栖息环境变化越大，其适应温度范围就越广。

（八）营养元素

营养元素（nutrient element）是指水中能被水生植物利用的元素，尤其是那些非恒量元素，如氮、磷等，这类容易被水生植物和浮游植物耗尽从而限制它们继续生长繁殖的元素也称为限制性营养元素。通常在海水中，控制植物生长的主要是氮，而在淡水中则是磷。这些限制性营养元素必须是以一种合适的分子或离子形式被利用，且浓度适宜，否则会产生有害作用。

1. 氮　氮是参与有机体的主要化学反应、组成氨基酸、构建蛋白质的重要元素。它的存在形式可为NH_3、NH_4^+、NO_3^-、NO_2^-、有机氮及N_2等。从水产养殖角度来看，尽管亚硝酸氮和有机氮也能被一些植物所利用，但能作为营养元素被利用的主要是前3种，而N_2只能被少数蓝绿藻和陆生植物的根瘤菌直接利用。

在养殖池塘中，有一个自然形成的氮循环，在此循环中，无机氮被逐步转化为水生植物可直接利用的有机氮。这是一个复杂的循环，影响因子很多，如植物（生产者）、细菌或真菌（消费者），以及其他理化因子如溶解氧、温度、pH、盐度等。

上述含氮化合物浓度过高对生物尤其是动物有毒害作用，其中NH_3的毒性最强。而NH_4^+的毒性相对较低。NH_3和NH_4^+在水中处于一个动态平衡状态，其反应方向主要取决于pH。

$$NH_4^+ \rightleftharpoons NH_3 + H^+$$

pH越低，水中H^+越多（偏酸），反应就朝形成NH_4^+方向发展，对生物的毒性越小。温度上升，NH_3/NH_4^+的值上升，毒性增强。而盐度上升，这一比例下降。但温度和盐度对NH_3和NH_4^+的比例影响远不如pH。不同种类的生物对NH_3的敏感性不同，而且同一种类不同发育期的敏感性也不一样，如虹鳟的带囊仔鱼和高龄成鱼比幼鱼对 NH_3 敏感得多。另外，环境胁迫也会增强生物对 NH_3 的敏感度，如虹鳟稚鱼在溶解氧为 5mg/L 的水质条件下对 NH_3 的忍耐性要比在 8mg/L 条件下低 30%。

NH_3 被氧化为 NO_2^- 后，毒性就小得多，进一步氧化为 NO_3^- 毒性就更小。一般在水产养殖中，这两种物质的含量大多不会超标。过多的 NO_3^- 易导致藻类大量繁殖，形成水华（赤潮）。而 NO_2^- 能使鱼类血液中的血红蛋白氧化形成正铁血红蛋白，从而降低血红蛋白结合运输 O_2 的功能，鱼类长期处于亚硝酸盐过高的环境中，更容易感染病原菌。

2. *磷*　磷同样是植物生长的一个关键营养元素，通常以 PO_4^{3-} 的形式存在。磷在水中的浓度要比氮低，但需求量也较低。磷和氮类似，一般在冷水、深水区域含量高，而在生产力高的温水区域，植物可直接利用的自由磷含量较低，更多的是存在于植物和动物体内的有机磷。与氮一样，自然水域中也存在一个磷循环，植物吸收无机磷，固定成有机分子，然后又通过细菌、真菌转化为磷酸盐。

有些剧毒有机磷农药，其分子结构中有磷的存在，而单磷酸盐一般不会直接危害养殖生物。如果某一水体氮含量过低，处于限制性状态，而磷酸盐浓度过高时，能激发水中可以直接利用 N_2 繁殖的蓝绿藻大量繁殖，在水体中占绝对优势，从而排斥其他藻类，形成水华（赤潮）。这种水华往往在维持一段短暂旺盛后，会突然崩溃死亡，分解释放大量毒素，并且造成局部严重缺氧状态，直接危害养殖生物。

从表面上看，氮、磷浓度升高，只要比例适当，不会有什么危害，也就是导致水中初级生产力增加而已，其实问题不仅如此。因为首先水中植物过多，在夜晚光合作用停止时，植物不再制造氧气，却要消耗大量氧气，导致水中溶解氧大幅下降，直接危害养殖生物，而白天则因光合作用过多，消耗水中的二氧化碳，使水体酸性减弱，碱性增强，NH_4^+ 更多地转化为 NH_3，增强了 NH_3 对生物的毒性。

3. *其他*　在自然水域中，磷、氮为主要限制性营养元素，而在养殖水域中，若磷、氮含量充足，不再成为限制性因素，则其他元素可能成为限制性因素，如 K、CO_2、Si、维生素等。缺 K 时可以通过添加 K_2O 来改善，使用石灰可以提升二氧化碳浓度。在正常水域中硅的含量是充足的，但遇上某水体硅藻大量繁殖，则硅也会成为限制性因素，一般可以通过加 $Si(OH)_4$ 来改善。一些无机或有机分子，如维生素也同样可能成为限制性营养元素。

（九）其他水质指标

1. *透明度*　透明度是指水质的清澈程度，是对光线在水中穿透过程中所遇阻力的测量，与水中悬浮颗粒的多少有关，因此也有学者用浊度来表示。若黏性颗粒小而带负电，则称为胶体。任何带正电离子的物质的添加，均可使胶体沉淀，如石膏、石灰等。许多养殖者不愿意水质过于浑浊，即通过泼洒石膏或石灰水来增加水质透明度。透明度太小，或浊度过大，不易观察鱼类生长状况，也容易影响浮游生物繁殖，导致氮的积累，而且也会使鱼虾呼吸受阻。但水质透明度太大易使生物处于应急状态，也不利于养殖动物的生长，如俗语所说的“水至清则无鱼”。透明度有一个国际上常用的测量方法：将一个直径 25cm 的白色圆盘沉到水中，注视着它，直至看不见为止。盘下沉的深度，就是水的透明度。

2. *重金属*　重金属污染对水产养殖的危害不可忽视，在沿海、河口、湖泊、河流不同程度地存在，而且近十几年来有逐步加重的趋势。重金属直接侵袭的组织是鳃，致其异形。另外，对动物胚胎发育、孵化的影响尤为严重。为减少重金属危害，育苗厂家通常都在育苗前，在养殖用水中添加2～10mg/L EDTA-Na盐，可有效螯合水中重金属，降低其毒性。一般重金属在动物不同部位积累浓度不同，如对虾头部组织明显大于肌肉。一些贝类能大量积累重金属。

3. *有机物* 水中某些有机物污染会影响水产品口味，直接导致整批产品废弃，如受石油污染的鱼、虾会产生一种难闻的怪味，受蓝绿藻污染的水产品有一股土腥味等。

第三节 内陆水产养殖

一、内陆水产养殖含义

利用内陆池塘、水库、湖泊、江河及人工水地进行饲养和繁殖水产经济动植物的生产部门及有关活动统称为内陆水产养殖生产。我国内陆水域中除少部分属于咸水或半咸水水域外，绝大部分是淡水水域，且迄今开展养殖生产所利用的基本上是淡水水域，所以我国目前的内陆水产养殖主要是指淡水养殖。

我国发展淡水养殖有着悠久的历史，可以追溯到春秋战国时期，是世界上最早开展养殖的国家之一，但直到1949年，养殖产量只有5万吨，1949年以后，我国的淡水养殖业有了较快的发展。1958年，鲢的人工繁殖成功，之后鳙、草鱼和青鱼的人工繁殖先后获得成功，扭转了只能靠采捕天然鱼苗的被动局面，极大地促进了淡水养殖的发展。

我国淡水养殖的生产方式有池塘养殖、湖泊和河道养殖、水库养殖、稻田综合种养、网箱养鱼、工厂化养殖等。其中，池塘养殖是最主要的方式，养殖产量占淡水养殖产量的67%（2005年），湖泊和水库养殖也是重要的淡水养殖方式。我国内陆水产养殖的对象有草鱼、青鱼、鲢、鳙、鲤、鲫、鲂、鳊、罗非鱼等经济性淡水鱼近40种，另外还有少量淡水虾、珍珠、蟹、鳖、龟、鲵等特种水产品。

二、内陆水产养殖的主要方式

（一）苗种生产

1. *人工繁殖* 草鱼、青鱼、鲢、鳙四大家鱼是我国长期以来普遍进行人工饲养的主要淡水经济鱼类，历来在大江河中自然繁殖后代，在小水体养殖条件下，因生态条件不能完全满足其繁殖要求，而不能自行产卵。

家鱼人工繁殖是指为了使家鱼在人工饲养和控制条件下，达到性腺发育成熟，以及产卵、孵化等所采取的技术措施。人工繁殖的主要工艺流程包括：亲鱼的采集和培育；催产（催产剂的制备、注射，收卵或人工授精，亲鱼的护理等）；孵化（孵化工具的准备及孵化管理等）；出苗及运输。

人工繁殖的优点：可以根据养殖生产的需要，有计划地生产所需家鱼苗种，改变了依赖捕捞天然鱼苗丰歉不定、品种不全的被动局面；人工繁殖的鱼苗纯净（无野杂鱼），个体大小一致，便于饲养管理；就地繁殖，就地饲养，不需要长途运输，省力省工，成本较低；在人工繁殖基础上可进一步开展养殖鱼类品种的选育。

2. 鱼苗生产　鱼类受精卵遇水后，卵膜吸水膨胀，胚盘隆起，接着发生卵裂，经过囊胚期、原肠期、神经胚期，随后器官组织逐渐分化形成，最后破膜而出，即产生鱼苗，也称“水花”。

鱼苗的来源主要有两个方面：一是人工繁殖，二是采捕自然水域的鱼苗。鱼苗，依其孵出时间的长短，可分为嫩口鱼苗和老口鱼苗。嫩口鱼苗为孵化后0.5～2d的个体，它的鳔尚未出现，鱼体透明，色素较少，尾鳍和背鳍尚未分化出来。老口鱼苗为孵化后3～7d的个体，鳍已形成，可在水中做水平游动，身体上出现较多色素。目前我国人工繁殖鱼苗占全国鱼苗总产量的90%以上。

鱼种是从鱼苗到长成成鱼培育之前的幼鱼。鱼种根据不同季节、时间出塘而被称为夏花、冬片、春片、仔口、老口鱼种。在夏季出塘，体长3cm左右的鱼种称为夏花。夏花继续培育至6～8cm，在当年冬季出塘的鱼种称为冬片。夏花饲养100d左右，在翌年春季出塘的鱼种称为春片。冬片及春片又称为仔口鱼种。仔口鱼种培育到250g左右时称为老口鱼种。由于人们对鱼类各品种上市的要求不同，所放养的鱼种规格也不同。例如，鲢、鳙上市规格在500g以上；而草鱼因其上市规格较大，一般在1.5～2kg及以上才上市，所以草鱼的二龄鱼种规格大至0.5～1kg。鱼种培育工作直接影响着成鱼养殖的经济效益，随着水产养殖的发展，对鱼种规格要求更高，大规格鱼种可以缩短成鱼养殖周期，降低生产成本。目前鱼种培育的方式有池塘培育、湖库湾培育、网箱培育、稻田培育及成鱼池套养鱼种。

（二）养殖

1. 池塘养殖　这些池塘一般多是人工开挖和天然水潭等改造成的，面积一般为数亩①到数十亩。池塘养殖品种有鲢、鳙、青鱼、草鱼、鲤、鲫、鳊、鲮、团头鲂（武昌鱼）、罗非鱼、鳗、虹鳟、鲇、鳖、淡水白鲳、罗氏沼虾、青虾、凡纳滨对虾、河蟹、鲈等。我国池塘养鱼方式主要有单品种养殖（单规格和多规格套养两种）、多品种混养及综合养殖。其中单品种养殖所占比例较小，大部分是以多品种混养。综合养殖是把水池与池周围的空间有机地结合起来，其主要形式有桑基鱼塘、蔗基鱼塘、菜基鱼塘以及禽畜与鱼结合。这些综合养殖促进了水陆物质的良性循环。

2. 水库养殖　即利用水库进行养殖。放养的种类主要为草鱼、青鱼、鲢、鳙、鲤、鲫、鳊等，其放养规格一般比池塘养鱼大。主要放养方式有精养和网箱养鱼。精养是指在湖泊、河道上建有防逃设备，清除敌害，采取以一定程度密放混养方式投放鱼种为主，利用水库原有天然鱼种为辅，充分利用天然饵料，待长成后进行捕捞。网箱养鱼是指将由网片制成的箱笼放置于一定水域，进行养鱼的一种生产方式。

3. 湖泊和河道养殖　利用湖泊和河道进行养殖。放养的种类主要为草鱼、青鱼、鲢、鳙、鲤、鲫、鳊等，其放养规格一般比池塘养鱼大。放养方式有三种：①精养，方式同水库养殖中的精养。养殖形式主要有围栏养鱼和网箱养鱼。②粗养，建有拦鱼设备，以投放鱼种为主，利用湖泊、河道原有天然鱼种为辅，在充分利用天然饵料的基础上，适当投放人工饵料。养殖形式主要是围栏养鱼。③蓄养，根据当地具体条件，有计

① 1亩≈666.67m^2

划地投放鱼种和移植优良鱼类，以增加湖泊、河道的鱼资源量和种类，同时规定禁渔区、禁渔期和限制渔具、渔法等繁殖保护措施，以保护经济鱼类资源。近几年，我国利用湖泊、河道发展围栏养鱼、网箱养鱼的规模不断扩大，带动了湖泊、河道养鱼生产的发展。

4. 稻田综合种养　即种植和养殖相结合的综合养殖方式。利用水稻田养殖水生经济动物，主要是鱼类、虾蟹类。根据稻鱼共生的原理，把两种不同的生产场所合并在一起，不仅可以把原有的稻田生态向更加有利的方向转化，而且能充分利用人工新建的生态系统，使其发挥共生互利的作用。稻田养鱼具有投入少、成本低、见效快、效益好的特点，生产形式可分为：平板式，即传统的方式，直接在稻田里放养鱼类，此种形式单产较低；沟山式，在稻田里开挖横沟或竖沟，这种形式水体空间大，养鱼单产大大提高。

5. 网箱养鱼　是利用网箱把鱼类圈养起来的一种养鱼方式。网箱是用纤维丝、金扇丝等材料编织成网片而缝制成的具有一定形状的箱体。网箱养鱼具有节约土地、节约粮食、节约水等特点，是一项集约化养鱼生产形式。网箱养鱼是从捕捞天然活鱼“暂养”中得到启示而发展起来的一种科学养鱼方法。

6. 工厂化养殖　采用工业化的生产形式，按工艺过程的连续性和流水作业性原则，在生产中运用机械、电气、化学及自动化等现代化措施，对水质、水温、水流、溶解氧、光照及饲料等各方面进行人为控制，并向机械化及自动化的方向发展，保持最适宜于动植物生长和发育所需的生态条件，使繁殖、种苗培育、养殖等各个环节能相互衔接，形成一个独立的生产体系，可以进行不受季节限制的连续生产。工厂化养殖一般有一整套生产技术工艺流程，其特点是：养殖水体采用循环流水式，可以避免受环境污染的影响；放养密度高，缩短养殖周期，提高了单位水体的产量；占地少；机电设备投资大，技术水平高，饲料成本高；容易达到管理机械化和操作自动化，可以根据市场的需求均衡上市，可获得较高的经济效益。我国的工厂化养殖是在 20 世纪 80 年代开始兴起的，如淡水渔业中鳗、甲鱼的养殖，冷水性虹鳟类的养殖等。

7. 围栏养鱼　是用纤维网片、竹箔、筑坝、电栅等把鱼类围在某一区域内进行的人工养殖。围栏养鱼是大水面养鱼的一个组成部分。围栏养鱼是在 20 世纪 50 年代中期开始上栏、网栏湖、库湾培育鱼种的基础上，衍演发展而兴起的一种养鱼高产的生产方式。我国围栏养鱼经历了一个初步形成与不断完善的过程。初期以大面积围栏养殖为主，单产水平很低，而且养殖品种主要是游结鱼；有些围栏水域形成“人放天养”，围栏是以占有水面为目的。随着水产业的发展，人们对大水面开发利用的正确认识及生产责任制的完善及科研技术的推广，围栏养鱼逐步向小面积、精养高产发展。围栏养鱼生产形式有栏湖、河道养鱼；围网主要是小块围网养鱼；圈养是在一些草湖中利用湖革一年换另一区域，用原有的设施进行“低坝高栏”养鱼。围栏养鱼要选择在浅水区，同时避开大水面鱼类繁殖区。对围栏区域内的各种有害生物进行清除，这是围栏养鱼成功的关键因素。

8. 流水养鱼　是指在流动的水池中进行鱼类饲养。其特点是在小水体中进行鱼类高密度的饲养，单产很高，但要有一定的设备、充足的饲料和较高的技术。流水养鱼的主要设施包括贮水池、流水养鱼池、注水和排水排污系统、水质净化系统等。根据集约化程度和机械化程度及其构造特点可分为以下几种类型：自流水养鱼，利用天然地势形成的落差，使水不断地流经鱼池，无须动力；开放式循环流水养鱼，主要特点是选择某天然水体作为蓄水池兼净化池，需动力抽水导入流水池，流水池的排水仍然回到原地，养鱼系统始终与外水源天然水体相连，我国目前大多采用此种方式；封闭式循环流水养鱼，主要特点是用水量少，养鱼用水经过专门设备的沉淀、净化、过滤等处理后再重新进流水池养鱼用；温流水养鱼，利用工厂的温排水、池热水等热水源，经调温处理及增氧后注入流水池养鱼。

三、内陆水域养殖主要种类

（一）主要养殖鱼类

我国内陆水域养殖的鱼类主要有鲤、鲫、草鱼、鲢、鳙等几十种。

1. 鲤（*Cyprinus carpio*） 属脊索动物门硬骨鱼纲鲤形目鲤科鲤属。上腭两侧各有二须，身体侧扁而腹部圆，口呈马蹄形，须2对。背鳍基部较长，背鳍和臀鳍均有一根粗壮带锯齿的硬棘。体侧金黄色，尾鳍下叶橙红色。

鲤俗称鲤拐子，平时多栖息于江河、湖泊、水库、池沼的水草丛生的水体底层，是杂食性鱼类，以食底栖动物为主。生长迅速，耐低温、高温，耐污染。养殖鲤对各种饲料均食。适应环境能力强，生长的最适温度为18～28℃。鲤的种类很多，约有2900种，主要养殖种类有黑龙江野鲤、镜鲤、松浦鲤、建鲤、红鲤、锦鲤、丰鲤、颖鲤等。鲤是中国人餐桌上的美食之一，而且锦鲤在亚洲有很高的观赏价值。

2. 鲫（*Carassius auratus*） 属脊索动物门辐鳍鱼纲鲤形目鲤科鲫属。头像小鲤，形体黑胖（也有少数呈白色），肚腹中大而脊隆起，体呈流线型，体高而侧扁，前半部弧形，背部轮廓隆起，尾柄宽；腹部圆形，无肉棱。头短小，吻钝，无须，鳃耙长，鳃丝细长。下咽齿一行，扁片形，鳞片大，侧线微弯。背鳍长，外缘较平直。

因生活的环境不同，形体和颜色各有差异，杂食性，底层鱼类，抗病力强，耐低温高热，适应环境能力强，水中只要无毒就能生存。生长的适宜温度为15～20℃。主要养殖种类有镜泊湖湖鲫、方正银鲫、异育银鲫、彭泽鲫、高倍鲫、湘云鲫、五彩鲫等。原分布于中国（含青藏高原）的江河、湖泊、池塘等水体中等，后引进世界各地的淡水水域。

3. 草鱼（*Ctenopharyngodon idellus*） 属脊索动物门辐鳍鱼纲鲤形目鲤科草鱼属。体略呈圆筒形，头部稍平扁，尾部侧扁；口呈弧形，无须；上颌略长于下颌；体呈浅茶黄色，背部青灰，腹部灰白，胸、腹鳍略带灰黄，其他各鳍浅灰色。其体较长，腹部无棱。头部平扁，尾部侧扁。下咽齿两行，侧扁，呈梳状，齿侧具横沟纹。背鳍和臀鳍均无硬刺，背鳍和腹鳍相对。

草鱼俗称草根，属中下层鱼类，栖息于平原地区的江河湖泊，一般喜居于水的中下层和近岸多水草区域。性活泼，游泳迅速，常成群觅食。为典型的草食性鱼类。草鱼生长快，个体大，最大个体可达17.5kg。肉质肥嫩，味鲜美。

4. 鲢（*Hypophthalmichthys molitrix*） 属脊索动物门辐鳍鱼纲鲤形目鲤科鲢属，属于典型的滤食性鱼类。体形侧扁、稍高，呈纺锤形，背部青灰色，两侧及腹部白色。胸鳍不超过腹鳍基部。各鳍色灰白。头较大。眼睛位置很低。鳞片细小。腹部正中角质棱自胸鳍下方直延达肛门。

鲢俗称白鲢，为我国主要的淡水养殖鱼类之一，原产我国南方一带，现分布在全国各大水系，喜生活于水的上层。滤食性，吃浮游植物。鲢的适温范围较广，也可耐高温，28℃左右依然充满活力，还可以在污浊的腐水、泥水中生活，在温暖而肥沃的污水池中生长迅速，一年可达 1kg 以上。鲢味甘，性平，无毒，其肉质鲜嫩，营养丰富，是较宜养殖的优良鱼种之一。

5. 鳙（*Aristichthys nobilis*） 属脊索动物门硬骨鱼纲鲤形目鲤科鳙属。鳙体侧扁，较高，腹背面暗黑色，有不规则的小黑斑，在腹鳍基部之前较圆，其后部至肛门前有狭窄的腹棱。头极大，前部宽阔，头长大于体高。吻短而圆钝。口大，端位，口裂向上倾斜，下颌稍突出，口角可达眼前缘垂直线之下，上唇中间部分很厚，无须。

鳙生长在淡水湖泊、河流、水库、池塘里。多分布在淡水区域的中上层，为温水性鱼类。性情温和，不大跳跃，行动较迟缓。鳙也属滤食性，但与鲢不同，以水中的浮游动物为主要食物，兼食多种浮游藻类。鳙为中国特有，分布水域很广，在中国从南方到北方几乎所有淡水流域都有。

6. 团头鲂（*Megalobrama amblycephala*） 属脊索动物门硬骨鱼纲鲤形目鲤科鲂属。体高而短，侧扁，体型呈菱形，头短小呈三角形，口小，无须。体背灰黑色，腹侧灰白色。

团头鲂又称为武昌鱼，是我国特有种类，属中下层鱼类，以泥质底并有水草杂生的静水域最多，幼鱼以浮游动物为主食，成鱼则以水生植物为主食。最大体长可达 40cm。仅自然分布于长江中下游附属湖泊。

7. 虹鳟（*Oncorhynchus mykiss*） 属脊索动物门辐鳍鱼纲鲑形目鲑科鲑属。虹鳟性成熟个体沿侧线有 1 条呈紫红色和桃红色、宽而鲜红的彩虹带。鱼体呈纺锤状，略侧扁。口较大，斜裂，端位。吻圆钝，上颌有细齿。背鳍基部短，在背鳍之后还有一个小脂鳍。

原产于美国阿拉斯加州的山川溪流中。为冷水性凶猛鱼类，喜栖息于水质清澈、氧气丰富的山川溪流中，1866 年始引进到美国东部、日本、欧洲、大洋洲、南美洲、东亚地区养殖并增殖，已成为世界上养殖范围最广的养殖名贵鱼类。虹鳟为肉食性鱼类，幼体阶段以浮游动物、底栖动物、水生昆虫为食；成鱼以鱼类、甲壳类、贝类及陆生和水生昆虫为食，也食水生植物叶子和种子。在人工养殖条件下也能很好地摄食人工配给的颗粒饲料。游泳迅速，适宜集约化养殖，单产很高。是名贵水产品，肉质肥厚、细嫩、刺少、味鲜，蛋白质、脂肪含量高。易于加工，是国际市场上畅销的名贵鱼食品。

8. 罗非鱼（*Oreochromis mossambicus*） 又称为非洲鲫，属脊索动物门辐鳍鱼纲鲈形目丽鱼科罗非鱼属。罗非鱼是一群中小型鱼类，它的外形、个体大小有点类似鲫，鳍条多荆似鳜。

罗非鱼是以植物为主的杂食性鱼类。池塘中的罗非鱼，消化道内含物大部分是有机碎屑及其他植物性饲料（如水草类、商品饲料等），其次是浮游植物、浮游动物和少量底栖动物。通常生活于淡水中，也能生活于不同盐分含量的咸水中，也可以存活于湖、河、池塘的浅水中。它有很强的适应能力。耐低氧能力很强，水中溶解氧 3mg/L 以上时生长不受影响，最适生长温度为 28～32℃。罗非鱼的肉味鲜美，肉质细嫩，含有多种不饱和脂肪酸和丰富的蛋白质。目前我国养殖的主要有尼罗罗非鱼、莫桑比克罗非鱼、奥利亚罗非鱼。

9. 青鱼（*Mylopharyngodon piceus*） 青鱼也称为黑鲩、螺蛳青，属脊索动物门硬骨鱼纲鲤形目鲤科青鱼属。体呈圆筒形，体长达1m余，青黑色，鳍灰黑色。腹部平圆，无腹棱。尾部稍侧扁。吻钝，但较草鱼尖突。上颌骨后端伸达眼前缘下方。眼间隔约为眼径的3.5倍。

栖息中下层，主食螺蛳、蚌、虾和水生昆虫。4～5龄性成熟，在河流上游产卵，可人工繁殖。个体大，生长迅速，最大个体达70kg。肉味美。主要分布于我国长江以南的平原地区，长江以北较稀少；它是长江中下游和沿江湖泊里的重要渔业资源和各湖泊、池塘中的主要养殖对象，为我国淡水养殖的四大家鱼之一。

10. 黄颡鱼（*Pelteobagrus fulvidraco*） 俗称嘎牙子，属脊索动物门辐鳍鱼纲鲇形目鲿科黄颡鱼属。黄颡鱼腹面平，体后半部稍侧扁，头大且扁平。吻圆钝，口裂大，下位，上颌稍长于下颌，上下颌均具绒毛状细齿。眼小，侧位，眼间隔稍隆起。须4对，鼻须达眼后缘，上颌须最长，伸达胸鳍基部之后。颌须2对，外侧一对较内侧一对为长。体背部黑褐色，体侧黄色，并有3块断续的黑色条纹，腹部淡黄色，各鳍灰黑色。

属小型淡水鱼类，分布于长江、黄河及珠江等流域。对环境的适应能力较强，可在各类水域中养殖。黄颡鱼喜栖息于静水或缓流水中，白天栖息于湖水底层，夜间则游到水上层觅食，生存温度范围广，适宜生长水温为22～28℃，人工培育可喂绞碎的小鱼虾及软体动物，也可投饲配合饲料。其肉质细嫩、少刺无鳞、味道鲜美、营养丰富，是经济价值较高的名优鱼类。

11. 泥鳅（*Misgurnus anguillicaudatus*） 属脊索动物门硬骨鱼纲鲤形目鳅科泥鳅属。形体小，细长，只有3～4寸[①]，浑身沾满了自身的黏液。泥鳅前段略呈圆筒形，后部侧扁，腹部圆，头小、口小、下位，马蹄形。眼小，无眼下刺。须5对。鳞极其细小，圆形，埋于皮下。体背部及两侧灰黑色，全体有许多小的黑斑点，头部和各鳍上也有许多黑色斑点，背鳍和尾鳍膜上的斑点排列成行，尾柄基部有一明显的黑斑。其他各鳍灰白色。

在我国除青藏高原除西藏林芝地区外，凡是有水域的地区泥鳅都能生长。在全国各地河川、沟渠、水田、池塘、湖泊及水库等天然淡水水域中均有分布，尤其在长江和珠江流域中下游分布极广。泥鳅对环境的适应力很强，繁殖快，肉味鲜美，含蛋白质较高而脂肪较低，能降脂降压，为高蛋白低脂肪食品。

12. 鲇（*Silurus asotus*） 属脊索动物门硬骨鱼纲鲇形目鲇科鲇属。鲇多黏液，成鱼须2对4根，下颚突出。齿间细，体无鳞。背鳍很小，无硬刺，有4～6根鳍条。无脂鳍。臀鳍很长，后端连于尾鳍。鲇体色通常呈黑褐色或灰黑色，略有暗云状斑块。

鲇属底层凶猛性鱼类，肉食性，怕光。在水库、池塘、湖泊的静水中，多伏于阴暗的底层或成片的水生植物下面。鲇贪食易长，500g左右的幼鱼便大量吞食鲫、鲤等，最大个体可达40kg以上。鲇不仅含有丰富的营养，而且肉质细嫩，含有的蛋白质和脂肪较多，对体弱虚损、营养不良之人有较好的食疗作用。

13. 鳊（*Parabramis pekinensis*） 属脊索动物门辐鳍鱼纲鲤形目鲤科鳊属。体高，

① 1寸≈0.033m

侧扁，全体呈菱形，体长约 50cm，为体高的 2.2～2.8 倍。体背部青灰色，两侧银灰色，腹部银白；体侧鳞片基部灰白色，边缘灰黑色，形成灰白相间的条纹。头较小，头后背部急剧隆起。眶上骨小而薄，呈三角形。口小，前位，口裂广弧形。上下颌角质不发达。背鳍具硬刺，刺短于头长；胸鳍较短，达到或仅达腹鳍基部，雄鱼第一根胸鳍条肥厚，略呈波浪形弯曲；臀鳍基部长，具 27～32 枚分枝鳍条。腹棱完全，尾柄短而高。鳔 3 室，中室最大，后室小。

鳊平时栖息于底质为淤泥并长有沉水植物的敞水区的中下层中，冬季喜在深水处越冬。它生活于江河、湖泊中。比较适于静水性生活。

14. 鳜（*Siniperca chuatsi*） 属脊索动物门硬骨鱼纲鲈形目真鲈科鳜属。又叫作鳌花鱼，肉食性，有鳞鱼类，体侧扁，背部隆起，头呈三角状，口大，端位，口裂倾斜。鳞小，背鳍发达，其前部有几个锋利的硬刺；尾鳍呈扇形。体侧灰黄色，有不规则的大黑斑块，较鲜艳。

鳜喜居于水的下层，栖息于缓流而有水草丛生的水域，捕食方式是利用伪装的体色在水草中悄悄地游近被食鱼，突然袭击。冬季在大的江河、湖泊的深水中越冬。鳜对水温有较强的适应性，在中国南北方的水系里均有分布。鳜以夜间活动为主，白天一般卧于石缝、树根、底坑中，活动较少。鳜吃食时十分仔细，吞下鱼、虾以后，会吐出鱼刺和虾壳，只把肉留在腹中，这种独特的特点，在其他食肉鱼类中是不多见的。

15. 乌鳢（*Channa argus*） 属脊索动物门辐鳍鱼纲鲈形目鳢科鳢属。又名乌鱼、生鱼、财鱼、蛇鱼、火头鱼等。鱼身体前部呈圆筒形，后部侧扁。头长，前部略平扁，后部稍隆起。吻短圆钝，口大，端位，口裂稍斜，并伸向眼后下缘，下颌稍突出。牙细小，带状排列于上下颌，下颌两侧齿坚利。眼小，上侧位，居于头的前半部，距吻端颇近。鼻孔两对，前鼻孔位于吻端，呈管状，后鼻孔位于眼前上方，为一小圆孔。鳃裂大，左右鳃膜愈合，不与颊部相连，鳃耙粗短，排列稀疏，鳃腔上方左右各具一有辅助功能的鳃上器。

乌鳢生性凶猛，繁殖力强，胃口奇大，常能吃掉某个湖泊或池塘里的其他所有鱼类。乌鳢还能在陆地上滑行，迁移到其他水域寻找食物，可以离水生活 3d 之久。是一种常见的食用鱼，个体大、生长快、经济价值高。乌鳢骨刺少，含肉率高，而且营养丰富，比鸡肉、牛肉所含的蛋白质高。乌鳢作为药用，具有去瘀生新、滋补调养等功效，外科手术后，食用乌鳢具有生肌补血、促进伤口愈合的作用，具有非常丰富的营养价值。

（二）主要养殖虾蟹类

我国内陆水域养殖的虾蟹类主要有罗氏沼虾、日本沼虾和中华绒螯蟹等。

1. 罗氏沼虾（*Macrobrachium rosenbergii*） 又名马来西亚大虾、淡水长臂大虾，属节肢动物门软甲纲十足目长臂虾科沼虾属。体肥大，青褐色。每节腹部有附肢 1 对，尾部附肢变化为尾扇。头胸部粗大，从腹部起向后逐渐变细。头胸部包括头部 6 节，胸部 8 节，由一个外壳包围。腹部 7 节，每节各有一壳包围。

罗氏沼虾原产于热带、亚热带水域中，是一种大型淡水虾，其适应的生活水温为 24～30℃，当水温下降到 16℃时，行动迟缓，逐渐死亡。罗氏沼虾营底栖生活，喜栖息在水草丛中。一般白天潜伏在水底或水草丛中，晚上出来觅食。罗氏沼虾为杂食性甲壳动物，偏爱动物性食物。其壳薄体肥，肉质鲜嫩，味道鲜美，营养丰富。除富有一般淡水虾类的风味之外，成熟的罗氏沼虾头胸甲内充满了生殖腺，具有近似于蟹黄的特殊鲜美之味。它具有生长快、食性广、肉质营养成分好及养殖周期短等优点。

2. 日本沼虾（*Macrobrachium nipponense*） 属节肢动物门软甲纲十足目长臂虾科沼虾属。其体形粗短，整个身体由头胸部和腹部两部分构成。头胸部各节接合，由一大骨片覆盖背方和两侧，叫头胸甲或背甲。头胸部粗大，腹前部较粗，后部逐渐细而且狭小。额角位于头胸部前端中央，上缘平直，末端尖锐，背甲前端有剑状突起。

日本沼虾在世界上只分布于中国和日本，除中国西北的高原和沙漠地带外，其他无论哪个地区，只要有水资源就有它的存在。其是一种淡水水域的主要经济虾类，营养丰富，肉嫩味美，通乳作用较强，并且富含磷、钙，对小儿、孕妇尤有补益功效。虾中含有丰富的镁，镁对心脏活动具有重要的调节作用，能很好地保护心血管系统，是一种深受人们喜爱的名贵水产品。

3. 中华绒螯蟹（*Eriocheir sinensis*） 又称河蟹、毛蟹、大闸蟹，为节肢动物门软甲纲十足目弓蟹科绒螯蟹属。

体近圆形，头胸甲背面为草绿色或墨绿色，腹面灰白，头胸甲额缘具4尖齿突，腹部平扁，雌体呈卵圆形至圆形，雄体呈细长钟状，但幼蟹期雌雄个体腹部均为三角形，不易分辨。螯足用于取食和抗敌，其掌部内外缘密生绒毛，绒螯蟹因此而得名。

肉味鲜美，营养丰富，经济价值很高。此蟹只可食活蟹，因为死蟹体内的蛋白质分解后，会产生蟹毒碱。中华绒螯蟹常穴居江、河、湖荡泥岸，昼匿夜出，以动物尸体或谷物为食。中华绒螯蟹的自然分布区主要在亚洲北部、朝鲜西部和中国。中国北自辽宁鸭绿江口、南至福建九龙江、西讫湖北宜昌的三峡口均有分布。

（三）特种水产品养殖

其他特种水产品养殖主要养殖种类有牛蛙、大鲵和中华鳖等。

1. 牛蛙（*Rana catesbeiana*） 属脊索动物门两栖纲无尾目蛙科蛙属。原产于北美洲落基山脉一带，1959年我国引进牛蛙驯养，1986年在我国中部和南部大量饲养。因其叫声大且洪亮酷似牛叫而得名。生长快、味道鲜美、营养丰富、蛋白质含量高，体形与一般蛙相同，但个体较大，雌蛙体长达20cm，雄蛙体长18cm，头部宽扁。口端位，吻端尖圆面钝。眼球外突，分上下两部分，下眼皮上有一个可折皱的瞬膜，可将眼闭合。背部略粗糙，有细微的肤棱。

牛蛙生长快，肉质细嫩，是低脂肪高蛋白的高级营养食品；蛙皮薄、软、韧，是制造钱包、皮带、领带、皮鞋、乐器、外科手术线的优良原料；牛蛙也可以药用；蛙油可制作高级润滑油。

2. 大鲵（*Andrias davidianus*） 属脊索动物门两栖纲有尾目隐鳃鲵科大鲵属。大鲵俗名娃娃鱼，是两栖动物中体型最大的一种。外形类似蜥蜴。大鲵头部扁平、钝圆，口大，眼不发达，无眼睑。身体前部扁平，至尾部逐渐转为侧扁。体两侧有明显的肤褶，四肢短扁，指、趾前四后五，具微蹼。尾圆形，尾上下有鳍状物。

大鲵是一种食用价值极高的动物，其肉质细嫩、味道鲜美，含有优质蛋白质、丰富的氨基酸和微量元素，营养价值极高，被誉为“水中人参”。近年来突破人工育苗，实现养殖，在贵州、湖南等地养殖较多，同时有观赏价值。

3. 中华鳖（*Pelodiscus sinensis*） 属脊索动物门爬虫纲龟鳖目鳖科鳖属，又名水鱼、甲鱼、团鱼，是常见的养殖龟种。体躯扁平，呈椭圆形，背腹具甲；通体被柔软的革质皮肤，无角质盾片。体色基本一致，无鲜明的淡色斑点。头部粗大，前端略呈三角形。吻端延长呈管状。腹甲灰白色或黄白色，平坦光滑，尾部较短。四肢扁平，在江浙一带养殖量较大，并开创“稻鳖”混养新模式。

中华鳖分布于中国、日本、越南北部、韩国、俄罗斯东部，也被引入泰国、马来西亚、夏威夷等地。中华鳖既有食用价值，也有药用价值。中华鳖风味独特、营养丰富，是一种高蛋白、低脂肪的食物原料，其组织富含多糖、胶原蛋白、牛磺酸、维生素 B_{17} 等功能因子。此外，中华鳖在预防及治疗心脑血管疾病、抗肿瘤、增强免疫与延缓衰老等方面具有一定功效。

第四节 海水养殖

一、海水养殖

海水养殖是指繁殖、饲养或培养海洋水产经济动植物的生产部门及其有关活动，是水产养殖业重要的组成部分。海水养殖主要养殖对象有鱼类、甲壳类、贝类、藻类等。

海水养殖在我国具有悠久的历史，早在2000前就有贝类养殖的记载，真正大规模开展商品性海水养殖生产是从20世纪50年代末期才开始的，至2004年无论从面积还是产量来看，我国均为世界第一海水养殖大国。养殖品种已从传统养殖的牡蛎、海带、滩涂贝类和少量紫菜发展到对虾、贻贝、扇贝、鲍、大黄鱼、真鲷、黑鲷、石斑鱼、青蟹、刺参、海胆、海蜇、海带、裙带菜等40多个品种。

二、海水养殖主要方式

1. 苗种生产方式

（1）自然海区采苗　即从自然海区获得养殖所需苗种的生产。采集对象有鱼类、虾类、贝类和藻类等，目前以贝类、鱼类和藻类为主。由于每年水文、气象等环境条件不同，苗种出现的时间和场所也略有变化，因此要进行苗情预报。采苗前需进行探苗，确定所需苗种的密集区和采苗期，以便组织人力集中采捕。

（2）半人工采苗　根据生物的繁殖与附着习性，在有大量幼体分布的海区，选择适宜时间，人工投放附苗器或创造适宜的环境条件进行采苗生产。主要采集对象是贝类和藻类。它是目前我国解决贝类苗种的主要途径。其基本原理是利用贝类和藻类生活史中都要经过附着生活阶段的习性，在其繁殖季节通过人工改良底质或投放适宜的附苗器以附集大量的自然苗种。

半人工采苗根据采集对象的各种生活习性使用不同类型的附苗器，固着型贝类常采用石块、石柱、水泥板、贝壳、竹竿、竹片、瓦片等作为附苗器，如牡蛎等。附着型贝类常采用筏式采苗，一般使用红棕绳、草绳、废胶带、旧浮模、旧网箱等作为采苗器，如贻贝、扇贝等。埋栖型贝类的半人工采苗，需将潮区滩涂耙松，整涂采苗，如缢蛏等。采苗时间根据贝类性腺消长规律、贝类幼虫的发育和数量、海区水温和盐度的变化等进行预报推断，适时整围（整涂）或投放附苗器，以获取最佳的采苗数量。

（3）工厂化育苗　通过机械及人为的饲育管理，在人工控制下保持室内小型水体适于养殖所需幼苗生长发育的水温、水质、充气、光照和饵料等环境，进行生产性高密度培育苗种的生产。工厂化育苗需具备完整的育苗基本设施，包括育苗室、沉淀池、饵料培养池、亲体管养池、产卵孵化池（或采苗池）、动作培育池及供水、供热、供气等系统。其特点是：成活率和单位水体（或单位长度）出苗率高、规格整齐、可做到有计划地大批量生产。目前我国的牙鲆、大黄鱼、对虾、河蟹、梭子蟹、鲍、扇贝、牡蛎、海参、海胆、海带、紫菜等品种的苗种培育均已达到工厂化育苗水平。

2. 养殖方式

（1）滩涂养殖　在沿海潮间带和潮上带低洼盐碱地饲养或培养海洋水产经济动植物的生产。包括在低潮带、中潮带、高潮带和部分潮上带的养殖生产。主要养殖品种为贝类、虾蟹类、鱼类和藻类等。滩涂养殖在我国具有悠久的历史，早在2000前就有养殖牡蛎的记载。进入20世纪80年代后，滩涂养殖迅速发展。

贝类养殖的主要方式有撒播养殖、投石养殖、垂吊养殖、插竹养殖、蓄水养殖等。虾蟹类的主要养殖方式为池塘养殖和涝坝围网养殖。滩涂养殖的藻类主要是紫菜，其主要方式为半浮动筏式养殖、支柱式养殖和岩礁养殖。

（2）浅海养殖方式

1）垂吊养殖：在低潮线以下的海域饲养或培养海洋水产经济动植物的生产。主要养殖品种为贝类、藻类和鱼虾类。贝类的主要养殖方式为浮筏养殖、棚架养殖、海底播养、海底投放等。藻类的主要养殖方式为筏式养殖。浅海鱼虾养殖以网箱养殖为主要方式。我国的浅海养殖真正为人们所重视并得到迅速发展是从20世纪50年代开始的，1951年海带的人工筏式养殖法研究成功，对推动我国的浅海养殖具有重要意义。以后筏式养殖应用到贻贝、牡蛎、鲍、扇贝、海胆等品种，是浅海养殖高产的养殖方式之一。

2）浅海底播增养殖：将幼苗播撒或投放到适宜其生长的海区海底，并对海区进行人工管理，保护其不被滥采滥捕，这种养殖方式即浅海底播增养殖。目前我国进行浅海底播增养殖的品种主要有鲍、海参、扇贝、蛤仔等。选择海区应考虑海区底质状况、养殖品种的生活习性、饵料的丰歉、海流、敌害生物等因素，同时应考虑播苗季节，根据各地寒暖和品种不同及苗种大小，播苗季节有迟早之分，一般原则是在适合播苗的季节内提倡早播。播苗时应避开炎热天、风浪天、大雨天，同时根据海区底质、海流、饵料生物量、季节的早晚、苗体大小等因素控制播种密度。养殖期间应加强管理，对达到商品规格的应适时起捕。

3）工厂化养殖：采用工厂化的生产形式，按工艺过程的连续性和流水作业性原则，在生产中运用机械、电气、化学及自动化等现代化措施，对水质、水温、水流、溶氧、光照及饲料等各方面进行人为控制，保持最适宜于饲养动植物生长和发育所需的生态条件，使繁殖、种苗培育、养殖等各个环节能相互衔接，形成一个独自的生产体系，可以进行不受季节限制的连续生产。

4）网箱养殖：网箱养殖具有节约土地、节约饲料、节约水等特点，是一项集约化养殖生产形式。网箱养殖是从捕捞天然活鱼“暂养”中得到启示而发展起来的一种科学养殖方法。海水网箱养殖主要是养殖海水鱼类，养殖的品种有牙鲆、大黄鱼、花鲈、鳎、六线鱼等。近年来，网箱养殖发展迅速，出现了深水抗风浪网箱和智能化网箱，对于拓展远海养殖具有重要的意义。

5）池塘养殖：海水池塘养殖生产的历史不长，在20世纪80年代以后才有了很快的发展，尤其是90年代以后，海水池塘养殖生产的规模迅速扩大。池塘养殖投入少，适合精养和半精养。池塘养殖品种有鱼类、虾蟹、贝类、海参等。

三、我国海水养殖品种

（一）主要养殖鱼类

1. 牙鲆（*Paralichthys olivaceus*） 属脊索动物门硬骨鱼纲鲽形目牙鲆科牙鲆属。是名贵的海产鱼类，牙鲆体延长、呈卵圆形、扁平、双眼位于头部左侧，有眼侧小梯鳞，具暗色或黑色斑点，呈褐色，无眼侧端圆鳞，呈白色，其是重要的海水增养殖鱼类之一。它的个体硕大、肉质细嫩鲜美，是做生鱼片的上等材料。

牙鲆分布于中国、朝鲜半岛和日本沿海，为常见经济鱼类。中国沿海均产，黄海、渤海全年均可捕捞，以秋冬季为盛渔期。已人工养殖。

2. 花鲈（*Lateolabrax maculatus*） 花鲈俗称鲈，属脊索动物门硬骨鱼纲鲈形目真鲈科花鲈属。体长，侧扁，背部稍隆起，背腹面皆钝圆；头中等大，略尖。吻尖，口大，端位，斜裂，下颌稍突出于上颌，上颌伸达眼后缘下方。两颌、犁骨及口盖骨均具细小牙齿。前腮盖骨的后缘有细锯齿，体被小栉鳞，侧线完全、平直。体背部青灰色，两侧及腹部银白。体侧上部及背鳍有黑色斑点，斑点随年龄的增长而减少。背鳍两个，仅在基部相连。性凶猛，以鱼、虾为食。为常见的经济鱼类之一。

主要分布于太平洋西部，我国沿海及通海的淡水水体中均产，东海、渤海较多。

3. 大黄鱼（*Larimichthys crocea*） 属脊索动物门硬骨鱼纲鲈形目石首鱼科黄鱼属，体延长，侧扁，金黄色。尾柄细长，长为高的3倍余。鳞较小，背鳍起点至侧线间具8或9行鳞。头较大，具发达黏液腔。下颌稍突出。臀鳍具2鳍棘，7～10鳍条，体黄褐色，腹面金黄色，各鳍黄色或灰黄色。唇橘红色。鳔较大，前端圆形，具侧肢31～33对，每一侧肢最后分出的前小枝和后小枝等长。

大黄鱼分布于黄海中部以南至琼州海峡以东的中国大陆近海及朝鲜西海岸。雷州半岛以西也偶有发现。大黄鱼肉质较好且味美，鱼鳔可干制成名贵食品“鱼肚”，又可制“黄鱼胶”。大黄鱼肝脏含维生素A，为制鱼肝油的好原料。耳石可作药用。

4. 大菱鲆（*Scophthalmus maximus*） 属脊索动物门辐鳍鱼纲鲽亚目菱鲆科瘤棘鲆属。大菱鲆也称为多宝鱼，大菱鲆体侧很扁，体型呈卵圆形，体长为体高的1.3～1.6倍，两眼均位于头的左侧，裸露无鳞，仅有眼侧被以较小于眼径的骨质突起。口大，颌牙尖细而弯曲，无犬牙。背鳍和臀鳍大部分鳍条分支。有眼的一侧（背面）呈青褐色，有点状黑色素及少量皮棘，无眼的一侧（腹面）呈白色；体表上还有隐约可见的黑色和棕色花纹，肌肉丰厚白嫩。

此鱼原产于大西洋北部、黑海和地中海海域，属名贵食用鱼种。1992年由中国水产科学研究院黄海水产研究所从英国引进，1999年大规模苗种生产获得成功后，在北方沿海推广养殖，成为海水养殖的重要对象。多宝鱼属于北欧冷水鱼类，对温度等海水指标要求较严，致死温度为28～30℃。

5. 军曹鱼（*Rachycentron canadum*） 属脊索动物门辐鳍鱼纲鲈形目军曹鱼科军曹

鱼属。军曹鱼体形圆扁，躯干粗大，头平扁而宽；军曹鱼背部呈茶褐色，侧部浅褐色，腹部白色；同眼宽的黑侧带从嘴延伸到尾鳍基，侧带上下有浅带；浅带下是更窄的暗色带。幼鱼黑侧带明显，但成鱼不明显。分布于大西洋、印度洋和太平洋（东太平洋除外）等热带水域。巴基斯坦、菲律宾、墨西哥等为主要捕捞生产国，我国沿海也有分布，但产量较低。军曹鱼的含肉率为68.7%，肌肉蛋白质含量为21.2%，氨基酸总量为65.05%，其有较高的营养价值和药用价值。军曹鱼为肉食性鱼类，肉质鲜美，是做生鱼片的上好材料。

6. *石斑鱼*（*Epinephelus* sp.） 属脊索动物门硬骨鱼纲鲈形目鮨科石斑鱼属。体椭圆形稍侧扁。口大，具辅上颌骨，牙细尖，有的扩大成犬牙。体被小栉鳞，有时常埋于皮下。背鳍和臀鳍棘发达，尾鳍圆形或凹形，体色变异甚多，常呈褐色或红色，并具条纹和斑点，为暖水性的大中型海产鱼类。

石斑鱼多栖息于热带及温带海洋，喜栖息在沿岸岛屿附近的岩礁、沙砾、珊瑚礁底质的海区，一般不成群。以突袭方式捕食底栖甲壳类、各种小型鱼类和头足类。

石斑鱼营养丰富，肉质细嫩洁白，类似鸡肉，素有“海鸡肉”之称。石斑鱼又是一种低脂肪、高蛋白的上等食用鱼，被港澳地区推为中国四大名鱼之一。

7. *黑鲷*（*Sparus macrocephalus*） 又名黑棘鲷，属脊索动物门硬骨鱼纲鲈形目鲷科棘鲷属。黑鲷体侧扁，呈长椭圆形。头大，前端钝尖，第一背鳍有11～12硬棘，12软条。两颌前部各有3对门状犬齿，其后为很发达的臼齿，体青灰色，侧线起点处有黑斑点，体侧常有黑色横带数条。

黑鲷分布于北太平洋西部。中国沿海均产之，以黄海、渤海产量较多。主要渔场在山东沿海。黑鲷喜在岩礁和沙泥底质的清水环境中生活。黑鲷为广温、广盐性鱼类。其为肉食性鱼类，成鱼以贝类和小鱼虾为主要食物。

8. *半滑舌鳎*（*Cynoglossus semilaevis* Gunther） 属脊索动物门硬骨鱼纲鲽形目舌鳎科舌鳎属，俗称“龙脷”、牛舌头、鳎目、鳎板、鳍鳎、细鳞、鳎米。半滑舌鳎身体背腹扁平，呈舌状。鳞小，背鳍及臀鳍与尾鳍相连续，鳍条均不分支，无胸鳍，仅有眼侧具腹鳍，以膜与臀鳍相连，尾鳍末端尖。雌雄个体差异非常大。半滑舌鳎成鱼无鳔、无胸鳍，而在早期发育期间具有鳔泡和胸鳍。半滑舌鳎是一种暖温性近海大型底层鱼类，终年生活栖息在中国近海海区，已实现人工养殖。

9. *河鲀*（*俗名* puffer） 属脊索动物门辐鳍鱼纲鲀形目鲀科东方鲀属。河鲀体呈圆筒形，有气囊，遇到危险时会吸气膨胀，一般体长25～35cm，上下颌骨与牙愈合成4个大牙板，背鳍1个，无腹鳍。无鳞或有小刺。全体椭圆形，前部钝圆，尾部渐细。吻短，圆钝；口小，端位，横裂。

河鲀为暖温带及热带近海底层鱼类，栖息于海洋的中下层。河鲀在我国资源极为丰富，中国沿海产54种，年产量达300万～400万吨，沿海一带几乎全年均可捕获。长江、珠江则在春、夏之间出现汛期，为沿海及江河中下游的主要渔业对象之一。在我国，从辽宁至广东沿海共生活着30多种河鲀，其中暗色东方鲀进入长江、珠江等水系的中下游。进入淡水江河中的河鲀食性杂，以鱼、虾、蟹、贝壳类为食，也食昆虫幼虫、枝角类、桡足类及高等植物的叶片和丝状藻类。在生殖洄游期间一般很少摄食。

河鲀肌肉洁白如霜，肉味腴美，鲜嫩可口，含蛋白质甚高，营养丰富。唯肝脏、生殖腺及血液含有毒素，经处理后，始可食用。腌制后俗称“乌狼鲞”。卵巢可提制河鲀毒素结晶，供医药用。

（二）主要养殖虾蟹类

我国海水虾蟹类主要养殖种类有凡纳滨对虾、斑节对虾、日本囊对虾、中国明对虾、三疣梭子蟹、青蟹等。

1. 凡纳滨对虾（*Litopenaeus vannamei*） 属节肢动物门软甲纲十足目对虾科滨对虾属。外形与中国明对虾相似。体色为淡青蓝色，甲壳较薄，全身不具斑纹。额角尖端的长度不超出第一触角柄的第2节，齿式为8～9/1～2，侧沟短，到胃上刺处即消失；头胸甲较短，与腹部的比例为1∶3，具肝刺及触角刺，不具颊刺及鳃甲刺，肝脊明显；心脏黑色，前足常呈白垩色；雌虾不具纳精囊，成熟个体第4至5对步足间的外骨骼呈“W”状。雄虾第一对腹肢的内肢特化为卷筒状的交接器。

凡纳滨对虾食性为杂食性。幼体主要以浮游动物的无节幼体为食，除摄食浮游动物外，也摄食底栖动物生物幼体；成虾则以活的或死的动植物及有机碎屑为食，如各种水生昆虫及其幼体、小型软体动物和甲壳类、藻类等。原产国家为厄瓜多尔，原产地为中南美太平洋海岸水域，生长气候带为热带、亚热带、暖温带、温带海域，分布于太平洋西海岸至墨西哥湾中部，生命周期为一年。

2. 斑节对虾（*Penaeus monodon*） 属节肢动物门软甲纲十足目对虾科对虾属。体表光滑，壳稍厚，体色由棕绿色、深棕色和浅黄色环状色带相间排列，额角尖端超过第一触角柄的末端，额角侧沟相当深，伸至目上刺后方，但额角侧脊较低且钝，额角后脊中央沟明显，有明显的肝脊，无额胃脊。其游泳足呈浅蓝色，步足、腹肢呈桃红色。为当前世界上三大养殖虾类中养殖面积和产量最大的对虾养殖品种。

我国南方沿海可以养两茬。该虾生长快，适应性强，食性杂，也可耐受较长时间的干露，故易干活运销。分布区域甚广，由日本南部、朝鲜半岛南部、我国沿海、菲律宾、印度尼西亚、澳大利亚、泰国、印度至非洲东部沿岸均有分布。

3. 日本囊对虾（*Marsupenaeus japonicus*） 属节肢动物门软甲纲十足目对虾科囊对虾属。本体被蓝褐色横斑花纹，尾尖为鲜艳的蓝色。额角微呈正弯弓形，第一对步足无座节刺，雄虾交接器中叶顶端有非常粗大的突起，雌虾交接器呈长圆柱形。成熟虾雌大于雄。

日本囊对虾是日本最重要的对虾养殖品种，在日本养到25g左右出售价格最高，主要销售活虾。中国福建、广东等南方沿海也已开始养殖。养殖180d体重可达20～25g。日本囊对虾分布极广，日本北海道以南、中国沿海、东南亚、澳大利亚北部、非洲东部及红海等均有。

4. 中国明对虾（*Fenneropenaeus chinensis*） 属节肢动物门软甲纲十足目对虾科明对虾属。体形长大，侧扁，甲壳较薄，表面光滑。通常雌虾个体大于雄虾。对虾全身由20节组成。额角上下缘均有锯齿。额角细长，平直前伸，顶端稍超出第二触角鳞片的末缘，其基部上缘稍微隆起，末端尖细。

中国明对虾主要分布于我国黄渤海和朝鲜西部沿海。我国的辽宁、河北、山东及天津沿海是对虾的重要产地。

5. 三疣梭子蟹（*Portunus trituberculatus*） 属节肢动物门软甲纲十足目梭子蟹科梭

子蟹属。体色随生境改变，螯足大多为紫红色，表面有3个显著疣状隆起，1个在胃区，2个在心区。其体型似椭圆，两端尖尖如织布梭。

三疣梭子蟹白天潜伏海底，夜间出来觅食并有明显的趋光性。分布于日本、朝鲜、马来群岛、红海，以及中国的广西、广东、福建、浙江、山东半岛、渤海湾、辽东半岛等地。

三疣梭子蟹肉多，脂膏肥满，味鲜美，营养丰富，鲜食以蒸食为主，还可盐渍加工“炝蟹”、蟹酱，蟹卵经漂洗晒干即成为“蟹籽”，均是海味品中之上品。

6. 青蟹（*Scylla serrata*） 属节肢动物门软甲纲十足目梭子蟹科青蟹属。体色青绿，头胸甲略呈椭圆形，胃区与心区之间有“H”形凹痕，在浙江、福建一带养殖较多。

喜穴居近岸浅海和河口处的泥沙底内，性凶猛，肉食性，主食鱼虾贝。盛产于温暖的浅海中，青蟹主要分布在中国浙江、广东、广西、福建和台湾的沿海等地，江浙一带尤多。

其肉质鲜美，营养丰富，兼有滋补强身之功效。尤其是将要怀孕的雌蟹，体内会产生红色或者黄色的膏，叫作“膏蟹”。青蟹含有丰富的蛋白质及微量元素，对身体有很好的滋补作用。

（三）主要养殖贝类

贝类又称为软体动物，是水产养殖中非常重要的一类生物，其涉及的种类很多，如海产的鲍、东风螺、蛤仔、贻贝、扇贝、牡蛎、文蛤、缢蛏等。软体动物为人类提供了丰富食材的同时，也提供了许多有药用价值的物种，并且许多贝类的外壳可以用于工业及雕刻行业，其衍生价值很大。

我国海水贝类主要养殖种类有毛蚶、文蛤、菲律宾蛤仔、缢蛏、紫贻贝、翡翠贻贝等。

1. 毛蚶（*Scapharca subcrenata*） 属软体动物门双壳纲列齿目蚶科毛蚶属。毛蚶壳一般中等大，近卵形，膨胀，两壳不等，左壳大于右壳，壳上一般有31～34条规则的放射肋。前端肋上有明显的小结节，生长纹在腹部比较明显，壳面白色，被毛状壳皮，毛生在肋间隙中。毛蚶分布于日本、朝鲜及我国南北沿海，是沿海渔业主要种类之一，主要以底拖网形式捕获。

2. 文蛤（*Meretrix meretrix*） 属软体动物门瓣鳃纲帘蛤目帘蛤科文蛤属。贝壳较大，呈三角形，壳质坚厚，两壳相等，两侧稍不等，壳面光滑，被一层黄褐色壳皮，生长纹明显，壳面有不均匀的呈“W”或“V”形的褐色花纹。

分布于朝鲜西海岸、日本、菲律宾、越南、巴基斯坦和中国。本种为我国南北沿海常见种，生活于低潮区及以下的细沙质海滩，以江苏的如东、启东和广西的北海等地为主产区。文蛤可潜入沙中数厘米深，有时壳缘露在外，隐入沙中后常在滩面上留下漏斗状的凹陷，渤海海湾、本州湾及江苏沿海产量很大，并供出口。

3. 菲律宾蛤仔（*Ruditapes philippinarum*） 属软体动物门双壳纲帘蛤目帘蛤科花帘蛤属。壳呈卵圆形，两壳相等，壳面颜色及花纹因不同生活环境而有变化，生长纹及放射肋细密。铰后部窄，两壳各具3枚毛齿，外套窦深。

菲律宾蛤仔生活于沙和泥沙质海底，从潮间带至10m深海底均有分布，肉味鲜美，肉壳均可药用，此种与杂色蛤（*Ruditapes variegata*）常混淆。菲律宾蛤仔在高度上略大于杂色蛤，在长度上略短于杂色蛤；此外，杂色蛤水管完全分离，菲律宾蛤仔水管基部愈合。菲律宾蛤仔世界性广泛分布。其肉味鲜美，具有很高的经济价值，在我国开展大规模养殖。

4. 缢蛏（*Sinonovacula constricta*） 属软体动物门双壳纲帘蛤目竹蛏科竹蛏属。贝壳呈长方形，壳质薄，贝壳前后缘均为圆形，壳顶位于背缘近前端约为壳长 1/3 处，背腹缘平行，壳中央稍靠前端有一自壳顶至腹缘的斜沟，壳面自壳顶至腹部生有逐渐明显和粗糙的生长纹，其上被一层粗糙的黄绿色壳皮，壳顶部壳皮常脱落而成白色。

我国已有数百年养殖缢蛏的历史，其与蛤仔、泥蚶、牡蛎合称四大传统养殖贝类。

5. 紫贻贝（*Mytilus edulis*） 属软体动物门瓣鳃纲异柱目贻贝科贻贝属。世界性分布，壳楔形，壳顶位于壳的最前端，腹缘略直，背缘呈弧形，后缘圆，足丝孔位于腹缘前方，不明显，足丝发达，以足丝营附着生活。一般生活于低潮线下 10m 以内的水域，繁殖力强，每年有春、秋两个繁殖季节，产卵量大。生长快，生活力强，20 世纪六七十年代育苗。现在北方沿海已大量繁殖。其营养丰富，且可药用，是我国重要的经济种类。

6. 翡翠股贻贝（*Perna viridis*） 俗称“青口”，属软体动物门瓣鳃纲异柱目贻贝科股贻贝属。壳形近似于厚壳贻贝，但壳质较前种薄，结实。贝壳前端尖细，后端宽圆。壳面光滑，通常为翠绿色或绿褐色，幼体色彩较鲜艳。内面白色，具光泽，无前闭壳肌痕。

暖水性，分布于澳大利亚、西北太平洋、印度等沿海，在我国分布于福建以南，是养殖种，生活于石砾底，有群栖性，水深 0～10m 生存，适盐广，生长快。澳大利亚、我国南部沿海养殖前景很好，个大，生长快。

7. 厚壳贻贝（*Mytilus coruscus*） 属软体动物门瓣鳃纲异柱目贻贝科贻贝属。贝壳大而厚重，呈楔形，壳内浅灰蓝色，壳面尤其是顶部壳皮常脱落呈白色。

分布于日本、朝鲜及我国北部沿海和东海沿岸，生活区比贻贝靠下。本种个体大，肉肥味美，在浙江沿海产量较大，干制品也称为“淡菜”。

8. 马氏珠母贝（*Pinctada martensii*） 属软体动物门双壳纲珍珠贝目珍珠贝科珠母贝属，又称合浦珠母贝。是重要的海水养殖贝类和生产珍珠的主要母贝。贝壳斜四方形，背缘略平直，腹缘弧形，前后缘弓状。前耳突出，近三角形；后耳较粗短。

马氏珠母贝生活在热带、亚热带海区。自然栖息于水温 10℃以上的内湾或近海海底。在水深 10m 以内生活，分布范围较窄。成体终生以足丝附着在岩礁石砾上生活。在我国分布于广西、广东和台湾南部沿海一带。

9. 栉孔扇贝（*Chlamys farreri*） 属软体动物门瓣腮纲珍珠贝目扇贝科扇贝属。贝壳圆扇形，前耳大于后耳，壳表具生长纹和放射肋，放射肋上具发达的棘状突起，右耳下方足丝孔具 6～10 枚栉状齿。

主要生活于潮下线 50m 以内的水域底，一般以足丝附着生活。环境不利时，足丝可脱落，双壳快速开闭而游泳，并重新分泌足丝。

栉孔扇贝雄性生殖腺呈白色，雌性生殖腺呈橘红色，干制品俗称“干贝”，肉味鲜美。主要分布于我国北方沿海及东海，日本、朝鲜也有分布，是我国目前北方重要的增养殖品种之一。1976 年育苗取得成功，资源量大，后采自然苗成功。

10. 华贵栉孔扇贝（*Chlamys nobilis*） 属软体动物门双壳纲莺蛤目海扇蛤科锦海扇蛤属。贝壳大，近圆形。左壳较凸，右壳较平。贝壳表面颜色有变化，壳面呈浅紫褐色、淡红色、黄褐色或枣红云状斑纹，肋上具有翘起的小鳞片。足丝孔具细齿。放射肋巨大，约23条，两肋间形成深沟，内具有细的放射肋3条。

华贵栉孔扇贝自然分布于日本的本州岛、四国岛、九州岛，在我国广东及台湾地区均有分布。华贵栉孔扇贝以营养丰富、味道鲜美、肉质细嫩而著称。其闭壳肌制成的干品也俗称“干贝”，是著名的海八珍之一。

11. 海湾扇贝（*Argopectens irradias*） 属软体动物门瓣鳃纲珍珠贝目扇贝科扇贝属。贝壳中等大小，近圆形。壳表黄褐色，放射肋20条左右，肋较宽而高起，肋上无棘。生长纹较明显。无足丝。壳顶位于背侧中央，前壳耳大，后壳耳小。

于20世纪80年代从美国引进，目前在我国北方沿海广泛养殖，当年长成。它的闭壳肌可以加工成罐头。外套膜可加工成贝边，既可食用也可用作鱼虾的鲜饵。扇贝外壳既可作贝类育苗的附着基，也是贝雕的原料。

12. 虾夷扇贝（*Patinopecten yessoensis*） 属软体动物门瓣鳃纲珍珠贝目扇贝科扇贝属。右壳（白）大于左壳（红褐），无栉齿，闭壳肌痕大。虾夷扇贝属滤食性双壳贝类，贝壳扇形，右壳较突出，黄白色，左壳稍平，较右壳稍小，呈紫褐色。壳表有15～20条放射肋，两侧壳耳有浅的足丝孔。

虾夷扇贝为冷水性贝类，主要分布于俄罗斯远东沿海，日本本州岛北部以北沿海，现已引进我国，并已在山东、辽宁等北方沿海进行人工增养殖。

13. 长牡蛎（*Crassostrea gigas*） 又称太平洋牡蛎，属软体动物门双壳纲莺蛤目牡蛎科巨牡蛎属。壳大而坚厚，呈长条形。背腹缘几乎平行，壳长为高的3倍左右。大的个体壳长达35cm，高10cm。也有长卵圆形个体。右壳较平，环生鳞片呈波纹状，排列稀疏，层次少，放射肋不明显。左壳深陷，鳞片粗大，壳顶固着面小。壳表面淡紫色、灰白色或黄褐色。壳内面白色，瓷质样。壳顶内面有宽大的韧带槽。闭壳肌痕大，马蹄形。在我国沿海、朝鲜、日本等均有分布。

14. 皱纹盘鲍（*Haliotis discus hannai*） 属软体动物门腹足纲原始腹足目鲍科鲍属。壳长椭圆形，螺层约3层，壳顶通常被磨损，从第二螺层到体螺层的边缘，有列高的突起和孔，其开孔3～5个，壳面有许多粗糙不规则的皱纹。生活于低潮线附近至水下15m左右的岩礁间，栖息环境多水流通畅、水质清新、海藻繁茂。白天不活动，在夜间摄食，以褐藻和绿藻、红藻为食，也吞食一些小动物，如有孔虫、多毛类、桡足类等，幼鲍以底栖硅藻为主。皱纹盘鲍主产区在辽宁、山东，主要在辽宁的长海、金州、大连南部沿海等地，以及山东的长岛、青岛等地。

本种经济价值较大，鲍肉肥美，为海产中的珍品，除鲜食外，也可加工成罐头或鲍鱼干，鲍贝壳即有名的中药石决明。目前人工育苗已普及。

（四）主要养殖藻类

藻类是原生生物界一类真核生物（有些也为原核生物，如蓝藻门的藻类）。主要水生，无维管束，能进行光合作用。体型大小各异，小至长1μm的单细胞鞭毛藻，大至长达60m的大型褐藻。

我国是世界上海藻养殖的主要国家之一，经常食用的藻类有海带、裙带菜、紫菜等。海带养殖的产量多年来一直居于世界首位，我国藻类研究人员建立起了一套比较成熟的紫菜游离丝状体培育和育苗技术，以及利用叶状体快速繁殖和育苗技术，还建立了裙带菜单克隆无性繁殖系，并已在育苗生产上加以应用。

1. 海带（*Laminaria japonica* Aresch） 属褐藻门褐子纲海带目海带科海带属。海带叶片似宽带，梢部渐窄，一般长2～4m，宽20～30cm。叶边缘较薄软，呈波浪褶，叶基部为短柱状叶柄，与固着器（假根）相连。海带通体橄榄褐色，干燥后变为深褐色、黑褐色，上附白色粉状盐渍（碘和甘露醇）。1927年和1930年由日本引种，首先在大连开始养殖，现在浙江、福建、广东均可养殖。

2. 紫菜（*Porphyra*） 属红藻门红藻纲紫球藻目紫球藻科紫菜属。紫菜外形简单，由盘状固着器、柄和叶片3部分组成。叶片是由1层细胞（少数种类由2或3层）构成的单一或具分叉的膜状体。含有叶绿素和胡萝卜素、叶黄素、藻红蛋白、藻蓝蛋白等色素，因其含量比例的差异，不同种类的紫菜呈现紫红、蓝绿、棕红、棕绿等颜色，但以紫色居多，紫菜因此而得名。北方主要养殖条斑紫菜，南方主要养殖坛紫菜。

3. 裙带菜（*Undaria pinnatifida*） 属褐藻门褐子纲海带目翅藻科裙带菜属。裙带菜叶绿，呈羽状裂片，叶片较海带薄，外形像大破葵扇，也像裙带叶，似芭蕉，中肋明显，边缘羽状分裂。柄扁圆柱形，成熟时柄边缘形成许多木耳状重叠皱折的孢子叶，上生孢子囊。我国辽宁的大连，山东青岛、烟台、威海等地为主要产区，浙江舟山群岛亦产。

裙带菜有很高的经济价值及药用价值，含有丰富的蛋白质、维生素和矿物质，还含有褐藻酸、甘露醇、褐藻糖胶、高不饱和脂肪酸、有机碘、甾醇类化合物及膳食纤维等多种具有独特生理功能的活性成分。

（五）主要养殖棘皮动物

棘皮动物是一种高级的无脊椎、具由中胚层分泌的内骨骼形成的被覆瘤粒或棘刺、身体不分节并呈辐射对称的后口动物。代表动物有海参和海胆。它具有司呼吸及运动的水管系统，体腔明显，幼年期两侧对称，成年期则多为五辐射对称。体表具瘤粒或棘刺，故名棘皮动物。

其价格较高，养殖效益好，为高值海珍品。2017年我国海参养殖总产量约为20.7万吨。山东和辽宁仍然是海参的主产区。

1. 海参纲——刺参（*Stichopus japonicus*） 又称仿刺参，属棘皮动物门海参纲楯手目参科刺参属。体呈圆筒状，长20～40cm。前端口周生有20个触手。背面有4～6行肉刺，腹面有3行管足。体色为黄褐、黑褐、绿褐、纯白或灰白等。

刺参分布于我国的黄、渤海海域，俄罗斯的库页岛、符拉迪沃斯托克，日本北海道、横滨和九州岛，以及朝鲜半岛沿岸。

刺参营养丰富，自古便是滋补佳品，备受青睐。其喜栖水流缓稳、海藻丰富的细沙海底和岩礁底。夏季水温高时行夏眠。环境不适时有排脏现象。再生力很强，损伤或被切割后都能再生。

2. 海胆纲

（1）中间球海胆（*Strongylocentrotus intermedius*） 属棘皮动物门海胆纲正形目球海胆科球海胆属。壳呈低半球形，壳高略小于壳径的1/2，体型中等，最大个体壳径可达10cm，壳形自口面观接近于圆形的圆滑正五边形。体表的色泽变异较大，有绿褐、黄褐等色。大棘针形，短而尖锐，长度为5～8mm，在幼海胆阶段棘的顶端常呈白色。步带区由反口面至口面逐渐展宽，在围口部周围可展宽至略宽于间步带。

中间球海胆原产于日本北海道及以北沿海，在俄罗斯远东沿海、朝鲜半岛东北部沿海等地也有分布，以海藻为食。1989 年由大连水产学院（现大连海洋大学）引入我国，在突破其人工育苗和养殖技术后，目前已经成为我国最主要的海胆增养殖种类。

中间球海胆性腺色泽好，味道鲜美，是经济海胆中的上品，生殖腺含有较高的氨基酸、多糖及高不饱和脂肪酸，有较高的食用和药用价值，可鲜食，也可加工成海胆酱等食物。

（2）光棘球海胆（*Mesocentrotus nudus*） 光棘球海胆俗名大连紫海胆，属棘皮动物门海胆纲正形目球海胆科，主要分布于山东及辽东半岛。光棘球海胆步带区与间步带区的膨起程度相似，壳形口面观为圆形。成体表面及大棘的色泽均呈黑紫色，管足的色泽为紫色或紫褐色。大棘针形，较粗壮，表面带有极细密的纵刻痕，最大长度可达 30mm 以上。

光棘球海胆多选择水深 20m 左右的岩石海底栖息，喜欢高盐水域生长，却不适应在低盐度的海域生长，喜欢温冷岩石海域；其生长速度与生长海域的水温密切相关。

（六）主要养殖腔肠动物

腔肠动物门现称为刺胞动物门，可分为水螅虫纲、钵水母纲和珊瑚虫纲 3 纲，钵水母纲在腔肠动物中是经济价值较高的一类动物，代表种有海蜇和水母，海蜇中含有丰富的蛋白质、无机盐等，且具有药用效果，能清热解毒、化痰软坚、降压消肿。现今由于海蜇的自然资源量有限，单凭捕捞已难以满足国内外市场的需求，养殖海蜇正在成为水产养殖的又一新兴产业。水母因具有观赏性，备受人们喜爱。

海蜇（*Rhopilema esculentum* Kishinouye）属腔肠动物门钵水母纲根口水母目根口水母科海蜇属。体形半球状，可食用，上面呈伞状，白色，借以伸缩运动，称为海蜇皮，下有八条口腕，其下有丝状物，呈灰红色，叫作海蜇头。

（七）主要养殖环节动物

环节动物门的动物为两侧对称、分节的裂生体腔，常见种有蚯蚓、蚂蟥、沙蚕等。体长为几毫米到 3m，分节性身体由若干相似的体节或环节构成。环节动物栖息于海洋、淡水或潮湿的土壤，是软底质生境中最占优势的潜居动物。环节动物可提高土壤肥力，有利于改良土壤；可促进固体废物还原；可供作饵料，增加动物蛋白质；可作为环境指示种；可用于医疗和入药。海洋中的环节动物代表有单环刺螠和沙蚕。

1. 单环刺螠（*Urechis unicinctus*） 又称为“海肠”，在胶东渔民中又称为“海鸡子”，属螠虫动物门螠纲无管螠目刺螠科刺螠属。

单环刺螠仅渤海湾出产，浑身无毛刺，浅黄色，个体肥大，肉味鲜美，体壁肌富含蛋白质和多种人体必需氨基酸。自古便被我国、日本和朝鲜沿海的人们视为名贵的海鲜食品，有较高的经济价值。近年来还发现，单环刺螠体内存在多种生物活性肽，具有抗肿瘤、抗菌、免疫调节等功能。

2. 沙蚕（*Nereis succinea*） 属环节动物门多毛纲游走目沙蚕科沙蚕属。一般褐色、鲜红或鲜绿。头部有锐利可伸缩的腭。身体第 1 节有两根短触手和 4 个眼，第 2 节有 4 对触手状须。体节数可超过 200，除前两节外，各有一对疣足，用于移动。鳃呼吸。在我国福建、浙江、广东和辽宁沿海均有分布。中国南方沿海及东南亚一带居民有食沙蚕的习惯。沙蚕的另一个重要的用途就是当作鱼饵，沙蚕是近海鱼类最广谱的饵料，素有海钓“万能饵”之称。

3. 方格星虫（*Sipunculus* sp.） 属星虫动物门方格星虫纲方格星虫目方格星虫科方格星虫属。中国沿海的方格星虫种类主要包括光裸方格星虫（*S. nudus*）、挪威方格星虫（*S. norvegicus*）、强壮方格星虫（*S. robustus*）、拟安氏方格星虫（*S. angasoides*）和印度方格星虫（*S. indicus*）。光裸方格星虫俗称沙虫，属世界性暖水种类，广泛分布于大西洋、太平洋、印度洋沿岸等海域，在中国大部分沿海均有分布，北到烟台崆峒岛，南到北海的涠洲岛及海南三亚均有发现，目前以广西北部湾沿岸资源最为丰富。方格星虫具有重要的营养和药用价值，在中国具有一定的消费市场。

思考题

1. 简述我国水产养殖的现状。
2. 影响水产养殖的重要水质参数有哪些?
3. 论述我国内陆水产养殖主要的生产方式。
4. 简述我国内陆水产养殖主要经济动物种类。
5. 阐述我国海水养殖生产的主要方式。
6. 我国海水养殖主要经济动物种类有哪些?

第四章 水产动物营养与饲料

第一节 水产动物营养与饲料概述

我国是世界水产大国，水产养殖产量从1978年的2.33×10^6t上升到2017年的6445.33万吨，39年间增加20多倍。水产养殖业的快速发展极大地依赖于水产动物营养饲料的科技进步，我国水产动物营养研究与饲料开发应用在养殖业中的贡献率占40%左右，对我国水产养殖业的健康快速发展起到了决定性作用并占有不可替代的地位。此外，投喂型水产动物养殖的饲料成本占养殖成本的30%～70%。因此，营养与饲料的科技贡献率处于举足轻重的地位。

一、水产动物营养与饲料研究对象和目的

1. *研究对象*　水产动物营养与饲料学是研究水产养殖动物的营养及其所需配合饲料的科学。所有人工养殖的水产动物都是它的研究对象，如鱼、虾、蟹、鲍、鳖、参等。其理论基础是养殖水产动物营养学、动物生理学和生物化学；其应用研究是配合饲料和饲料添加剂，包括饲料原料的选用和开发、配方设计、加工工艺、加工机械的选用等。

2. *研究目的*　水产动物营养学就是研究水产动物摄食及营养物质在体内消化、吸收、转运、合成、分解的过程及调控机制，并根据养殖动物的生长表现、生理机能、生化过程和繁殖活动进行营养物质定性和定量研究的一门科学。

饲料学是以营养学研究为依据，制定营养均衡的饲料配方，选择科学的加工工艺，生产出保证养殖动物正常生长、发育、繁殖、健康及成本合理的配合饲料，并且要求保障养殖产品的质量和食用安全。此外，必须尽可能减少饲料的使用对养殖环境造成的负面影响，以利于水产养殖业的可持续发展。

二、我国水产动物营养与饲料研究的概况

1. *发展历程*　我国水产配合饲料的研究最早可追溯到1958年，当时是将几种原料简单混合投喂，但由于配合饲料的研究生产未得到重视，不久研究便告中断。我国真正开展水产动物营养与饲料学研究及商业化生产，始于改革开放之初，40年间经历了一个从无到有、从小到大、从弱到强的波澜壮阔的发展历程。2017年我国水产饲料产量已达到2080万吨，超过世界其他各国水产饲料产量的总和，也建成世界最大的水产饲料生产企业，逐步建立了较为完整的水产饲料工业体系。一些饲料品种质量达到世界领先水平，如对虾饲料的饲料系数达到1.0～1.2，远低于国际上1.5～1.8的水平。

2. *饲料工业现状*　我国的水产养殖在世界上具有显著的特殊性，地域分布、养殖种类、食性类型、养殖模式等都具有高度的多样性，种类更替也非常快。此外，我国水产养殖动物营养与饲料利用的研究比国外起步晚了近半个世纪，投入又相对有限。因此，水产动物营养与饲料研究不够深入，诸多养殖种类的营养需求量参数不够完善和精准，

主要体现在配合饲料产量不能满足养殖业发展的需要，产品质量有待进一步提升，饲料蛋白源紧缺，饲料添加剂研制技术有待提高，以及饲料加工工艺与工程设备落后等方面。但是，国家产业政策中已把饲料工业列为重点支持和优先发展的产业，农业丰收、粮食增产，为发展饲料工业提供了很多有利条件，经过努力，克服困难，最终实现水产养殖业的绿色、生态、健康和可持续发展。

第二节　水产动物营养原理

一、蛋白质营养

（一）蛋白质组成、分类和生理功能

1. 蛋白质组成　　蛋白质是构成细胞内原生质的主体成分，在生物体内占有重要的地位。蛋白质是以氨基酸为基本单位所构成的，有特定结构并且具有一定生物学功能的一类重要的生物大分子。

蛋白质与糖类和脂质的元素组成有所不同，除含碳、氢、氧外，还含有氮和少量硫，有些蛋白质还含有磷、铁、铜、碘、锌和钼等其他元素。

蛋白质通过水解可分离出20种常见的氨基酸。除了脯氨酸及其衍生物外，均为α-氨基酸。20种氨基酸在蛋白质生物合成中具有基因编码的作用，故又称为编码氨基酸。

分子结构通式为

$$
\begin{array}{c}
\quad\ \ \mathrm{H}\quad \mathrm{O} \\
\quad\ \ |\quad\ \ \| \\
\mathrm{R}-\overset{\alpha}{\mathrm{C}}-\mathrm{C}-\mathrm{OH} \\
\ \ | \\
\ \ \mathrm{NH_2}
\end{array}
$$

每种α-氨基酸（除甘氨酸外）的α-碳原子都是一个不对称碳原子或者称为手性中心，均具有旋光性，由此把氨基酸分为D型（右旋）和L型（左旋）两大类。天然的氨基酸多是L型；某些微生物可以合成L型和D型两种氨基酸；化学合成的氨基酸则多为D型和L型混合物。除蛋氨酸外，L型氨基酸生物学效价比高于D型氨基酸。大多数D型氨基酸不能被动物利用或利用率很低。

2. 蛋白质的分类　　由于蛋白质种类繁多、结构复杂、功能多样，因此分类方法也是多种多样的。目前，主要根据蛋白质的来源、分子形状、化学组成成分和生物学功能进行分类。

根据蛋白质的来源，蛋白质可分为动物蛋白、植物蛋白、菌体蛋白等。在水生动物饲料原料学中，常按蛋白质来源对蛋白质进行分类。

根据蛋白质分子形状，蛋白质可分成球状蛋白质和纤维状蛋白质两类。球状蛋白质通常是细胞中的可溶性蛋白质，如血液中的血红蛋白、血清球蛋白及细胞质中的酶类等。纤维状蛋白质在生物体内主要起结构作用，如胶原蛋白、弹性蛋白、角蛋白等。

根据蛋白质的化学组成，蛋白质可分成单纯蛋白质和结合蛋白质。单纯蛋白质仅由氨基酸组成，不含其他化学成分，根据其溶解性质的差别可分为清蛋白、球蛋白、谷蛋白、醇溶蛋白、组蛋白、鱼精蛋白和硬蛋白7类；结合蛋白质除了含有氨基酸外，还含

有其他化学成分，非蛋白质部位称为辅基，根据辅基成分不同，可分为核蛋白、糖蛋白、脂蛋白、磷蛋白、金属蛋白和色蛋白6类。

根据蛋白质的生物学功能，蛋白质可分为酶、调节蛋白、贮存蛋白、结构蛋白、收缩和游动蛋白、支架蛋白、保护蛋白和异常蛋白。

3. *蛋白质的生理功能* 蛋白质是营养物质的贮存库，也是支撑机体结构的主要成分；可以转运专一的分子和物质；行使催化和转化功能；还可以作为信号分子和信号转导器。此外，具有防卫和保护功能。

（二）水产动物对饲料蛋白质的需求

蛋白质代谢在水产动物的生命活动中起着至关重要的作用。水产动物消化摄取蛋白质后，释放出游离氨基酸，被肠道吸收后通过血液循环输送到机体各组织和器官，以保障生命活动对蛋白质的营养需要。蛋白质又是鱼、虾体组成的主要有机物质，占总干重的65%～75%，这意味着养殖鱼、虾的过程也是一个蛋白质生产与积累的过程。

1. *维持蛋白质需求量* 维持是动物生存过程中的一种基本状态。在这种状态下，成年动物保持体重不变，体内营养素的种类和数量保持恒定，分解代谢和合成代谢处于动态平衡。如果营养物质摄入不足，动物就不能保持体内营养素的种类和数量恒定。

维持需要是指动物在维持状态下对能量和其他营养素的需要。营养物质满足维持需要的生产利用率为零。在动物营养需要研究中，维持需要研究是一项基本研究，对于探索具有普遍意义的营养需求规律，比较不同种类动物或同一种类动物在不同条件下的营养需求特点具有重要意义。维持需要的研究对于动物生产也有指导意义。在动物生产中，维持需要属于非生产性需要，但又必不可少。

2. *最佳生长蛋白质需求量* 所谓最佳生长的蛋白质需求量是指能够满足鱼、虾类氨基酸需求并获得最佳生长的最少蛋白质含量，也称最适蛋白质需求量。它通常是以饲料干基百分比表示。在养殖水产动物过程中，如果饲料中的蛋白质不足，会导致动物生长缓慢甚至停滞，从而造成体重减轻及其他生理反应异常；如果饲料中的蛋白质过量，多余部分的蛋白质会被转变成能量，造成蛋白质资源的浪费，蛋白质氧化供能产生的氨氮也会污染养殖水域环境。另外，水产动物饲料的蛋白质成本占整个饲料成本的大部分。因此，对动物最佳生长的蛋白质需求量的研究尤其受到重视。

（三）水产动物对氨基酸的需求

消化生理研究证实，被摄取的蛋白质只有在消化道中被胃肠分泌的消化酶水解成游离氨基酸和小肽（有时肠黏膜细胞将这些小肽通过胞内消化分解为氨基酸），才能被肠黏膜细胞吸收。蛋白质被消化时释放出的游离氨基酸被肠道吸收后通过血液循环而进入氨基酸库供机体代谢使用。因此，动物对蛋白质的需求实际上是对氨基酸的需求，研究动物对氨基酸的需求和利用规律才是研究蛋白质营养的核心问题。

1. *必需氨基酸、非必需氨基酸、半必需氨基酸* 根据氨基酸营养价值的不同，常将其分为以下几类。

必需氨基酸是指动物自身不能合成或合成量不能满足动物的需要，必须由食物提供的氨基酸。研究表明，鱼虾类的必需氨基酸有10种，分别为异亮氨酸、亮氨酸、赖氨酸、蛋氨酸、苯丙氨酸、苏氨酸、色氨酸、缬氨酸、精氨酸和组氨酸。

非必需氨基酸是指动物体内自身可以合成、不必由饲料提供的氨基酸。非必需氨基酸不是指动物在生长和维持生命的过程中不需要这些氨基酸，而是指当饲料中提供的非必需氨基酸不足时，动物体内可以合成这些氨基酸。但其合成是耗能的，从这个意义上来说，非必需氨基酸也是在营养学上需要考虑的问题。

半必需氨基酸是指在一定条件下能代替或节省部分必需氨基酸的氨基酸。半胱氨酸或胱氨酸可由蛋氨酸转化而来，酪氨酸可由苯丙氨酸转化而来。但动物对蛋氨酸和苯丙氨酸的特定需要却不能由半胱氨酸或胱氨酸及酪氨酸替代。营养学上把半胱氨酸、胱氨酸及酪氨酸称作半必需氨基酸。显然，半必需氨基酸有节约必需氨基酸的作用。

2. 限制性氨基酸　限制性氨基酸是指饲料中所含必需氨基酸的量与动物所需的必需氨基酸的量相比，比值偏低的氨基酸。在吸收消化利用过程中，氨基酸需要一定的比例才能被充分地吸收利用。当食物中某氨基酸远远不能达到这个比例时，即使蛋白质含量再高，也发挥不出它的优势，这个氨基酸就是限制性氨基酸。其中比值最低的称第一限制性氨基酸，以后依次为第二限制性氨基酸、第三限制性氨基酸……大多数植物性蛋白源对水产动物来说，蛋氨酸和赖氨酸往往是限制性氨基酸。

3. 氨基酸平衡和蛋白质的互补作用　所谓氨基酸平衡是指饲料可利用的各种必需氨基酸的组成和比例与动物对必需氨基酸的需求相同或非常接近。当饲料中所含有可利用的必需氨基酸处于平衡状态时，才能获得理想的蛋白质效率。如果氨基酸不平衡，即使蛋白质含量很高，也不能获得高的蛋白质效率。氨基酸的平衡犹如木桶盛水的道理，当氨基酸不平衡时，好比一个木桶的桶板长短不一，盛水容积小。氨基酸的平衡是衡量饲料蛋白质质量的最重要指标。

蛋白质的互补作用（又称氨基酸的互补作用）是指利用不同蛋白源的氨基酸组成特点，相互取长补短使饲料的氨基酸趋于平衡。在生产实践中，这是提高饲料蛋白质利用率最为经济、有效的方法。

（四）鱼虾蛋白质、氨基酸缺乏症

缺乏蛋白质和大多数必需氨基酸不仅会导致鱼虾生长缓慢，某些必需氨基酸的缺乏还会导致严重的疾病发生。例如，饲料中缺乏蛋氨酸或色氨酸时，鲑科鱼类容易发生白内障，并随着时间延长，病情也进一步恶化。缺乏色氨酸还会导致鱼类体内矿物盐代谢异常，影响鱼类的正常代谢。饲料中蛋白质不能充分利用时，鱼虾生长缓慢，还会出现脂肪肝、骨质钙化率降低等症状。

鱼虾蛋白质和氨基酸缺乏的主要原因：一是饲料中蛋白质和氨基酸供给不足；二是鱼虾消化吸收不良；三是蛋白质合成障碍；四是蛋白质和氨基酸损失过多。

二、糖类营养

（一）糖类的种类和生理功能

1. 糖类的概念　糖类是多羟基醛或多羟基酮，以及水解后能产生多羟基醛或多羟基酮的一类化合物。糖类是自然界中分布极为广泛的一类有机化合物，大多数植物糖含量可达干重的80%。植物种子中的淀粉，根、茎、叶的纤维素，动物组织中的糖原、黏多糖，以及蜂蜜和水果中的葡萄糖、果糖等都是糖类。动物体中糖类的质量分数虽然小于2%，但其生命活动所需能量却主要来源于糖类。因此，糖类物质常是动物饲料的重要原料之一。

2. 糖类的种类　糖类按其结构可以分为单糖、低聚糖和多糖三大类。

单糖（monosaccharide）是最简单的糖，其化学成分仍是多羟基醛或多羟基酮，它们是构成低聚糖、多糖的基本单元，如葡萄糖、果糖（己糖）、核糖、木糖（戊糖）、赤藓糖（丁糖）、二羟基丙酮、甘油醛（丙糖）等。

低聚糖（oligosaccharide）是由 2～10 个单糖分子失水而成。按其水解后生成单糖的数目，低聚糖又可分成双糖、三糖、四糖等。其中以双糖最为重要，如蔗糖、麦芽糖、纤维二糖、乳糖等。

多糖（polysaccharide）是由许多单糖聚合而成的高分子化合物，多不溶解于水，经酶或酸水解后可生成许多中间产物，最后生成单糖。多糖按其种类可以分为同质多糖和异质多糖。同质多糖按其单糖的碳原子数又可分为戊聚糖（木聚糖）和己聚糖（葡聚糖、果聚糖、半乳聚糖、甘露聚糖），其中以葡聚糖最为多见，如淀粉、纤维素等。饲料中的异质多糖主要有果胶、树胶、半纤维素、黏多糖等。

3. *糖类的生理功能*　糖类按其生理功能可以分为可利用和不可利用糖类两大类。可利用糖类包括单糖、糊精、淀粉等，不可利用糖类不能被机体吸收利用供给能量，多为粗纤维。粗纤维包括纤维素、半纤维素、木质素等，一般不能为鱼虾消化、利用，但却是维持鱼虾健康所必要的营养素。饲料中适量纤维素具有刺激动物消化酶分泌、促进消化道蠕动的作用。

可利用糖类，主要作用如下。

1）体组织细胞的组成成分。糖类及其衍生物是水产动物体组织细胞的组成成分，如五碳糖是细胞核酸的组成成分，半乳糖是构成神经组织的必需物质，糖蛋白则参与细胞膜的形成。

2）作为生物体内的主要能源物质。吸收进生物体内的葡萄糖经氧化分解，释放出能量，供机体利用，为机体提供能量。

3）在生物体内转变为其他物质，如合成体脂肪、合成非必需氨基酸。

4）蛋白节约效应。糖类可改善饲料蛋白质的利用，有一定的蛋白节约效应。当饲料中含有适量的糖类时，可减少蛋白质的分解供能，同时 ATP 的大量合成有利于氨基酸的活化和蛋白质的合成，从而提高饲料蛋白质的利用效率。

（二）水产动物饲料中糖类的适宜含量

1. *可利用糖的适宜含量*　饲料中有些特定的可利用糖可以起到特殊的作用。研究表明，某些鱼类在摄食不含有糖类的饲料时，生长速率较差。鱼类摄入不含糖的饲料，将分解更多的蛋白质和脂肪来提供能量及合成生命所必需的其他物质。因此，在饲料中合理使用糖类可以有效降低饲料成本。鱼虾类的适宜糖类需求量因种而异。一般认为，海水鱼类或冷水性鱼类的可利用糖类适宜水平小于或等于 20%，而淡水鱼类或温水性则高些。

但是，水生动物对糖类的利用能力有限，当饲料中的糖类含量过高，超过适宜含量时，水生动物的生长和机体组成将会受到影响。

2. *粗纤维的适宜含量*　粗纤维是指不能被消化的植物性物质，如纤维素（cellulose）、半纤维素（hemicellulose）、木质糖（lignin）、戊聚糖（pentosan）和其他复杂的糖类，这些物质只能在某些肠道细菌作用后才能被利用。鱼类本身一般不会分泌纤维素酶，不能直接利用纤维素。饲料中某些适量的粗纤维在维持鱼虾消化道的正常功能方面具有重要的功能。但是，饲料中纤维素过高又会导致食物通过消化道速度加快，消化时间缩短，蛋白质和矿元素消化率下降，粪便不易成型，水质易污染等问题。

鱼类饲料中粗纤维适宜含量为5%～15%，因鱼种类及鱼的生长阶段而稍有差异。一般来说，草食性鱼能耐受较高的粗纤维水平；成鱼较鱼苗、鱼种能适应较多的粗纤维。根据我国饲料特点，纤维素饲料来源广、成本低，在以植物性饲料为主要饲料源的配合饲料中，一般不必顾虑粗纤维含量过低，主要应防止粗纤维含量过高。因此，我国目前制定的渔用配合饲料标准中，一般仅对粗纤维含量做了上限规定。

（三）鱼虾对糖类利用率低的原因

鱼虾对糖类利用率低，主要是因为其糖耐受能力不足，并会发生高血糖现象。但具体机理还有待进一步阐明，目前有几方面的猜想：一是鱼虾肌肉中胰岛素受体数量少，且胰岛素受体对胰岛素亲和力低，缺乏胰岛素和葡萄糖转运子的调控能力，导致鱼虾对糖代谢作用的调节能力减弱；二是鱼虾缺乏糖酵解和糖异生途径的各种关键酶，糖原分解酶活力低，而糖原合成酶活力高，导致不能正常分解代谢摄入的糖类；三是鱼虾转化糖原和脂肪储存的能力低；四是鱼虾的消化道内淀粉酶活性较低，不能充分利用糖类。

三、脂类营养

（一）脂类的组成和生理功能

1. 脂类的组成、分类及性质　脂类是在动植物组织中广泛存在的脂溶性化合物的总称，在饲料分析时所测得的粗脂肪（乙醚浸出物）就是饲料中的脂类物质。脂类物质按其结构可分为中性脂肪和类脂质两大类。

中性脂肪俗称油脂，是三分子脂肪酸和甘油形成的酯类化合物，故又名甘油三酯。

类脂质种类很多，常见的类脂质有磷脂、糖脂和甾醇等。磷脂是动植物细胞不可缺少的成分，在动物的脑、心、肝、肾、卵、脊髓等组织和大豆中含量特别多，其包括甘油磷脂和鞘磷脂，主要参与细胞膜的组成。糖脂与磷脂化学组成有相似之处，其主要区别在于甘油三酯不是与磷酸和含氮碱基相结合，而是与糖（1或2个半乳糖和甘露糖）相结合，糖脂主要是鞘糖脂和甘油糖脂。鞘磷脂和鞘糖脂合称鞘脂。甘油三酯是植物种子的主要脂类，而糖脂是叶片中的主要脂类。甾醇类为甾体的羟基衍生物，由于它们是含有羟基的固体化合物，因此又称为固醇，是一类膜结构脂质，存在于大多数真核细胞的膜系统。根据其来源不同可分为动物甾醇和植物甾醇两类。

2. 脂类的生理功能　脂类在鱼虾生命代谢过程中具有多种生理功能，是鱼虾所必需的营养物质。

（1）组织细胞的组成成分　一般组织细胞中均含有1%～2%的脂类物质，特别是磷脂和糖脂是细胞膜的重要组成成分。蛋白质与类脂质的不同排列与结构构成功能各异的各种生物膜。鱼虾各组织器官都含有脂肪，鱼虾组织的修补和新组织的生长都要求经常从饲料中摄取一定量的脂质。

（2）提供能量　脂肪是含能量最高的营养素，其产热量高于糖类和蛋白质，每克脂肪在体内氧化可释放出37.656kJ的能量。直接来自饲料中的甘油酯或体内代谢产生的游离脂肪酸是鱼类生长发育的重要能量来源。由于鱼虾对碳水化合物特别是多糖的利用率低，因此脂肪作为能源物质的利用显得特别重要。同时，脂肪组织含水量低，占体积小，所以储备脂肪是鱼虾储存能量的最好形式。

（3）利于脂溶性维生素的吸收运输　只有当脂类物质存在时，维生素A、维生素D、维生素E、维生素K等脂溶性维生素方可被吸收，脂类不足或缺乏则影响这类维生素的吸收和利用，饲喂脂类缺乏的饲料，鱼虾一般都会并发脂溶性维生素缺乏症。

（4）提供必需脂肪酸　某些高不饱和脂肪酸为鱼虾维持正常生长、发育、健康所必需，但鱼虾本身不能合成，或合成量不能满足需要，必须依赖饲料直接提供，这些脂肪酸叫作必需脂肪酸。

（5）作为某些激素和维生素的合成原料　如麦角固醇可转化为维生素D_2，而胆固醇则是合成性激素的重要原料。与鱼类不同，甲壳类不能合成胆固醇，必须由食物提供。

（6）保护作用　脂肪的不导热性可以防止体温散失过快，起到保温作用。脂肪也是鱼类器官的支撑和保护层。脂肪还是体内绝大多数器官和神经组织的防护性隔离层，可保护和固定内脏器官并作为一种填充衬垫，避免机械摩擦，并使之能承受一定压力。

（7）节约蛋白质、提高饲料蛋白质利用率　鱼类对脂肪有较强的利用能力，其用于鱼体增重和分解供能的总利用率达90%以上。因此，当饲料中含有适量脂肪时，可减少蛋白质的分解供能，节约饲料蛋白质用量，这一作用称为脂肪的蛋白节约效应。对处于快速生长阶段的仔鱼和幼鱼，脂肪对蛋白质的节约作用尤其显著。

（二）鱼虾对脂肪的需求

脂肪是鱼虾生长所必需的一类营养物质。饲料中脂肪含量不足或缺乏，可导致鱼虾代谢紊乱，饲料蛋白质效率下降，同时还可并发脂溶性维生素和必需脂肪酸缺乏症。但饲料中脂肪含量过高，又会导致鱼体脂肪沉积过多，甚至发生脂肪肝，鱼体抗病力下降，同时也不利于饲料的贮藏和成型加工，因此饲料中脂肪含量须适宜。

鱼虾对脂肪的需求量受其种类、食性、生长阶段、饲料中糖类和蛋白质含量及环境温度的影响。一般来说，淡水鱼较海水鱼对饲料脂肪的需求量低，但在淡水鱼中，其脂肪需求量又因种而异，通常肉食性淡水鱼脂肪需求高于草食性和杂食性淡水鱼。鱼虾对脂肪的需求量除与鱼虾的种类和生长阶段有关外，还与饲料中其他营养物质（糖类和蛋白质）的含量有关，因此适宜的糖脂比和氮能比也是配制饲料时需要考虑的重要因素。

（三）鱼虾对必需脂肪酸的需求

必需脂肪酸是指那些为鱼虾生长所必需，但鱼虾本身不能合成，或者合成量不能满足需要，必须由饲料直接提供的脂肪酸。从其化学组成和结构来看，必需脂肪酸均是含有两个或两个以上双键的不饱和脂肪酸。鱼虾类自身可合成n−7和n−9系列不饱和脂肪酸，但不能合成或者不能合成充足的n−3和n−6系列不饱和脂肪酸。因此，n−3、n−6系列不饱和脂肪酸特别是以二十碳五烯酸（C20：5n−3）、二十二碳六烯酸（C22：6n−3）和二十碳四烯酸（C20：4n−6）为代表的长链多不饱和脂肪酸即为鱼虾的必需脂肪酸。

必需脂肪酸是组织细胞的组成成分，主要以磷脂形式出现在线粒体和细胞膜中。必需脂肪酸对胆固醇的代谢也很重要，胆固醇与必需脂肪酸结合后才能在体内转运。此外，必需脂肪酸还与前列腺素的合成及脑、神经的活动密切相关。

（四）鱼虾对类脂质的需求

磷脂在鱼虾营养中具有多方面的作用：促进营养物质的消化，加速脂类的乳化，以利消化吸收；提供和保护饲料中的不饱和脂肪酸；提高饲料制粒的物理质量，减少营养物质在水中的溶失；可引诱鱼虾采食；提供未知生长因子；磷脂是脂蛋白的必需组成成分，而血液中的脂蛋白对于脂类的体内运输起重要作用。

胆固醇在动物生命代谢过程中同样具有十分重要的作用。因有鳍鱼类能由乙酸和甲羟戊酸合成胆固醇，往往不必由饲料中直接提供。但是，最近研究发现，在以植物蛋白源为主的饲料中添加胆固醇有利于提高鱼类的摄食量和生长率，不过其具体作用机理还有待进一步研究。

（五）脂肪酸氧化酸败及其对鱼虾的危害

脂肪酸氧化酸败会产生大量具有不良气味的醛、酮、酸等低分子化合物，不仅使脂肪营养价值和饲料适口性下降，而且在氧化过程中产生的大量过氧化物会破坏某些维生素及其他营养成分。此外，脂肪酸氧化酸败会显著降低蛋白质的消化率。

（六）鱼虾必需脂肪酸缺乏症

鱼虾如果缺乏必需脂肪酸，会导致其生长速度减慢，死亡率上升；脏器受损，脂肪降解速率下降，发生脂肪肝；生殖能力下降，幼体成活率降低；发生皮肤病、眼球突起、心肌炎、贫血等一系列的并发症状。

四、能量营养

能量不是一种营养物质，而是营养物质的一种性质，在蛋白质、脂肪和糖氧化代谢时释放出来。因此，能量是一种抽象的概念，它仅在从一种形式转化为另一种形式时能被测定出来。能量的定义是做功的能力。从生物学的意义上来讲，是完成一切生命活动包括新陈代谢的化学反应、物质的逆浓度梯度运输、肌肉的机械运动等所需要的能力。如果机体摄入能量不足，机体会调动能量储备来维持能量的需求。反之，如果机体摄入能量过多，会以脂肪的形式储存在体内。

（一）营养物质的能量

1. *糖类*　糖类由C、H、O三种元素组成，O的平均含量为50%左右，C、H含量相对较少，其中H含量约为6%，故氧化时需氧量少，产生的能量也较低。糖类的平均产热量为17 154J/g。

2. *脂肪*　脂肪也由C、H、O三种元素组成，其中O的平均含量在11%左右，较糖类低得多；C、H总含量较高，且H含量特别高，约为12%，故氧化时需氧量多，产生热量也多。脂肪的平均产热量为39 539J/g。

3. *蛋白质*　蛋白质分子中除含有C、H、O三种元素外，还含有N、S等元素，O的平均含量为22%左右，H平均含量约为7%，这两个数值都分别介于糖类与脂肪分子的平均O含量和平均H含量之间。N在体内不能彻底氧化，故热量主要由C、H氧化产生。所以蛋白质的产热量较糖类高，较脂肪低。蛋白质的平均产热量为23 640J/g。

（二）鱼虾对能量的分配与利用

鱼虾的能量消耗率要低于陆生恒温动物，其主要原因是：鱼虾是变温动物，不需要消耗能量来维持恒定的体温；鱼虾生活在水中，依靠水的浮力，只需要很少的能量就能供给肌肉活动和保持在水中的位置和平衡；鱼虾的氮排泄废物氨或者三甲胺与陆生动物的氮排泄废物尿素或尿酸相比，其形成和分泌过程只需要较少的能量。

1. 摄入总能量　是指摄入一定量饲料中所含的全部能量，也就是饲料中蛋白质、脂肪和糖类三大能源营养物质完全燃烧所释放出来的全部能量。

鱼类摄食量的多少受到鱼体重、鱼体生理状态、投饲率、饲料种类、水温和溶解氧等诸多因素的影响。

2. 粪能和可消化能　饲料中的营养物质必须首先经过消化和吸收，其所含的能量才能够供机体代谢使用。没有被消化吸收的那部分物质以粪便的形式排出体外，其所含的能量称为粪能。摄入总能减去粪能后所剩的那部分能量称为可消化能。动物所摄食的总能中有很大一部分以粪能的形式排出体外，所以饲料的可消化性是影响其是否可以被动物利用为能源物质的主要因素。

3. 尿能、鳃排泄能和代谢能　食物消化后，氨基酸、脂肪和糖类等能源物质进入动物体内。脂肪和糖类在体内分解代谢最终产生二氧化碳和水，而氨基酸在体内的最终代谢产物除了二氧化碳和水以外，还有氨或其他含氮化合物。在鱼类，内源性含氮废物主要是通过鳃排出体外，也有一部分是通过肾排泄。通过鳃排泄损失的那部分能量称为鳃排泄能，通过肾排泄损失的那部分能量称为尿能。由于两者都不是以粪能的形式排出体外，因此在计算饲料可消化能的时候将鳃排泄能和尿能都计入了可消化能值中。然而，实际上动物是不能利用这部分能量的。人们把鱼类生理代谢能够利用的那部分能量称为代谢能。代谢能是指摄入单位重量饲料的总能与由粪、尿及鳃排出的能量之差，也就是可消化能在减去尿能和鳃排泄能后所剩余的能量。

影响尿能和鳃排泄能的主要因素是那些可以影响动物体蛋白质沉积和含氮废物排泄的因素，包括饲料组成、动物生理状态和环境因子等。饲料组成主要是指饲料中蛋白质能量和非蛋白质能量之间的平衡与否、饲料中的氨基酸组成情况和糖类及脂肪的含量及配比。

4. 摄食热增耗　动物在将摄取的食物转化为机体物质时，或者是在水解 ATP 为体内的生理和生化活动提供能量的时候，会产生热量排出体外。人们把动物由于摄食引起的那部分体增热，特别地称为摄食热增耗，或者称为特殊动力效应、产热效应、食物生热作用等。

摄食热增耗与食物的数量和组成、水温和营养物质在动物体沉积的多少有关。在食物组成中，可消化氮的多少与摄食热增耗的关系最为密切。一般情况下，鱼类每摄食 1g 可消化氮，其摄食热增耗为 27～30kJ。

5. 净能　净能是指除去摄食热增耗损失的能量后剩下的那部分代谢能。净能分别用于动物的标准代谢、活动代谢和生产（生长和繁殖）。

影响鱼类标准代谢的因素包括种类、体重、水温、溶解氧、季节及光周期、昼夜节律等。

五、维生素营养

（一）维生素的概念及分类

维生素是维持动物机体正常生长、发育和繁殖所必需的微量小分子有机化合物。动物对维生素需要量很少，每日所需量仅以 mg 或 μg 计算，属于必需的微量营养素。其主要作用是作为辅酶参与物质代谢和能量代谢的调控、作为生理活性物质直接参与生理活动、作为生物体内的抗氧化剂保护细胞和器官组织的正常结构和生理功能，还有部分维生素可作为细胞和组织的结构成分。对于多数维生素，动物本身没有全程合成的能力，或合成量不足以满足营养需要，主要依赖于食物的供给。在自然条件下，维生素主要由微生物和植物体进行生物合成，动物肠道微生物可以合成部分维生素，如生物素、维生素 B_{12} 和维生素 K_3 等。

维生素种类多，化学组成、性质各异，一般按其溶解性分为脂溶性维生素和水溶性维生素两大类。

脂溶性维生素不溶于水，而易溶于脂肪及脂溶性溶剂如乙醚、氯仿等。在饲料中常与脂类共存，一般存在于富含脂肪的饲料原料中，其吸收也必须借助脂肪的存在。脂溶性维生素可在动物肝（胰）脏中大量贮存，待机体需要时再释放出来供机体利用。脂溶性维生素在机体内吸收与机体对脂肪的吸收有关，且排泄率不高，如果在体内积累过多，会产生有害影响。脂溶性维生素主要包括维生素 A、维生素 D、维生素 E、维生素 K 等。

水溶性维生素大多数都易溶于水，种类较多，但其结构和生理功能各异。水溶性维生素多数都是通过作为辅酶而参与动物物质代谢、能量代谢的调节和控制，部分水溶性维生素是以生物活性物质直接参与对代谢反应的调控作用，还有部分水溶性维生素是作为细胞结构物质发生作用。尽管动物体及其肠道微生物可合成某些维生素，但大多数维生素仍然依赖饲料提供。水溶性维生素在植物性饲料、微生物饲料中含量较高。水溶性维生素主要包括维生素 B_1、维生素 B_2、泛酸、烟酸、维生素 B_6、生物素、叶酸、维生素 B_{12}、维生素 C、胆碱、肌醇等。

（二）水产动物对维生素的需求

1\. 概述　维生素一般在鱼体内不能合成或合成量太少，不能充分满足机体的需要，所以必须经常由食物来供给。水产动物对维生素的需求包括对维生素种类的定性需求和定量需求。配合饲料中维生素总量分别来自于饲料原料中维生素含量和维生素的添加量（预混料中的量）。考虑到饲料加工和储藏过程中维生素的损失和动物对饲料中维生素的利用率，在实际生产中，一般是将养殖动物对维生素的需求量直接作为饲料中维生素的添加需求量，即将维生素需求量作为维生素预混料的供给量进行配方设计，将饲料原料中的维生素含量和肠道微生物可能的维生素合成量忽略不计，以此用来抵消在配合饲料加工、储藏过程中的维生素损失。另外，还可以根据饲料加工工艺、养殖模式、环境应激等情况，适当提高某些维生素的添加量。

2\. 水产动物的维生素需求量　由于测定维生素需求量时采用的评定标准及试验条件不同，所得结果也有差异。一般而言，以酶活性作为评定指标所得的结果与以生长曲线测定的结果相似，而二者一般都低于以肝（胰）脏最大积蓄量为评定指标所测定的结果。

3\. 影响维生素需求量的因素

（1）鱼的种类、生长阶段　鱼体内不能合成维生素 E、胆碱、肌醇和烟酸，它们必须由饲料添加，而且添加量较其他维生素的量要大得多。而且不同种类的水产动物具有不同的食性和生活习性，对营养物质的利用能力、代谢途径都存在一定差异，因而对维生素的需求量也略有不同。养殖动物的生长阶段不同，生理特征不同，对维生素的需求量也应该不同。幼鱼由于代谢率高、生长快，因而对维生素的需求量高于成鱼。

（2）环境应激　应激是指动物机体对外界刺激或挑战（应激源）所产生的反应。在养殖条件下，这些应激源主要包括自然环境变化（水温、盐度、光照、pH 等）、密度过高、水质恶化、溶解氧过低、病原侵袭、管理不善等因素。动物在处于应激状态下的抗应激反应涉及神经系统、内分泌系统及免疫系统的一系列活动，这将使动物的代谢活动发生变化，并可以导致对功能系统的结构性或功能性的伤害。因此，水产动物长期或经常处于应激状态时机体对维生素的需要量可能会显著增加，在饲料中增加维生素供给总量或与应激直接相关的维生素（如维生素 C、维生素 E、维生素 A、核黄素等）供给量，可以有效消除或减弱由于应激造成的不良影响，增强抗应激的能力，有利于水产动物正常生理状态的维持，有利于其生长和发育。

（3）健康状态和免疫功能　动物的营养状况是影响机体免疫系统发育和免疫功能发挥的重要物质基础，合理的营养有利于提高动物对应激和疾病的抵抗力。营养不良或过量均影响免疫系统的发育及免疫功能的发挥，降低其抵御疾病的能力。动物免疫功能下降和健康状态不良，或疾病发生时可以改变营养代谢和营养需要模式，必须调整营养供给模式才能更有利于动物健康的恢复。维生素是重要的营养素，不仅从正常生长、发育角度满足养殖动物对维生素营养的需要，还应该从免疫学角度考虑维生素的营养作用。

（4）饲料原料及饲料加工工艺　农作物的产地、施肥及收获物均会影响维生素含量，从而影响鱼类饲料中维生素的添加量，如饲料中不饱和脂肪酸会增加维生素 E 的消耗量。在配制食用饲料时，由于各种动植物原料中都已含有一定数量的各种维生素，而且其中有些维生素含量可能已经满足鱼类生长发育需要，因此在确定这些维生素的添加量时，可以减少或不添加，以免造成浪费。若维生素过量，在某些情况下，还会产生维生素过剩症。此外，绝大多数的维生素在加工、储存过程中，均会受到不同程度的损失。

（5）维生素之间的相互影响　维生素之间存在错综复杂的相互关系，所以某一种维生素的需要量显著受饲料中其他维生素含量的影响，对一些易被破坏的维生素应选用包膜制剂。例如，维生素 C 不能与其他维生素一起使用，也不能与无机盐混合；鱼类对维生素 A 的需要量显著受饲料中维生素 E 含量的影响，因为后者具有保护维生素 A 免受氧化，提高维生素 A 稳定性的作用。

（6）消化道微生物和养殖动物的维生素合成能力　消化道某些微生物可合成一定量的某些维生素。在鱼类，已经观察到生物素、维生素 B_{12}、烟酸、泛酸、叶酸等可由肠道微生物合成。但考虑到鱼类消化道较短，食糜通过消化道的速度也较快（典型肉食性鱼尤其如此），因而一般认为鱼类肠道中的微生物在提供维生素方面的作用有限（少数维生素例外，如 B_{12}），绝大多数维生素还要依赖饲料的供给。

（三）水产动物维生素的缺乏症

饲料中长期缺乏维生素，会导致水产动物代谢障碍和组织病理损伤。每种维生素对水产动物的作用不同，缺乏症也各不相同。维生素 A 缺乏会导致鱼类眼球突起，角膜水肿；维生素 D 缺乏会导致鱼骨骼发生畸变；维生素 E 缺乏会导致水产动物肌肉萎缩，发生瘦背病；维生素 B_1 缺乏会导致神经过敏，抽搐；泛酸缺乏会引起鱼类厌食，死亡率升高；生物素缺乏会导致生长不良，鳃退化等症状。

六、矿物质营养

（一）矿物质分类和生理功能

1. *矿物质分类*　矿物质元素是水产动物营养中的一大类无机营养素。自然界中的绝大多数元素都可以在生物体内找到。到目前为止，已发现有 29 种是动物的必需营养素。

按其在机体的含量可以分为三大类：碳、氢、氮、氧、硫在体内含量很高，以 g/kg 体重计，称为大量元素；钙、磷、镁、钠、钾、氯 6 种元素，在体内含量也较高，以 g/kg 体重计，称为常量元素；剩余的元素在体内含量很低，以 mg/kg 体重或 g/kg 体重计，称为微量元素。过去由于分析检测手段落后，无法准确测定这些元素的含量，因此又把微量元素笼统地称为痕量元素，随着分析检测技术的快速发展，现在对大多数元素已经能进行精确的定量分析，这对于研究它们在机体代谢过程中的生理功能大有帮助。

2. *必需矿物质元素*　必需矿物质元素是指当动物摄入不足就会导致生理功能异常，当恢复供给时缺乏症消失；如果缺乏该元素，动物既不能正常生长也无法完成其正常的生命周期；元素应该是通过影响机体代谢过程而对动物直接起作用；该元素的功能是无法由其他元素（或营养素）完全替代的。

3. *矿物质主要生理功能*

1）构成机体组织的重要成分。缺乏 Ca、Mg、P、Mn、Cu，可能引起骨骼或牙齿不坚固。

2）作为酶的辅基或激活剂，如 Zn 是碳酸酐酶的辅基，Cu 是细胞色素氧化酶的辅基等。

3）参与构成机体某些特殊功能物质，如 Fe 是血红蛋白的组成成分，I 是甲状腺素的成分，Co 是维生素 B_{12} 的成分等。

4）维持机体的酸碱平衡及组织细胞渗透压：酸性（Cl、S、P）和碱性（K、Na、Mg）无机盐适当配合，加上重碳酸盐和蛋白质的缓冲作用，可维持机体的酸碱平衡；无机盐与蛋白质一起维持组织细胞的渗透压；缺乏 Fe、Na、I、P 可能会引起疲劳等。

5）特定的金属元素（Fe、Mn、Cu、Co、Zn、Mo、Se 等）与特异性蛋白结合形成金属酶，具独特的催化作用。

6）维持神经和肌肉的正常敏感性，如 Ca、Mg、Na、K 等元素。矿物元素的生理功能在水产动物和陆生动物之间的重大区别在于渗透压的调节，即鱼、虾、贝等水产动物体液需要维持和周围水环境之间的渗透压平衡，其他生理功能与陆生动物是基本相同的。

此外，由于水产动物生活在水环境中，不需要像陆生动物一样需要强大的骨骼系统支撑和平衡身体，因此对合成骨骼组织的 Ca、P 需要量比较低。

（二）水产动物矿物质的缺乏症

每种必需矿物质对水产动物具有重要的生理意义，有的存在于软组织和体液中，是维持生命活动不可缺少的物质；有的参与机体的构架组成；有的调节机体的渗透压和酸碱平衡；有的作为生物活性因子的组成成分。总之每一种必需矿物质都起到一种或多种生理作用。

饲料中长期缺乏矿物质时，水产动物通常发生生理机能失调等症状。钙缺乏会导致骨骼发育不良、厌食、饲料转化率下降；钾缺乏会导致鱼类厌食、惊厥、痉挛等症状；

镁缺乏会导致生长下降、呆滞、白内障等症状。各种鱼类不同矿物质缺乏症既表现出相同的症状，也各有自身特点。

第三节　水产动物配合饲料原料

一、饲料的概念和分类

（一）饲料的概念

能提供饲养动物所需养分、保证健康、促进生长和生产且在合理使用下不发生有害作用的可食物质统称为饲料。

配合饲料是指根据水产动物的不同生长阶段、不同生产目的的营养需求标准，把不同来源的饲料按一定比例均匀混合，经加工而制成的具有一定形状的饲料产品。相对于配合饲料而言，其原材料称为饲料原料。

预混料是指一种或多种饲料添加剂按一定比例配制的均匀混合物，也称为添加剂预混合饲料。

（二）饲料的分类

1. 我国传统饲料分类法　按养殖者饲喂习惯，分为精饲料、粗饲料、多汁饲料三类；按饲料来源，分为植物性饲料、动物性饲料、矿物质饲料、维生素饲料和添加剂饲料；按饲料主要营养成分，分为能量饲料、蛋白质饲料、维生素饲料、矿物质饲料和添加剂。

2. 国际饲料分类法　1956 年美国学者 Harris 根据饲料的营养特性，将饲料分为八大类，并对每类饲料冠以相应的饲料编码，应用计算机技术建立了国际饲料数据管理系统。这一分类系统在全世界已有近 30 个国家采用或认可。

国际饲料编码（international feeds number，IFN）的编码模式为 0-00-000，编码分为三节，代表每种饲料原料的全名称。

八大类饲料分别用 1～8 代表，放于第一节 1 位数的空当中。至于第二节 2 位数的空当和第三节 3 位数的空当，共计 5 位数依次为万、千、百、十与个位数，用以填写每一个饲料标样的号数。例如，苜蓿干草的编码为 1-00-092，表示其属于粗饲料类，位于饲料标样总号数的第 92 号。

八大类饲料的编码形式及划分依据如下。

1）粗饲料（1-00-000）是指饲料干物质中粗纤维含量大于或等于 18%，以风干物为饲喂形式的饲料，如干草类、农作物秸秆等。

2）青绿饲料（2-00-000）是指天然水分含量在 60% 以上的青绿牧草、饲用作物、树叶类及非淀粉质的根茎。

3）青贮饲料（3-00-000）是指以天然新鲜青绿植物性饲料为原料，在厌氧条件下，经过以乳酸菌为主的微生物发酵后制成的饲料，具有青绿多汁的特点，如玉米青贮。

4）能量饲料（4-00-000）是指饲料干物质中粗纤维含量小于 18%，同时粗蛋白含量小于 20% 的饲料，如谷实类、麸皮、淀粉质的根茎。

5）蛋白质饲料（5-00-000）是指饲料干物质中粗纤维含量小于 18%，而粗蛋白含量大于或等于 20% 的饲料，如鱼粉、豆饼（粕）等。

6）矿物质饲料（6-00-000）是指以可供饲用的天然矿物质、化工合成无机盐类和有机配位体与金属离子的螯合物。

7）维生素饲料（7-00-000）是指由工业合成或提取的单一种或复合维生素，但不包括富含维生素的天然青绿饲料在内。

8）饲料添加剂（8-00-000）是指为了利于营养物质的消化吸收，改善饲料品质，促进动物生长和繁殖，保障动物健康而掺入饲料中的少量或微量物质，但不包括矿物质元素、维生素、氨基酸等营养物质添加剂。

3. 我国现行饲料分类法　我国疆域辽阔，饲料种类繁多，以往的传统分类方法难以反映出饲料营养特性，也不便于国际饲料情报交流。20 世纪 80 年代初，在张子仪研究员的主持下，将我国传统饲料分类法与国际饲料分类原则相结合，提出了我国的饲料分类方法与编码系统。1987 年由农业部正式批准筹建中国饲料数据库。

具体分类和编码的方法为：首先根据国际饲料分类原则将饲料分成八大类，然后结合我国传统分类习惯分为 17 亚类，两者结合，迄今可能出现的类别有 35 类。对每一类饲料冠以相应的中国饲料编码（feeds number of China，CFN），共 7 位数，模式为 0-00-0000，其首位数 1～8 分别对应国际饲料分类的八大类饲料，第 2、3 位数安排 01～17 的亚类饲料，第 4～7 位数为饲料顺序号。由此可见，我国饲料分类的编码系统最多可容纳 8×17×9999＝1359864 种饲料。数量比国际分类多，且增加了第 2、3 位码层次，这样在划分饲料种类上更清楚明确。用户既可以根据饲料分类原则判断饲料性质，又可以根据传统习惯，从亚类中检索出饲料资源出处，其是对国际饲料分类编码系统的继承和发展。

二、蛋白质饲料

蛋白质饲料干物质中粗纤维含量＜18%、粗蛋白含量＞20%，其特点是高蛋白低糖类。在饲料配方中用量一般都在 40% 以上，最高可达 80%。

蛋白质饲料主要分为植物性蛋白质饲料和动物性蛋白质饲料两大类。

（一）植物性蛋白质饲料

植物性蛋白质饲料主要包括豆类籽实、饼粕类和其他植物性蛋白质饲料。

营养特性：蛋白质含量高且质量较好，一般植物性蛋白质饲料粗蛋白含量为 20%～50%，因种类不同差异较大；粗脂肪含量变化大，油料籽实含量在 15%～30% 及以上，非油料籽实只有 1% 左右；饼粕类脂肪含量因加工工艺不同差异较大，高的可达 10%，低的仅 1% 左右；粗纤维含量基本上与谷类籽实近似，饼粕类稍高些；矿物质中钙少磷多，且主要是植酸磷；维生素含量与谷实相似，B 族维生素较丰富，而维生素 A、维生素 D 较缺乏。

1. 豆科籽实　营养特性：蛋白质含量为 20%～50%，比谷物籽实高；蛋白质品质优于谷类蛋白，赖氨酸超过 6%。蛋白质利用率是谷类的 1～3 倍。粗脂肪含量高，不同种类作物，含量变化大。粗纤维一般不高，与谷类籽实近似，故能值与中等能量饲料相似。矿物质：与谷类近似，钙少磷多，磷主要是植酸磷。维生素含量也与谷类相似，B 族维生素丰富，而维生素 A、维生素 D 较缺乏。含有一些抗营养因子，影响饲喂价值。

（1）大豆　大豆是最重要的油料作物之一。大豆中的蛋白质含量和脂肪含量均很高，如黄豆和黑豆的粗蛋白含量分别为 37% 和 36.1%，粗脂肪含量分别为 16.2% 和 14.5%。且大豆的赖氨酸含量较高，如黄豆和黑豆的赖氨酸含量分别为 2.30% 和 2.18%。但蛋氨酸等含硫氨基酸含量不足。大豆脂肪含不饱和脂肪酸较多，其中亚油酸可占 55%。粗脂肪中含有 1% 的不皂化物，由植物固醇、色素、维生素等组成。另外还含有 1.8%～3.2% 的磷脂类，为一些水产动物的生长和发育所必需。

大豆含碳水化合物 30% 左右，其中蔗糖占 27%，水苏糖 16%，阿拉伯树胶 16%，半乳聚糖 22%，粗纤维素 18%。淀粉在大豆中含量甚微，为 0.4%～0.9%。

矿物质中以钾、磷、钠居多，磷中约有 40% 为植酸磷，钙的含量低于磷。

大豆含有较多的营养拮抗成分，如胰蛋白酶抑制因子、血细胞凝集素、致甲状腺肿物质、抗维生素、赖丙氨酸、皂苷、雌激素、胀气因子、植酸等。它们会降低饲料的适口性和可消化性，并对动物的一些生理机能和消化道组织造成负面的影响。

（2）豌豆和蚕豆　豌豆和蚕豆的粗蛋白含量较低，为 22%～25%，两者的粗脂肪含量也低，仅为 1.5% 左右，淀粉含量高，无氮浸出物可达 50% 以上，能值虽比不上大豆，但也与大麦和稻谷相似。我国南方地区使用发芽蚕豆饲喂草鱼可改善其肉质，产成品叫作脆肉鲩，但其作用机理尚不清楚。豌豆和蚕豆的价格较高，一般很少用作饲料原料。

2. 饼粕类饲料　饼粕类饲料是油料作物榨取油脂后的副产品。压榨法榨油后的副产品为饼；浸提法提取油脂后的副产品为粕。油料籽实主要包括大豆、棉籽、油菜籽、花生等。饼粕类饲料蛋白质含量丰富，为 20%～50%，以清蛋白和球蛋白为主。

（1）大豆饼粕　大豆饼粕是大豆压榨后的副产品，是浸提法或预压浸提法的副产物。其蛋白质含量>40%，为饼类中最高；赖氨酸含量在饼粕类饲料中最高，可达 2.4%～2.8%，是棉籽仁饼粕、菜籽饼粕、花生仁饼粕的 2 倍左右。大豆饼粕的赖氨酸与精氨酸比例约为 1∶1.3。异亮氨酸含量高达 2.39%，也是饼粕类饲料中最多者。此外，大豆饼粕的色氨酸和苏氨酸含量也较高，分别达到 0.85% 和 1.81%。大豆饼粕的缺点是蛋氨酸含量不足，略逊于菜籽饼粕和向日葵仁饼粕，略高于棉籽仁饼粕和花生仁饼粕。因此在使用大豆饼粕的饲料中，要注意与富含蛋氨酸的原料合理配比，才能满足水产动物对蛋氨基酸的营养需要。

大豆饼粕是目前使用量最多、使用最广泛的植物性饲料原料。大豆饼粕比其他饼粕类含更高的蛋白质及消化总养分，无论从氨基酸组成还是消化率来看，均表明其是最优秀的饼粕类原料。一般草食性及杂食性鱼类对豆粕蛋白质利用率高达 85%～90%，故可取代大部分鱼粉原料而作为蛋白质的主要来源。

（2）菜籽饼粕　菜籽饼粕是以油菜籽为原料提油后的副产品。油菜籽的品种不同及提油加工方式不同造成其营养成分、营养拮抗物质和毒素的含量差异较大。由于含多种毒素，如芥子苷等，因此在使用前应该通过加工去毒。

菜籽饼的粗蛋白含量为 36% 左右，菜籽粕为 38% 左右。其氨基酸的组成特点是：蛋氨酸含量较高，为 0.6% 左右，在饼粕类饲料中仅次于芝麻饼粕，名列第二；赖氨酸的含量为 1.3%～1.97%，次于大豆饼粕，名列第二。另一特点是精氨酸含量低，是饼粕类饲料中含精氨酸最低者，为 1.8% 左右。赖氨酸与精氨酸的比值约为 1∶1，而在大多饼粕类饲料中，都是精氨酸远远超过赖氨酸。因此菜籽饼粕与棉籽仁饼粕搭配，可以改善赖氨酸与精氨酸的比例关系。

（3）棉籽仁饼粕　　棉籽仁饼粕是棉籽脱壳、脱油后的产品，由于加工条件的不同，其成分与营养价值相差较大。其是产棉区重要的蛋白质饲料来源，蛋白质生物学效价仅次于大豆饼粕，不足之处是缺乏胡萝卜素和钙，适口性较大豆饼粕差。

棉籽加工成的饼粕中含棉籽壳的量是决定其可利用能量水平和蛋白质含量的主要影响因素。完全脱绒脱壳的棉籽仁所加工得到的棉籽仁饼粕粗蛋白含量高，甚至可达55%以上。棉籽仁饼粕的氨基酸组成特点是赖氨酸不足，精氨酸较高，在饼粕类饲料中居第二位。赖氨酸∶精氨酸的值在1∶2.7以上。此外，棉籽仁饼粕的蛋氨酸含量也低，约为0.4%左右，仅为菜籽饼粕的55%左右。因此，在利用棉籽仁饼粕配制饲料时，要与含赖氨酸、蛋氨酸高的原料和含精氨酸低的原料相搭配。所以棉籽仁饼粕与大豆饼粕和菜籽饼粕搭配使用有助于饲料的氨基酸平衡。

（4）花生仁饼粕　　花生脱壳压榨或提取油脂后得到的产品为花生仁饼粕。脱壳的程度与产品中的粗纤维含量直接相关。

机榨花生仁饼含粗蛋白通常为44%左右，浸提粕为47%左右。花生仁饼粕的氨基酸组成不佳，赖氨酸含量（1.35%）和蛋氨酸含量（0.39%）都很低，其赖氨酸含量仅为大豆饼粕含量的50%左右。另外，花生仁饼粕的精氨酸含量特别高，可达5.2%，是所有动植物性饲料中的最高者。其赖氨酸∶精氨酸的值在1∶3.8以上，因此花生仁饼粕应与含精氨酸低的菜籽饼粕、血粉等搭配使用才有利于饲料达到氨基酸平衡。

（5）向日葵仁饼粕　　由于品种、脱壳程度和榨油方法的不同，向日葵仁饼粕的成分变动很大。向日葵仁饼粕的营养价值主要取决于脱壳程度。当粗纤维含量在18%以上时，则不属于蛋白质饲料范畴，应属粗饲料，不宜在水产饲料中使用。完全脱壳的向日葵仁饼粕营养价值高，粗蛋白含量可达48%，蛋氨酸含量比豆粕高，赖氨酸含量比豆粕低，但也可达1.63%，总体可与优质豆饼相媲美，是一种优质蛋白质饲料资源。因此，只有尽量去壳，降低粗纤维含量，才能提高向日葵仁饼粕的营养价值。

（6）芝麻饼粕　　芝麻饼粕的粗蛋白含量较高，可达40%以上。其氨基酸组成的最大特点是蛋氨酸含量高达0.8%以上，位于饼粕类饲料之首。但缺乏赖氨酸，含量仅为0.93%，而精氨酸含量高达3.97%，赖氨酸与精氨酸比为1∶4.3，故配制饲料时应加以注意。另外，色氨酸含量丰富。矿物质中钙、磷含量均高，但由于植酸含量高达3.6%，钙、磷、锌等的吸收均受到严重抑制。植酸与蛋白质结合，形成植酸钙镁蛋白复合物，降低蛋白质的消化率。此外，在芝麻籽实外壳中还含有大量的草酸，这也会影响矿物质的消化吸收。

（7）玉米蛋白粉　　玉米蛋白粉是玉米淀粉厂的副产品之一。因加工工艺的不同，其蛋白质含量变化很大，低者为40%左右，高者达60%左右。玉米蛋白粉的氨基酸组成不平衡。蛋氨酸含量高，与相同蛋白质含量的鱼粉相当。而赖氨酸含量严重不足，不及相同蛋白质含量鱼粉的1/4。色氨酸的含量也偏低。玉米蛋白粉的粗纤维含量不高，能值高，属于高热能饲料。由黄玉米制成的玉米蛋白粉富含叶黄素和玉米黄质，可用作一些鱼类的着色剂。

（8）酒糟蛋白饲料　　即含有可溶固形物的干酒糟。在以玉米为原料发酵制取乙醇的过程中，其中的淀粉被转化成乙醇和二氧化碳，其他营养成分如蛋白质、脂肪、纤维等均留在酒糟中。同时由于微生物的作用，酒糟中蛋白质、B 族维生素及氨基酸含量均比玉米有所增加，并含有发酵中生成的未知促生长因子。

（二）动物性蛋白质饲料

动物性蛋白质饲料包括水产品、畜禽产品的加工副产品等，是营养价值较高的一类蛋白质原料。其特点是蛋白质含量高，氨基酸组成良好，适于与植物性蛋白质饲料搭配；钙、磷含量高；富含多种微量元素；B 族维生素特别是核黄素、维生素 B_{12} 等的含量相当高，还含有包括维生素 B_{12} 在内的动物蛋白因子，能促进动物对营养物质的利用；而且动物性蛋白质饲料都不含粗纤维，可利用能量比较高。

1. *鱼粉*　鱼粉是由经济价值较低的低质鱼或鱼产品加工副产品制成，其质量取决于生产原料及加工方法。主要生产国为秘鲁、智利和日本等，我国产量不高，主要依靠进口。

按照色泽，鱼粉主要分为白鱼粉和红鱼粉。白鱼粉是由白肉鱼种（如鳕、鲽等）加工制成的，脂肪含量低，制成品色淡且呈纤维状肉丝，易保存，蛋白质含量很高，品质较优。红鱼粉是由红鱼种（如沙丁鱼、鲱鱼、金枪鱼等）制成的。

鱼粉蛋白质含量高，消化率高（90% 以上），但干燥时如果过热会造成碳化或分解，导致消化不良，并减少氨基酸利用率。所含氨基酸成分相当平衡，如赖氨酸、色氨酸、蛋氨酸、脯氨酸等含量均丰，可弥补植物性蛋白质的缺点。影响鱼粉价值的是氨基酸的含量与利用性。

鱼粉的脂肪消化率约在 85% 左右，含量变化大，主要看加工时鱼的鲜度而定。此外，加工不良也会制出含油多的鱼粉。如果原料不新鲜或贮存条件不良时，因高不饱和脂肪酸的氧化结合，会形成营养上的抑制因子。

鱼粉是良好的矿物质来源，可补充钙、磷需要。微量矿物质中，碘含量最佳，但碘并非贵重的营养，廉价的碘化盐可供应充足。其他微量元素含量也因添加剂的补充相当方便，故无太大的价值可言。真空干燥所制的鱼粉含有丰富的维生素 A、维生素 D 和相当多的维生素 B，尤以维生素 B_{12}、维生素 B_2 及未知生长因子含量最受重视。维生素含量受鱼种、制造方法及贮存条件影响甚大。生鱼含有维生素 B_1 分解酶，尤以内脏含量最多，故投喂生鱼或加热不足的鱼粉会抑制鱼类生长。

2. *肉骨粉、肉粉*　肉骨粉、肉粉来源于畜禽屠宰场、肉品加工厂的下脚料，即将可食部分除去后的残骨、内脏、碎肉等经适当加工而得到的产品。由于原料的不同，成品可分为肉骨粉或肉粉。我国规定，产品中含骨量超过 10% 的，则为肉骨粉。美国将含磷量在 4.4% 以下者称为肉粉，在 4.4% 以上者则称为肉骨粉。

肉骨粉、肉粉的成分含量随原料种类、品质及加工方法的不同差异较大，粗蛋白含量为 45%～60%，粗脂肪含量为 8%～18%，粗灰分含量为 16%～40%。

肉骨粉、肉粉中的结缔组织较多，其氨基酸组成以脯氨酸、羟脯氨酸和甘氨酸居多，因此氨基酸组成不佳。蛋氨酸和色氨酸的含量偏低。蛋白质利用率变化大，有的产品会因过度受热而影响其营养价值。

3. *血粉*　血粉是动物屠宰时采收的血液经加工而成的动物性蛋白质饲料。世界各国都很重视该资源的利用，国外已研发出一整套包括血液的采集、运输、分离、干燥等步骤的科学加工工艺，以保证生产出的产品营养与卫生指标都达到标准。干燥方法及温度是影响血粉营养价值的主要因素。持续高温会造成大量赖氨酸变性，影响利用率。通常瞬间干燥和喷雾干燥者品质较佳。

血粉的粗蛋白含量很高，可达 80%～90%，高于鱼粉和肉粉。其氨基酸组成特点是赖氨酸含量比鱼粉中的高，为 7%～8%，亮氨酸含量也高（8% 左右）。以相对含量而言，精氨酸的含量很低，故与花生仁饼粕、棉籽仁饼粕配比可改善氨基酸平衡。血粉最大的缺点是异亮氨酸含量很少，几乎为零，在配料时应特别注意满足异亮氨酸的需要。此外，血粉中蛋氨酸含量也较低。总之，血粉是蛋白质含量很高的原料，同时又是氨基酸极不平衡的原料。

4. 羽毛粉　　羽毛粉是由各种家禽屠宰时产生的羽毛及不适于做羽绒制品的原料加工成的动物性蛋白质饲料。尽管羽毛的蛋白质含量很高，但大多为二硫键结合的角蛋白，其在水、稀酸及盐类溶液中均不溶解，因此必须采用适当的方法使二硫键破坏，才能提高羽毛蛋白质的饲用价值。羽毛粉的加工方法主要有高压加热水解、酸碱水解、酶解、膨化等。水解处理能使羽毛粉粗蛋白的胃蛋白酶消化率提高至 75% 以上。水解羽毛粉的粗蛋白含量达 80% 以上，高于鱼粉。其氨基酸组成特点是甘氨酸、丝氨酸含量和异亮氨酸含量均很高，分别达到 6.3%、9.3% 和 5.3%，适于与异亮氨酸含量不足的原料（如血粉）配伍。但是羽毛粉的赖氨酸和蛋氨酸含量不足，分别相当于鱼粉的 25% 和 35% 左右。羽毛粉的另一特点是胱氨酸含量高，尽管水解时遭到破坏，但仍含有 4% 左右，是所有饲料中含量最高者。

5. 蚕蛹粉和蚕蛹粕　　蚕蛹是缫丝工业的副产品，也是一种动物性蛋白质饲料。新鲜的蚕蛹含水量和含脂量都很高，用于饲料时应将其干燥，然后粉碎制成蚕蛹粉或脱脂后制成蚕蛹粕。

蚕蛹粉粗脂肪含量高达 22% 以上，其脂肪酸组成中含亚油酸 36%～49%、亚麻酸 21%～35%；蚕蛹粕含粗脂肪一般为 10% 左右（溶剂脱油为 3% 左右）。蚕蛹粉和蚕蛹粕的粗蛋白含量比较高，分别为 54% 和 65% 左右，其中包括约 4% 的几丁质态氮粗蛋白。二者氨基酸组成特点是蛋氨酸含量与同等蛋白质水平的鱼粉相当；赖氨酸含量略低于鱼粉；色氨酸含量相当高，比鱼粉高 70%～100%；精氨酸含量低。因此，蚕蛹粉或蚕蛹粕是平衡饲料氨基酸组成的很好原料。蚕蛹粉和蚕蛹粕的钙、磷含量较低，但 B 族维生素含量丰富，尤其是核黄素含量较高。

6. 皮革蛋白粉　　皮革蛋白粉来自于皮革工业的下脚料。将制革下脚料经碱性水解、过滤、浓缩、干燥后可制成皮革蛋白粉，也可采用高压蒸汽处理来使之水解。鞣制后的皮革含有大量的铬，对动物有害。在水解加工的同时必须脱铬，使含铬量不超过 60mg/kg，以保证饲用安全。

皮革蛋白粉中粗蛋白含量可高达 75% 以上，而且消化率也在 80% 以上。由于其蛋白质主要是胶原蛋白，因而相对缺乏蛋氨酸、色氨酸和苏氨酸，而且赖氨酸含量也不高，使用时应注意合理搭配以使氨基酸平衡。

皮革蛋白粉有天然黏性，既可用作水产动物饲料的部分蛋白源，又可兼作黏合剂，增加颗粒饲料的水中稳定性，减少营养成分的溶失。

7. 其他动物性蛋白质饲料

（1）鱼溶粉　　鱼溶粉是以制造鱼粉时所得的鱼汁或以鱼体内脏经加酶或自行消化

后的液状物经脱脂、浓缩、干燥等制得的产品。如果以麸皮、脱脂米糠等吸附，所得的产品则称为混合鱼溶粉或鱼精粉。鱼溶粉所含的蛋白质以水溶性蛋白为主，其中有少部分为非蛋白氮。矿物质及水溶性维生素含量较多，并含有多种未知促生长因子和对水产动物有诱食作用的物质。

（2）虾粉　将虾可食部分除去后的新鲜虾杂（虾头、虾壳）或低值全虾，经干燥、粉碎后的产品称为虾粉。虾粉的营养价值随原料、加工方法及鲜度不同而有很大差异。一般含粗蛋白40%左右，其中含利用价值低的几丁质态氮。虾粉含有脂肪，其中有较多的不饱和脂肪酸，并富含胆碱、磷脂及胆固醇等成分，另外还含具有着色效果的虾红素。

（3）鱿鱼内脏粉　鱿鱼内脏粉是鱿鱼或乌贼加工过程中产生的内脏、皮、足等不可食用的部分经酶解、蒸煮、脱脂、干燥等加工工艺生产而成的产品。该产品的粗蛋白含量为50%～60%，氨基酸组成良好，并富含高不饱和脂肪酸、胆固醇、维生素、矿物质等许多营养物质。另外，鱿鱼内脏粉还含有对水产动物有强烈诱食作用的成分。因此，它是水产饲料，尤其是虾、蟹饲料的重要原料。

三、能量饲料

能量饲料是指饲料中粗纤维含量小于18%而粗蛋白含量小于20%的饲料。鱼虾饲料的特点是高蛋白、低能量，而且对糖类的利用率较低，所以能量饲料在鱼虾饲料中的用量相对较低。但能量饲料仍然是鱼虾饲料配方中用量仅次于蛋白质饲料的一类重要原料，其含量占配方的10%～45%，肉食性鱼类和虾类用量较少，而草食性、杂食性鱼类用量较高。

（一）谷实类

1. 玉米　玉米是禽畜饲料中用量最大、使用最普遍的饲料原料。但因玉米价格较高、蛋白质含量较低，一般在水产饲料中的使用比例不高。

玉米的蛋白质含量为8%～9%。其蛋白质的氨基酸组成不良，缺乏赖氨酸和色氨酸等必需氨基酸。玉米的粗纤维少，约为2%，而无氮浸出物高达70%以上，而且无氮浸出物主要是易消化的淀粉。玉米的粗脂肪含量较高，约为4%，因此玉米属于高能量饲料。玉米中的矿物质约80%存在于胚部，钙非常少，只有0.02%，磷约含0.25%，大约63%以植酸形式存在，其他矿物质元素的含量也较低。所含维生素中维生素E较高，约为20mg/kg。黄玉米中含有较高的β-胡萝卜素、叶黄素和玉米黄质，可影响养殖动物的皮肤颜色。

2. 小麦和次粉　小麦和次粉的能值略低于玉米，但粗蛋白含量较高，为玉米的1.5倍。在水产饲料中被广泛用作能量饲料。小麦全粒中含粗蛋白约14%，最高可达16%，最低为11%。其氨基酸组成高于玉米，但苏氨酸含量明显不足。小麦的粗纤维含量略高于玉米，约为3%，无氮浸出物含量略低于玉米，约为67%。小麦含B族维生素和维生素E较多，但维生素A、维生素D、维生素C、维生素K含量较少。其所含矿物质中钙少磷多，铜、锰、锌含量较玉米高。此外，小麦中的谷朊蛋白和淀粉是水产饲料良好的营养型黏合剂。

次粉是小麦精制过程中的副产品，又称为黑面、黄粉、下面或三等粉。之所以称为次粉，是因为其供人食用时口感差。其营养组成和饲料功用与小麦几乎相差无几。但因加工工艺不同，制粉程度不同，出麸率不同，次粉的成分差异往往较大，在使用时应加以注意。

（二）糠麸类

糠麸类饲料是谷物加工的副产品。制米的副产品称为糠。制面的副产品称为麸。糠麸同原粮相比，粗蛋白、粗脂肪和粗纤维含量都较高，而无氮浸出物、消化率和有效能值含量较低。

1. *米糠*　米糠的营养价值受大米精制程度的影响，精制程度越高，则米糠中混入的胚乳就越多，营养价值就越高。米糠的粗蛋白含量为10.5%～13.5%，比玉米高。氨基酸组成也比玉米好，赖氨酸含量高达0.75%。米糠的粗脂肪含量很高，可达15%，是同类饲料最高者，因而能值也为糠麸类饲料之首。其脂肪酸的组成大多为不饱和脂肪酸，油酸和亚油酸占72%。其脂肪中还含有2%～5%的天然维生素E。B族维生素含量也很高，但缺乏维生素A、维生素D、维生素C。米糠粗灰分含量高，钙少磷多，但所含磷有86%属于植酸磷，利用率低，且会抑制其他营养素的吸收和利用。米糠中含有胰蛋白酶抑制因子，采食过多易造成蛋白质消化不良。此外，米糠中脂肪酶活性较高，长期储存易引起脂肪变质。因此，要使米糠便于储存，应对其进行脱脂处理，在脱脂的过程中也可以破坏脂肪酶和抗胰蛋白酶。

2. *小麦麸*　小麦麸俗称麸皮。同次粉都是以小麦籽实为原料加工面粉后的副产品。小麦麸和次粉的区别主要在于无氮浸出物和纤维素含量的不同。小麦麸的粗纤维含量在8%～10%，无氮浸出物为50%～55%。麸皮的蛋白质含量稍高于次粉，为13%～16%。粗灰分也高于次粉，约为6%。

（三）淀粉

淀粉广泛存在于植物的种子、块茎和块根等器官中。天然淀粉一般含有两种组分：直链淀粉和支链淀粉。多数淀粉所含的直链淀粉和支链淀粉的比例为（20～25）：（75～80）。直链淀粉和支链淀粉在理化性质方面有明显差别。直链淀粉仅少量溶于热水，溶液放置时重新析出淀粉晶体。支链淀粉易溶于水，形成稳定的胶体，静置时溶液不出现沉淀。直链淀粉比支链淀粉易消化。

在粉状饲料生产时常用α-淀粉（又称预糊化淀粉）作为能量饲料，这主要是利用它同时具有良好黏性的优点。作粉状饲料生产用的α-淀粉多是采用从木薯或马铃薯中提取的纯淀粉经辊筒干燥或喷雾干燥而制成的产品。

淀粉在酸或淀粉酶作用下被逐步降解，生成分子大小不一的中间物，统称为糊精。在制作试验用饲料时常使用糊精作糖源，目的是纯化试验饲料的组成。

（四）饲用油脂

饲用油脂的主要成分是甘油三酯，约占95%。另还含有甘油单酯、甘油二酯、磷脂、游离脂肪酸、固醇、色素和维生素A、维生素D、维生素E。在水产饲料中常用油脂的种类有植物性的大豆油、玉米油、米糠油等，以及动物性的海水鱼油。

油脂所含能值是所有饲料源中最高者，为玉米的2.5倍。水产饲料中添加油脂的主要目的是提供能量和必需脂肪酸。大多数水产动物特别是肉食性鱼类对淀粉等碳水化合物的利用率低，但对油脂的利用率很高。因此，在水产饲料中添加油脂可以起到提高饲料中的能量和节约蛋白质的作用。在水产饲料中油脂的使用种类及使用量应根据养殖动物对必需脂肪酸和能量的需求而定。

油脂氧化后对水产动物危害很大，常见的症状有肌肉萎缩、肝病变等，故在使用油脂时应对其新鲜度加以关注。

四、粗饲料

粗饲料是指干物质中粗纤维含量≥18%，以风干物为饲用形式的饲料。主要包括干草类、干树叶类、稿秕等。粗饲料一般难消化、可利用养分少，即使在草食性鱼饲料中使用也要限量。

干草类是人工栽培或野生牧草的脱水或风干物，饲料水分在15%以下。由于干制后仍保留一定的青色，故又称为青干草。干草的营养价值取决于原料植物的种类、生长阶段与制作技术。在中国饲料分类法中又把干草类分为三类：粗纤维含量≥18%者为粗饲料；粗纤维含量<18%，粗蛋白含量<20%者，属于能量饲料；而粗蛋白含量≥20%者，则属于蛋白质饲料。

干树叶类是指风干后的乔木、灌木、亚灌木的树叶等。较好的树叶有槐叶、桑叶、松针叶、银合欢叶等。一般嫩鲜叶、青鲜叶的营养价值较高，落叶、干枯叶的营养价值较低。优质叶制成的叶粉的粗蛋白含量较高，并含较丰富的维生素，可在草食性鱼饲料中少量使用。

稿秕饲料是农作物收获后的副产品，如藤、蔓、秸、秧、荚、壳等。此类饲料的粗纤维含量一般较高，不宜作水产饲料使用。

五、青绿饲料

中国饲料分类将青绿饲料定义为：天然水分含量≥45%的栽培牧草、草地牧草、野菜、鲜嫩藤蔓、水生植物和未成熟的谷物植株等。青绿饲料直接用于饲用，是对精饲料的补充。可作为草食性鱼类青绿饲料的有芜萍、小芜萍、苦草、马来眼子菜、黄丝草、喜旱莲子草等。水生植物中的“三水一萍”，即水浮莲、水葫芦、水花生（喜旱莲子草）和绿萍，是我国养殖草食性鱼类常用的青绿饲料。适当地补充青绿饲料既可以补充维生素等营养素又可以节约饲料成本。

第四节　水产动物配合饲料及加工工艺

一、配合饲料的定义

配合饲料是根据水产动物的营养需要，按照饲料配方，将多种原料按一定比例均匀混合，经适当的加工而制成的具有一定形状的饲料。不同的养殖对象或同一养殖对象的不同发育阶段及不同的养殖方式，配合饲料的配方、营养成分、加工成的物理形状和规格都可能不同。

配合饲料与生鲜饲料或单一的饲料原料相比有如下优点。

1）扩大了原料来源。配合饲料除可采用粮食、饼粕、糠麸和鱼粉等原料外，还可因地制宜、经济合理地利用屠宰场、肉联厂、水产品加工厂的下脚料，以及酿造、食品、制糖等工业的副产品。

2）提高了饲料利用效率。配合饲料是按照鱼虾的种类、不同生长阶段的营养需要及其消化生理特点等配制的，营养全面，而且在加工中经过调质、熟化等工艺，提高了饲料适口性、可易于消化和水中的稳定性，从而提高了饲料利用效率。

3）减少鱼病且便于防病。配合饲料营养全面，可增强鱼体体质。加工中能除去毒素，杀灭病菌和寄生虫卵，减少由饲料引起的疾病。还可在配合饲料中添加防治鱼病的免疫增强剂，便于防治鱼病。

4）减少养殖活动对水环境的污染。配合饲料耐水性好，饲料利用效率高，获得相同水产品时投饲量少、输入水域的有机物也较少，从而减少了对水质的污染。

5）便于集约化经营。配合饲料可以预贮原料，保障供给，增强生产的计划性，保证渔场集约化养殖需要。饲料成型好、体积小、含水少、便于运输和储存。水产养殖者还可采用机械化投饲，提高劳动生产率，从而提高经济效益。

二、渔用配合饲料的分类

根据不同的标准，商品形式的渔用配合饲料可以分成不同类型。

（一）根据饲料形状划分

1. 粉状饲料　粉状饲料是将各种原料粉碎到一定细度，按配方比例充分混合后的产品。使用时可直接使用，适于饲喂鱼、虾、贝苗或鲢、鳙、海参等养殖动物，但利用率低。也可将粉状饲料加适量的水及油脂充分搅拌，捏合成具有黏弹性的团块，如目前生产上普遍使用的鳗、中华鳖饲料。

2. 颗粒饲料　按照加工方法和成品的物理性状，通常可分为 3 种类型。

（1）硬颗粒饲料　硬颗粒饲料是指粉状饲料经蒸汽高温调质并经制粒机制粒成型、再经冷却烘干而制成具有一定硬度和形状的圆柱状饲料。含水率一般在 12% 以下，颗粒密度为 1.3g/cm^3 左右，属沉性颗粒饲料。原料粉碎、混合、制粒成型都是连续机械化生产，生产能力大，适宜大规模生产。硬颗粒饲料的颗粒结构细密，提高了水中的稳定性，营养成分不易溶失。

（2）软颗粒饲料　采用螺杆式软颗制粒机生产成含水量为 25%～30%、直径不同、质地柔软的软颗粒饲料。软颗粒饲料在常温下成型，营养成分虽无破坏，但不耐储存，常在使用前临时加工。由于黏合剂的使用与否及黏合剂的种类差异，由粉状饲料加工的团块或软颗粒饲料在水中的稳定性有很大的差异。

（3）膨化饲料　膨化饲料是将粉状饲料送入挤压机内，经过混合、调质、升温、增压、挤出模孔、骤然降压及切成粒段、干燥等过程所制得的一种蓬松多孔的颗粒饲料。膨化饲料分浮性和沉性，含水率在 6% 左右，颗粒密度低于 1g/cm^3 的，通常属于浮性饲料。目前市场上的膨化饲料通常是指浮性膨化饲料。膨化饲料除具有一般配合饲料如硬颗粒饲料的特点外，还具有以下优点：原料经过膨化过程中的高温、高压处理，淀粉糊化，蛋白质变性，更有利于消化吸收。浮性膨化料漂浮于水面、耐水性好，有利于养殖者观察鱼群觅食，便于养殖者掌握投饲量，减少饲料浪费。膨化饲料含水量低，可以较长时间储存。但加工成本高、热敏性物质如维生素 C 破坏严重等缺点制约了其使用范围。

3. *微粒饲料* 微粒饲料，也称为微型饲料，是一种用于替代浮游生物，供甲壳类幼体、贝类幼体和仔稚鱼（虾）食用的配合饲料。用于制备微粒饲料的原料主要有鱼粉、鸡蛋黄、蛤肉浓缩物、大豆蛋白、脱脂乳粉、葡萄糖、氨基酸混合物、无机盐混合剂及维生素混合剂等。

微粒饲料应符合下列条件：原料需超微粉碎，粉料粒度能通过200～300目筛；高蛋白低糖，脂肪含量在10%以上，能充分满足幼苗的营养需要；投喂后，饲料的营养素在水中不易溶失；在消化道内，营养素易被仔稚鱼（虾）消化吸收；颗粒大小应与仔稚鱼（虾）的口径相适应，一般颗粒在50～300μm；具有一定的漂浮性。

微粒饲料按制备方法和性状的不同可分为微胶囊饲料、微黏饲料和微膜饲料3种类型。微胶囊饲料是一种由液体、胶状、糊状或固体状等不含黏合剂的超微粉碎原料用被膜包裹而成的饲料。所用的被膜种类不同，所得的颗粒性状也不同。这种饲料在水中的稳定性主要靠被膜来维持。微黏饲料是一种用黏合剂将超微粉碎原料黏合而成的饲料，这种饲料在水中稳定性主要靠黏合剂来维持。微膜饲料是一种用被膜将微黏饲料包裹起来的饲料，可提高饲料在水中的稳定性。

4. *其他形状饲料破碎料* 先将饲料原料制成大颗粒，然后破碎到一定粒度，经过筛分形成的一系列不同规格的饲料，一般供鱼苗和幼鱼食用。冻胶饲料：将鲜湿的饲料冰冻成块状，饲喂时冰冻的饲料团块漂浮于水面，由外向内融化，是一种便于幼鱼采食的软性饲料。香肠饲料：将饲料装入肠衣，使其便于贮藏和运输，通常具有良好的适口性，饲喂时成段地投入水中，作为大型海水鱼的配合饲料。片状饲料：主要用于成鲍养殖。

（二）根据营养成分划分

1. *添加剂预混合饲料* 简称预混料，是由一种或多种饲料添加剂与载体或稀释剂按一定比例配制的均匀混合物。按照活性成分的种类又可分为单项性预混料、维生素预混料、矿物质预混料和复合预混料。单项性预混料由一种活性成分按一定比例与载体或稀释剂混合而成，如2%生物素预混剂。维生素预混料由各种维生素配制而成。矿物质预混料由各种微量元素矿物盐配制而成。复合预混料是指两类或两类以上的微量元素、维生素、氨基酸或非营养性添加剂等微量成分加载体或稀释剂的均匀混合物，是饲料生产中必然使用的一种复合原料。

2. *浓缩饲料* 为添加剂预混合饲料与部分蛋白质饲料按照一定比例配制而成的均匀混合物，有时还包含油脂或其他饲料原料。在饲料中的添加量约为10%左右，一般附有推荐配方，如用多少浓缩饲料与多少其他饲料源配合，供用户使用时参考。

3. *全价配合饲料* 由蛋白质饲料、能量饲料与添加剂预混合饲料按照一定比例配制而成的均匀混合物。配方科学合理，营养全面，理论上除水分以外，能全部满足动物的生长发育需要。本书所指的饲料通常是指全价配合饲料。

（三）其他

根据饲养动物的种类划分，如草鱼饲料、鲤饲料、大口鲇饲料、对虾饲料和中华鳖饲料。根据动物的养殖环境划分，如网箱养殖饲料、池塘养殖饲料和流水养殖饲料。根据动物的生长发育阶段划分，如开口饲料、苗种饲料、育成饲料和亲体饲料。根据饲料的沉浮性划分，如沉性饲料、浮性饲料和半浮性饲料等。

三、渔用配合饲料的规格

在投喂饲料的情况下，多数鱼类是直接将整个食物吞下，一次只吞食一颗饲料。若颗粒直径过大，饲料需在水中泡散后才能被食用，造成有效成分流失。颗粒太小，需反复多次吞食，采食时间的延长会造成饲料浪费，也会造成摄食活动能耗增加。因此，饲料的粒径必须与鱼类的口径相适应，一般为 1.0～18.0mm。虾料的大小要适合虾体抱握，为 0.5～2.5mm。颗粒的长度一般是直径的 1～2 倍。当然，有些个体特别大的鱼类（如鳙、鲽和鲟），饲料颗粒直径可达 20.0～30.0mm。

四、饲料配方的设计原则

（一）营养性原则

1）必须以鱼虾的营养需要量为设计配方的依据，营养物质含量过多或过少都会造成浪费。因此，应根据营养标准中规定的营养成分种类、数量和比例来选择和搭配多种饲料原料，贯彻营养平衡的原则，以满足鱼虾的营养需要。要注意把握饲料中蛋白质、脂肪、糖，以及能量与蛋白质的比例关系，各种必需氨基酸、必需脂肪酸之间的平衡与充足程度，各种矿物质和维生素的量及它们相互之间的关系等。

2）必须充分考虑水产动物的营养生理特点：鱼虾的种类、生长发育阶段、年龄和个体大小不同，营养需要也不同。例如，幼鱼和对虾幼体阶段，新陈代谢旺盛，生长速度快，对蛋白质需要量较高；对虾对必需氨基酸中赖氨酸、精氨酸和亮氨酸的需要量应随着对虾生长而适当调整。鱼类对糖的利用能力较低，特别是肉食性鱼类利用糖的能力更低，不同食性的鱼类利用糖和脂肪作为能量的能力也不同。因此添加能量饲料要适当，否则容易引起营养性脂肪肝。

（二）适口性原则

应选用适口性好、易消化的原料。饲料适口性的好坏、是否符合养殖对象的摄食行为特征直接影响养殖动物的摄食量。适口性差或不符合养殖对象摄食行为特征的饲料，即使营养价值很全面，因摄食量不够，也不会收到预期的效果。鱼类的消化系统比较原始、简单，肠道内微生物数量和种类不多，即使是草食性鱼类对纤维素的消化和利用也十分有限，因此必须选择易被鱼类消化、吸收的饲料原料，合理控制粗纤维含量。

（三）经济性原则

获得最佳性价比是配方设计的最终目标，因此饲料配方必须在质量与价格之间权衡，尽可能在保证一定生产性能的前提下，提高饲料配方的经济性。

（四）可加工性原则

在选择原料时要考虑原料种类、数量的稳定供应、质量的稳定性和原料特性适合加工工艺要求。鱼类养殖多数是使用颗粒饵料，原料的种类过多，采购和储存困难，加工成本高，也不适应于规模生产的要求，设计上要适当控制所用原料的种类，一般以 6～8 种为宜。

（五）市场认同性原则

必须明确产品的定位、档次、客户范围及特定需求，现在与未来市场对本产品的认可与接受前景等。

（六）稳定性原则

集约化和规模化养殖对配合饲料成分变化很敏感。由于动物对新产品有一个适应过程，若饲料配方突然改变，会影响动物的生长。因此，饲料配方的设计应在一定时间内保持相对稳定。如需调整，则应循序渐进，不可突然变化太大。

（七）确保原料的质量

选用的原料要求无霉变、无污染、无毒物。对泥沙、异物含量和变质程度要进行现场检验，严格把住质量关。

（八）灵活性原则

饲料应有一定的稳定性，但也不是一成不变的。当季节和天气发生变化、地域不同、环境差异、动物的健康状况变化时，饲料配方也应做相应调整，才能最大限度地以最低的投入保证最大的收益。

（九）安全合法性原则

为了保障养殖动物和人类的健康，设计饲料配方的产品应符合国家有关的法律法规，如不使用发霉、变质的原料，不添加不符合规定的药物与添加剂，严格控制含有有毒、有害物质的原料用量，严防微量元素中重金属元素超标等。

五、配合饲料加工工艺流程

（一）粉状饲料

原料接收和清理→部分原料粗粉碎→一次配料→一次混合→超微粉碎→（添加预混料）二次混合→包装。

粉状饲料在使用时，可补充添加物后搅拌捏合成团或制成软颗粒饲料后饲喂，其流程如：粉状饲料＋绞成糜状的小杂鱼虾＋水或油脂→混合→搅拌捏合或软颗粒机制粒。

（二）硬颗粒饲料

目前我国鱼虾硬颗粒配合饲料的加工主要采用两种加工工艺，即先粉碎后配合和先配合后粉碎。

1. *先粉碎后配合加工工艺*　基本流程为：原料接收和清理→原料粉碎→配料→混合→调质→颗粒机制粒→（后熟化）→（虾料通常需要烘干）→冷却→过筛包装或破碎后过筛包装。

这种配合饲料加工工艺的特点是，单一品种饲料源进行粉碎时粉碎机可按照饲料源的物理特性充分发挥其粉碎效率，降低电耗，提高产量，降低生产成本，粉碎机的筛孔大小或风量还可根据不同的粒度要求进行调换或选择，这样可使粉状配合饲料的粒度质量达到最好的程度。缺点是需要较多的配料仓和破拱振动等装置；当需要粉碎的饲料源超过三种时，还必须采用多台粉碎机，否则将造成粉碎机经常调换品种，操作频繁，负载变化大，生产效率低，电耗也大。目前这种工艺已采用电脑控制生产，配料与混合工序和预混合工序均按配方和生产程序进行。我国大多采用这种加工工艺。

2. *先配合后粉碎加工工艺*　基本流程为：原料接收和清理→配料→混合→原料粉碎→二次混合→调质→颗粒机制粒→（后熟化）→（虾料通常需要烘干）→冷却→过筛包装或破碎后过筛包装。

它的主要优点是：难粉碎的单一原料经配料混合后易粉碎；原料仓应同时是配料仓，从而省去中间配料仓和中间控制设备。其缺点是：自动化程度要求高；部分粉状饲料源要经粉碎，造成粒度过细，影响粉碎机产量，又浪费电能。欧洲大多采用这种工艺。

（三）膨化饲料

原料接收和清理→原料粗粉碎→配料→（超微粉碎）→混合→调质→挤压膨化→烘干→过筛→后喷涂→冷却→包装。

（四）微粒饲料

总的说来，微粒饲料的加工工艺比较复杂，加工条件要求高，但微黏合饲料的加工方法和设备较为简单，投资也少，主要利用黏合剂的黏结作用保持饲料的形状和在水中的稳定性。基本工艺流程为：原料接收和清理→原料粗粉碎→配料→超微粉碎→加入黏合剂后搅拌混合→固化干燥→微粉化→过筛包装。

思考题

1. 试述水产动物饲料在水产养殖业中的作用和地位。
2. 如何评定水产动物对蛋白质的维持需要量及最佳生长蛋白质需要量？
3. 简述什么是必需氨基酸、半必需氨基酸、非必需氨基酸以及限制性氨基酸。
4. 如何理解氨基酸平衡和蛋白质的互补作用？
5. 糖类的种类有哪些？
6. 阐述糖类在水产动物饲料中的作用。
7. 如何评定水产动物饲料中粗纤维的适宜含量？
8. 简述水产动物中脂类的生理功能。
9. 简述必需脂肪酸在水产动物饲料中的作用。
10. 简述水产动物如何分配与利用能量。
11. 以鱼类为例，能量收支方程式基本表达方式是什么？
12. 什么是维生素？如何分类？
13. 试述水产动物对维生素的需求。影响水产动物维生素需求量的因素有哪些？
14. 水产动物饲料中矿物元素如何分类？主要生理功能是什么？
15. 水产动物配合饲料与生鲜饲料或单一的饲料原料相比，有哪些优点？
16. 商品形式的渔用配合饲料可以分为哪些种类？
17. 简述水产动物饲料配方的设计原则。
18. 论述几种代表性配合饲料加工工艺流程。
19. 论述我国水产动物饲料产业发展存在的问题与发展前景。

第五章 水产动物病害

第一节 概　　述

一、水产动物病害学的概念与历史

（一）水产动物病害学定义

水产动物病害学是研究水产养殖动物疾病病因、致病机理、流行规律、检测诊断、预防措施和治疗方法的科学。它是一门理论性和实践性都很强的科学。一方面，它要以免疫学、分子生物学、微生物学、动物生理学、动物组织学、寄生虫学、病理学、药理学、流行病学、水环境学等学科为基础；另一方面，它要密切结合水产动物养殖生产实践，通过对水产动物病害的预防和治疗来建立并发展自己的学科体系。

（二）水产动物病害学发展简史

水产动物病害学是一门古老而又年轻的科学。有关鱼类病害的相关知识，最早出现在我国古籍记载中。

1949 年以前，仅有少数关于寄生虫方面研究工作的相关报道。新中国成立初期，鱼病基础研究处于初级阶段，养殖鱼类死亡率处于较高水平，严重影响了我国渔业生产的发展，渔民迫切希望获得科学指导。1956～1966 年，我国处于鱼病学大发展的第二阶段，开展了大量关于淡水鱼类寄生虫病、细菌性病、真菌性病和非寄生性疾病的研究，解决了当时淡水养殖鱼类常见的危害较大的 15 种寄生虫病、4 种细菌性病、1 种真菌性病和 7 种非寄生性病的防治问题，从而积累了关于病原、诊断和防治技术的大量知识和经验。

1976 年以后，我国鱼病研究进入一个崭新的历史时期。鱼类病毒病的首次发现，为病原研究开拓了新领域，使我国水产动物病害学研究工作由显微结构进入超显微结构。21 世纪，我国水产病害研究也进入了一个新的历史时期。

当前，我国水产事业蓬勃发展，养殖规模不断扩大，集约化程度不断提高，与此同时出现池塘老化、水质环境污染、管理与技术措施滞后等诸多问题，对水产动物病害学提出了新的要求和任务，也给这一学科的发展带来了巨大推动力。

二、病因的类别

了解病因是预防疾病、正确诊断和有效治疗的基础。引发水产动物疾病的原因十分复杂，但基本上可以归纳为以下 5 类。

（一）病原侵害

病原就是致病的生物，包括病毒、细菌、真菌等微生物和寄生原生动物、单殖吸虫、复殖吸虫、绦虫、线虫、棘头虫、寄生蛭类、寄生甲壳类等寄生虫。

（二）环境因素

养殖水域环境中温度、盐度、溶解氧、酸碱度、光照等理化因素的变动或污染物质浓度超过养殖生物所能忍受的临界值，均能引发生物病害。

（三）营养不良

投喂饲料的数量或饲料中所含的营养成分不能满足养殖动物维持生活的最低需要时，饲养动物往往出现生长缓慢或停止，身体瘦弱，抗病力降低，严重时就会出现明显的症状甚至死亡。

（四）遗传缺陷

例如，某种畸形和发育迟滞。

（五）机械损伤

在捕捞、运输和饲养管理过程中，往往由于工具不适宜或操作不小心，饲养动物身体会受到摩擦或碰撞而受伤。受伤处组织破损，机能丧失，或体液流失，渗透压紊乱，引起各种生理障碍以致发病和死亡。

三、病原、宿主和环境的关系

由病原生物引起的疾病是病原、宿主和环境条件三者相互影响的结果。

（一）病原

养殖动物的病原种类很多。不同种类的病原对宿主的毒性或致病力各不相同，就是同一种病原的不同生活时期对宿主的毒性也不相同。

病原对宿主的危害性，主要体现在以下三方面。

1. 夺取营养　有些病原是以宿主体内已消化或半消化的营养物质为食，有些寄生虫则直接吸食宿主血液，另外一些寄生物则是以渗透方式吸取宿主器官或组织内的营养物质。

2. 机械损伤　有些寄生虫（如蠕虫类）利用吸盘、钩子等固着器官损伤宿主组织，也有些寄生虫（如甲壳类）可用口器刺破或撕裂宿主的皮肤或鳃组织，引发宿主组织发炎、充血、溃疡或细胞增生等病理症状。有些内部寄生虫在寄生过程中能在宿主的组织或血管中移行，使组织损伤或血管阻塞。此外，一些个体较大的寄生虫，在寄生数量较多时，阻塞宿主器官腔发生，引起器官的变形、萎缩、机能丧失。

3. 分泌有害物质　有些寄生虫（如某些单殖吸虫）能分泌蛋白分解酶溶解口部周围的宿主组织，以便摄食其细胞。有些寄生虫（如蛭类）的分泌物可以阻止伤口血液凝固，以便吸食宿主血液。有些病原（包括微生物和寄生虫）可以分泌毒素，使宿主受到各种毒害。

（二）宿主

宿主对病原的敏感性有强有弱。宿主遗传物质、免疫力、生理状态、年龄、营养条件、生活环境等都能影响其对病原的敏感性。

（三）环境条件

水域环境中的生物种类、种群密度、饵料、光照、水流、水温、盐度、溶解氧、酸碱度及其他水质情况都与病原的生长、繁殖和传播等有密切的关系，也严重地影响着宿主的生理状况和抗病力。

总之，病原、宿主和环境条件三者间有着极为密切的相互影响关系，三者相互影响的结果决定疾病的发生和发展。在诊断和防治疾病时，必须要全面考虑这三方面关系，才能找出主要病因，进而采取有效的预防和治疗方法。

第二节 水产动物病原

一、病毒

病毒由一种核酸分子（DNA 或 RNA）与蛋白质构成或仅由蛋白质构成。

病毒个体微小，结构简单。病毒没有细胞结构，由于没有实现新陈代谢所必需的基本系统，因此病毒自身不能复制。但是当它接触到宿主细胞时，便脱去蛋白质外套，它的核酸侵入宿主细胞内，借助后者的复制系统，按照病毒基因的指令复制新的病毒。

（一）病毒的致病机理与病毒感染

1. *病毒的传播途径* 病毒感染的传播途径与病毒的增殖部位、进入靶组织的途径、病毒排出途径和病毒对环境的抵抗力有关。无包膜病毒对干燥、酸和去污染的抵抗力较强，故以粪至口途径为主要传播方式。有包膜病毒对干燥、酸和去污染的抵抗力较弱，必须维持在较为湿润的环境，故主要通过飞沫、血液、唾液、黏液等传播，注射和器官移植也为重要的传播途径。

病毒的传播方式包括水平传播和垂直传播。水平传播是指病毒在群体的个体之间进行传播的方式，通常是通过口腔、消化道或皮肤黏膜等途径进入机体。垂直传播是指通过繁殖，直接由亲代传给子代的方式。

2. *病毒的致病机制* 病毒对细胞的致病作用主要包括病毒感染细胞和免疫病理反应。

（1）*病毒感染细胞*

1）顿挫感染：也称为流产型感染，病毒进入非容纳细胞，由于该类细胞缺乏病毒复制所需酶或能量等必要条件，病毒不能合成自身成分，或虽合成病毒核酸和蛋白质，但不能装配成完整的病毒颗粒。

2）溶细胞感染：溶细胞感染是指病毒感染容纳细胞后，细胞提供病毒生物合成的酶、能量等必要条件，支持病毒复制，从而以下列方式损伤细胞功能：①阻止细胞大分子合成；②改变细胞膜的结构；③形成包涵体；④产生降解性酶或毒性蛋白。急性病毒感染均属于溶细胞感染。

3）非溶细胞感染：被感染的细胞多为半容纳细胞。该类细胞缺乏足够的物质支持病毒完成复制周期，仅能选择性表达某些病毒基因，不能产生完整的病毒颗粒，出现细胞转化或潜伏感染。有些病毒虽能引起持续性、生产性感染，产生完整的子代病毒，但由于通过出芽或胞吐方式释放病毒，不引起细胞的溶解，表现为慢性病毒感染。

（2）*免疫病理反应* 抗病毒免疫所致的变态反应和炎症反应是主要的免疫病理反应。

3. *病毒的感染类型* 病毒感染表现为隐性或显性感染，可引起慢性和急性疾病。

隐性病毒感染表示感染组织未受损害，病毒在到达靶细胞前，感染已被控制，或轻微组织损伤不影响正常功能。

显性感染有急性感染和持续性感染，后者包括慢性感染、潜伏感染和慢发病毒感染。

急性感染：一般潜伏期短，发病急，病程数日至数周，恢复后机体不再存在病毒。

慢性感染：病毒持续存在于血液或组织中，并不断排出体外，病程长达数月至数十年，临床症状轻微或为无症状携带者。

潜伏感染：病毒基因组潜伏在特定组织或细胞内，但不能产生感染性病毒，用常规法不能分离出病毒，但在某些条件下病毒被激活而急性发作。

慢发病毒感染：病毒感染后，由于通过出芽或胞吐方式释放病毒，不引起细胞的溶解。潜伏期长达数年至数十年，且一旦症状出现，病情逐渐加剧直至死亡。

（二）常见病原病毒的种类

1. 疱疹病毒科　疱疹病毒为双链DNA病毒，呈球形、二十面体立体对称衣壳结构。核衣周围有一层厚薄不等的非对称性被膜，最外层是包膜，有糖蛋白刺突。

疱疹病毒科常见水产动物疾病如下。

（1）鲤痘疮病　病原：鲤疱疹病毒1型（*Cyprinid herpesvirus-1*，CyHV-1）。属异样疱疹病毒科（*Alloherpesviridae*）鲤疱疹病毒属（*Cyprinivirus*）。

病症：鲤痘疮病是一种与环境因子密切相关的传染性鱼病。任何年龄的鲤均可患痘疮病，并能反复发作。该病是一种皮肤增生性疾病，在患病鱼体表出现石蜡状的白色增生物，即痘疮。痘疮与体表结合非常紧密，用小刀都难以刮除干净。在适宜条件下，增生物能不断增多、增大，以至遍及整个体表，但多见于头、尾及鳍条处，内部器官无异常变化。该病在14～18℃时发展最快，当温度高于18℃时痘疮即消失，而低于10℃发展慢，危害较轻。痘疮病不会直接造成死亡，但在初春时鲤身上长满痘疮，会使鱼体体能消耗过大，拖累而死。

（2）锦鲤疱疹病毒病　病原：锦鲤疱疹病毒（*Koi herpesvirus*，KHV），属异样疱疹病毒科（*Alloherpesviridae*）。

病症：反应迟钝、食欲缺乏、呼吸困难，常在水面或出水口处游动；鳃出血并产生大量黏液或组织坏死，眼睛凹陷，头骨萎缩，皮肤有灰白色斑点，黏液分泌增多；鳞片有血丝，体表无明显损伤，感染后第7～10天开始出现死亡，2～3周后死亡率可达100%。水温22～28℃时为发病高峰。

（3）鲍疱疹样病毒感染　病原：鲍鱼疱疹病毒（*Abalone herpes virus*，AbHV）。国际病毒分类委员会（ICTV）建议将鲍鱼疱疹病毒归为贝类疱疹病毒科（*Malacoherpesviridae*），作为继牡蛎疱疹病毒Ⅰ型（*Ostreid herpesvirus-I*，OsHV-Ⅰ）后的第二个成员。

病症：鲍疱疹样病毒感染也称为鲍病毒性死亡（abalone viral mortality），或称为鲍病毒性神经节神经炎（abalone viral ganglioneuritis，AVG），是在亚洲和大洋洲流行的一种接触传染性病毒病。病毒能感染九孔鲍、杂色鲍等，从苗种到成鲍都能生病。通常在24℃以下才显示临床症状。病鲍活力很低，无食欲，怕光，生长速度变慢，足变黑、变硬，病鲍不能贴壁，一旦翻倒无法还原。健康鲍没有嘴部凸出或足蜷曲现象，壳也被一层外套膜所覆盖；病鲍嘴部肿胀和凸出，齿舌凸出，足边缘向内蜷曲，导致暴露出清洁光亮的壳。由于濒死和死亡的鲍被掠食而有大量空壳。感染的鲍不断出现死亡，死亡率达90%以上。感染的组织是消化道、肝胰腺、肾、血细胞和神经组织，死亡鲍肝胰腺和消化道肿大。患病组织的切片用苏木精-伊红染色法（HE染色法）染色后，常见到所有器官中的结缔组织坏死和紊乱，血细胞和上皮细胞坏死。

2. 虹彩病毒科　虹彩病毒颗粒呈球形，二十面体对称状，核酸为双链DNA，有些病毒有囊膜。虹彩病毒科共分为5属，即虹彩病毒属（*Iridovirus*）、绿虹彩病毒属（*Chloriridovirus*）、淋巴囊肿病毒属（*Lymphocystivirus*）、蛙病毒属（*Ranavirus*）和细胞肿大病毒属（*Megalocytivirus*）。其中，细胞肿大病毒是鱼类重要病毒性病原之一。虹彩病毒主要感染无脊椎动物和低等脊椎动物，近年来在东亚、东南亚和欧洲地区，由该类病毒引起的鱼类疾病已呈明显上升趋势，患病鱼的死亡率为30%（成鱼阶段）～100%（幼苗阶段），给水产养殖业造成重大的经济损失，严重阻碍了鱼类养殖业的健康发展，在国内外受到愈来愈广泛的关注。

虹彩病毒科常见水产动物疾病如下。

（1）淋巴囊肿病　病原：淋巴囊肿病毒（*Lymphocystis disease virus*，LDV）。属虹彩病毒科（*Iridoviridae*）淋巴囊肿病毒属（*Lymphocystivirus*）。

病症：淋巴囊肿病（lymphocystis disease）或称淋巴囊肿（lymphocyst），是一种非急性病，在世界各地都有流行。100多种海水、淡水鱼类均能患病，病鱼体表出现多个大小不等的囊肿，肉眼可以见到其中有许多细小颗粒。取淋巴囊肿做组织切片染色观察，可发现那些小颗粒是巨大细胞，体积是正常细胞的数万倍，有很厚的细胞膜。细胞质里有许多网状的嗜伊红包涵体。

（2）鳜传染性脾肾坏死病　病原：传染性脾肾坏死病毒（*Infectious spleen and kidney necrosis virus*,ISKNV）。属虹彩病毒科（*Iridoviridae*）肿大细胞病毒属（*Megalocytivirus*）。由于它和真鲷虹彩病毒（RSIV）的基因序列几乎一样，而且也能感染海水鱼发生真鲷虹彩病毒病（RSIVD）。因此，ISKNV、RSIV两者可能是同物异名。

病症：传染性脾肾坏死病（infectious spleen and kidney necrosis，ISKN）俗称鳜暴发性出血病。患病的鳜鱼头部充血，嘴部四周和眼也出血。解剖可见鳃发白，肝肿大发黄甚至发白。腹部呈“黄疸”症状。组织病理变化最明显的是脾和肾内细胞肥大，感染细胞肿大形成巨大细胞。其临床症状和组织病理特征与RSIVD相似。

（3）真鲷虹彩病毒病　病原：真鲷虹彩病毒（RSIV）。属虹彩病毒科（*Iridoviridae*）肿大细胞病毒属（*Megalocytivirus*）。

病症：真鲷虹彩病毒病（red sea bream iridovirus disease，RSIVD）是危害海水养殖鱼类的病毒性疾病。可感染鲈形目、鲽形目和鲀形目鱼类，以真鲷、五条鰤、花鲈和条石鲷等为主。疫情仅限于日本、韩国的海水养殖鱼类。感染RSIV的病鱼昏睡，严重贫血，鳃上有瘀斑，脾肿大。

3. 弹状病毒科　本科病毒为圆筒状，一端圆，另一端平，形如子弹。有囊膜，囊膜上密布有病毒特异的囊膜突起。病毒核酸为单链负股RNA。弹状病毒科（*Rhabodovindae*）分为6属，包括感染植物的质型弹状病毒属（*Cytorhabdovirus*）和核型弹状病毒属（*Nucleorhabdovirus*），以及感染脊椎动物的水疱性病毒属（*Vesiculovirus*）、狂犬病毒属（*Lyssavirus*）、短暂热病毒属（*Ephemerovirus*）和粒外弹状病毒属（*Novirhabdovirus*）（也称非毒粒蛋白弹状病毒属）。

弹状病毒科常见水产动物疾病如下。

（1）鲤春病毒血症　病原：鲤春病毒血症病毒（*Spring viraemia of carp virus*，SVCV）。属弹状病毒科（*Rhabdoviridae*）水疱性病毒属（*Vesiculovirus*）的暂定种。目前

仅有一个血清型。

病症：鲤春病毒血症（spring viraemia of carp，SVC）是一种以出血为临床症状的急性传染病，可在鲤、草鱼、鲢、鳙、鲫、欧鲇等中流行，其中，鲤属于最易感的宿主，任何年龄的鲤均可患病。该病通常于春季水温低于15℃时暴发，并引起幼鱼和成鱼死亡，患病鱼会出现明显的临床症状。病鱼表现为无目的地漂游，体发黑，眼突出，腹部膨大。皮肤和鳃渗血。解剖后可见腹水严重带血；有肠炎，心脏、肾、鳔有时连同肌肉也出血，内脏水肿。

（2）病毒性出血性败血症　病原：病毒性出血性败血症病毒（*Viral hemorrhagic septicaemia virus*，VHSV），又称为艾特韦病毒（*Egtved virus*）。属弹状病毒科（*Rhabdoviridae*）粒外弹状病毒属（*Novirhabdovirus*）。

病症：病毒性出血性败血症（viral hemorrhagic septicemia，VHS）是一种能感染各种年龄的养殖鲑、鳟、大菱鲆、牙鲆及多数淡水和海洋野生鱼类的致死性、全身性传染病。该病一般在水温4～14℃时发生。患病鱼鳃发白，鳍条基部充血。解剖可见肌肉、内脏水肿和出血；肝、脾、胰出现纤维状血纹坏死。

（3）传染性造血器官坏死病　病原：传染性造血器官坏死病毒（*Infectious hematopoietic necrosis virus*，IHNV）。属弹状病毒科（*Rhabdoviridae*）粒外弹状病毒属（*Novirhabdovirus*）。

病症：传染性造血器官坏死病（infectious hematopietic necrosis，IHN）是一种感染大多数鲑、鳟等鱼类的急性暴发的病毒性疾病。IHNV主要感染各种年龄的鲑、鳟，其鱼苗感染后的死亡率可达100%，大菱鲆、牙鲆等海水鱼也能被感染致病。该病流行于北美、欧洲和亚洲，在水温8～15℃时流行。该病的症状是行为异常，如昏睡、狂暴乱窜、打转等；体表发黑、眼突出、腹部膨胀；有些病鱼的皮肤和鳍条基部充血；肛门处拖着不透明或棕褐色的长“假粪”是本病较为典型的特征，但并非该病所独有。剖检时最典型的是脾、肾组织坏死，偶尔可见肝、胰坏死，因此肝和脾往往苍白。

（4）牙鲆弹状病毒病　病原：牙鲆弹状病毒（*Hirame rhabdovirus*，HRV）。属弹状病毒科（*Rhabdoviridae*）粒外弹状病毒属（*Novirhabdovirus*）。

病症：牙鲆弹状病毒病（hirame rhabdovirus disease，HRVD）主要危害海水鱼类，尤其是鲆、鲽及香鱼等易感。该病流行于日本、韩国等国。当水温低于15℃时流行，10℃为发病高峰；当水温升高时自然停止死亡。病鱼的鳍条发红，腹部膨大。解剖可见肌肉有出血点，生殖腺充血。

4. 杆状病毒科　杆状病毒的核衣壳均呈杆状，为螺旋对称。病毒核酸为双链DNA。杆状病毒科常见水产动物疾病如下。

（1）对虾杆状病毒病　病原：对虾杆状病毒（*Baculovirus penaei*，BP），是一种能产生三角形包涵体的杆状病毒。国际病毒分类委员会（ICTV）也称它为PvSNPV（从凡纳滨对虾分离出的最具代表性的BP本地株），但通常仍称为BP。

病症：BP是严重威胁对虾幼体、仔虾和稚虾的病原，广泛感染南美和北美洲（包括夏威夷）的养殖和野生对虾。其特征就是对虾感染病毒后，在肝胰腺和中肠腺的上皮细胞内出现大量三角形的核内包涵体，或在粪便中裂解的细胞碎片内有游离的三角形包涵体。

（2）斑节对虾杆状病毒病　病原：斑节对虾杆状病毒（MBV），是一种产生球形包涵体的杆状病毒。国际病毒分类委员会（ICTV）也称它为PmSNPV（从斑节对虾分离出的单层囊膜的核多角体病毒），但通常仍称为 MBV。

病症：MBV 是对虾幼体、仔虾和稚虾早期阶段的潜在病原。病毒宿主范围广，在养殖和野生对虾中广泛分布。但在正常情况下并不会生病，只在环境恶劣时会暴发疾病，引起斑节对虾大量死亡。该病的特征是，在肝胰腺和中肠腺感染了病毒的细胞核内出现成堆的球状包涵体，或在粪便中裂解的细胞碎片内有游离的包涵体。

5. 呼肠孤病毒科　呼肠孤病毒粒子为等轴对称的二十面体，外观往往呈球形，无包膜，病毒衣壳由 1～3 层蛋白外壳所组成，直径在 60～80nm。根据各属病毒粒子微细结构的不同，可将科内 9 属分为两类。第一类包括正呼肠孤病毒属、质型多角体病毒属、水生动物呼肠孤病毒属、斐济病毒属和水稻病毒属，该类病毒具完整的病毒粒子或内核，在其二十面体的 12 个顶点处具有较大的突起。第二类包括环状病毒属、轮状病毒属、科罗拉多蜱传热病毒属和植物呼肠孤病毒属，该类病毒具有相对光滑或者几乎呈球形的粒子或内核，在其五重对称轴上没有大的表面突起结构。

呼肠孤病毒科常见水产动物疾病：草鱼出血病。

病原：水生动物呼肠孤病毒属（*Aquareovirus*）成员，即草鱼呼肠孤病毒（*Grass carp reovirus*，GCRV），也叫草鱼出血病病毒（*Grass carp hemorrhage virus*，GCHV）。病毒为直径 70nm 的球形颗粒，有双层衣壳，无囊膜，含有 11 个片段的双链 RNA。不同地区存在不同的毒株。

病症：草鱼出血病（hemorrhage disease of grass carp）主要在我国中部及南区域流行，并主要感染当年草鱼种和青鱼，死亡率可达 80% 以上。2 龄以上的鱼较少生病，症状也较轻。在水温高于 20℃时流行，25～28℃为流行高峰。病鱼体表可见口腔、鳃盖和鳍条基部出血。撕开表皮，可见肌肉出现点状或块状出血。剖检腹腔，可见肠道充血，肝脾充血或因失血而发白。因此，渔民把该病分为“红肌肉”“红肠子”和“红鳍红鳃盖”三类，实际上病鱼可以有其中一种或几种临床症状。在高温季节，极易继发细菌感染。

6. 双链 RNA 病毒科　病毒颗粒呈二十面体对称，球形，无囊膜，表面无突起，无双层衣壳。核酸为双链 RNA。本科病毒有 3 属，包括水生动物双链 RNA 病毒属、禽双链 RNA 病毒属、昆虫双链 RNA 病毒属。

双链 RNA 病毒科常见水产动物疾病：传染性胰腺坏死病。

病原：传染性胰脏坏死病病毒（*Infectious pancreatic necrosis virus*，IPNV），是双链 RNA 病毒科（*Birnaviridae*）水生动物双链 RNA 病毒属（*Aquab irnavirus*）的成员，有多个不同毒力的血清型。

病症：传染性胰脏坏死病（infectious pancreatic necrosis，IPN）是鲑、鳟的高度传染性疾病，流行于欧洲、亚洲和美洲各国，但只在人工养殖条件下流行。幼鱼从开口吃食起到 3 个月内为发病高峰，流行水温为 10～14℃。病鱼苗首先表现为日死亡率突然上升并逐日增加，病鱼做螺旋状运动，体色发黑，眼突出，腹部膨大，皮肤和鳍条出血。肠内无食物且充满黄色黏液，胃幽门部出血。组织切片可见胰腺组织坏死；黏膜上皮坏死；肠系膜、胰腺泡坏死。

二、病原细菌

细菌是一类体积微小、结构简单、细胞壁坚韧的原核微生物，多以二分裂方式进行繁殖并能在人工培养基上生长。病原细菌是指侵入生物机体并引起疾病的细菌。

（一）细菌的致病机理与感染

1. *细菌的致病机理*　　病原细菌具有克服机体防御、引起疾病的能力，即致病性。病原细菌致病性的强弱称为毒力。细菌的毒力分为侵袭力和毒素。病原细菌突破宿主防线，并能在宿主体内定居、繁殖、扩散的能力，称为侵袭力。细菌通过具有黏附能力的结构如菌毛，黏附于宿主的消化道等黏膜上皮细胞的相应受体，于局部繁殖，积聚毒力或继续侵入机体内部。细菌的荚膜和微荚膜具有抗吞噬和体液杀菌物质能力，有助于病原细菌在体内存活。细菌产生的侵袭性酶也有助于病原细菌的感染过程，如致病性葡萄球菌产生的血浆凝固酶有抗吞噬作用；链球菌产生的透明质酸酶、链激酶、链道酶等可协助细菌扩散。

2. *细菌的感染途径*　　来源于宿主体外的感染称为外源性感染。而当滥用抗生素导致菌群失调或某些因素致使机体免疫功能下降时，宿主体内的正常菌群可引起感染，称为内源性感染。感染途径如下：①消化道感染。宿主摄入被病菌污染的食物而被感染。②接触感染。某些病原体通过与宿主接触，侵入宿主完整的皮肤或正常黏膜引起感染。③创伤感染。某些病原体可通过损伤的皮肤黏膜进入体内引起感染。

3. *细菌的感染类型*　　病原细菌侵入宿主后，由于受病原细菌、宿主和环境三方面因素影响，常表现为隐性感染、潜伏感染、带菌状态和显性感染。

隐性感染：如果宿主免疫力较强，病原细菌数量少、毒力弱，感染后对机体损害轻，不出现明显临床表现，则称为隐性感染。

潜伏感染：如果宿主在与病原细菌的相互作用过程中保持相对平衡，使病原细菌潜伏在病灶内，一旦宿主抵抗力下降，病原细菌大量繁殖就会致病。

带菌状态：如果病原细菌与宿主双方都有一定的优势，但病原仅被限制于某一局部且无法大量繁殖，两者长期处于相持状态，就称为带菌状态。

显性感染：如果宿主免疫力较弱，病原细菌入侵数量多、毒力强，使机体发生病理变化，出现临床表现，则称为显性感染或传染病。按发病时间的长短可把显性感染分为急性感染和慢性感染。按发病部位的不同，显性感染又分为局部感染和全身感染。

全身感染按其性质和严重性的不同，大体分为以下 4 种类型。毒血症：病原细菌限制在局部病灶，只有其所产的毒素进入全身血流而引起的全身性症状。菌血症：病原细菌由局部的原发病灶侵入血流后传播至远处组织，但未在血流中繁殖。败血症：病原细菌侵入血流，并在其中大量繁殖，造成宿主严重损伤和全身性中毒症状。脓毒血症：一些化脓性细菌在引起宿主的败血症的同时，又在其许多脏器中引起化脓性病灶。

（二）常见病原细菌的种类

1. *黏球菌属*　　菌体球形或卵圆形，呈链状排列。无芽孢，大多数无鞭毛，幼龄菌常有荚膜。属革兰氏阳性细菌。

（1）*细菌性烂鳃病*　　病原：黏球菌属的鱼病黏球菌。菌体细长，粗细基本一致，两端钝圆。一般稍弯曲，有时弯成圆形、半圆形、V 形、Y 形。较短的菌体通常是直的。菌体无鞭毛，通常做滑行运动或摇晃颤动。

病症：病鱼离群在水面独游，行动缓慢，食欲减退或不吃食，对外界刺激反应迟钝。严重时会浮头；体色发黑，特别是头部变得乌黑，故又称为“乌头瘟”。肉眼观察，病鱼鳃盖骨的内表面往往充血发炎，严重时贴近烂鳃处的表皮被腐蚀成一个圆形或不规则的透明小窗，俗称“开天窗”；鳃丝肿胀，局部鳃丝腐烂缺损，腐烂处常附有污泥。用显微镜检查鳃丝尖端，可以看到许多细长柔软的细菌成簇摆动。

（2）白头白嘴病　病原：由一种与细菌性烂鳃病的病原体很相似的黏球菌引起。菌体细长，粗细几乎一致，而长短不一。菌体宽为 0.8μm 左右，长度一般为 5～9μm，柔软而易曲绕。革兰氏染色阴性，无鞭毛，做滑行运动。

病症：发病时，病鱼的额部和嘴部周围的细胞坏死，色素消失而表现白色，病变部位发生溃烂，有时带有灰白色绒毛状物，因而呈现白头白嘴症状。在水面游动的病鱼，症状尤为明显。当病鱼离水后，症状就不显著。严重的病鱼，病灶部位发生溃烂，个别病鱼头部出现充血现象，有时还表现白皮、白尾、烂尾、烂鳃或全身多黏液等病变反应。病鱼一般体瘦、发黑，呼吸加快，食欲缺乏，游泳缓慢，不断地浮出水面，不久即死亡。此病是一种暴发性疾病，发病极快，传染迅速，一日之间可全部死亡。此病流行季节性比较明显，一般在 5 月下旬至 7 月上旬，6 月为发病高峰。

2. 气单胞菌属　形态从直杆状到球状不等，通常以一根极生鞭毛运动，革兰氏染色阴性。气单胞菌属水产动物常见疾病如下。

（1）打印病　病原：点状气单胞菌点状亚种。

病症：病灶主要发生在背鳍和腹鳍以后的躯干部分；其次是腹部两侧；少数发生在鱼体前部，这与背鳍以后的躯干部分易于受伤有关。患病部位先是出现圆形、椭圆形的红斑，好似在鱼体表面加盖红色印章，故叫打印病；随后病灶中间的鳞片脱落，坏死的表皮腐烂，露出白色真皮；病灶内周缘部位的鳞片埋入已坏死表皮内，外周缘鳞片疏松，皮肤充血发炎，形成鲜明的轮廓，随着病情的发展，病灶的直径逐渐扩大和深度加深，形成溃疡，严重时甚至露出骨骼或内脏，病鱼游动缓慢，食欲减退，终因衰竭而死。

（2）疖疮病　病原：疖疮型点状气单胞菌。

病症：在鱼体躯干局部组织上生出一个或多个如人类疖疮病样的脓包，发病部位不定，通常在鱼体背鳍基部附近，典型症状表现为皮下肌肉内形成感染病灶，随病灶内细菌增多，肌肉组织溶解，体液渗出，里面充满脓汁，大量细菌患部软化向外隆起，隆起处先是充血，然后出血、坏死、溃烂形成火山形的溃疡口。

（3）溃烂病　病原：嗜水气单胞菌。

病症：发病早期，体表病灶部位充血，周围鳞片松动竖起并逐渐脱落，病灶逐渐烂成血红色斑状凹陷，严重时可烂及骨骼。

（4）竖鳞病　病原：水型点状假单胞菌、嗜水气单胞菌等。

病症：病鱼离群独游，游动缓慢，无力。疾病早期鱼体发黑，体表粗糙，鱼体前部的鳞片竖立，向外张开像松球；而鳞片基部的鳞囊水肿，内部积聚着半透明的渗出液，以致鳞片竖起。严重时全身鳞片竖立，鳞囊内积有含血的渗出液，用手轻压鳞片，渗出液就从鳞片下喷射出来，鳞片也随之脱落。病鱼常伴有鳍基、皮肤轻微充血，眼球突出，腹部膨大，腹水等症状；病鱼贫血，鳃、肝、脾、肾的颜色均变淡，鳃盖内表皮充血；病情严重的鱼体鳍基部充血，鳍有腐烂的现象。患病鱼体游动迟钝，呼吸困难，腹部向上，2～3d 后即死亡。

3. 弧菌属　细菌菌体短小，直或弯杆状，以一根或几根鞭毛运动。革兰氏染色阴性。弧菌属水产动物常见疾病：鳗弧菌病。

病原：由鳗弧菌引起。

病症：病鳗头部呈现疖疮、红色赤斑状，严重的发生溃疡而致死。该病为毁灭性鳗病，常会突然暴发。

4. 爱德华菌属　小直杆状，周身鞭毛，革兰氏染色阴性。爱德华菌属水产动物常见疾病如下。

（1）鮰爱德华菌感染　病原：爱德华菌属（*Edwardsiella*）的鮰爱德华菌（*Edwardsiella ictaluri*）。

病症：鮰爱德华菌感染也叫作鮰肠败血症（enteric septicaemia of catfish，ESC）。鮰爱德华菌感染后的症状有两种：一是肠道败血症，除了一般的细菌感染所表现出的症状外，贫血和眼球突出是主要症状，在肝及其他内脏器官表现有出血点和坏死点分布；二是慢性脑膜炎，症状最初发生在嗅觉囊，缓慢发展到脑组织，形成肉芽肿性炎症，这种慢性脑膜炎会改变行为表现，伴有交替的倦怠和不规则游动，后期则出现典型的“头颅穿孔”，即颅骨深度糜烂，以至暴露出脑部。此病可分为急性、亚急性和慢性三种：急性症状为淡黄色腹水、眼突出、头与鳃盖部位有瘀斑性出血、脾肿大；亚急性症状在外部有2～3mm 的溃疡性损伤，肝有坏死的病灶、肠道出血并伴有血性腹水；慢性症状在颅骨中有溃疡性损伤，溃疡中带有炎症反应的分泌物。

（2）迟缓爱德华菌感染　病原：爱德华菌属（*Edwardsiella*）的迟缓爱德华菌（*Edwardsiella tarda*）。

病症：除日本鳗鲡对它特别易感外，还有多种养殖的淡水鱼和海水鱼都会因感染而发病。鳗鲡感染该菌后鳍和肠道出血，腹部具瘀斑，肝和肾具坏死病灶，所以又称为肝肾坏死病。鮰感染该菌后皮肤溃疡，组织出现脓疮，发病部位具刺鼻性恶臭，一般还出现败血症。罗非鱼感染后眼球外突，头与鳃盖部位出现较深的溃疡性损伤。发病水温为10～18℃，期间水温越高，发病期越长，危害性也越大。

5. 假单胞菌属　细菌为直或微弯的杆菌，极生鞭毛，革兰氏染色阴性。假单胞菌属水产动物常见疾病如下。

（1）鲤白云病　病原：恶臭假单孢菌及荧光假单孢菌等革兰氏阴性短杆菌引起。

病症：患病初期可见鱼体表有点状白色黏液物附着并逐渐蔓延扩大，严重时鳞片基部充血、竖起，鳞片脱落，体表及鳍充血，肝、肾充血，鱼靠近网箱溜边不吃食，游动缓慢，不久即死。

（2）鳗鲡红点病　病原：鳗败血假单胞菌。

病症：病鱼体表各处点状出血，尤其以下颌、鳃盖、胸鳍基部及躯干腹部严重。病鱼开始出现上述症状后，一般 1～2d 就死亡。如果将这些病鱼放入容器内，鱼就激烈游动，在接触容器的部位急速出现血点，含血的黏液甚至可弄脏容器。剖开鱼腹部，可见腹膜点状出血；肝大，瘀血严重，呈网状或斑纹状暗红色；肾也肿大软化，可见瘀血或出血引起的暗红色斑纹；脾肿大，呈暗红色，也有的呈贫血、萎缩；肠壁充血，胃松弛。

6. 链球菌属　细菌呈圆形或卵圆形，常排列成链状或成双，链的长短不一。革兰氏染色阳性。链球菌属水产动物常见疾病：链球菌病。

病原：海豚链球菌（*Streptococcus iniae*）、无乳链球菌（*Streptococcus agalactiae*）、副

乳房链球菌（*Streptococcus uberis*）、格氏乳球菌（*Lactococcus garvieae*）等一类球形的革兰氏阳性细菌。属链球菌科（Streptococcaceae）链球菌属（*Streptococcus*）。

病症：链球菌可感染多种淡水、海水养殖的鱼类，是一种致死性疾病，死亡率为5%～50%。全年均可发病，但以7～9月高温期最容易流行。病鱼呈急性嗜神经组织病症，行为异常，如螺旋状或旋转式游泳，在水面做头向上或者尾向上的转圈游动。身体呈C形或逗号样弯曲。鱼感染细菌后，眼睛异常，如眼眶周围和眼球内出血，眼球浑浊，眼球突出。鳃盖内侧发红、充血或强烈出血。

三、病原真菌

真菌（fungus）是一类具有典型细胞核，不含叶绿素和不分根、茎、叶的低等真核生物。它们主要有以下特点：不能进行光合作用；以产生大量孢子进行繁殖；一般具有发达的菌丝体；营养方式为异养吸收型；陆生性较强。真菌的种类繁多，形态各异、大小悬殊，细胞结构多样，多数对动物、植物和人类有益，少数有害的称为病原真菌。

（一）真菌的致病性

不同类型真菌致病形式不同，主要分为条件致病性真菌感染、致病性真菌感染和真菌性中毒。

条件致病性真菌感染：主要为内源性真菌感染。有些真菌是机体正常菌群的成员，致病力弱，只有在机体全身与局部免疫力降低或菌群失调情况下才引起感染。例如，感染的真菌进入机体使内脏器官发生病变，称为内脏真菌病或全身真菌病。

致病性真菌感染：主要是外源性真菌感染，可引起皮肤、皮下和全身性真菌感染。组织胞浆菌等致病真菌侵袭机体，遭吞噬细胞吞噬后，不被杀死而能在细胞内繁殖，引起组织慢性肉芽肿炎症和坏死。例如，肤霉病，体表受伤后真菌在受损部位寄生。

真菌性中毒：有些真菌在粮食或饲料上生长，人、动物食用后可导致急性或慢性中毒，称为真菌性中毒。

（二）常见病原真菌的种类

危害水产动物的真菌主要是藻菌纲的一些种类，如水霉、绵霉、鳃霉、鱼醉菌、离壶菌等，同时还有半知菌类的镰刀菌及丝囊菌等。真菌病不仅危害水产动物的幼体及成体，且危及卵。目前对真菌病尚无理想的治疗方法，主要是进行预防及早期治疗。

1. 水霉属（*Saprolegnia*）、绵霉属（*Achlya*）和鳃霉属（*Branchiomyces*）　属于鞭毛菌亚门，能引起淡水鱼类肤霉病。水产动物常见疾病如下。

（1）水霉病　病原：水霉病又称肤霉病或白毛病，是水生鱼类的真菌病之一，引起这种病的病原体到目前已经发现有十多种，其中最常见的是水霉和绵霉。该病是由真菌寄生鱼体表引起的，主要是真菌门鞭毛菌亚门藻状菌纲水霉目水霉科的水霉属和绵霉属。

病症：疾病早期肉眼看不出有什么异状，当肉眼能看出时，菌丝不仅在伤口侵入，且已向外长出外菌丝，似灰白色棉絮状，故俗称生毛或白毛病。由于霉菌能分泌大量蛋白质分解酶，机体受刺激后分泌大量黏液，病鱼开始焦躁不安，与其他固体物发生摩擦，以后鱼体负担过重，游动迟缓，食欲减退，最后瘦弱而死。在鱼卵孵化过程中，此病也常发生，内菌丝侵入卵膜内，卵膜外丛生大量外菌丝，故叫卵丝病；被寄生的鱼卵，因外菌丝呈放射状，故又有“太阳籽”之称。

（2）鳃霉病 病原：鳃霉，属水霉目。寄生于草鱼的鳃霉菌，其菌丝体比较粗直而少弯曲，通常是单极延长生长，分枝很少，不进入血管和软骨，仅在鳃小片的组织生长。菌丝体直径为20～25μm，孢子的直径为8μm。另一种鳃霉寄生于青鱼、鳙、鲮鳃里，它的菌丝常弯曲成网状，较细而壁厚，分枝多，分枝沿着鳃丝血管或穿入软骨生长，纵横交错充满鳃丝和鳃小片，菌丝体直径为6.6～1.56μm，孢子直径平均为6.6μm。

病症：鳃霉主要感染青鱼、草鱼、鲢、鳙、鲫、鲮等鱼苗、鱼种和成鱼。病原体通过菌丝体产生大量孢子散布在水中，孢子与鱼体接触，即附在鳃上发育成菌丝，菌丝向鳃组织里不断生长，一再分枝，沿着鳃丝血管分枝或穿入软骨，破坏组织，堵塞微血管，鳃瓣失去正常的鲜红色而呈粉红色或苍白色。有时有点状充血或出血现象。随着病情的发展，呼吸机能大受阻碍。鳃霉病的出现往往是急性发作，从发现病原体时起，如果环境条件适宜，1～2d即可大量繁殖，池鱼随即发生暴发性急剧死亡。

2. 镰刀菌属（*Fusarium*） 属半知菌类，是对虾、鱼类镰刀菌病的病原。水产动物常见疾病：腐皮镰刀菌病。

病原：病原菌主要是对放线菌酮有耐药性的腐皮镰刀菌。该菌的特征是形成2种大小的分生孢子，另外还形成后垣孢子。特别是在有隔的长分生孢子细胞的前端，形成块状小分生孢子，这是鉴定的关键。

病症：镰刀菌寄生在鳃、头胸甲、附肢、体壁和眼球等的组织内。其主要症状是被寄生处的组织有黑色素沉淀而呈黑色，在日本对虾的鳃部寄生，引起鳃丝组织坏死变黑，中国对虾的鳃感染镰刀菌后，有的鳃丝变黑，有的鳃丝虽充满了真菌的大分生孢子和菌丝，但不变黑。有的中国对虾越冬亲虾头胸甲鳃区感染镰刀菌后，甲壳坏死、变黑、脱落，如烧焦的形状。黑色素沉淀是对虾组织被真菌破坏后的保护性反应。在组织切片中可看到变黑处是由许多浸润性的血细胞、坏死的组织碎片、真菌的菌丝和分生孢子组成的。在对虾体表甲壳表皮下层中的菌丝周围通常由许多层变黑的血细胞形成被囊，在内表皮中往往有大量菌丝存在，但没有形成被囊；上表皮一般完全被破坏。

3. 霍氏鱼醉菌（*Ichthyophonus hoferi*） 可引起虹鳟等多种鱼类的鱼醉菌病。水产动物常见疾病：霍氏鱼醉病。

病原：霍氏鱼醉菌，属藻菌纲，分类位置尚未明确。在鱼组织内看到的主要有两种形态，一般为球形合胞体，直径为数微米至200mm，由无结构或层状的膜包围，内部有几十至几百个小的圆形核和含有高碘酸希夫反应阳性的许多颗粒状的原生质，最外面由宿主形成的结缔组织膜包围，形成白色胞囊；另一种是胞囊破裂后，合胞体伸出粗而短、有时有分枝的菌丝状物，细胞质移至菌丝状体的前端，形成许多球状的内生孢子。

病症：随寄生的部位不同，症状也有所不同。霍氏鱼醉菌可寄生在鱼的肝、肾、脾、心脏、胃、肠、幽门垂、生殖腺、神经系统、鳃、骨骼肌、皮肤等处，寄生处均形成大小不同（1～4mm）、密密麻麻的灰白色结节；疾病严重时，组织被病原体及增生的结缔组织所取代，当病灶大时，病灶中心发生坏死。若主要侵袭神经系统，则病鱼失去平衡，摇摇晃晃游动；鱼醉菌侵袭肝，可引起肝肿大，比正常鱼的肝大1.5～2.5倍，肝颜色变淡；鱼醉菌侵袭肾，则肾肿大，腹腔内积有腹水，腹部膨大；鱼醉菌侵袭生殖腺，则病鱼会失去生殖能力；当皮肤上大量寄生时，皮肤像砂纸样，很粗糙。

四、寄生虫

（一）基本概念

寄生：一种生物寄居在另一生物的体表或体内，夺取该生物的营养而生存，或以该生物的体液及组织为食物来维持其本身的生存并对该生物发生危害作用，此种生活方式称为寄生。

寄主：被寄生虫寄生而遭受损害的动物称为寄主或宿主。

寄生物：凡营寄生生活的生物都称为寄生物。

寄生虫：营寄生生活的动物称为寄生虫。

（二）寄生生活的起源

1. 由共生方式到寄生　共生是两种生物长期或暂时结合在一起生活，双方都从这种共同生活中获得利益（互利共生），或其中一方从这样的共生生活中获得利益（片利共生）的生活方式。但是，营共生生活的双方在其进化过程中，相互间的那种互不侵犯的关系可能发生变化，其中的一方开始损害另一方，此时共生就转变为寄生。例如，痢疾内变形虫的小型营养体在人的肠腔中生活就是一种片利共生现象，这时痢疾内变形虫的小型营养体并不对人发生损害作用，而它却可利用人肠腔中的残余食物作为营养。当人们受到某种因素的影响（如疾病、损伤、受凉等）而抵抗力下降时，小型营养体能分泌溶蛋白酶，溶解肠组织，钻入黏膜下层，并转变为致病的大型营养体，由共生变成寄生。

2. 由自由生活经过兼性寄生到真正寄生　寄生虫的祖先可能是营自由生活的，在进化过程中由于偶然的机会，它们在另一种生物的体表或体内生活，并且逐渐适应了那种新的环境，从那里取得它生活所需的各种条件，开始损害另一种生物而营寄生生活。由这种方式形成的寄生生活，大体上都是通过偶然性的无数次重复，即通过兼性寄生而逐渐演化为真正寄生。

自由生活方式是动物界生活的特征，但是由于不同程度的演变，在动物界的各门中，不少动物由于适应环境，不断以寄生姿态出现，因此寄生现象散见于各门，其中以原生动物门、扁形动物门、线形动物门及节肢动物门为多数。寄生虫的祖先在其长期适应于新的生活环境的过程中，它们在形态结构上和生理特性上也大都发生了变化。一部分在寄生生活环境中不需要的器官逐渐退化，乃至消失，如感觉器官和运动器官多半退化与消失；而另一部分由于保持其种族生存和寄生生活得以继续的器官，如生殖器官和附着器官则相应地发达起来。这些由于客观环境改变所形成的新的特性，被固定下来，而且遗传给了后代。

（三）寄生方式和寄主种类

1. 寄生方式

（1）按寄生虫寄生的性质　专性寄生也称为真寄生。寄生虫部分或全部的生活过程都是从寄主取得营养，或更以寄主为自己的生活环境。专性寄生从时间的因素来看，又可分为暂时性寄生和经常性寄生。暂时性寄生是指寄生虫寄生于寄主的时间甚短，仅在获取食物时才寄生。经常性寄生是指寄生虫的一个生活阶段、几个生活阶段或整个生活过程必须寄生于寄主。经常性寄生方式又分为阶段寄生和终身寄生。

兼性寄生也称为假寄生。营兼性寄生的寄生虫，在通常条件下过着自由生活，只有在特殊条件下（遇有机会）才转变为寄生生活。

（2）按寄生虫寄生的部位

1）体内寄生：寄生虫寄生于寄主的脏器、组织和腔道中。

2）体外寄生：寄生虫暂时或永久地寄生于寄主的体表。

此外，寄生虫还存在超寄生这一特异的寄生现象，即寄生虫本身又成为其他寄生虫的寄主。

2. 寄主种类

1）中间寄主：寄生虫的幼虫期或无性生殖时期所寄生的寄主。若幼虫期或无性生殖时期需要两个寄主时，最先寄生的寄主称为第一中间寄主；其次寄生的寄主称为第二中间寄主。

2）终末寄主：寄生虫的成虫时期或有性生殖时期所寄生的寄主。

3）保虫寄主：寄生虫寄生于某种动物体的同一发育阶段，有的可寄生于其他动物体内，这类其他动物常成为某种动物体感染寄生虫的间接来源，故站在某种动物寄生虫学的立场可称为保虫寄主或储存寄主。例如，华支睾吸虫幼虫先寄生于长角豆沼螺的体内，其后又寄生于淡水鱼体内。成虫寄生于人、猫、狗等的肝的胆道内。则螺为第一中间寄主，淡水鱼为第二中间寄主，人、猫、狗皆为终末寄主。而站在人体寄生虫学的立场上，猫、狗又是保虫寄主。

（四）寄生虫的感染方式

1. 经口感染　具有感染性的虫卵、幼虫或胞囊，随污染的食物等经口吞入所造成的感染称为经口感染，如艾美虫、绦虫、毛细线虫。

2. 经皮感染　感染阶段的寄生虫通过寄主的皮肤或黏膜（在鱼类还有鳍和鳃）进入体内所造成的感染称为经皮感染。

主动经皮感染：感染性幼虫主动地由皮肤或黏膜侵入寄主体内，如双穴吸虫的尾蚴主动钻入鱼的皮肤造成的感染。

被动经皮感染：感染阶段的寄生虫并非主动地侵入寄主体内，而是通过其他媒介物帮助，经皮肤将其送入体内所造成的感染。例如，秉志锥体虫须借鱼蛭吸食鱼血而传播。

（五）寄生虫、寄主和外界环境三者间的相互关系

1. 寄生虫对寄主的作用　寄生虫对寄主的影响有时很显著，可引起生长缓慢、不育、抵抗力降低，甚至造成寄主大量死亡；有时则不显著，主要表现为以下几方面。

1）夺取营养：寄生虫在其寄生时期所需要的营养都来自寄主，因此寄主营养或多或少地被寄生虫所夺取，故对寄主本身造成或多或少的损害；但其后果仅在寄生虫虫体较大或寄生虫数量较多时才明显表现出来。

2）机械性刺激和损伤：寄生虫对寄主所造成的刺激和损伤的种类甚多，是最普遍的一类影响。机械性损伤作用是一切寄生虫病所共有，仅是在程度上有所不同而已，严重的可引起组织器官完整性的破坏、脱落、形成溃疡、充血、大量分泌黏液等病变，损伤神经系统、循环系统等重要器官系统时，还可引起病鱼大批死亡，如双穴吸虫急性感染。

3）压迫和阻塞：体内寄生虫大量寄生时，对寄主组织造成压迫，引起组织萎缩、坏死甚至死亡。此种影响以在肝、肾等实质器官为常见。

4）毒素作用：寄生虫在寄主体内生活过程中，其代谢产物都排泄于寄主体内，有些寄生虫还能分泌出特殊的有毒物质，这些代谢产物或有毒物质作用于寄主，能引起中毒现象。

5）其他疾病的媒介：吸食血液的外寄生虫往往是另一些病原体入侵的媒介，如鱼蛭在鱼体吸食鱼血时，常可把多种鱼类的血液寄生虫（如锥体虫）由病鱼传递给健康鱼。

2. 寄主对寄生虫的影响

1）寄主年龄对寄生虫的影响：随着寄主年龄的增长，其寄生虫也相应发生变化。

2）寄主食性对寄生虫的影响：寄主食性对寄生虫区系及感染强度起很大作用。根据食性不同，可将鱼类分为温和性鱼类和凶猛性鱼类，温和性鱼类主要以水生植物及小动物为食，凶猛性鱼类主要以其他鱼类和大动物为食。因此，它们的寄生虫区系成分有着显著的差别。

3）寄主的健康状况对寄生虫的影响：寄主健康状况良好时，抵抗力强，不易被寄生虫所侵袭。反之，抵抗力弱，则易受寄生虫侵袭，且感染强度大，病情也较严重。

4）寄生虫之间的相互作用：同一寄主体内，可以同时存在许多同种或不同种的寄生虫，处于同一环境中，它们彼此间不能不发生直接影响，它们之间的关系表现为对抗性和协助性两种。

3. 外界环境对寄生虫的影响

1）水化学因子的影响：水中溶解氧对水产动物的直接影响尚未查明，但有研究表明，静水富氧情况下的鱼类，其单殖吸虫往往寄生较多。盐度不同的水体，除影响水产动物的区系外，中间寄主也有差异。硬度也对寄生虫有影响，软水及咸淡水中，吸虫及棘头虫等很少，蛭类在硬水一般较软水为多。

2）密度因子的影响：在同一水体中，寄主或寄生虫的数量影响着寄生现象的发生。例如，在同一池塘中，寄主密度越高，感染率越高。在一定寄生部位，寄生虫越大，密度越小；寄生虫小，密度大。

3）人为因子的影响：人类的生产活动对于寄生虫的传播有很大影响，或有意识地影响和消灭寄生虫。对于水体岸边的围垦、捕捞、使用农药等，通过水体环境或生物群落的变化，可以间接影响到寄生虫。

4）季节变化的影响：水生动物遭受寄生虫的感染在很大程度上随季节而定。寄生虫区系的季节变化，大体上可以归纳为4种类型：第一类属于四季出现的种类，如一些原生动物、单殖吸虫、线虫等生活史直接的种类；第二类为倒U形曲线，包括多数消化道寄生虫，夏秋增高，主要是由于寄主摄食增强；第三类为U形曲线，主要包括部分耐寒性种类；第四类为逐季上升类型，如血居吸虫病，其是逐季感染积累的结果。

5）散布因子的影响：寄主种群的迁徙或洄游，使得寄主及其寄生虫皆遭受到不同的外界环境，引起生理状态的改变，原有的寄生虫从寄主脱落，从而新的环境中获得新的寄生虫。

（六）寄生虫的种类

1. 寄生原生动物　原生动物又称为原虫，是一大类具有或无明确亲缘关系的单细胞“低等动物”的泛称。相对于多细胞的后生动物，原生动物的主要特征是身体由单个细胞构成，细胞内有特化的各种胞器，具有维持生命和延续后代所必需的一切功能，如行动、营养、呼吸、排泄和生殖等。每个原生动物都是一个完整的有机体。

原生动物个体微小，绝大部分种类在10～200μm，故只有借助光学显微镜甚至电子显微镜才能进行观察。有些种类是寄生虫，即其所需营养都是取自寄主。有些种类严格地说是外部共栖，即其所需营养不是或不完全是取自寄主。

寄生于鱼类上的原生动物种类很多，分布很广，可以出现在鱼类体表及体内的各种器官和组织，其中有些种类，如鞭毛虫、孢子虫、纤毛虫等，可以引起鱼类的严重疾病，造成巨大的经济损失。

水产动物常见寄生原生动物疾病如下。

（1）锥体虫病　病原：锥体虫属（*Trypanosoma*）中的一些种类。

病症：通常无外表症状。

（2）隐鞭虫病　病原：鳃隐鞭虫和颤隐鞭虫。

病症：患病鱼早期无明显症状。随着疾病的发展，病鱼出现游动缓慢，摄食减少或停食，呼吸困难，体色发黑，鳃或皮肤上分泌大量黏液等症而死亡。

（3）黏孢子虫病　病原：黏孢子虫的种类很多，已报道的有近千种。对鱼类危害较大及常见的黏孢子虫有鲢碘泡虫（*Myxobolus driagini*）、饼形碘泡虫（*M. artus*）、圆形碘泡虫（*M. ratundus*）、鲢四极虫（*Chloromyxum hypophthalmichthys*）、鲮单极虫（*Thelohanellus rohitae*）、时珍黏体虫（*M. sigini*）等。

病症：黏孢子虫全部营寄生生活，大部分黏孢子虫是鱼类的寄生虫，不同的黏孢子虫所产生的临床症状各不相同。

（4）车轮虫病　病原：车轮虫属（*Trichodina*）、小车轮虫属（*Trichodinella*）中的一些种类。

病症：少量寄生时寄主无明显症状，大量寄生（尤其是在苗种阶段）时，寄主体色暗淡，失去光泽，摄食率下降，甚至停止吃食。肉眼观察体表或鳃部，黏液增多，上皮组织受损，呼吸困难。

（5）小瓜虫病　病原：多子小瓜虫（*Ichthyophthirius multifiliis*）。

病症：小瓜虫无寄主特异性，可感染各种淡水鱼类和洄游性鱼类，鱼种（苗）较为易感。小瓜虫寄生在鱼类体表和鳃上形成白点，所以又称为淡水白点病。寄生部位具有大量的黏液，有时伴随糜烂。小瓜虫繁殖适宜水温为15～25℃，因此该病有明显的发病季节，北方春秋季及南方初冬为流行季节。

2. 寄生蠕虫　引起鱼类蠕虫病的寄生虫种类，主要包括单殖吸虫、复殖吸虫、绦虫、线虫、棘头虫、环节动物等。

水产动物常见寄生蠕虫病如下。

（1）指环虫病　病原：多指指环虫属（*Dactylogyrus*）和伪指环虫属（*Pseudodactylogrus*）的单殖吸虫。种类很多，主要致病种类有小鞘指环虫（*Dactylogyrus vaginulatus*）、页形指环虫（*D. lamellatus*）、鳙指环虫（*D. aristichthys*）和坏鳃指环虫（*D. vastator*）等。

病症：指环虫病是指环虫寄生于鱼的鳃上引起的疾病。这一类小型单殖吸虫，个体通常小于0.5mm。目前我国已发现有400多种，多数种类具有特异性宿主，可感染草鱼、鳊、鲤、鲫、鲈等多种鱼类，而伪指环虫则主要感染鳗鲡。感染部位主要是鳃，鳃感染后黏液增多，并具不规则的小白色片状物，病鱼一般瘦弱。该病易在春秋季水温20～25℃时流行。

（2）三代虫病　病原：已报道有400余种，常见的种类有大西洋鲑三代虫（*Gyrodactylus*

salaris)、鲩三代虫(*G. ctenopharyngodontis*)、鲤三代虫(*G. hypopthalmichthysi*)、金鱼中型三代虫(*G. medius*)、金鱼细锚三代虫(*G. sprostonae*)和金鱼秀丽三代虫(*G. elegans*)等。

病症:三代虫病指鱼类体表或鳃寄生三代虫后引起的疾病。病鱼体色发黑、瘦弱,体表有一层薄而灰白色的黏液。4～5月为发病季节。我国养殖的草鱼、鲢、鳙、鲫、金鱼、虹鳟、鳗鲡等备受其害。

(3)复口吸虫病　病原:复口吸虫病由复口吸虫的尾蚴和囊蚴寄生在鱼眼水晶体引起。目前在我国引起疾病的复口吸虫有湖北复口吸虫、倪氏复口吸虫和山西复口吸虫3种。尾蚴为典型的无眼点,具咽、双吸盘、长尾柄、长尾叉,特征是在水中静止不动时,尾干弯曲,使虫体折成"丁"字形。囊蚴呈瓜子形或椭圆形,分前体和后体,前体中有口、腹吸盘、咽、肠道和黏附器,体内布满透亮的颗粒状石灰质体;后体短小,内可见1个排泄囊。

病症:病鱼表现为眼眶充血,眼球浑浊呈白色。大量尾蚴对鱼种急性感染时,由于尾蚴经肌肉进入循环系统或神经系统到眼球水晶体寄生,在转移途中会导致刺激或损伤,如在锦鲤养殖过程中,病鱼在水中做剧烈的挣扎状游动,继而头部脑区和眼眶充血,旋即死亡。或病鱼失去平衡能力,头部向下,尾部朝上浮于水面,随后出现身体痉挛状颤抖,并逐渐弯曲,1d以后即可死亡。尾蚴断续慢性感染时,转移过程中对组织器官的损伤、刺激较小,无论是鱼种还是成鱼,并无明显的上述症状,尾蚴到达水晶体后,逐步发育成囊蚴,囊蚴逐渐积累,使鱼的眼球开始浑浊,逐渐成乳白色,形成白内障,严重的病鱼眼球脱落成瞎眼。

(4)舌状绦虫病　病原:舌状绦虫和双线绦虫。虫体寄生在鱼的体腔内,为白色长带状,几厘米到数米,所以称为"面条虫"。

病症:病鱼腹部膨大,严重时失去平衡。体腔中充满白色带状的虫体,内脏受到挤压,正常的生理机能受到抑制或破坏,病鱼严重贫血,发育受阻,鱼体消瘦,丧失生殖能力,甚至死亡。

(5)鲫嗜子宫线虫病　病原:鲫嗜子宫线虫。

病症:虫体寄生在鲫尾鳍鳍条的间膜内,偶尔也有寄生在背鳍和臀鳍上的。虫体血红色,肉眼可见。

(6)棘衣虫病　病原:由长棘吻虫寄生引起的疾病。

病症:夏花鲤被3～5只崇明长棘吻虫寄生时,肠壁被胀得很薄,从肠壁外面可看到肠被虫所堵塞,肠内完全没有食物,鱼不久即死。2龄鲤被少量虫寄生时,没有明显症状;但当虫大量寄生时,鱼体消瘦、生长缓慢,体重只有健康鱼的1/2,吃食减少或不吃食;剖开鱼腹,可见肠壁外有很多肉芽肿结节,严重时内脏全部粘连,无法剥离,有时虫的吻部钻通肠壁,然后再钻入其他内脏,甚至可钻入体壁,严重时引起体壁溃烂和穿孔;剪开肠壁可见有大量虫寄生,虫主要寄生在肠的第一、二弯的前面,肠壁发炎,有大量黏液,而没有食物,性腺发育受阻。

(7)尺蠖鱼蛭病　病原:尺蠖鱼蛭病是由尺蠖鱼蛭寄生而引起的鱼病。尺蠖鱼蛭虫体呈长圆筒形,后端扩大,背部稍扁,体长2～5cm,体色一般为褐绿色,有时会随寄主皮肤的颜色而变化。身体前、后端各有一吸盘,后吸盘约比前吸盘大1倍。雌雄同体,异体受精或自体受精。鱼蛭把卵产在黄褐色茧内,茧附着于水底各种物体上,从卵内孵出来即成鱼蛭。

病症：寄生在鲤、鲫等底层鲤科鱼类的皮肤、鳃或口腔内。少量寄生时对鱼的影响不大，大量寄生时，虫体在鱼体爬行并吸血，引起病鱼焦躁不安，体表呈现出血性溃烂，严重时则坏死。鳃被侵袭时，病鱼呼吸困难，严重贫血，以致死亡。鱼体分泌大量黏液，体色发黑，病鱼消瘦、游动缓慢。

3. 寄生甲壳动物类　寄生在水产动物上的甲壳动物主要有桡足类、鳃尾类、等足类、蔓足类、十足类等。危害水产动物的软体动物主要是幼虫。

水产动物常见疾病如下。

（1）锚头鳋病　病原：锚头鳋病为多种锚头鳋寄生而引起的鱼病。常见的有4种：寄生在鲢、鳙体表、口腔的叫多态锚头鳋；寄生在草鱼鳞片下的叫草鱼锚头鳋；寄生在草鱼鳃弓上的叫四球锚头鳋；寄生在鲤、鲫、鲢、鳙、乌鳢、金鱼等体表的叫鲤锚头鳋。对鱼类危害最大的为多态锚头鳋。锚头鳋体大、细长，呈圆筒状，肉眼可见。虫体分为头、胸、腹三部分，但各部分之间没有明显界限。寄生在鱼体的为雌鳋，生殖季节其排卵孔上有一对卵囊。

病症：锚头鳋把头部钻入鱼体内吸取营养，使鱼体消瘦，身体大部露在鱼体外部且肉眼可见，犹如在鱼体上插入小针，故又称为“针虫病”。鱼体被锚头鳋钻入的部位，鳞片破裂，皮肤肌肉组织发炎红肿，组织坏死，水霉菌侵入丛生。“老虫”阶段，锚头鳋露在鱼体表外面的部分，常有钟形虫和藻菌植物寄生，外观好像一束束的灰色棉絮。鱼体大量感染锚头鳋时，好像披着蓑衣，故又称“蓑衣虫病”。寄生处，周围组织充血发炎，尤以鲢、鳙、团头鲂为明显，寄生于草鱼、鲤的锚头鳋于鳞下，炎症不很明显，但常可见寄生处的鳞被蛀成缺口。寄生于口腔内时，可引起口腔不能关闭，因而不能摄食。小鱼种仅10多个虫体寄生时，即可能失去平衡，发育严重受滞，甚至引起弯曲畸形等现象。

（2）鱼虱病　病原：东方鱼虱（*Caligus orientalis* Gussev）、混淆鱼虱（*C. confuscus* Pillai）和多刺鱼虱（*C. multispinosus* Shen）等。

病症：鱼虱寄生于体表、鳍或鳃部，不同种的鱼虱引起的病状有所差异，但当寄生数量多时，共同的症状是鱼体消瘦，体色变黑，活力减弱，浮游于水面，寄生处黏液增多，组织受损伤。

（3）鱼怪病　病原：日本鱼怪（*Ichthyoxenus japonensis*），属软甲亚纲（Malacostraca）等足目（Isopoda）缩头水虱科（Cymothoidae）。一般成对地寄生在鱼的胸鳍基部附近孔内（偶有2对或3只以上成虫寄生在1个洞内）。

病症：鱼怪成虫寄生在鱼的胸鳍基部附近围心腔后的体腔内，有病鱼腹面靠近胸鳍基部有1或2个黄豆大小的孔洞，从洞处剖开，通常可见一大一小的雌虫和雄虫，个别可见3只或2对鱼怪。病鱼性腺不发育。鱼怪幼虫寄生在幼鱼体表和鳃上时，鱼表现为极度不安，大量分泌黏液，皮肤受损而出血。鳃小片黏合，鳃丝软骨外露，2d内即死亡。

（4）破裂鱼虫病　病原：多瘤破裂鱼虫（*Rhexanella verrucosa*）。

病症：破裂鱼虫寄生于真鲷口腔，引起口部异常，摄食困难，使患鱼呈极度饥饿状态，鱼体消瘦，无力漫游。

（5）钩介幼虫病　病原：钩介幼虫，是软体动物双壳类蚌的幼虫。每年的8月，蚌卵在母体的外鳃腔内受精后发育为钩介幼虫。到第2年春天或初夏，钩介幼虫脱离母蚌，感染鱼类。钩介幼虫在鱼体寄生的时间与水温有关，水温为18～19℃时寄生6～18d。钩介幼虫吸取鱼体营养发育为幼蚌后，才离开鱼体，在水中长成成蚌。钩介幼虫的身体略呈三角形，有两片壳，壳的腹侧边缘生许多钩，壳内并生出一条细长而黏的足丝。

病症：钩介幼虫用足丝黏附在鱼体上，用壳钩钩在鱼的嘴、腮、鳍及皮肤上，吸取鱼体营养，当钩介幼虫完成变态后，就从鱼体上脱落下来，这时叫作幼蚌。鱼体受到刺激，引起周围组织发炎、增生，逐渐将幼虫包在里面，形成胞囊。较大的鱼体寄生几十个钩介幼虫在鳃丝或鳍条上，一般影响不大，但对饲养5～6d的鱼苗，或全长在3cm以下的夏花，则会产生较大的影响，特别是寄生在嘴角、口唇或口腔里，能使鱼苗或夏花丧失摄食能力而饿死；寄生在鳃上，可引起窒息而死，并往往可使病鱼头部出现红头白嘴现象，因此人们称此病为“红头白嘴病”。

第三节　水产动物病害诊断技术

一、我国水产养殖病害现状

近年来，我国面临水产动物疾病种类多而复杂的局面，各种病害对水产动物的危害日益严重。据推算，仅2014年全国水产动物因病害造成的直接经济损失高达180亿元以上，其中虾类因病害造成的经济损失尤其严重。目前，有关严重危害水产动物的暴发性病害尚缺乏有效的防控措施，病害问题是制约水产养殖业可持续健康发展的关键因素。我国水产养殖病害现状，具有如下几方面特征。

（一）疾病种类多

中国是世界上唯一的养殖量大于捕捞量的国家，水产养殖种类多样，包括鱼类、贝类及甲壳类。全国水产技术推广总站组织相关单位，2014年对全国30个省（自治区、直辖市）、4000多个监测点、435余万亩监测面积、61种水产养殖动植物病害监测结果的数据统计，造成严重危害的疾病有62种。各种病害严重危害多种大宗水产养殖品种，包括草鱼、鲫、青鱼、鲢、鳙、鲤、鳊、牙鲆、大黄鱼、罗非鱼、鲑、鳟等鱼类，凡纳滨对虾、克氏原螯虾及中华绒螯蟹等甲壳类。

（二）发病情况复杂

我国水产养殖区域跨度大，养殖水域环境多样，包括池塘、水库、江河、湖泊、海洋等，致使养殖病害情况复杂，不同气候、不同养殖模式、不同养殖条件、发病情况差异显著。另外，随着种苗在全国范围频繁互换，疾病的多样性（包括病原种类、病原株型）增加，疾病发病时间由传统的春夏或夏秋两季发病高峰逐步向全年发病过渡。

（三）重大疫病暴发流行

重大疫病呈暴发性流行，给水产养殖业造成毁灭性打击。在疾病高发期，致死率高，例如，我国最大宗的养殖品种——草鱼，因出血病病毒感染，死亡率可高达90%以上；出口主要品种对虾感染白斑综合征病毒或桃拉综合征病毒，死亡率在80%以上；淡水鱼类流行细菌性败血症，死亡率高达 95% 以上；特色养殖品种患鳜传染性脾肾坏死病、河蟹颤抖病、鳗狂游病、鲍立克次体病等，死亡率可达 80% 以上。

二、水产动物常见病害检查技术

为了有效预防水产动物疾病发生，应对宿主、病原和环境条件三方面进行综合分析。水产动物患病后，不仅在患病个体的体表和体内呈现出各种症状，而且在行为上也会出现异常，这些异常情况往往是疾病诊断的重要依据。另外，水产动物的病因多种多样，除侵袭性病原外，其他诸如机械性损伤、水体物理及化学因子的影响、营养不良等都可引发疾病。

（一）现场调查

现场调查主要包括疾病异常现象调查和饲养管理状况调查。

水产动物生病后，会出现各种异常现象和症状。通过对水产动物的活动状况、摄食情况、体色变化、病理症状及死亡情况等进行观察、分析、诊断，可初步确定引起疾病的原因。

水产动物发病与否与饲养管理水平的高低也有密切关系。施肥、投饵、放养密度、品种搭配、拉网操作和加水换水等环节是否科学，都与疾病的发生有密切的关系。

（二）病体检查与诊断

病体检查与诊断主要包括目检和镜检。

水产动物因病原体的感染和侵袭会显现出一定的症状，且病原体种类不同，症状也不同。通过观察水产动物疾病症状，据目检来判断其疾病原因，是水产动物疾病诊断最常用的方法。病毒、细菌和小型原生动物引起的疾病，虽然肉眼看不清病原体，但受其感染和侵袭后，会显现出各自特有的症状。大型寄生虫如线虫、猫头鳋、虱、钩介幼虫和绦虫等，肉眼便能看清病原体。对鱼体进行目检的部位和顺序是体表、鳃和内脏。

当发生肉眼不能正确诊断或症状不明显的鱼病，一般要用显微镜做进一步检查。

（三）环境状况分析

水环境的变化与疾病的流行有很密切的关系。水源是否充足，水质是否受到污染或带有病原体，水的理化性质及生态条件是否符合水产动物生活和生长的需要等都是影响水产动物疾病发生的重要因素。

水产动物疾病往往是多种因素综合作用所致，因此在诊断时，不仅要检查生物病体，还要对病原及环境因子等情况进行检验和调查，对各种情况进行综合分析，最终诊断结果才更可靠。

三、水产动物常见病害诊断技术

（一）病体分离鉴定

1. *病毒的分离鉴定*　采用无菌操作取患病动物的肝、脾、肾等内脏器官，剪碎、研磨或捣碎后，按 1∶10 的比例与 Hank’s 液或生理盐水制成匀浆，加入青霉素和链霉素，每毫升含量为 800～1000IU，冻融 3 次，离心后取上清液，然后通过细菌滤器除菌，取上滤液接种于易感染细胞或敏感动物，如果细胞出现病变效应或动物出现与自然发病时相同的症状，即可证明病毒分离成功。要鉴定为何种病毒，需做电镜观察或特定试验，鉴定其核酸类型和生物学特性，对常见病毒最好用血清学实验进行快速鉴定。

2. *病原菌的分离鉴定* 将濒死的动物在无菌环境下用无菌水洗净并用紫外线照射，彻底清除体表杂菌后，以无菌方法从病灶深层的器官或组织内部取样接种到适宜的培养基，经28～30℃培养24～48h，取单个菌落纯化后用于致病性试验和细菌鉴定试验。通过致病性试验，接种动物如果出现与自然发病相似的症状，并且从人工感染发病的动物体上分离得到与接种菌相同的菌种，即可验证此菌种为该病的病原菌。再根据病原菌形态特征和生理生化特性或血清学实验，对其进行鉴定。

（二）免疫诊断

用分离培养法诊断传染疾病需要进行各项烦琐的试验，往往需要一周或更长的时间。另外，有些水生动物的病毒和致病菌还难以甚至不能分离培养，因此必须借助于抗原-抗体反应的特异性所建立起来的免疫学方法。

免疫诊断主要是利用各种血清学反应对细菌、病毒引起的传染性疾病进行诊断，方法很多，如酶联免疫吸附试验、点酶法、荧光抗体法、葡萄球菌A蛋白协同凝集试验、葡萄球菌A蛋白的免疫酶联染色法、中和反应、凝集反应、环状实验、琼脂扩散试验、免疫电泳、放射免疫、免疫铁蛋白、补体结合等。其中酶联免疫吸附试验已经制备出检测草鱼出血病、传染性胰腺坏死病、传染性造血组织坏死的试剂盒；点酶法已经制备出检测嗜水气单胞菌毒素的试剂盒。这些方法均有灵敏度高、特异性强、迅速方便、结果可长期保存等优点。

（三）分子生物学诊断技术

1. *核酸探针诊断技术* 核酸探针诊断技术是随着基因工程技术的发展而发展起来的第三代诊断技术。该技术利用核苷酸碱基序列互补的原理，以标记的已知该核酸片段，通过核酸杂交，来检测和鉴定样品中的未知核酸。与传统的诊断方法相比，核酸探针技术具有快速、简便、敏感度高和特异性强的特点。

2. *聚合酶链反应* 聚合酶链反应（PCR）技术是在引物指导下，依赖模板和DNA聚合酶的酶促反应。它类似于生物体内的DNA复制，通过反复的变性、复性和延伸，在较短的时间内，可使微量DNA片段的目的基因数量呈几何级数扩增。因此，在掌握了DNA序列后，可设计特异性较强的引物，以极低的浓度扩增出大量的基因片段，从而达到检测的目的。PCR技术不仅可定性病毒，还可以定量，从而为病毒的传播途径和流行病学的研究提供了可靠的技术支持。

3. *磁免疫PCR技术* 磁免疫PCR（MIPA）技术综合了磁分离技术、免疫学技术和PCR技术，三者结合大大改善了诊断的速度。MIPA技术避免了免疫方法采用单克隆抗体识别抗原的复杂操作，也克服了DNA杂交的长时间和假阳性，以及操作设备要求高等缺点，因此具有独特的优点。

4. *多重PCR技术* 多重PCR技术又称为多重引物PCR或复合PCR，它是同一个PCR反应体系中加上两对以上引物，同时扩增出多个核酸片段的PCR反应。多重PCR技术主要应用于对多种病原微生物的同时检测或鉴定、病原微生物的变异及分型鉴定、检测。

第四节　水产动物病害防控技术

一、水产动物病害防控技术的概念

水产动物病害防控技术是用于水产养殖过程中对养殖对象进行病害预防、诊断与治疗的一门技术。水产动物病害是指水产养殖过程中的病和害两部分，“病”一般是指由病原微生物引起的水产动物疾病；“害”多指养殖环境内的天然敌害生物对养殖对象的侵害，有时也包括自然环境对养殖对象的侵害。

一般在人工育苗或工厂化养殖中病害防控主要是对病原微生物引起的水产动物疾病的预防和控制，而在网箱养殖或池塘养殖中除了疾病防治外，还要注意敌害的袭击。

随着社会进步与人们生活质量的提高，要求养殖水产品必须是无公害的，最好是绿色生态化养殖的。这就给水产动物病害防控工作带来更高的挑战，因此“重在预防”至关重要，中药防治鱼病和疫苗的应用是今后水产动物病害防控的努力方向。

二、水产动物病害防控的发展历程

（一）消毒剂阶段

过去的几十年，池塘养殖一般采用消毒剂防治鱼病。虽然消毒剂类商品名称繁多，但其主要有效成分大多数为卤族类。消毒剂用于疾病治疗，只能杀灭水体和水生动物表面的致病微生物，多数病原仍存在于体内，所以使用消毒剂类治疗水产动物疾病存在很大的局限性。其优点在于：不需要鉴定病原体种类；对所有病原体无选择性杀灭。缺点：无法治愈已患病个体，破坏水体生态环境，对健康个体刺激大，易引起继发性感染。

（二）抗生素阶段

近些年，随着工厂化育苗和工厂化养殖的大范围推广应用及经济附加值高的水产养殖项目的兴起，使用抗生素治疗养殖生物病害的现象普遍存在。常见的弧菌病、爱德华菌病、屈桡杆菌病等细菌病已经通过抗生素得到了有效的治疗，我国抗生素治疗水产动物疾病进入新阶段。但是，随着国内外对食品安全要求的提高，要注意规避违禁抗生素的使用。

（三）免疫与生态调节阶段

近几年，随着科技进步和对食品安全要求的提高，一些科研单位和企业相继研发了多种免疫制品，包括迟缓爱德华菌基因缺失减毒活性疫苗、嗜水气单胞菌疫苗、海水弧菌二联疫苗等。使用疫苗的优点在于无药物残留，提升食品安全性；同时，可以提高机体免疫力，达到有效预防和治疗疾病的目的。但是，我国水产养殖疾病防控技术仍相对滞后，县市级疫病诊断和病原监测仍停留在显微镜观察和凭经验判断的初级水平；目前仅 3 种水产疫苗获得新兽药证书，与水产养殖大国地位极不相称。

此外，通过生态养殖技术的实施、微生物制剂调节水质的应用、不同养殖品种混养及轮养等多种生态养殖方法均可有效地减少水产动物病害的发生。

三、我国水产养殖病害防控现状

我国水产养殖病害控制以药物防治为主，技术相对单一，加上养殖人员文化和专业素质不高，生产上盲目用药、错用滥用药现象普遍存在，因此我国水产养殖病害防控仍处在粗放型、低水平状态。

我国水产养殖病害防控现状，具有如下特征。

（一）轻预防重治疗，病害防治观念落后

我国水产养殖者往往存在侥幸心理，生产上轻无病预防而重病后治，造成多用药、多费工，而防治效果却不很理想。另外，从业者的病害综合防治观念薄弱，对病害的形成、发展、流行过程整体认识不足，病害控制仍处在病原控制阶段，控制手段仍以化学药物为主，缺乏对病害风险预判和管理能力。

（二）药业落后，研发能力弱

我国渔用药物大部分是由兽药、农药移植而来，缺乏药效学、药代学、毒理学及对养殖生态环境影响等基础理论的研究，药物的给药剂量、用药程序、休药期缺乏科学依据，存在药效不确切、药物残留、环境污染等诸多弊端。目前，全国有 100 多家渔药企业，但年销售额 3000 万～4000 万元的企业仅少数，企业创新投入少，研发水产养殖专用药物产品能力弱，化药产品占 80% 以上，缺乏适合水生生物特点的专用药物，很难满足我国水产病害防控需求。

（三）病害快速诊断能力缺乏

由于我国水产病害快速诊断技术还不够成熟，基层病害工作者对病害检测往往凭肉眼、凭经验行事，误判误诊现象普遍，而县级水生动物防疫站人才队伍和设备配备也不完善，缺乏病害快速诊断技术。

四、常见水产动物病害防控措施

（一）改善和优化养殖环境

1. *优化放养模式*　首先是放养密度要合理，其次是混养的不同种类的搭配要合理。这是因为不同养殖种类发病的病原体不尽相同，特别是危害极大的某些病毒病，如草鱼出血病。合理的放养密度和混养，减少了同一种类接触传染的机会。

2. *加强水质管理*　科学管水和用水，目的是通过对水质各参数的监测，了解其动态变化，及时进行调节，避免或减少那些不利于养殖动物生长和影响其免疫力的各种因素。一般来说，必须监测的主要水质参数有 pH、溶解氧、温度、透明度、氨氮、亚硝酸盐、硫化氢等。有针对性地使用微生物制剂或腐殖酸钠去稳定水中 pH 和溶解氧，降解亚硝酸盐和氨氮的含量。

3. *保证充足的溶解氧*　氧是一切生物赖以生存的基本要素。水产养殖动物对于水中氧气不仅直接表现为呼吸需要，还表现为环境生态需要。在氧气充足时，微生物可将一些代谢物转变为无害或危害很小的物质。因此，保持养殖水体中溶解氧在 3.5mg/L 以上，不仅是预防养殖动物病害的需要，同时也是保护养殖环境的需要。

4. *改良水质*　多采用理化及生物方法，改良水质，不滥用药物。药物具有防病治病的作用，但是不能滥用和盲目使用。应在正确诊断的基础上对症下药，并按规定的剂量和疗程，选用疗效好、毒副作用小的药物。药物与毒物没有严格的界限，只是量的差别，用药量过大，超过了安全浓度就可能导致养殖动物中毒甚至死亡。

定期泼洒生石灰（15～30g/m^3）、$NaHCO_3$、沸石粉（30～50g/m^3）等，调节 pH，吸

附有害物质，达到改善和净化水质的目的。

定期加注清水及换水，保持水质肥、活、嫩、爽及较高的溶解氧。

适当搅动底泥，加速分解有机质，减少耗氧因子的同时，也有利于肥效成分的释放。

使用光合细菌、EM益生菌、硝化细菌、反硝化细菌等一些水质改良剂，改善水质和底泥。

（二）增强养殖动物抗病力

1. 选择抗病力强的品种　在养殖生产中常可见到在同一水体、同样的养殖条件下，有的个体或某个品种就不易发病，或发病后容易恢复健康。这表明，养殖动物的抗病力是随个体或种类而有很大差异的。因此，选择和培育抗病力强的品种是预防疾病的重要途径。生产中可以选用通过自然免疫、杂交培育、理化诱变、细胞融合和基因重组技术等培育的优良品种。

2. 合理投喂　合理投喂是保证养殖产量及增强动物疾病抵抗力的重要措施。根据养殖对象及其发育阶段，科学选用不同原料，合理搭配，才能保证养殖动物对营养的需求。

3. 应用免疫制剂　在适当的养殖阶段，给予水产动物疫苗或免疫增强剂。由于水产动物生活环境的特殊性，免疫接种时要十分注意，避免生物剧烈的应激。

免疫激活剂是用于促进机体免疫应答反应的一类物质，分为无机化合物和有机化合物，一般均为非生物制品，按其作用特点可分为两类：一类是疫苗应答的物质，增强疫苗的作用，延长免疫应答反应；另一类为非特异性的免疫激活剂，一般可通过注射、口服、浸浴等方法给予，激发鱼体的特异性和非特异性防御因子的活性，增强水产动物的抗感染能力。

免疫佐剂是指单独使用时一般对动物没用免疫原性，与抗原物质合并使用时，能非特异性地增强抗原物质对动物体的免疫原性，增强机体的免疫应答，或者改变机体免疫应答类型。

（三）控制和消灭病原的传播

1. 水源选择　水源条件的优劣，直接影响水产动物的养殖和养殖过程中病害的发生，因此在建设养殖实施前，应对水源进行调查，选择水源充足及无污染的地方，且水质理化指标应适宜养殖。在建厂时，要保证每个养殖池进水系统独立，进水孔应远离排水孔。在封闭式和半封闭式工厂化养殖场，应有完善的水质净化和处理设备，对排出的水经过净化和消毒后，确保没有病原体时方可循环使用。

2. 彻底清塘　池塘是养殖动物栖息生活的场所，同时也是各种病原体生物潜藏和繁殖的地方。池塘环境清洁与否，直接影响到养殖动物的生长和健康。因此，池塘清淤消毒是预防疾病和减少流行病暴发的重要环节。

3. 强化检验及隔离　水产养殖动物苗种及成品的流动范围较广，容易造成病原体的扩散和疾病的流行。为防止病原体随水产动物移植或交换而进行传播，在养殖动物输入和输出时，必须进行严格的检疫。通过对养殖动物检疫，可以了解病原体的种类、区系及其对养殖动物的危害及流行情况，以便及时采取相应措施，杜绝病原体的传播和疾病的流行。

在养殖场内部发生疾病时，首先采取隔离措施，控制水源，对发病池或区域进行封闭，池内养殖动物不向其他池塘或区域转移，避免疾病的传播。发病池的所有使用工具应专用并及时消毒。病死动物的尸体应及时捞出，并对其进行销毁或深埋。发病池的进出水都应及时消毒。

4. 实施消毒

1）苗种消毒：养殖苗种必须先进行消毒，可用50mg/L聚维酮碘溶液、10～20mg/L高锰酸钾溶液、硫酸铜溶液等。在用药时注意数量、时间、浓度、水温、水质等与药效及安全性的关系。

2）工具消毒：各种养殖用具，如网具、塑料和木制工具等，可用50mg/L高锰酸钾溶液、100mg/L甲醛溶液或5% NaCl溶液浸泡0.5h左右。养殖工具常是病原体传播的媒介。

3）饵料消毒：投喂的商品配合饵料可以不进行消毒，如投喂鲜活饵料，无论是购进还是自己培养（包括冷冻保存）的，均应用100～200mg/L漂白粉浸泡消毒5min，用清水冲洗干净再投喂。

4）食场消毒：定点投喂饵料的食场及其附近常有残饵剩余，时间长了或高温季节就为病原菌的大量繁殖提供了有利场所，很容易引起鱼虾细菌感染，导致疾病发生。在疾病流行期，应定期在食场周围水域遍洒漂白粉、硫酸铜等药物来杀菌、杀虫，用药量应根据食场的大小、水的深度及水质肥瘦而定。

（四）消灭中间寄主和终末寄主

有些寄生虫是以水产动物为中间寄主而引起水产动物发病，它们的终末寄主却是陆生动物。因此，消灭这些水生中间寄主和陆生终末寄主也就切断了致病寄生虫的生活史，起到了防病的作用。

思考题

1. 引起水产动物疾病发生的因素有哪些？
2. 论述水产动物病原、宿主和环境条件三者间的关系。
3. 什么是病毒？简述水产动物病毒致病机理。
4. 什么是顿挫感染？什么是溶细胞感染？什么是非溶细胞感染？
5. 水产动物病毒感染的类型有哪些？
6. 简述水产动物细菌的致病机理。
7. 病原菌侵入宿主后，如何区分隐性感染、潜伏感染和显性感染？
8. 什么是病原真菌？真菌致病性表现形式有哪些？
9. 什么是寄生？什么是寄生虫？
10. 按照寄生虫寄生的性质，寄生方式分为哪些种类？
11. 如何区分终末寄主、中间寄主及保虫寄主？
12. 论述寄生虫、寄主和外界环境三者间的相互关系。
13. 我国水产动物常见寄生原生动物疾病有哪些？
14. 水产动物患病后，如何诊断？
15. 简述我国水产动物常见病害诊断技术。
16. 全面开展水产动物病害防控技术的意义是什么？
17. 我国水产养殖病害防控现状如何？
18. 如何开展水产动物病害防治技术？

第六章 渔业资源与捕捞

第一节 渔业资源及其特征

一、渔业资源的概念

渔业资源是自然资源的重要组成部分，同时渔业资源又是发展海洋渔业的物质基础，也是人类食物的重要来源之一。渔业资源在食物安全、渔业就业、经济发展、对外贸易等方面都起到了重要的作用。渔业资源状况不仅受其自身生物学特性的影响，还随着栖息环境条件的变化和人类的开发利用而变动。通常人们开发、利用渔业资源，主要是通过海洋捕捞和海水养殖等渔业生产活动，来获取有价值的海洋水生动植物。

渔业资源种类繁多，主要类别有鱼类、甲壳类、软体类及藻类等，各类群数量相差很大。鱼类是渔业资源中数量最大的类群，全世界有 20 000 多种，但主要的捕捞鱼类全世界仅 100 多种；甲壳类主要是指虾类和蟹类；软体类主要包括贝类、柔鱼类、枪乌贼类、墨鱼类和章鱼类；藻类包括海带、紫菜等。

二、渔业资源生物属性

渔业资源具有以下生物属性。

1. 流动性　除少数固着性水生生物和海洋养殖渔业资源能进行人工控制，相对稳定外，大多数渔业资源种类和海洋哺乳动物都具有一定规律的洄游性，即定时、定向，在一定区域里，周期性地运动。不少渔业资源种群在整个生命周期中，会在多个国家或地区管辖的水域内栖息。

2. 共享性　由于渔业资源具有洄游性，人们很难将其局限在某一海区进行管理。因此，海域中的鱼类一般来说不属于任何特定的人所有。只有作为特定的渔获物，才能为某些特定的人或企业所有。因此，渔业资源可能成为很多人、很多集团或不同国家的捕获对象。

3. 波动性　海洋中的食物链长而且复杂，某一水生生物的生活往往与海洋生物群体的生活具有相关联性，造成该种生物成长过程中资源量的变动。由于受到气象、水文环境、人为捕捞等因素的影响，往往资源量会有所起伏，使得海洋捕捞业和海水养殖业的生产具有很大的不确定性和风险性。

4. 有限稀缺性　同其他自然资源一样，如果过量捕捞，会导致渔业资源衰退直至枯竭。

5. 可再生性　通过种群的繁殖、发育和生长，资源能够得到不断更新，种群数量能够不断获得补充，并通过一定的自我调节能力使种群的数量在一定点上达到平衡。只要合理开发，渔业资源便会永续利用，这是合理利用与可持续的基础。

三、渔业资源研究内容

为了持续、合理地利用渔业资源，首先要熟悉捕捞对象在水域中的蕴藏量、分布情况及它们的生物学特性，如生长、繁殖、死亡、洄游分布等，这是海洋渔业学科中非常重要的研究课题。渔业科学工作者根据多年的渔业生产实践和渔业科学实验的丰富经验，把有关捕捞对象的生活、习性、分布、洄游等资料，上升为科学理论并找出其系统规律，从而形成了渔业资源学、渔场学等独立学科，成为渔业科学极为重要的组成部分。

渔业资源学属于渔业科学和生态学有关的应用科学的范畴，其研究的中心内容是渔业资源中生物群体的变动规律，其主要目标是为渔业水域中的生物资源的持续利用、为渔业生产的发展提供可靠的依据。

第二节　我国淡水渔业资源概况

我国幅员辽阔，内陆水域甚多，江河纵横，水库湖泊星罗棋布，池塘沟渠遍布各地，面积达 2000 万 hm^2，可进行水产养殖的面积达 500 万 hm^2，是世界上淡水水面积最多的国家之一。从地理气候来看，大部分位于温带和亚热带，还存在一些其他特殊气候。大体上以江河为主，分别是长江水系、珠江水系、黄河水系、淮河水系、黑龙江及松花江水系。总的来说，我国内陆水系发达，水产资源极为丰富，而大部地区气候温和，水温适宜，水质肥沃，饵料基础好，发展淡水渔业生产的条件非常优越。因此，我国淡水鱼类品种丰富多彩，达 700 多种，有经济价值的为 250 种以上。其中重要的经济鱼类有 40 多种，主要养殖鱼类有 20 余种，主要养殖品种有 40 多种。

一、我国淡水渔业资源特点

1. 地域差异显著　　我国渔业资源分布极为不均，这与我国水资源的分布有关。其中长江流域水域面积占全国的一半左右，鱼类资源丰富，渔业产量约占全国的 60%，是我国内陆水域渔业资源的集中分布区。

2. 鱼类种类最多　　内陆水域的渔业资源主要由鱼类、虾蟹类组成，鱼类种类最多，数量最大。其中鲤形目种类达 623 种，分别隶属于 6 科 160 属，占内陆水域鱼类总数的 77.2%。此外，鲇形目鱼类有 84 种，占 10.4%；鲈形目和鲑形目鱼类分别占 6.9 % 和 2.7%；其余为鲟形目、鲉形目、鳕形目、鲱形目、鳉形目、刺鱼目、七鳃鳗目、颌针鱼目及合鳃鱼目。

3. 我国淡水渔业产量中养殖产量比重逐年上升，而捕捞量比重却逐年下降　　各水系渔业资源的变化虽有不同，渔业资源结构正向恶性转化，但总的趋势是资源蕴藏量减少，捕捞量急剧下降，渔获物组成和种群结构也在发生变化，大中型经济鱼类资源减少，小型野杂鱼类及渔业预备资源比重增大。

二、不同淡水水域渔业资源开发利用现状

1. 黄河水系　　黄河流域渔业资源主要是鱼类。黄河水系共有鱼类 191 个种和亚种，隶属于 15 目 32 科 116 属。其中鲤科鱼类最多，有 87 种，占黄河水系鱼类的

45.5%；鳅科鱼类数量处于第二位，有 27 种，占黄河水系鱼类的 14.1%。分布于黄河干流的鱼类有 125 个种和亚种，分别隶属于 13 目 24 科 85 属。种群组成以鲤科鱼类为主，共 80 种，占干流鱼类总数的 64.0%；其次是鰕虎鱼科 9 种，占干流鱼类总数的 7.2%；鲿科 6 种，占 4.8%。

在近数十年的环境变化和人类活动的因素综合影响下，黄河渔业资源明显下降，已表现出生命周期长的种类被生命周期短的种类取代、传统的大中型种类被庞杂的小型种类取代、优质经济种类被非经济种类取代、当地优质优势种类被低质种类取代，鱼类个体小型化、繁殖群体低龄化十分突出。在生产上原有的专业捕捞队纷纷解散，以打鱼为生的渔民也都转产。一些种类由过去的连续分布到现在的点状隔离分布，不少种类已呈濒危状态。黄河渔业资源减少且衰退趋势仍在发展。

2. *长江水系*　长江水系现有鱼类 370 种，分别隶属 17 目 52 科 178 属。其中鲤科鱼类 164 种，占长江水系鱼类总数的 44.32%；其次为鳅科 30 种，占 8.11%；鲿科 25 种，占 6.76%；鰕虎鱼科 20 种，占 5.41%；平鳍鳅科 16 种，占 4.32%；其他 47 科 115 种，占总数的 31.08%。长江流域内的鱼类，根据其特有鱼类、优势种群、鱼类种类结构特点，大体上可分为青藏川西高原渔区、金沙江川江水系渔区、中下游水系渔区及河口渔区 4 个区。长江鱼类的分布规律，由上到下，种类由少到多，分类结构由简单愈趋复杂。大体上青藏川西鱼类为高寒冷水性鱼类，川江区多山地流水性种类，中下游多平原静水性种类，河口区则为海水淡水混合种类。长江水系 370 种鱼类中，纯淡水鱼类 294 种，咸淡水鱼类 22 种，海淡水洄游性鱼类 9 种，海水鱼类 45 种。294 种纯淡水鱼类中，有些种类适应性强，分布广泛，是广布性种类，遍布于长江干支流内，如青鱼、草鱼、鲢、鳙、鲤、鲫、鲇等。有些鱼类只能生活在某些特定的水域环境中，其分布也局限于某些局部地区，如布氏哲罗鱼仅生活于冷水性河川中，分布于岷江上游、大渡河局部河段及汉水上游。有些鱼类分布于干流的局部江段或地区，在一定区域内形成优势种群，如中华裂腹鱼、重口裂腹鱼等，仅在上游的一定区域内，构成当地的优势种类。上游地区鱼类，由于受到特殊自然条件影响，种类繁多，共有 209 种，其中仅见于上游水体的有 70 种。中游地区鱼类 215 种，其中仅见于中游地区的鱼类有 42 种。下游地区鱼类有 129 种，其中仅见于下游地区的鱼类有 7 种。河口地区鱼类 126 种，仅见于河口地区的鱼类有 54 种。长江干流上、中、下游共有的鱼类有 78 种。

鲤科、鳅科、鲿科、平鳍鳅科、鲱科、鰕虎鱼科、银鱼科和钝头鮠科是长江流域鱼类物种和特有种最丰富的科。鲤科和鳅科是该流域鱼类区系的主要组成部分，分别占全部种类数的 54.02% 和 16.62%，全部特有物种数的 55.93% 和 20.43%。鲤科在该流域有 12 个亚科，其中主要是鮈亚科、鲌亚科、裂腹鱼亚科和鲃亚科，分别占鲤科种类数的 21.54%、18.46%、14.36% 和 11.79%。高原鳅属（鳅科）和裂腹鱼属（鲤科）是物种数最多的两个属，分别占长江流域全部物种数的 7.20% 和 4.71%，全部特有种的 9.04% 和 9.04%。

现有的捕捞水平不利于鱼类资源的正常维持，种群已受到生长型捕捞过度的威胁，如不控制捕捞强度，长江鱼类资源状况将进一步恶化。因此，应采取有效措施保护和增殖长江渔业资源。目前，长江渔业的生态环境受到了极大的破坏，如水工建筑、围湖造田、水域污染等。这些人为的活动从不同的方面直接或间接地影响水生生物的正常生活，从而导致水生生物数量的下降。

2003 年，长江禁渔期制度全面施行，为长江流域生态环境的综合治理带来了良机。国家通过“三河三湖”等其他重点流域的污染治理，太湖、滇池、巢湖和三峡库区水污染综合治理取得阶段性成果，退垸还湖、退田还林、天然林保护、源头保护区的建设等工作进展顺利。国家对长江流域的生态环境也已进行了多年的监测，积累了大量的资料，长江禁渔期制度的实施，连续多年以集中打击电炸毒鱼等非法活动为抓手，整治了渔业生产秩序，以及在长江开展珍稀水生野生动物的增殖放流、水生野生动物自然保护区的建设等，为长江流域生态环境的保护奠定了一定的基础。

3. *珠江水系*　珠江流域是我国南方最大的水系，起源于云南，经广西、广东在珠江口汇入南海，珠江全长 2200km，流域面积 45.26 万 km^2，多年平均径流量为 3288 亿 m^3。珠江水系入海口呈 8 条放射状排列的分流水道流入南海，入海口门从东向西有虎门、蕉门、洪奇门、横门、磨刀门、鸡啼门、虎跳门和崖门，形成多江汇流、八门出海的水系格局。

珠江口地处亚热带地区，是世界五大河口中渔业资源最为丰富的区域之一，是我国三大河口区中重要的渔业基地。因珠江径流每年携带大量营养盐入海，珠江口水质肥沃、饵料生物丰富，既是许多经济鱼、虾、蟹类产卵、索饵场所，也是其入海或溯河洄游的通道；主要包括淡水、半咸水、溯河性和降海性鱼种等水产品种，同时是青蟹、新对虾和鳗鲡繁殖的优良场所，盛产大量虾蟹苗、鱼苗等。优越的自然条件使珠江口成为南海最为重要的渔场和水产资源繁殖保护区域，较重要的水产增养殖生物种类约 180 种，主要包括鲻、黄鳍鲷、紫红笛鲷、海鲈、青石斑鱼、半滑舌鳎、卵形鲳鲹、中华乌塘鳢、花鳗鲡、斑节对虾、近缘新对虾、锯缘青蟹和近江牡蛎等，十分适宜发展河口渔业。

4. *淮河水系*　淮河发源于南桐柏山，流长 1000km，年径流量 620 亿 m^3，两岸支流、湖泊、洼地众多，洪泽湖以下为下游，在扬州的三江营流入长江。干流的上中游是青鱼、草鱼、鲢、鳙等多种江河平原性鱼类的产卵场。

5. *黑龙江及松花江水系*　黑龙江的北源石勒喀河始于蒙古国的肯特山东麓，南源额尔古纳河始于大兴安岭的海拉尔河，流长 3100km，东流进入俄境内后汇入鄂霍次克海的鞑靼海峡。干流中下游是回归性大麻哈鱼（秋鲑）溯河洄游的通道，沿岸逊克、萝北、同江至抚远江段是鲑、鳇、鲟的重要产区，尚有鲤、鲢、鳙、翘嘴红鲌和鳊分布，上中游支流呼玛河、逊河是大麻哈鱼的产卵场。松花江是黑龙江水系在我国境内的最大支流，流长近 2000km，北源嫩江 1000 余千米，南源第二松花江 800 余千米，两源交汇后的松花江干流长约 800 余千米，是东北地区淡水鱼的重要产地，盛产鲤、鲫、鳊、翘嘴红鲌、蒙古鲌、草鱼、鳜和六须鲇等，但无自然繁殖的野生鳙。

三、我国淡水渔业资源利用存在的问题

虽然淡水渔业经历了快速发展，其总产量也大幅提高，但随着市场的相对过盛与饱和、产品单调、需求不旺、流通不畅、加工不深，导致鱼价相对走低，致使渔业质量与效益下降。这极大地挫伤了广大渔民养殖水产品的积极性和热情，应引起有关部门足够的重视。当前淡水渔业面临的主要问题如下。

1. *养殖设施落后、技术含量不高、养殖人员素质有待提高*　目前我国的淡水渔业

还是以传统养殖的投饵施肥方式为主，在渔区除了有投饲机、增氧机、水泵清塘机、网箱、温室等基础养殖设施外，在机械化、电子化、自动化装置方面与国外先进国家还有很大差距，如在水质净化装置、水产品加工工艺和设施及工厂化养鱼设施等方面还明显落后于发达国家。水产科技对渔业的贡献率约在50%。养殖水产品的劳动强度大，渔民素质普遍不高，渔民对技术认知度还有待提高。

2. *养殖分散经营、结构不合理、不具规模及渔业产业化程度低* 由于实行联产承包经营，渔民各自为政，政府管理机构和相关服务部门难以组织协调与沟通，渔民养殖仅凭经验而往往忽略市场作用，养殖结构单一，难以形成产业应有的规模，达不到规模效应。虽然各地出现了一些养殖大户或龙头企业带动农户与市场结合，按工厂订单式生产，但远不足以适应现代化、市场化、国际化的大需求。

3. *渔业生态环境日趋恶化* 水域污染增多、病害严重、渔业资源严重衰退、渔业生物多样性减少及水产品质量下降等严重影响其可持续发展。近年来我国加速新型工业化进程和修建水利工程，使得渔业生态环境不容乐观。渔业水域正面临生态荒漠化威胁，生态系统结构与功能都受到不同程度的影响和破坏。河流断流次数增多，湖泊水面日益缩小，工业“三废”、生活污水及渔业自身污染加重，必然导致鱼类、珍稀水生生物产卵场遭到破坏，其特有珍稀濒危鱼类洄游通道阻断，许多优良产卵场、采苗场、育肥场、增养殖场渔业功能丧失，资源增殖与恢复能力下降、水生生物多样性下降，资源严重衰退；水华频繁发生、病害肆虐，严重影响和威胁水产品质量。养殖鱼类向低龄化、小型化、低质化演变，多数传统优质鱼类资源显著下降。

四、我国淡水渔业资源发展的对策

为了可持续开发与利用我国的淡水渔业资源，保护自然生态环境，必须为我国淡水渔业资源的开发与利用寻求对策。

1. *科学、合理、有计划地利用淡水渔业资源*

1）保护渔业生态环境。保护渔业生态环境就是要保护渔业生物资源生态系统，达到资源的恢复发展和持续利用的目的，从而保障渔业生态能获得长期的经济效益。

2）优化养殖模式，发展生物技术。在渔业科技领域中，对养殖生态环境、养殖模式进行优化，提供有经济价值并可迅速推广应用的新种质资源，推广疫苗和免疫诊断等应用技术，是控制水产动植物病害大规模暴发、提高水产品质量、减少水域污染、保持良好生态环境、保证水产养殖业稳定持续发展的关键。当前，还需加强水生动植物基因工程应用基础研究，如构建水生动植物基因文库、外源基因整合表达检测和培育多种表达转基因鱼，并在创建鱼类新品种（物种）方面做出努力。

3）强化淡水渔政管理，完善渔业标准，完善相关的渔业法律法规。为减少捕捞作业对水生生物的损害，保护水生生物在产卵期和生长期的正常繁育，确保淡水渔业资源的养护与可持续利用，大部分淡水水域已经实行休渔制。当前，需要强化法制管理，对禁渔区、保护区加强管理和监测；按照当地自然和经济特点确定休渔期和禁渔区；加强宣传教育力度，提高民众的法律意识；制定合理的管理及监测体系，制定和完善相关的法律法规，以符合当下经济渔业生产的发展等。

4）加大打击电、毒、炸鱼力度，取缔非法作业。近年来，电、毒、炸鱼等各种非法作业猖獗，对渔业资源破坏严重，并且威胁到一些珍稀水生野生保护物种的生存。因此，各级渔政管理部门，应认真贯彻执行新的《中华人民共和国渔业法》，坚持不懈地开展打击电、毒、炸鱼活动，取缔各种非法作业，保护长江渔业资源。

2. 建立淡水鱼类种质资源天然库

1）建立鱼类种质自然保护区。保护种群遗传变异的最好方法是在原来的自然环境里保护自繁自育的种群。通常的途径是建立自然保护区，包括产卵场、索饵场、越冬场、洄游通道、增养殖场等，以保护原先在那里栖息的或人工移入的鱼类种群。当前，在全国现有水产原良种场的基础上，利用天然生态环境，建立全国性的淡水鱼类种质资源天然生态库和鱼类种质自然保护区，并定期进行检验与测试，以保证鱼类种质资源的多样性、完整性和稳定性。

2）保护鱼类基因遗传多样性。天然渔业资源不仅在数量上逐渐减少，而且鱼类种群遗传结构也会重新改组，鱼类基因遗传多样性受到不可逆转的破坏。生物物种是不可再生的资源，因此保存原始的优良种群或地方种群、合理配置鱼类繁育群体、遏制影响群体遗传变异的因子，加强基因库、精子库和胚胎库等的建设，是保护鱼类种质资源、保护鱼类繁殖群体，亦即保护基因遗传多样性的重要手段。

第三节 我国海洋渔业资源概况

我国海洋渔业资源在很大程度上取决于中国海区的地理位置和海洋自然环境因素。渤海、黄海、东海、南海界于亚洲大陆与太平洋之间，除中国台湾地区东岸濒临太平洋外，各海区几乎全部为半封闭性，主要渔业资源种类中缺乏世界性的广布种。各海区平均深度较小，众多沿岸河流倾注入海，带入了大量的营养物质，为海洋渔业生物的生长、育肥和繁殖提供了有利的场所与条件。

我国海洋生物有3000多种，占世界海洋生物的1/4，其中鱼类有1694种，经济价值较高的有150多种，重要的鱼类捕捞对象有带鱼、鲐、鳗、大黄鱼、小黄鱼、鲽、鲆、鲳、沙丁鱼等；经济价值较高的软体动物有乌贼、鱿鱼、章鱼、鲍、扇贝等；节肢动物有对虾、毛虾、鹰爪虾、青虾、龙虾、梭子蟹、锯缘青蟹等；棘皮动物有刺参、梅花参、海胆等；腔肠动物有海蜇等。

此外，我国还有丰富的浅海和滩涂渔业资源。浅海增养殖动物中，营底栖生活者占总数的87%，其中在潮间带或浅海营栖性生活者有26种，占32%；营底栖匍匐生活者有54种，占27%；营附着或固着生活者有55种，占28%；营游泳生活者有26种，占13%。滩涂是特指理论基准面至大潮高潮线之间的区域，主要类型有岩礁滩、珊瑚礁滩、沙滩、泥滩、红树林滩。中国沿海复杂广阔的浅海、滩涂，为种类繁多的生物资源提供了优良的繁殖生长的自然条件，生物资源总数超过2500种，重要的增养殖生物资源有238种。生物种类的海区分布总趋势以南海区最多，向北各海区依次递减，有些种类是跨海区分布的，南海区约有198种，东海区约有96种，黄海区约有79种，渤海区约有57种，种类的组成中以贝类为主，占种类数的46%左右，鱼类占17%左右，甲壳类占13.4%左右，棘皮动物占5.3%，其他的占19%左右。

一、我国海洋渔业资源特点

1. *地域差异显著*　　我国南部海域饵料资源丰富且分布广泛，大大降低了鱼类之间的摄食竞争。因此，我国海洋渔业资源呈现出随着纬度降低，渔业资源种类和数量递增，而资源密度递减的趋势。

2. *季节特征显著*　　辽阔的中国海域，水文、气象要素差异较大，虽适合多种鱼类生活，但由于鱼种繁多，在固定的水域容积中，难以形成独特的优势种群。

3. *大洋性洄游鱼类资源缺乏*　　我国大陆架海域未处于冷暖洋流交汇的“生物活跃区”，资源构成只依赖于地方性种群和外海洄游性鱼类种群。先天性大洋性洄游鱼类资源补充不足，造成我国脆弱的渔业资源基础。

4. *海水增养殖资源潜力巨大*　　目前养殖可利用率不足40%，15m水深以内浅海海域利用面积不足2%，单产和增殖水平也存在可以挖掘的潜力，但当前不合理利用制约着潜力的发挥。

上述渔业资源特点，决定了我国海洋渔业主要资源种类缺乏世界性的广布种和大洋性洄游鱼类，资源具有相对独立性和封闭性。一旦资源遭到破坏，将难以恢复。

二、不同海域海洋渔业资源开发利用现状

我国海洋水域被分为黄渤海渔业区、东海渔业区和南海渔业区。黄渤海渔业行政管理区包括辽宁、河北、天津和山东等；东海渔业行政管理区包括江苏、上海、浙江和福建等；南海渔业行政管理区包括广东、广西和海南等。

1. *黄渤海渔业区*　　黄渤海海域是我国海洋渔业最早开发的重要渔场。

渤海是内海，由辽东湾、渤海湾和莱州湾三个内湾组成，为著名的鱼虾产卵场。渤海特殊的海况条件，使其除具有当地渔业资源外，还具有季节性资源。这些季节性分布的渔业资源是构成渤海渔汛的基础。为加强对幼鱼的保护，1988年在渤海以流网代替拖网，从此拖网作业退出了渤海海区。后来，流刺网、定置网和小围网等作业类型成为渤海的主要捕捞作业方式。

黄海是一个半封闭海区，占全国渔场总面积的12.6%。包括黄海北部渔业区、黄海中部渔业区和黄海南部渔业区三个三级渔业区。不同历史时期的底拖网调查表明，黄海渔业资源总体上呈现底层鱼类资源下降，中上层鱼类资源上升的趋势，但近年来中上层优势种——鳀的数量也开始下降。1959年底拖网调查时，优势种有小黄鱼、鲆鲽、鳐类、大头鳕及绿鳍鱼等底层鱼类，其中小黄鱼占有比较大优势，是渔业的主要利用对象。1981年底拖网调查渔获样品的优势种不明显，生物量最高的三疣梭子蟹仅占总渔获量的12%；其次为黄鲫，占11%；小黄鱼、银鲳、鲱和鳀等占总渔获量的比例都在10%以下。1986年和1998年进行两次调查，鳀占总渔获量的比例都超过50%，已成为生物量最高的优势种。自20世纪90年代起，鳀资源开始被大规模开发利用，2000年以后，其生物量一直在较低水平徘徊。同时，黄鮟鱇和细纹狮子鱼所占比重升高，与鳀一起，三者成为主要的优势种组合，调查期间占鱼类总渔获量的35.7%～82.1%。其他优势种方面，银鲳占总鱼类总渔获量比重的年间波动较小，小黄鱼在2010年之前经常作为优势种出现，大头鳕资源自2009年后有所恢复，其他种类如小带鱼、黄鲫、凤鲚和鲐，仅偶然作为优势

种出现。

在我国黄渤海区、东海区、南海区捕捞渔船数量和总功率基本相当的情况下，黄渤海区渔船可作业海域不足我国海域总面积的1/10，约是东海区的1/3，南海区的1/7。但是，捕捞产量却相差不大。2017年全国海洋捕捞产量为1112.4203万吨，同期黄渤海区的海洋捕捞产量为322.7万吨，东海区为451.3万吨，南海区为338.3万吨，加之《中韩渔业协定》生效后，我国渔船从中韩暂定措施水域以东14.39万km^2，62个渔区退出捕捞作业，每年减少捕捞产量近90万吨，而其中大部分渔船来自黄渤海区，这些渔船退出了传统作业渔场，压缩至近海作业，使得黄渤海区渔业资源承载的压力显得更为艰巨。

2. 东海渔业区　东海是我国最重要的渔场，是我国渔业资源生产力最高的海域。东海海域渔场面积为55万km^2，占全国渔场总面积的19.6%。大黄鱼、小黄鱼、带鱼和曼氏无针乌贼4个主要经济种群形成东海区驰名中外的“四大渔业”。东海海区形成了4个三级渔业区：东海沿岸渔业区、东海近海渔业区、东海外海渔业区和台湾渔业区。

随着捕捞强度的持续增加，东海渔业区渔获组成发生了明显的变化。在20世纪60年代，大黄鱼、小黄鱼、带鱼、银鲳、鳓等优质鱼类的产量约占总产量的51%。70年代这些种类所占比例下降至46%，80年代下降至18%。事实上，从70年代中期开始，一些传统底层捕捞对象就先后衰退，包括大黄鱼、曼氏无针乌贼、鲨鳐类和鲆鲽类等，并且至今仍处于衰竭状态。70年代初期开发的外海绿鳍马面鲀资源，经过十多年的超强度利用后，也于90年代初期急速衰退。小黄鱼和带鱼资源明显衰退后，经长期有力保护，于90年代中期呈现明显回升趋势，但渔获物以幼鱼为主，小型化、低龄化和性早熟的情况依然严重，资源尚未得到真正恢复。近年来东海的海洋渔业渔获量虽然稳中有升，但近海渔业产量却逐年下降，且近海渔获物组成越来越以低值小杂鱼、蟹类等为主，而远洋渔业产量的逐年提高弥补了近海渔业产量的降低。

在传统底层经济种类资源衰退的同时，低营养层次种类的渔获量明显增加。鲐、蓝圆鲹和虾蟹类的渔获量从1980年的28.9万吨（占20%），增加至1995年的135.6万吨（占28%），除曼氏无针乌贼以外的多种头足类产量近年来也明显上升，其他杂鱼类所占比例也从20世纪80年代初的低于30%，上升至90年代初的40%以上，1995年杂鱼类产量达184.2万吨，占总产量的38.2%。根据近年来的评估，东海鲐和台湾浅滩海域蓝圆鲹群体也已达到充分利用，多种头足类资源接近充分利用，沿海和近海虾类过度利用的情况已经出现，三疣梭子蟹已有衰退的迹象。目前东海区竹荚鱼、大甲鲹、金枪鱼等中上层鱼类资源尚有进一步利用的潜力，其他尚可进一步利用的资源还有外海虾类、细点圆趾蟹和锈斑蟳等小型蟹类及分布在水域中上层的鸢乌贼和尤氏枪乌贼等小型枪乌贼。

自20世纪50年代以来，东海海洋捕捞渔业得到了十足的发展，其产量由1951年的2.6万吨增加到2000年的625.4万吨（历年最高值），直至2006年一直维持在600万吨以上，但2007～2009年降至476.3万～516.5万吨。东海海洋捕捞产量变化可分为三个时期：第一时期为20世纪50～80年代，该时期渔业产量增长较为缓慢，各渔业产量增幅基本维持在10%以内，少数年份出现下降；第二时期为20世纪90年代，该时期为渔业产量迅速增长期，多数年份增幅超过10%，年代平均产量较80年代年均产量高149%；第三时期为2000年以后，产量呈小幅震荡，但仍居于历史高水平。

3. 南海渔业区　南海海域渔场面积为182.35万km^2，占全国渔场面积的65.0%。南海北部湾有沿岸、外海两大水系和北部湾的混合水团，环流由沿岸流、南海暖流、黑潮南海分支及西风漂流等自成海流系统，具有热带、亚热带流，高生物多样性和没有或少有渔业优势种群的特点。

南海渔获物以底层鱼类为主，占总渔获量的30.1%，其次为中上层鱼类，占总渔获量的23.4%，其后依次为甲壳类（占10.5%）、贝类（占9.5%），头足类和藻类所占的比例很少，分别为2.4%和0.5%，其他类群的产量较高，占到总渔获量的24.0%，主要为未分类统计的低值小型鱼类、幼鱼及甲壳类等。

近年来，中国各省区在南海北部的年渔获量合计达270万～300万吨，已大大超过该海域的潜在渔获量（180万～190万吨）。2016年，南海区域的捕捞量达到了376.7万吨。2000年南海区渔船普查结果显示，广东、广西、海南和港澳地区流动海洋捕捞渔船的捕捞总量高达477万吨，是南海北部陆架区和北部湾最适捕捞强度的2倍以上。另外，福建省沿海地区的渔民也在该海区从事海洋捕捞作业。目前，南海北部沿海地区的海洋捕捞能力大致为最适捕捞强度的3倍。在南海海区，近海和外海的渔业资源密度为0.3t/km^2，只有原始密度的1/7和1/3。

除资源密度明显下降外，渔获组成也向小型化和低值化转变。在20世纪70年代底拖网渔获组成中，经济渔获物占60%～70%；1973年和1983年的底拖网调查中，陆架区经济种类渔获量分别占总渔获量的68%和66%；而在1997～1999年底拖网调查的渔获样品中，经济种类的合计生物量仅占总生物量的51%，并且这些经济种类的渔获物主要由不满1龄的幼鱼所组成，若扣除幼鱼中明显未达到食用规格的部分，则渔获样品中可食用部分约占40%。

渔业资源的衰退还表现在优势种类渔获率的明显下降。20世纪80年代以来的主要捕捞对象是一些陆架区广泛分布的小型中上层鱼类和生命周期较短的底层鱼类，其中大多数种类也已被过度利用，渔获率呈明显下降趋势。蓝圆鲹、黄鳍马面鲀、蛇鲻属和大眼鲷属是底拖网的主要渔获物，除蛇鲻属渔获状况较稳定外，其他3个类别的渔获率均已下降至很低水平；在经济价值较高的捕捞对象中，刺鲳、印度无齿鲳、二长棘鲷和头足类的渔获率呈明显下降趋势，只有金线鱼仍有一定数量；在进行渔获统计的14个类别中，只有带鱼属和石首鱼科的渔获率在波动中有所上升。

三、我国海洋渔业资源利用存在的问题

从我国海洋渔业资源利用实际情况分析，制约海洋渔业资源可持续利用的因素主要有渔业资源有限、环境污染严重、海洋渔业经济活动高度集中、渔业劳动力投入过剩等方面。

1. 环境污染严重危及沿岸渔业资源生存　近年来，我国海洋渔业水域的突发性污染事故频发，未经处理的工业废水和生活污水经过江河进入海洋，与船舶排污、海洋倾倒和船舶泄露等污染源一起，导致沿海海域尤其是河口区、半封闭港湾的有机污染严重，富营养化程度加剧。据不完全统计，中国近海平均每年突发性水域污染高达60～80起，规模巨大、毒性极强的赤潮越来越频繁。海洋环境污染、过度围垦和滩涂开发破坏了生态环境和鱼类繁育场所。我国近海的重要经济鱼类产卵场的污染面积达80%以上，渤海

产卵场几乎全部受到污染。黄海、东海和南海近海海域的污染面积也分别达到 70%、80% 和 60% 以上。据统计，黄渤海渔业区每年因海洋污染造成的海洋生物损失量高达 24 万吨。东海渔业区的沿海、河口、浅滩和内湾，在不同程度上已经变成纳污场，水体环境质量恶化，一些传统的鱼虾产卵场不复存在，环境污染给东海渔业区每年带来的海洋生物损失量高达 17 万吨。近海海域环境污染会严重制约海洋生物资源的补充和生长，制约海水养殖渔业的发展，严重威胁着海洋渔业资源的可持续利用。

2. *渔业资源有限性与人类需求矛盾* 渔业资源是稀缺性资源。20 世纪中期以前，限于海洋开发能力的制约，人类认为海洋渔业资源取之不尽、用之不竭。渔业资源的稀缺性与需求的矛盾长期以来一直没有表现出来。随着社会经济的进步、人口增长和人类生活水平的不断提高，人类对水产蛋白的需求偏好不断递增。渔业资源的稀缺性和消费偏好的矛盾日益凸显出来。人类对水产品有明显的消费偏好，水产品价格的提升对海洋渔业捕捞生产者具有明显的激励作用，最终导致捕捞过度和资源衰竭。另外，随着科技和社会的发展，海洋捕捞能力大幅度提高，人类对天然渔业资源的捕捞强度与日俱增。海洋渔业劳动力的自然增长和非渔业劳动力向海洋捕捞业转移使我国大陆沿海捕捞能力持续增长。海洋渔业经营的私有化和股份制，促使海洋捕捞能力进一步增加，近海捕捞机动渔船数量从 1979 年的 4.3 万艘，捕捞功率 2150kW 猛增至 2017 年的 94.72 万艘和 2109 万 kW，捕捞产量接近我国四海区估计可捕量的 2 倍。早在 20 世纪 80 年代初，中国大陆沿海的捕捞能力就已超过中国沿海海洋渔业资源的承受能力。人类无限的需求愿望与渔业资源稀缺性的矛盾，最终导致海洋捕捞压力过大，造成渔业资源过度捕捞和资源枯竭。

3. *资源危害型作业方式普遍存在* 我国近海海洋捕捞产业结构和养殖结构不尽合理，危害资源与环境的捕捞作业方式和养殖方式普遍存在，严重威胁海洋渔业资源的可持续利用。拖网和定置张网一直是我国近海海洋渔业捕捞产业中的主要渔具。这两种作业方式的选择性差，对渔业资源及其渔场环境的破坏比较严重，是不可持续的捕捞作业方式。我国海洋捕捞产量的 50% 来自底拖网。底拖网捕捞效率高，但选择性差，渔获物中绝大部分为经济种类的幼鱼和作为经济种类食物的小杂鱼，对渔业资源的破坏相当严重。底拖网作业对底栖生态也有明显的破坏作用。定置张网渔获量占中国海洋捕捞总产量的 20%，定置张网对经济鱼类幼鱼等渔业资源也有严重破坏作用。刺网和钓渔具有较高的捕捞选择性，而且对渔场环境的危害较低。但是，由于这两类渔具的捕捞成本高，因此占渔业生产比重较低，合计捕捞产量仅占全部渔获量的 16% 左右。围网以捕捞中上层为主（如鲐类），渔具的选择性也比较高。围网同刺网和钓渔具相似，渔获量占捕捞总产量的比例也较低，20 世纪 80 年代以来一直呈萎缩趋势。

4. *海洋渔业经济活动高度集中* 我国捕捞作业历来集中在沿海水域。20 世纪 70 年代以来虽然开发利用了近海及外海渔业资源，但捕捞作业的分布格局并没有明显改变，绝大多数渔船仍主要分布在沿海水域。从 20 世纪 80 年代初开始，海洋捕捞渔船的股份制使小型渔船大量增加，机动渔船平均单船功率从 1979 年的 50kW 下降到目前的 43kW。新增小型渔船只能在沿岸浅海作业，而沿海水域是经济鱼类产卵和幼鱼育肥成长的主要场所。为了保护渔业资源，渔业政府管理部门制定了大量的渔业管理措施。例如，在沿岸设立禁渔区，划定沿海机轮底拖网禁渔区线，从 1988 年开始在渤海全年禁止底拖网，

1995年以来先后在黄渤海、东海和南海北部实行伏季休渔等。这些宏观禁渔措施对保护渔业资源具有明显的作用，但是沿海地区渔民在禁渔区违规捕捞的情况屡禁不止。在每年休渔期结束后，大量底拖网渔船集中在机轮底拖网禁渔区线内违规捕捞经济鱼类的幼鱼，进一步加剧了对沿海海域经济鱼类亲鱼和幼鱼的损害。另外，近年来使用禁用渔法，如电、毒、炸鱼等的现象日趋严重，过度养殖也带来了环境污染问题。因此，我国沿海渔业生产活动的集中及管理制度的失效，对海洋渔业资源的可持续利用带来极大的挑战。

5. *渔业劳动力投入过剩* 我国海洋渔业受国际渔业环境、资源枯竭和捕捞过度等渔业现实的影响，面临减船和分流海洋捕捞渔业劳动力的选择。由于劳动力过剩，全国面临巨大的劳动就业压力。改革开放以后，东部沿海地区经济的蓬勃发展，使东部沿海地区本来就明显高于中西部的地区差异变得更大，诱使劳动力由中西部向东部加速流动、由内地向沿海流动。海洋捕捞业高于水产养殖业和种植业的比较优势及东部沿海地区的经济区位优势，吸引大量来自沿海和内地农民加入海洋捕捞业和海水养殖业。我国渔业管理制度中，尚未建立严格规范的入渔制度，三无渔船数量众多，非渔劳动力加入捕捞渔业和海水养殖渔业的现象相当普遍。

6. *海洋渔业资源利用的制度和组织资源短缺* 我国海洋渔业管理部门非常重视海洋渔业的管理，投入大量人力、物力。1949年以后，政府就开始注重近海海洋渔业的管理和养护。1956年以前，先后出台《机船底曳网禁渔区》《国务院关于渤海、黄海及东海机轮拖网渔业禁渔区的命令》以及《关于贯彻资源保护政策，有力地安排渔场与改造船网工具的指示》等制度，以保护沿海鱼类资源。其后又多次制定了控制捕捞强度、调整产业结构和养护渔业资源的条例和规定。尤其是1987年起制定了强制性的控制海洋捕捞渔船的宏观管理措施和减船指标，限制沿海地区的海洋机动捕捞渔船的数量和功率。这些管理措施取得了一定的管理效果，但应该看到管理效果与管理成本的投入不成正比。

四、我国海洋渔业资源发展的对策

针对我国海洋渔业发展存在的问题，今后应采取如下发展对策。

1. *科学、合理、有计划地开发海洋资源*

1）推进海洋资源立法，建立海洋法规体系，将海洋资源开发工作纳入法制化的轨道。当前，主要是认真实施《中华人民共和国海域使用管理法》，完善海域使用审批和资源有偿使用制度；制定《中华人民共和国海岛保护法》等，形成完备的海洋综合管理法律体系。

2）做好海洋资源规划，建立海洋规划体系。做好地区海洋经济发展规划和功能区划，组建统筹协调机构，协调一致地综合开发海洋资源。

3）强化海洋资源管理，建立海洋管理体系。通过制定相关政策，调整海洋产业结构，支持发展海洋高科技产业和第三产业。同时，全面监管近岸海域，基本控制我国管辖海域内的各类违法活动及突发事件，及时查处各类违法破坏海洋资源和环境的行为。

4）建立健全新的渔业管理制度，加大对渔业资源和环境的保护力度，全方位加快渔业可持续发展的进程。

5）充分利用国内、国际两种资源。积极参与国际海底资源勘探开发和管理、极地科学考察和全球海洋生物资源利用和管理，不失时机地采取有效措施，开发利用公海与国际海底中蕴藏的渔业和矿产资源，保证我国短缺资源的稳定供应。

6）加强海洋经济区建设，推动海洋产业发展。选择沿海地区具有较好海洋经济基础的区域，集中力量开发建设，形成海洋油气、港口运输、渔业养殖、滨海旅游等传统产业，以及海水综合利用、海洋化工、海洋药物、海洋环保等新兴产业在内的海洋经济区和产业带。

2. 加快推进海洋渔业产业化进程

1）我国渔业的产业化经营程度较低，水产企业普遍存在“小、散、低”的状况，难以适应加入 WTO 后国际渔业竞争的要求。

2）大力培育渔业龙头企业。各级政府要从政策、资金、技术、服务上积极扶持渔业龙头企业，实现公司加渔户、产供销、技工贸“一条龙”的产业化运作。抓好龙头企业辐射带动渔户这一关键环节，通过龙头企业把分散生产经营的渔船、养殖基地连接起来，并依托龙头企业，扩大生产规模，拉长渔业产业链。强化确立主导产品和商品基地建设这个基础环节，根据各地的资源特点，抓好特色养殖基地建设。积极推进水产品市场体系建设，组织众多分散的从渔人员进入大市场，实现渔业生产与市场的顺利对接。

3）充分发挥科技进步对渔业产业化经营的推动作用。加强名优新养殖品种的引进、开发和推广工作，强化实施“一条鱼”工程（开发一个品种，深化一门科学，形成一个产业，致富一方群众）。具备条件的沿海地区，要建设高标准的“海洋与水产高科技园”，把科研力量集中起来，建成集生产、教学、科研和应用开发为一体的、具有全国一流水平的海洋与渔业“硅谷”，加快渔业科技成果产业化的进程。

4）大力发展水产品精深加工。水产品精深加工和综合利用是渔业生产活动的延续，具有高附加值、高科技含量、高市场占有率、高出口创汇率的“四高”特点，发展前景十分广阔。目前，全世界的水产品总产量已超过 1 亿吨，但每年至少有 12% 的水产品变质，36% 的低值水产品经加工成为动物饲料等，真正供给人类食用的仅为总产量的一半左右。

5）今后我国水产品生产和加工要以大宗产品、低值产品和废弃物的精深加工和综合利用为重点，优化产品结构，推进淡水鱼、贝类、中上层鱼类和藻类加工产业体系的建立。同时，培植和引导一批具有活力的水产品加工龙头企业，通过加快技术改造，促进适销对路产品的开发，不断提高国内外市场的占有率。

第四节　水产资源增殖与海洋牧场

一、水产资源增殖

水产资源增殖是指采用繁殖保护、人工放流和改善水域环境等措施来提高水产资源的数量和质量，是保证水产资源再生产过程的稳定性和持续增长，提高渔业生产经济效益的重要途径。

水产资源是一种经常变动和不断更新的自然资源，其数量变动是种群中补充量和减少量相互关系变化的结果。资源的繁殖和生长使种群得到补充和更新，而自然死亡和捕捞则使种群数量减少。水产资源增殖是人工补充和更新渔业资源的有效方法。它产生于古代，但在很长的时期里，采取的主要措施是繁殖保护，其范围和规模很小。19 世纪开始采取人工放流和改善水域环境等措施，其范围和规模都扩大了。20 世纪以来，尤其是 50 年代以来，水产资源增殖发展很快，范围和规模迅速扩大。其主要原因是随着世界人口的增长和人们生活水平的提高，对动物蛋白的需要日益增长，仅靠水产资源的自然增殖已经远不能满足需要。由于过度捕捞等，水产资源遭到破坏，一些有经济价值的水生动物和植物资源面临灭绝，或密度过低不宜利用，更加剧了水产品供求矛盾。基础理论学科（如鱼类生态学、生理学，水生生物学等）的发展推动了水产资源增殖科学的进展。工业的发展能够为水产资源增殖范围和规模的扩大提供必要的设施。天然水域的水质好、溶解氧高、饵料资源丰富，鱼类生长快，鱼病少，产量高，投资少，成本低，见效快。同时，水产资源增殖还有利于保持水体生态平衡和良性循环。

1. *繁殖保护*　在古代，人类已注意保护水产资源。中国古书中对此已有所记载，如《吕氏春秋》中有“竭泽而渔，岂不获得，而明年无鱼”，《淮南子》中有“鱼不长尺不得取”。到了明代和清代，制订有禁捕怀卵亲鱼和禁止在产卵场捕鱼的法令。国外最早的保护鱼类资源的法令是在 5 世纪起草的哥特人法典中发现的，以后苏格兰在 12 世纪、俄国在 17 世纪先后颁布了水产资源保护法，日本 1901 年正式颁布《渔业法》。1949 年以后，国务院于 1955 年 6 月颁布《国务院关于渤海、黄海及东海机轮拖网渔业禁渔区的命令》，1979 年 2 月颁布《中华人民共和国水产资源繁殖保护条例》，1986 年颁布了《中华人民共和国渔业法》，这些渔业法规规定应实行合理捕捞来调整种群数量，划出禁渔区和禁渔期，禁止采用炸鱼、毒鱼等渔法；确定允许捕捞品种的规格，保护渔捞对象的繁殖和生长过程，以增加资源补充量；合理控制捕捞量或规定捕捞定额，以减少损失并实现资源量的增长。

2. *人工放流*　19 世纪中叶，欧美各国在鲑鳟类的人工繁殖成功以后，相继建立了孵化场，将经过人工培育后的仔幼鱼进行人工放流，以增加水域中的鱼类资源。20 世纪 70 年代末至 80 年代初，全世界每年人工放流的鲑鳟总数已达 20 多亿尾。日本 1962 年在濑户内海建立起第一个“栽培渔业”中心，经过培育种苗、放流，取得明显效果。1975 年放流稚鱼 11.5 亿尾，到 1979 年回归量达 2400 万尾，按每尾 3.66kg 计，总重量达 8.8 万吨。据计算，每一尾稚鱼成本不到 1 日元，在海洋中生活 3～4 年后参与生殖洄游回归时，个体重达 3～4kg，年放流量 10 亿尾稚鱼，成本不到 10 亿日元，以 2% 回归率计算可回归 2000 万尾，为 6～8 万吨，产值可达 200 亿日元。这种新兴的“放牧渔业”给日本带来巨大的经济利益。俄国在 19 世纪末成功地进行了鲟的人工繁殖。苏联在 20 世纪 70 年代时的鲟人工繁殖和苗种培育已走上机械化、自动化的道路。由于苏联每年在各大江河和亚速海、里海等内陆海大规模放流幼鲟，鲟产量不断上升。中国内陆水域经济鱼类的人工放流效益也很显著，在湖泊、水库中放流，同天然生长的鱼类相比，经济效益高 60～70 倍，产量高 350～400 倍。

3. *移殖驯化*　移殖驯化是水产资源增殖的另一项重要内容。古罗马时代，鲤由亚洲移殖到欧洲，以后广泛分布于世界各地，并且育成了各种不同的品种。原产于北美太平洋沿岸山溪中的虹鳟，以及原产非洲的罗非鱼属的一些种类也都已被广泛移殖到世界各地。此外，中国的草鱼、鲢，北美的河鲱，美洲的红点鲑、食蚊鱼等，还有欧洲的河鳟、大西洋鳟、白鲑等也向其他洲或国家移殖。原产太平洋北部的几种大麻哈鱼现在不仅移殖到南太平洋的新西兰、澳大利亚、智利等国，还引入大西洋的白海（苏联、挪威）和加拿大的大西洋沿岸。美国还向大湖区放流银大麻哈鱼。中国除了由国外引进罗非鱼、虹鳟及胡子鲇等外，还成功地进行了若干种国内鱼类移殖驯化。例如，团头鲂原产于长江中游湖泊中，后移殖于全国南北各地；1979 年开始将太湖短吻银鱼的人工受精卵由江苏太湖移到云南滇池，1983 年产量达 1500 吨。

二、海洋牧场

近年来，由于海洋渔业的过度捕捞、粗放式养殖、栖息地破坏和环境污染等，我国一些海域生态环境受损，渔业资源衰退，严重影响了我国沿海和近海海洋渔业及海洋生物产业的可持续发展。因此，研究和探索一种新型的海洋渔业生产方式，在修复海洋生态环境、涵养海洋生物资源的同时，科学地开展渔业生产，为我国人民持续提供优质安全的海洋食品，是我国海洋渔业（“蓝色粮仓”建设）科技工作的当务之急。现代海洋牧场就是这样一种新型的现代海洋渔业生产方式。

（一）海洋牧场概念和类型

海洋牧场是指基于海洋生态系统原理，在特定海域，通过人工鱼礁、增殖放流等措施，构建或修复海洋生物繁殖、生长、索饵或避敌所需的场所，增殖养护渔业资源，改善海域生态环境，实现渔业资源可持续利用的渔业模式。

海洋牧场通过人为调控生产对象在改良生境内的放牧生产，充分利用海域生产力和空间。与单纯的增殖放流相比，更加注重生境的修复与重建、放流后资源的管理与保护；与传统的海水养殖业相比，更加注重生物生活空间的扩增、产量的提高及环境的保护；与传统捕捞渔业相比，使传统的渔业从采捕型转为人工控制型。海洋牧场结合增殖放流、海水养殖及海洋捕捞的优点，实现生态系统水平上的管理，是海洋生物资源利用的一场重大产业革命，成为引领世界新技术革命，发展低碳经济的重要载体。

依据海洋牧场的功能，可将海洋牧场划分为以下 5 种主要类型。渔业增养殖型海洋牧场：是目前最常见的海洋牧场类型，一般建在近海沿岸，渔业增养殖型海洋牧场产出多以海参、鲍、海胆、梭子蟹等海珍品为主。生态修复型海洋牧场：属于目前海洋牧场受鼓励的发展方向，我国北方地区往往以近海中小型生态修复海洋牧场为主，南方地区以外海大中型生态修复海洋牧场较多。休闲观光型海洋牧场：随着休闲渔业的兴起而出现，多嵌在其他类型海洋牧场之中，是海洋牧场管理开发的一项新兴产业。种质保护型海洋牧场：以珍稀、特有物种保护为主要目的的海洋牧场类型。综合型海洋牧场：我国在建的牧场多以综合型海洋牧场为主，一般兼顾一项或多项功能，最常见的是在渔业增养殖型海洋牧场中开发休闲垂钓功能，在生态修复型海洋牧场中开发休闲观光功能和鱼类增养殖功能等。

（二）我国现代海洋牧场建设的发展理念

现代海洋牧场建设必须坚持“生态优先、陆海统筹、三产贯通、四化同步、创新跨越”的原则，集成应用环境监测、安全保障、生境修复、资源养护、综合管理等技术，实现海洋环境的保护与生物资源的安全、高效和持续利用。

1. 坚持“生态优先”　在现有捕捞和养殖业面临诸多问题的背景下，海洋牧场作为一种新的产业形态，其发展有赖于健康的海洋生态系统。因此必须重视生境修复和资源恢复，根据生态容量确定合理的建设规模，这是海洋牧场可持续发展的前提。

2. *坚持“陆海统筹”*　海洋牧场在空间上覆盖陆域和海域，陆域是苗种繁育、产品加工、牧场运行管理的基地，海域是开展人工鱼礁建设、增殖放流、生境修复、采捕收获的生产空间。因此，陆地和海上生产空间需进行合理统筹规划，海域应根据水深和离岸距离合理布局各类增殖模式和增殖对象，陆域应基于高效运行和方便管理的原则对各生产单元科学布局。

3. *坚持“三产贯通”*　海洋牧场不仅包括水产品生产的产业链，还涉及礁体和装备制造、产品精深加工和储运、休闲渔业等产业。未来应打通一、二、三产业，使海洋牧场成为经济社会系统和生态系统的一部分，特别是将休闲渔业和生态旅游等产业有机融入海洋牧场建设中，充分发挥其对上下游产业和周边区域产业的拉动作用。

4. *坚持“四化同步”*　工程化、机械化、自动化、信息化是现代海洋农牧业的发展方向。海洋牧场要加强食品安全追溯技术、物联网和人工智能技术、牧场管理信息化、生物驯化、自动化采收等技术和装备的研发和应用，综合提升海洋牧场的整体技术水平。

5. *坚持“创新跨越”*　现代海洋牧场建设还有许多科学和技术问题亟待突破，这需要凝聚多学科的知识和技术。近期应在海洋牧场健康和承载力评估、海草床、海藻场修复技术、种群重建技术、牧场生物制御技术和牧场生态系统管理技术等方面取得突破。

（三）海洋牧场建设所需关键技术

根据国际上已有的经验与相关研究，海洋牧场建设所需关键技术如下。

1. *海洋牧场评估技术*　利用声学生物资源探测与评估技术，建立鱼类资源声学无损探测评估体系，开展基于海洋牧场物种鉴别的声学评估方法研究，建立物种探测分类鉴别技术体系；研究建立基于海底光学摄像系统的水产生物种类及资源量分析评估系统，利用遥感信息技术进行环境因子与资源变动数据模型研究；利用渔具渔法生物调查技术，开展规模化牧场养殖生物生态产出容量和环境承载力评估研究，开发环境影响小、选择效率高的适宜生物调查的渔具渔法，为海洋牧场的建设评估提供准确依据。

2. *海洋牧场生态环境营造技术*

1）完善人工鱼礁建设技术：系统研发各类人工鱼礁材料、结构及建设技术。在鱼礁材料研制方面，大力开展绿色环保、亲生物性的鱼礁材料的开发与利用研究，探索再利用如高炉矿渣等规模工业副产品，关注高固碳性礁体材料的开发，建设具有自我生长和自我修复能力的礁体；重点突破大型人工鱼礁关键技术，包括其设计、制作、拼装、运输和投放等一系列技术，为 50m 及更深海域的人工鱼礁建设储备技术，打破国外专业公司对大型人工鱼礁关键技术的垄断，形成具有中国特色和自主知识产权的大型人工鱼礁建设关键技术体系；开展海上各类人工设施的生态环境资源化利用技术研究，开发抗风浪能力卓越、适合我国各类深水海域特点的多功能浮鱼礁，加强在浮鱼礁结构和强度设计等方面的研发工作，部署深水多功能浮鱼礁的研发工作，为我国开发南海等离岸海域提供技术保障。

2）优化海藻场 / 海草床的修复与造成技术：对主要的大型藻类 / 海草进行定位，发掘其特定环境下的附着生长机制、环境及生物间作用机制，系统阐明大型海藻场 / 海草床的生态功能，研究建立海藻场 / 海草床的物质能量流动模型，研究分析海藻场 / 海草床的生物涵养机理。

3）研发流场造成技术：基于特定生态环境的上升流、背涡流、环流等典型流场的造成方法，结合人工鱼礁建设等生态工程，进行人工鱼礁与流场造成关系的研究，同时开展流场与生物分布、流场与饵料环境等影响机制的研究。

4）研发底质环境改良与再造技术：基于底栖经济生物生活史，研究最适合环境特点的底栖生物场改良再造技术，利用环流生态特点创新性地形成基于水体交换的工程学改良技术，建立生物、微生物改良技术体系，形成底质环境改良系列方法。

3. *基于海洋牧场生态系统平衡的资源动态增殖管理技术*　研发放流区域选择技术，保证放流种类的生存和生长，并使其能够发挥最大的繁殖潜力，确保放流幼体的规格，从而实现最佳的成本及效益核算。研发放流幼体成活率提高技术、幼体保活运输技术及装备，并实现相关工艺与装备的标准化；研发敌害生物防除技术和可移动式暂养网箱及海上种苗繁育工船等新型高效资源增殖设备；研发放流效应的评估技术，准确评估放流幼体在海洋牧场的存活、生长状况和规律。

4. *基于大数据平台的海洋牧场实时监测与预报预警技术*　构建基于物联网技术的水体环境在线监测系统，实现对水温、盐度、溶解氧、叶绿素等海水环境关键因子的立体实时在线监测。研发基于物联网技术的对象生物远程可视化监控与驯化技术和基于标志回捕、无线信号追踪等创新技术方式的鱼贝类行为追踪及分析技术，开发相关设备仪器；基于对象生物的行为驯化与控制技术，建立特定鱼种的声学驯化行为控制模型，创新牧场对象鱼种的行为控制方法；研发生物及生物群落状态远程可视化观测技术和基于环境参数与生物参数的预报预警技术与专家决策系统，建立生态环境信息数据库，形成针对对象物种生物耐受极限的海洋牧场环境灾害预警机制，建立灾害预警管理平台。

5. *海洋牧场可持续产出管理技术与产出模式优化*　研发海洋牧场区高效、生态环保型采捕技术。开展牧场对象生物的选择性生态型渔具渔法研发工作，开发生态保护型采捕技术，提高对象生物捕捞效率，确保生态环境影响最小化；研发基于海洋牧场生态系统的产量评估技术，建立海洋牧场产出最优化评价方法体系；研发基于海洋牧场生态系统的产出规模控制技术，优化海洋牧场产出模式，保障海洋牧场良性可持续生产；建立从苗种、驯化、育成、采捕到销售的海洋牧场全产业链条的连续数据采集和全过程追溯技术，构建海洋牧场综合管理平台。

（四）各国海洋牧场发展概况

海洋牧场是海洋牧业生产实践的产物，其形态和内涵由简单到系统、由初级到成熟不断演化。从世界范围来看，海洋牧业可追溯到19世纪60～80年代鲑科鱼类的增殖放流。20世纪50年代，美国和日本出现的人工鱼礁标志着海洋牧业向资源养护的转变。20世纪80年代，注重全过程、精细化管理的海洋牧场成为海洋牧业的更高级形态。以日本大分县为代表的海洋牧场将增殖放流、鱼礁建设、驯化技术等融入其中，形成了完善的渔业管理体系，揭开了海洋牧业“工业革命”的序幕。

1. *日本海洋牧场发展状况*　海洋牧场的构想最早即由日本在1971年提出，1973年，日本又在冲绳国际海洋博览会上提出：为了人类的生存，在人类的管理下，谋求海洋资源的可持续利用与协调发展。1978～1987年，日本开始全面推进“栽培渔业”计划，并建成了世界上第一个海洋牧场——日本黑潮牧场。日本水产厅还制订了“栽培渔业”长远发展规划，其核心是利用现代生物工程和电子学等先进技术，在近海建立“海洋牧场”，进行人工增殖放流（养）和吸引自然鱼群，使得在海洋中的鱼群也能像草原里的羊群那样，随时处于可管理状态。

1991 年，日本政府栽培渔业的预算达到 48.6 亿日元，放流的渔业品种达 94 种，放流规模百万尾以上的种类超过 30 种。仅每年投到人工鱼礁的资金就达 600 亿日元，中央政府和县政府、市町村各负责 50%。经过几十年的努力，日本沿岸 20% 的海床已建成人工鱼礁区，2003 年北海道地区秋季大麻哈鱼的捕捞量猛增到 5500t。

2. *韩国海洋牧场发展概况*　1994～1996 年进行了海洋牧场建设的可行性研究，并于 1998 年开始实施“ 海洋牧场计划”，该计划试图通过海洋水产资源补充，形成（制造）牧场，通过牧场的利用和管理，实现海洋渔业资源的可持续增长和利用极大化。该项目计划分别在韩国的东海（日本海）、韩国南部海域（对马海峡）和黄海建立几个大型海洋牧场示范基地，有针对性地开展特有优势品种的培育，在形成系统的技术体系后，逐步推广到韩国的各沿岸海域。1998 年，韩国首先开始建设核心区面积约 20km 的海洋牧场。经过努力经营，2007 年 6 月竣工，取得了一定的成效，在统营牧场取得初步成功后正推进建设其他 4 个海洋牧场，并将在统营牧场所取得的经验和成果应用到其他海洋牧场。

3. *美国海洋牧场发展概况*　1968 年提出建设海洋牧场计划，1972 年付诸实施，1974 年在加利福尼亚海域利用自然苗床，培育巨藻，获得效益。该海洋牧场兴建后取得了良好的经济效益，大大刺激了海洋牧场的后续发展。人工鱼礁业的发展为美国的旅钓业提供了契机。20 世纪 80 年代初期，为了增加可垂钓鱼类的数量，吸引人们垂钓，增加旅游和垂钓收入，在沿海海域投放了 1200 处人工鱼礁，收到了良好的效果。

（五）我国现代海洋牧场建设的发展历程

我国海洋牧场建设可大致分为以下阶段：

（1）建设试验期（1970～2000 年）　这一阶段，主要在广东、海南、广西、辽宁、山东、浙江和福建等地开展人工鱼礁试点建设工作，建设人工鱼礁 28 000 多个，10 万 m^3，投放渔船 49 艘，浅海投石 99 137m^3。

（2）建设推进期（2001～2015 年）　这一时期以《中国水生生物资源养护行动纲要》为指导，投放资金 22.96 亿元（其中中央财政投入 1.73 亿元），建设鱼礁 3152 万 m^3，形成海洋牧场 464km^2。

（3）建设加速期（2016 年～）　在山东、辽宁、河北、浙江、广东等地建设 42 处国家级海洋牧场（其中天津 1 处；河北 7 处；辽宁 9 处；山东 14 处，上海 1 处，江苏 1 处，浙江 4 处，广东 4 处，广西 1 处），各沿海城市加速海洋牧场建设。

我国海洋牧场建设起始于 20 世纪 70 年代末，主要以人工鱼礁建设和增殖放流技术为主，规模化增殖放流工作则始于 20 世纪 80 年代末。当时我国海洋渔业资源量因捕捞过度、栖息地破坏已经出现严重衰退。为此，国家一方面积极发展海水增养殖业来满足日益增长的水产品消费需求，另一方面尝试采取人工鱼礁建设、资源增殖放流技术来修复衰退中的资源。此后，国内海水增养殖业迅猛发展，而人工鱼礁建设、增殖放流技术又被大量应用于我国渔业管理实践中。2006 年国务院发布《中国水生生物资源养护行动纲要》，以政府行为推进了我国海洋牧场产业的发展，全国沿海各省市纷纷积极组织开展渔业资源增殖放流活动和人工鱼礁建设。增殖放流方面，先后进行了海蜇、三疣梭子蟹、金乌贼、曼氏无针乌贼、梭鱼、真鲷、黑鲷、大黄鱼、牙鲆、黄盖鲽、六线鱼、许氏鲆、虾夷扇贝、魁蚶、仿刺参和皱纹盘鲍等种类的增殖放流。据不完全统计，截至2016年，中国向海洋投放各种鱼、虾、蟹、贝等经济水生生物种苗早已超过1200亿尾（粒），投入资金超过30亿元 。我国的人工鱼礁建设始于1979年，广西钦州地区（现属防城港市）投放了26座试验性小型单体人工鱼礁。1983年起人工鱼礁建设受到中央的重视，农业部组织全国水产专家指导各地人工鱼礁试验，共投放了2.87万件人工鱼礁，总计8.9万空方。进入21世纪以来，广东、浙江、江苏、山东和辽宁等省掀起了新一轮人工鱼礁建设热潮，呈现出政府提供政策和资金支持、企业实施建设的特点。以山东省为例，截至2017年底，山东省已扶持建设海洋牧场（人工鱼礁）项目138处，建设投礁型海洋牧场1.9万余公顷，累计投放礁体1500万空方，2017年，山东省海洋牧场综合经济收入2600亿元。目前，全国已投入海洋牧场建设资金约68亿元，建设国家级海洋牧场示范区64个，海洋牧场233个，用海面积超过850km^2，投放鱼礁超过6094万空方，全国海洋牧场与海上观光旅游、休闲海钓等相结合，年度接纳游客超过1600万人次，成为海洋经济新的增长亮点。

在增殖放流和人工鱼礁建设的基础上，涵盖育种、育苗、养殖、增殖、回捕全过程，重视生境修复和资源养护的海洋牧业形态，即真正意义上的海洋牧场在我国出现。从20世纪80年代开始，为了恢复天然水域渔业资源种群数量，我国首先在黄渤海水域开展了中国对虾增殖放流技术的研究，随后在沿海及内陆水域都开展了一定规模的渔业资源增殖放流技术研究，海水增殖品种有中国对虾、长毛对虾、扇贝、梭子蟹、海蜇、海参等。20世纪80年代，辽宁省大连市的獐子岛开始虾夷扇贝的育苗和底播，从90年代起，獐子岛海洋牧场开展营造海藻场的工作，设置人工鱼礁、人工藻礁，修复与优化海珍品等增养殖生物的栖息场所，对确权海域进行功能区划，布设了潜标、浮标，建成了水文数据实时观测平台，到目前已开发超过2000km^{2}的海域。近年来，山东省烟台市的莱州湾海洋牧场建设迅速，海域覆盖面积达10 672万m^2，系统建立了渔业资源养护技术，实现资源量倍增，有效修复渔业水域环境，产品通过有机食品认证，集成构建了“物联网＋生态牧场”生产体系，实现了牧场管理信息化。2015年5月，农业部组织开展国家级海洋牧场示范区创建活动，推进以海洋牧场建设为主要形式的区域性渔业资源养护、生态环境保护和渔业综合开发。同年12月，天津大神堂海域，河北山海关海域、祥云湾海域、新开口海域，辽宁丹东海域、盘山县海域、大连獐子岛海域、海洋岛海域，山东芙蓉岛西部海域、荣成北部海域、牟平北部海域、爱莲湾海域、青岛石雀滩海域、崂山湾海域，江苏海州湾海域，浙江中街山列岛海域、马鞍列岛海域、宁波渔山列岛海域，广东万山海域和龟龄岛东海域等被列为首批国家级海洋牧场示范区。据统计，“十一五”期间，全国累计投入水生生物增殖放流资金约20亿元，放流各类苗种约1000亿单位；2012年全国共投入增殖放流资金近10亿元。这对一些鱼贝类资源的恢复起到了重要作用。标志放流技术是研究、评估增殖放流技术的重要手段。我国海洋生物标志放流技术研究始于20世纪50年代初，60多年来，我国逐步应用了挂牌、剪鳍、入墨、植入式荧光标志、编码金属线等多种标志手段对海洋生物群体迁移路线和增殖放流回捕率等进行了评估。近几年，一些学者也研究了水生动物内部标志方法（如编码金属线、温度标记、荧光染料标记）的室内效果，但其实际应用较少或不理想。随着海洋生物标志放流技术的发展，电子标志手段已经发挥了无可替代的作用。

目前，据不完全统计，我国海洋牧场总建设面积达 3770hm^2，从北到南形成了或即将形成如辽西海域海洋牧场、大连獐子岛海洋牧场、秦皇岛海洋牧场、长岛海洋牧场、崆峒岛海洋牧场、海州湾海洋牧场、舟山白沙海洋钓场、洞头海洋牧场、宁德海洋牧场、汕头海洋牧场等 20 余处海洋牧场，我国海洋牧场的产业基础初具雏形。我国在人工鱼礁投放技术、藻场建设技术和海洋生物标志放流技术等海洋牧场建设的关键技术方面取得了不同程度的进展。

与此同时，良种选育和苗种培育技术、海藻场生境构建技术、增养殖设施与工程装备技术、精深加工与高值化技术等海洋牧场建设的关键技术逐渐成熟。例如，传统筏式养殖近年来呈现出深水化、生态化和机械化的特点，养殖品种由单一向混养发展，由单纯追求经济效益向经济生态并重发展，如皱纹盘鲍与光棘球海胆越冬期的筏式混养可减少苔藓虫的附生，鲍和仿刺参混养可利用并清除生物沉积物，有利于修复和优化浅海养殖系统。离岸深水大型海洋牧场平台成为离岸型海洋牧场的发展方向与趋势。以老旧大型船舶为平台、为载体的大型海上养殖工船正在兴起，有望成为远海渔业生产的补给、流通基地。新技术与新工艺在海洋牧场工程设施中逐渐得以应用，信息化、自动化、抗老化、抗腐蚀技术等大大提高了海洋牧场养殖设施的性能和管理水平。

截至目前，我国的海洋牧场试验及建设可分为两种类型。一种是在原先人工鱼礁建设与增殖放流技术的基础上以政府行为建设起来的，这类海洋牧场一般是基于安排“双转”（转产转业）渔民再就业、发展休闲渔业、修复渔业资源等社会公益型目标建立起来的。近年来，我国南方的惠州海洋牧场结合了贝藻类立体养殖方式，将养殖元素作为我国海洋牧场的特点之一；而我国北方的秦皇岛海洋牧场则把海珍品增殖、藻类增殖、底栖鱼类增殖结合起来，不仅为鲍、海参提供了饵料，其本身也起到了改善水质和充当鱼类饲料的作用。此外，我国北方的海洋牧场一般选择由当地企业承包海域，并结合了海珍品增殖的生产方式，苗种采购、鱼礁运输与投放等费用基本由建设单位自筹解决，所以民间参与积极性较高。总体来讲，无论是我国南方还是北方，以政府行为推动的海洋牧场，其管理主体大都是企业，让企业参与海洋牧场的管理经营，发挥海洋牧场的产业价值，并兼顾安排“双转”渔民再就业。另一种是利用民间企业在承包海域实施底播增殖，这种生产方式一般出现在我国海域确权明确的北方，生产种类主要是海参、鲍、扇贝等海珍品。

目前我国海藻场建设技术研究还处于试验性阶段，各地已根据自身海域特点开展了海藻场建设，如辽宁省在北黄海进行了海带、裙带菜等海底藻场的建设试验，取得了一定成效；浙江省在 2010 年利用天然岩礁进行了铜藻等大型海藻场的建设试验，2012 年形成了人工海藻场修复示范区，区域面积约 10hm^2；广东省在 2011 年进行了藻类种植试验，2012 年其试验种植面积达 26.67hm^2；秦皇岛移植了马尾藻 210 万株，并引进和种植了大型海藻——龙须菜苗种 500kg；青岛即墨大管岛海域的人工鱼礁区也进行了大叶藻、海带、鼠尾藻等藻类移植试验；广西北海在 2011 年移植江蓠、扁藻等藻类达 1000kg。但到目前为止，海藻场的建设还未形成成熟的技术体系和建设规模。

（六）我国海洋牧场存在的问题及发展对策

我国海洋牧场理念的提出至今已 50 余年，海洋牧场建设在取得显著进展的同时也出现了一些问题，主要表现在以下 4 个方面。

1. *海洋牧场的含义应用过于宽泛*　在我国实践中，投放人工鱼礁、增殖放流、网箱养殖等经常等同于海洋牧场建设，传统渔场和海洋牧场概念混淆，导致我国“海洋牧场”建设遍地开花，但整个产业的技术水平很低，没有开展生物控制技术和必要的监测与效果评价。

2. *缺乏统筹规划和科学论证*　由于缺乏全国性规划和国家或行业标准，各地海洋牧场建设同质化严重，地区间缺乏协调，没有使经济和生态效益最大化。由于缺乏相关标准和科学论证，牧场设计未能基于生态系统结构与功能。

3. *忽视海洋牧场生态作用*　海洋牧场建设往往仅被视为获取海洋水产品的途径，经营者对产量和经济效益的片面追求导致海洋牧场在提供生态廊道、庇护野生种群、调节流场和物质输运等方面的生态作用被忽视。除少数海洋牧场建设兼顾了红树林、海草床、海藻场等自然生境的修复，其他绝大多数牧场未能重视对所处海域生态系统功能的保护与恢复，因此也难以抵御环境与生态灾害。如何让海洋牧场有效促进受损生境和生物群落的恢复还有待深入研究。

4. *忽视项目评估和系统管理*　我国海洋牧场建设往往把放流苗种的数量、鱼礁建设规模和投入的资金量作为主要评价指标，这就造成了仅重视建设期投入、项目的可行性分析不足、环境影响评价不完善、完成后综合评价缺失等问题。牧场运营缺乏系统管理，天然饵料增殖与幼体庇护技术匮乏，缺少种苗投放与产品采捕规范，牧场资源环境综合监测评估技术严重滞后。

针对上述问题，杨红生等提出了我国海洋牧场的发展策略。

1）加强海洋牧场建设的宏观引导。在国家层面上，编制我国管辖海域海洋牧场建设的中长期规划，出台海洋牧场建设和运行管理的国家和行业标准，明确我国海洋牧场的定义、范畴和类型，将财政资金投向真正意义上的海洋牧场。在沿海省市层面，根据海域自然条件、海洋功能区属性、环境质量做好海洋牧场选址和区划，推动海洋牧场海域确权，形成政府扶持、企业主导、渔民受益的海洋牧场建设模式，加强海洋牧场绩效评估和统计报告。

2）推动海洋牧场体系化建设。统筹安排增殖放流和人工鱼礁建设工作，提高增殖放流苗种的成活率和人工鱼礁建设的针对性和科学性。逐步实现底播种类以海珍品为主转变为海珍品、鱼类、藻类多营养层次相结合，提高单位海域的经济与生态效益。我国近岸水体污染和富营养化日趋严重，海洋工程建设等造成了海底荒漠化，渔业资源生物生存环境恶化，因此海洋牧场建设应将近海生态系统重建纳入工作重点，注重生境修复、天然饵料增殖、海草床及海藻场的恢复。加强海洋牧场资源环境的实时在线监测和生态灾害的预警预报。公益性海洋牧场实行配额管理，严格限定产出的商品规格、收获量和收获方式等。

3）实施海洋牧场企业化运营。改变目前海洋牧场建设主要由政府投资的局面，通过财税政策、特许经营等途径吸引企业运营海洋牧场，财政资金由直接投入海洋牧场建设，转向栖息地保护、基础科学研究和监测评估等方面。推动构建企业、科研院所、渔民参与的行业协会，形成产业联盟，实现产学研结合，企业和渔民共同获益，实现海洋牧场、休闲渔业、滨海旅游等多元融合发展。

第五节 水 产 捕 捞

水产捕捞包括海洋捕捞和内陆水域捕捞，前者又可以分为沿海捕捞、外海捕捞和远洋捕捞；后者也可以分为江河湖泊捕捞和水库捕捞。

捕捞所用的渔具包括网渔具、钓渔具、猎捕渔具（如捕鲸炮、鱼镖等）、特种渔具（如光电捕鱼、电气捕鱼、鱼泵等）和杂渔具（如耙刺、笼壶、潜水器等）5类，其中网渔具分为拖网、围网、刺网、张网、建网、插网、敷网和掩网8类，加上钓渔具、猎捕渔具、特种渔具和杂渔具，共组成12类。

根据捕捞对象习性、作业环境条件等来选择渔具，是提高捕捞效率的重要依据。当然，渔具性能好坏与渔具材料及渔具结构的合理性等都有密切关系。

下面仅对传统的四大渔具——拖网、围网、刺网、钓渔具进行介绍。

一、拖网捕鱼

我国拖网渔业历史较长，早在16世纪，浙江沿海渔民就开始进行双船拖网渔法作业。1728年广东沿海渔民把内河船舶改为外海作业渔船，从事两船拖一网的双船拖网渔业。1876年广东汕尾出现了桁拖网生产，至清代末年仅汕尾一地就有400～500艘拖网渔船。1905～1921年，我国先后从德国、日本引进一些机动拖网渔船，至1936年我国机动渔船达230艘，并形成了我国机动双船拖网渔业，1946年开始使用尾拖渔船捕鱼。1949年以后，我国拖网渔船的数量、设备、网材料和作业方式都得到迅速发展。1958年机轮拖网的网具从四片式的手操网改为两片式的尾拖网型，明显地提高了捕捞效率。20世纪50年代后期开始，我国发展机帆船拖网渔业，与此同时合成纤维网材料迅速普及于拖网渔业中，使网具强度增加、阻力减少、寿命延长，大大提高了生产效率。目前采用大尺寸网目替代传统的小网目以提高拖网渔具的性能已经成为捕捞技术革新方面一项重要内容。扩大网具前部网目尺寸及改进网目结构能够减少阻力，提高网口垂直扩张，并已获得广泛应用。

目前拖网渔业遍及全国各海区，拖网渔获量在海洋渔获量中占主要地位。但由于近岸、近海底层拖网盲目发展，严重破坏了近海底层的渔业资源。针对这种情况，政府也采取了调整和管理措施，如发展外海和远洋渔业、严格执行捕捞许可制度及转移部分拖网捕捞力量从事钓业生产和开发中上层渔业资源。

（一）拖网捕鱼原理

拖网式过滤性运动渔具，作业时依靠渔船的动力拖拽囊袋网具，将鱼虾蟹贝强行拖入网内而达到捕捞目的。拖网有中层拖网和底层拖网，前者主要捕捞中层及中上层集群鱼类，后者主要捕捞底层或近底层集群鱼类。我国大多为底层拖网，主要捕捞对象有带鱼、大黄鱼、小黄鱼、海鳗、鲆、鲽、虾、蟹等。

（二）拖网作业特点

1. *作业机动灵活、适应性强，有较高的生产效率*　拖网渔业在世界各主要渔业国家中占相当大的比重。据有关报道，世界底层鱼类的产量约占世界鱼类总产量的1/4。目前从事拖网作业的国家包括日本、英国、挪威、西班牙、加拿大、丹麦、法国、德国、美国等，约有 40 个，底层鱼类产量约占世界底层鱼类总产量的 85%。

2. 作业范围广　特别是中层拖网，可捕捞不同水深的鱼类，其作业海区几乎遍布世界各大海域。近几十年来由于深海拖网的出现，又进一步扩大了作业范围，如德国的远洋冷冻拖网船可在 1500m 水深作业。现代拖网渔业不仅可以捕捞鱼类，还能捕捞头足类、贝类和甲壳类，并能有选择地对水域表层、中层、底层捕捞对象实施有效的捕捞，提高产品质量和数量。

3. 拖网作业渔船机械化、自动化水平较高　随着拖网作业向外海、远洋、深水发展，作业船只也逐步向大型化、机械化、自动化和现代化发展，如船舶种类方面，尾滑道拖网渔船和远洋尾滑道拖网加工渔船等发展很快；在探鱼技术方面，有垂直和水平探鱼仪，可探测 2000m 水深和 4000m 距离的鱼群；在侦察鱼群方面，已应用气球、飞机、激光、红外线摄影、电子计算机和人造卫星等；在捕捞技术方面，除了光诱之外，又发展了声诱捕鱼和电刺激捕虾等；在作业方式方面，为了充分发展生产潜力，许多国家都提倡拖、围、刺、钓兼作或轮作，这些都是世界的共同呼声。

4. 高效率的捕捞给海洋渔业资源和海洋生态环境带来巨大压力并造成损害　自 20 世纪 70 年代以来，在很大程度上，现代拖网渔业造成了海洋渔业资源的衰退，以至于人们在世界范围内提出了负责任捕捞的概念，一致要求限制和减少工业化拖网捕捞，以免给生态环境造成巨大破坏，特别是底层拖网作业。同时拖网作业也是一种能源消耗很高的生产，对能源的高度依赖，使作业成本不断上升，效益下降，为此必须加强对拖网渔具渔法的管理。

二、围网捕鱼

我国围网历史悠久，在海洋渔业生产中起着重要作用。早在 200 多年前，山东、广东等省的沿海区域就使用结构先进的有环围网捕捞鲐，较欧洲早 100 年。在长期的生产实践中，创造了多种多样的渔具，如福建的大围缯、浙江的小对网和山东的风网等；并积累了丰富的侦察鱼群、集鱼方法和捕捞技术等方面的经验。

1949 年以后，随着水产事业的发展，围网生产也有了较大进展，如 1951 年单船围网投入生产，1953 年又开始利用对拖式渔轮进行围拖兼作，1959 年围网渔轮总数增加到 200 艘左右，作业渔场由烟台、威海、海洋岛近海发展到外海生产。在 20 世纪 60 年代前期，我国机轮围网渔船在广东群众渔船灯光围网的基础上，进行了光诱围网试验。70 年代，我国又自行设计制造中型围网船和配套灯船及运输船约 300 艘，灯光围网作业遍布全国各渔业公司。网具材料尼龙化，网具规格大型化，生产操作机械化，侦察鱼群电气化等，大大提高了生产效率。80 年代后期，我国围网渔船开始涉足国际围网渔场，发展金枪鱼围网生产。经过 30 多年的发展，远洋渔业事业取得了很大的进步，在金枪鱼渔业资源丰富的中西太平洋海域有大量我国的渔船（延绳钓与围网）生产作业，其中 2015 年渔船达 449 艘，年渔获量近 7.8 万吨，为维护我国负责任渔业大国形象，我国学者对渔业管理与政策方面进行了大量的学术研究工作。

与此同时，我国机帆船也迅速发展，成为围网生产中的重要组成部分。但是，我国的围网渔业与世界先进的国家相比，还有一定差距，如灯光围网船组产量仍处于较低水平，鱼群侦察技术、灯诱设备等都需进一步提高。为此今后我们应加强对中上层鱼类资源的调查，积极研制或引进先进的鱼群探测仪器，同时还应进一步提高渔船性能和设备，加强对深海作业的渔具和渔法研究等，快速赶上世界先进水平。

围网捕鱼原理和作业特点是紧密相连的，正因为围网的捕捞对象是集群鱼类，所以围网作业就要求鱼群具有稳定性的特点，否则就达不到捕捞目的。

（一）围网捕鱼原理

围网捕鱼是根据捕捞对象集群的特性，利用长带形和一囊两翼的网具包围鱼群，采用围捕或结合围张、围拖等方式，迫使鱼群集中到网囊，而达到捕捞目的。

围网捕捞对象主要是集群性的中上层鱼类，如鲐、太平洋鲱、蓝圆鲹、竹荚鱼、金色沙丁鱼、脂眼鲱、圆腹鲱、鲐鲣、马鲛鱼、青鳞鱼、带鱼、鳓、鳀、沙丁鱼、金枪鱼、鲑鳟、毛鳞鱼等。随着现代化探鱼仪的使用及捕捞技术水平的提高，捕捞对象不断扩大，除了中上层集群鱼类之外，还能捕捞近底层集群鱼类，也可以采用诱集和驱集手段使分散的鱼类集群并加以捕捞。

（二）围网作业特点

从生产实践中可以看到，围网作业与其他渔具作业相比，有着独特的一面，这主要是由于捕捞对象是集群的，而且配合先进的探鱼仪器，因此它的规模、产量、技术要求、船舶设备、生产成本等就有自己的特点。这些特点归纳起来有以下5个方面。

1. *生产规模大，网次产量高*　在渔业生产中围网网具规模大，如我国的鲐鲹围网，长800～1200m，高180～250m。世界大型金枪鱼围网，长1500～2300m，高250～300m，重约30t，网次产量高达数百吨至上千吨。我国的大黄鱼网次产量曾出现过1000t的高产纪录。

2. *捕捞对象具有稳定的集群性*　鱼群的大小、密度和稳定程度是决定围网捕捞效果的重要因素，这三者缺一不可，否则达不到应有的效果。然而，围网的长度和高度虽然都很大，但在实际作业中网具展开的面积、体积都是有限的，为此对于群体小或分散的鱼群，必须采用诱集或驱集的办法，使小群集成大群、分散集成密集的鱼群，这样才能达到应有的生产效果。

3. *生产技术要求高*　发现或尽早发现鱼群，是提高生产效率的重要条件。为此，现代大洋性围网渔船不仅配置有传统的探鱼仪，还利用卫星影像、传真系统和计算机网络等高科技设备来掌握海洋环境并判断鱼群可能出现的位置。在金枪鱼围网中用直升机观察起水鱼群已被广泛应用。这些高科技设备，当然需要很高的操作技术水平。同时在围捕过程中还需要多船配合，操作复杂，在短时间内利用有限长度和高度的网具，把运动状态下的鱼群成功地包围起来，并不是一件容易的事，因此围网生产技术水平要求较高。

4. *作业渔船有良好的性能和先进的捕捞机械设备*　捕捞运动状态下的鱼群，渔船的性能是可想而知的，即必须具备良好的快速性和回转性，以适应迅速追捕鱼群的要求。同时由于网具庞大，必然要求起放网操作机械化和自动化，以提高作业效率，减轻劳动强度，保障安全生产。

5. *围网渔业成本高、投资大*　性能良好和设备先进的渔船，本身就需要高额投资，特别是大洋性的金枪鱼围网渔船，耗资更大，造价通常要在200万美元左右；同时大型网具作业也需要十几吨至数十吨的网材料，投资也是很可观的。又如光诱网生产，除了网船之外，还要配备灯船、运输船，这些船上都有繁多的机械设备、导航通信设备和先进的探鱼、诱鱼设备等，这些都需要巨大的投资。

三、刺网捕鱼

刺网结构简单，操作不复杂，对鱼类和渔场适应性强，对渔船设备要求不高，燃油消耗少，渔获物质优价高，对幼鱼资源损害小。因此，刺网在渔业中占有一定地位。我国1982年海洋刺网类渔获量，约占海洋总渔获量的7%；广东省刺网更发达，产量约占省产量的15%。刺网捕捞对象有体形规则的石首鱼类、鳓、鲳、马鲛、沙丁鱼、金枪鱼、鲷科鱼类等，同时以缠络方式捕捞体形不规则或多鳍刺的鱼类，如鲨鱼、鳐、鲑、鲟及梭子蟹、对虾等。我国早在宋代就已使用刺网捕鱼。在20世纪50年代前，我国渔民都使用天然苎麻等材料制作刺网，渔获效能低；60年代中期使用绵纶单丝材料制作刺网后，渔获性能大大提高，而且发展很快。刺网是黄渤海区的重要渔具渔法之一，2009年刺网渔获量达109.57万吨，占该区总渔获量的30.14%，居于第2位。目前分布最广的刺网有马鲛鱼流网、鳓流网、鲨鱼流网、梭子蟹流网等，使用范围较广的有北方的对虾流网、长江口一带的银鲳流网等，但随着传统经济鱼类资源的衰退，小型鱼类增加而发展起来的有黄鲫流网、青鳞鱼流网等。小型刺网的发展，对渔业资源产生了较大压力。就世界而言，刺网渔业在日本、美国、加拿大等国都具有一定规模，如日本在1870年就开始使用刺网，20世纪初，随着日本动力渔船的迅速发展，刺网渔业开始向外海、远洋发展。刺网作业与其他渔具相比具有前述的优点，但也存在一些缺点，如大型中上层流刺网有可能捕杀海洋哺乳动物和其他海洋生物资源，为此1989年联合国第44届大会号召自1992年6月30日起全面禁止在公海使用大型流刺网作业。

（一）刺网捕鱼原理

刺网是网渔具中结构最简单的渔具。它使用均匀的长带形网衣，其上、下纲分别装配浮子和沉子，垂直张开网衣，拦截鱼、虾通道，使其刺入网目或缠在网衣上，而达到捕捞目的。捕捞体长均匀的鱼类时，以刺挂为捕捞方式；捕捞体形不规则的鱼类等时，以缠络为捕捞方式，也就是说刺网捕鱼不像其他囊形渔具那样兜捕鱼类，而是靠鱼类与网具直接接触而捕获。

（二）刺网作业特点

刺网渔具结构简单，操作方便，作业机动灵活，选择性较好，由于它是依靠鱼类与网具直接接触捕获的，因此它有自身的作业特点。

1. *刺网渔具被广泛使用*　这是因为刺网结构简单，操作方便，对渔船动力要求不高，生产作业机动灵活，选择性好，渔获质量较高，渔具制作和生产成本相对较低。

2. *刺网作业影响渔获率的要素很多*　网目尺寸与捕捞对象大小有直接关系；网线材料和粗度，直接关系到渔具的刺缠性质和强度；网衣缩结系数随鱼体形状而改变，并与网衣张力和刺缠性能密切相关；刺网结构类型取决于捕捞对象的种类和习性；刺网的主尺度与捕捞对象和作业条件相关联等。

3. *刺网与捕捞对象的行为习性必须相适应*　刺网作业还应考虑捕捞对象的视觉、色觉、鱼体形状与尺寸、鱼类对网壁和漂流网列的反应等行为习性。为此，只有在掌握捕捞对象的生物学习性后，才能提高捕捞效率。

4. 刺网作业与渔场环境有密切关系　除了水温、水深、底质等一般条件外，水色、透明度、光照、刺网与背景色、底质与背景色的配合等都决定刺网渔获率的高低。同时，水流与刺网的漂流、网形变化、鱼的趋流反应等都有密切关系。

5. 刺网作业的不足或缺点　不足之处突出表现在产量不如拖网、围网等高。同时，摘取渔获物麻烦，费时又费力，而且鱼体易受损伤；大型中上层流网容易捕杀海洋哺乳动物，特别是在公海作业时更容易出现这个缺点。流网作业占用渔场面积较大，在多种渔具作业时容易与其他渔具纠缠，影响生产，如果在航道上放网还会影响船舶航行，作业中丢失的网具容易被航行中船舶的螺旋桨纠缠，影响船舶安全航行。

四、钓渔具捕鱼

钓渔具是海洋渔业的主要渔具之一，捕捞对象以肉食性鱼类为主，也包括蟹类和头足类等。钓渔具既是历史悠久的传统渔具，又是当前提供高档优质鱼类、繁荣水产品市场、发展渔村经济的重要捕捞手段之一。我国岩礁海岸带的东南沿海和山东、辽东半岛沿海，特别是台湾，钓渔业一向比较发达。但是，多年来由于片面发展高产渔具，钓渔具作业渔场被压缩，一些传统的捕捞对象因被拖网、围网、张网等过度捕捞而减少。鱼价政策也不合理，致使钓渔业陷入衰退。近年来由于渔业调整，生产体制改革和实行开放政策，衰退多年的钓渔业形势才有所转变。

钓渔具结构简单，操作方便，成本低廉，投产容易，作业调整也简便，因此自古以来钓渔具就成为近海岸渔民广泛使用的重要生产工具。随着开发利用外海、远洋鱼类资源的需要，金枪鱼延绳钓等大型作业发展迅速，提高了钓渔业的地位。同时随着国际旅游业的发展，游钓已成为引人关注的行业。为此，对钓渔具的捕鱼原理和作业特点也必须有所了解，这样既有利于旅游业的发展，也有利于钓渔具渔业基本知识的宣传工作和渔业的发展。

（一）钓渔具捕鱼原理

钓渔具捕鱼，通常是在钓线上系结钓钩，并装上诱惑性饵料（包括真饵和拟饵），利用鱼类、甲壳类、头足类等动物的食性，诱其吞食而达到捕捞目的，但也有少数钓渔具不装钓钩，以食饵诱集鱼类。钓渔具的捕捞对象广泛，内陆水域有鲤、鲫、青鱼、鳜、鲌、鳡、鳊、鲇、鲟、蟹类等；海洋中的有带鱼、鲨、鳓、鳗、大黄鱼、黄姑鱼、鳕、石斑鱼、金枪鱼及鲷科鱼类、对虾、梭子蟹、柔鱼、河豚等。远洋延绳钓的主要捕捞对象有鲔（包括长鳍鲔、大目鲔、黄鳍鲔、黑鲔）、鲣（包括真鲣、花鲣、圆花鲣及其他鲣类）及鱿等。

（二）钓渔具作业特点

钓渔具是以一枚钓钩钩捕一尾鱼而逐渐积累其渔获物，从渔获量角度来看，其效率远不如网渔具，特别是在捕捞密集鱼群时钓渔具更显逊色。但在鱼群分散、水深流急、海底多礁、地形底质差、一般网渔具难以作业的海域，钓渔具就能发挥其特色。具体来说，钓渔具作业有以下几方面特点。

1. 钓渔具作业渔场广泛　这种作业适合捕捞分散鱼群，一年四季均可作业，一般不受渔场底质、水深和水流的限制，近岸、远洋均可生产。适合捕捞分散的鱼群，包括虾、蟹、鱿鱼等甲壳类和头足类，能钓捕各水层的集散鱼群。

2. 渔获质量高，对资源有保护作用　随着我国金枪鱼延绳钓和光诱机钓鱿鱼等大型远洋钓鱼业的发展，钓渔具作业越来越受到全社会的重视，而且钓渔具也是海洋捕捞生产中最好的兼作、轮作的好渔具，有利于资源的繁殖保护。

3. 钓渔具作业便于推广　这是因为钓渔具结构简单，成本低，投资少。尤其是近年来国际上已将游钓渔业从内陆扩展到海洋，并形成一种特殊的产业，从而促进了钓渔具作业的更大发展。

4. 捕捞集群性鱼类产量不如网渔具　在我国钓渔具作业最发达的沿海，其年产量也仅为全国海洋总捕捞量的 1.8%，而拖网渔业总产量约占海洋总捕捞量的 43%，围网渔业的产量约占 18%。

思考题

1. 渔业资源具有哪些生物属性？
2. 简述我国渔业资源的特征。
3. 论述我国不同海域海洋渔业资源开发利用现状。
4. 我国海洋渔业资源利用存在的问题有哪些？
5. 世界海洋渔业资源发展历程分为哪些阶段？
6. 简述世界渔业资源发展趋势。
7. 什么是水产资源增殖？主要增殖方式有哪些？
8. 如何理解海洋牧场概念？建设海洋牧场的意义是什么？
9. 海洋牧场现状与发展趋势如何？
10. 依据海洋牧场的功能，可将海洋牧场划分为哪些类型？
11. 捕捞渔具包括哪些种类？
12. 什么是拖网捕鱼？拖网捕鱼的原理是什么？
13. 拖网捕鱼作业具有哪些特点？
14. 简述围网捕鱼的原理及其作业的特点。
15. 什么是刺网捕鱼？影响刺网作业渔获率的要素有哪些？
16. 刺网捕鱼原理与拖网、围网比较有何区别？为什么？
17. 论述钓渔具捕鱼原理及其作用的特点。

第七章 渔业装备与工程技术

第一节 概 述

渔业装备与工程技术是指在现代渔业生产发展中起着重要作用的渔业机械、仪器、渔船、渔业设施，以及以这些装备为主的渔业工程。

渔业装备与工程技术是随着渔业生产发展的需要而逐步发展起来的，而渔业捕捞机械、水产养殖机械、水产品加工机械、水产品装卸运输机械和渔业电子仪器等的开发使用，又促进了渔业生产的发展。

我国渔业装备的科技研究起步于20世纪60年代。从捕捞装备到养殖、加工装备，从单一的设备研制发展到与设施工程相结合的系统集成，逐步形成了我国渔业装备的研究体系，由此推动了渔业生产力的发展。“十二五”以来，我国渔业装备科技围绕着现代渔业建设及生产方式转变，开拓创新，不断缩小与国际先进水平的差距，一些领域的技术水平已接近或超过国外渔业发达国家，科技贡献率和成果转化率显著提高，带动了整个产业的发展。渔业装备技术的地位不断得到明确和加强，成为我国现代渔业发展的重要标志，为加快我国渔业现代化发展提供了强有力的技术保障。

一、渔业装备与工程技术的主要研究领域

1. *水产养殖工程*　水产养殖工程以提高资源利用率为主导方向，重点是使养殖设施系统减少对水资源和土地、水域的占用，降低对水域环境的污染；同时以海洋网箱集约化高效、生态、健康养殖为目标，进行大型网箱及配套设施系统化研究。

主要包括循环水养殖工程技术、池塘生态工程化控制技术、渔业废水排放净化技术、养殖工程智能化监控技术、养殖设施系统标准化技术，安全性高、对环境影响小、系统配套性强、有利于产业化的网箱养殖装备及设施系统等。

2. *捕捞装备工程*　捕捞装备工程以海洋选择性捕捞技术装备的自动化、信息化为目标，进行捕捞装备现代控制技术研究。

主要包括捕捞装备及自动化控制技术、鱼类水声探测技术、液压控制系统技术、渔业船舶工程技术、海洋渔业装备标准化技术等。

3. *加工机械工程*　加工机械工程以提升水产品资源利用率、加工效率、品质及安全性为目标，进行水产品精深加工、综合利用加工及饲料加工等装备及工程技术的研究开发。

主要包括鱼糜及制成品加工设备系统技术、鱼类加工前处理设备技术、饲料加工工程技术、干燥加工装备系统技术、挤压脱水加工设备技术、水产品加工机械标准化技术等。

4. *渔业资源修复工程*　渔业资源修复工程以保护、恢复渔业资源，修复渔业水域生态和水质环境为目标，按照现代渔业发展和社会城镇建设、城市环保的要求，进行现代渔港建设的系统性技术研究，重点开展渔港设施工程技术的研究和渔港功能多样性系

统技术的研究。

主要包括人工鱼礁建设、海洋牧场建设及栅栏式围海增殖技术等。

二、渔业装备与工程技术在渔业生产中的地位与作用

（一）渔业装备与工程技术在渔业生产中的地位

1. *渔业装备与工程技术是现代渔业发展的重要保障* 农业的现代化、工业化需要两大技术支撑：一是现代生物生产技术，二是现代装备与工程技术。现代渔业的发展目标是工业化，体现在生产力上，就是工厂化的生产方式和产业化的生产模式。渔业现代化的实现，不仅依靠生物生产技术，还必须有装备与工程技术。装备与工程技术是现代渔业科技不可或缺的重要组成部分。

2. *渔业装备与工程技术是渔业实现高效生产的重要保证* 我国渔业发展要实现增长方式的转变，高效生产是主要的目标。由现代科技支撑的渔业装备与工程技术，对捕捞生产而言，可提高捕捞效率，降低能源消耗，提高国际竞争力；对养殖业而言，可提高养殖生产的集约化程度，降低养殖成本，实现健康养殖；对加工流通业而言，可提高水产品价值，保证产品质量安全，实现规模化生产。从某种意义上来讲，渔业科技的进步就是渔业生产实现机械化的过程。

（二）渔业装备与工程技术在渔业生产中的作用

渔业机械化是实现渔业现代化和提高劳动生产率的重要保障，有助于向市场提供更多的水产品，促进渔业经济的繁荣，其作用具体如下。

1. *保障水产品高产、稳产和安全* 传统工艺的淡水池塘养鱼，由于难以抵御自然条件变化（如高温、缺氧等）带来的危害，亩产量一般在400kg以下，且年产量不稳定。然而，采用机械化和工厂化方式养殖不但可以缩短养殖周期，还可以提高生产率，亩产量达500～1000kg，甚至更高。机械化和工厂化的养殖方式既可以保持产量稳定，又可以节约用地。2017年海洋捕捞（不含远洋）产量为1112.42万吨，占海水产品产量的33.49%，比上年减少74.78万吨，降低6.30%。远洋渔业产量为208.62万吨，占海水产品产量的6.28%，比上年增加9.87万吨，增加4.97%。淡水捕捞产量为218.30万吨，占淡水产品产量的6.99%，比上年增加17.96万吨，增长8.97%。

机动渔船抵御自然灾害的能力强，可以到近海、外海，甚至是远洋作业，而非机动渔船一般只能在沿岸或沿海作业。因此，机动渔船水产品产量较同吨位的非机动渔船成倍增加。

2. *提供高质量的鱼品* 采用制冷装置建立渔船—渔港—销售地—销售点冷藏运输链，建造渔港冷库、加工厂、冷藏车、冷藏船，以及运输活鱼、活虾的活鱼车、活虾船等，能保证鱼品的品质和风味。

3. *节省渔区劳动力* 可节省渔区劳动力，将劳动力用于扩大渔业再生产或进行多种经营，促进渔业生产的发展。进行机械化捕捞、养殖，节约下来的渔区劳动力可投入扩大渔业再生产，也可投入同渔业有关的产业进行配套综合生产，或投入水产品工业、副业及商业生产。

4. *降低渔民劳动强度* 通过研究和开发渔业生产过程所需的机械及自动化装备，可提高渔业生产效率、降低生产成本、减轻渔民的劳动强度。

5. 促进渔区转产、转业，吸收渔区富余劳动力　海洋渔业是我国渔区最重要的基础产业。进入21世纪以来，各渔区政府提出了“主攻养殖、拓展远洋、深化加工、搞活流通、转移行业”的历史性重大决策，号召渔民上岸，转产、转业。另外，由于实现渔业机械化，渔业机械制造业、水产品精深加工业、鱼虾饲料加工业等新的渔业行业应运而生，因而扩大了渔区劳动力就业的机会。

第二节　水产养殖机械与装备

一、水产养殖装备发展历程

（一）工业化养殖装备发展历程

工业化养殖技术是养殖业现代化的标志。

我国工业化养殖装备的研发起步于20世纪80年代，该时期的研究重点是进行与集约化养殖技术相关装备及系统配置的研究工作，如依靠微生物和生物酶达到净化水质作用的水净化机、鱼池加热器、采用臭氧技术的电子水质净化机、水质净化杀菌装置等。

20世纪90年代研发的生物包净化技术，采用水净化与养鱼合二为一的一元化生态系统，形成封闭循环流水养鱼模式，年产量达100kg/m^2，节水型密集养殖模式特别适合于缺水地区发展水产养殖业。

21世纪起，渔业生态环境保护越来越受到重视，国家有关部门对工厂化养鱼系统技术和循环水技术研究的支持力度越来越大，通过国家项目的实施，取得了不少研究成果。目前掌握的工厂化循环水养鱼（繁育）系统技术能够通过物理和生物等技术手段对海、淡养殖污水进行净化处理，处理后的水基本上可以回用，达到节水、环保的目的。

（二）网箱养殖装备发展历程

深水网箱是海水养殖从内湾浅水向开放性水域发展的关键装备，必须具备能抵抗恶劣海况的抗风浪、抗水流能力。

1998年，我国海南省率先引进挪威高密度聚乙烯（HDPE）重力式大型深水抗风浪网箱，其显著的经济效益和社会效益引起养殖业的高度重视，国家支持项目随即启动。虽然我国在深海抗风浪网箱方面的研究起步较晚，但通过“九五”“十五”国家科技攻关项目，已经取得了多方面的技术突破，已先后研制出浮绳式、HDPE重力式、金属框架重力式、碟式和多层结构鲆鲽类潜式等多种形式的抗风浪网箱，其中HDPE重力式网箱发展最快，对该型网箱的研究也相对比较深入，并以较快的速度实现引进消化及国产化推广。

国内已有多家企业根据水域特点，生产HDPE重力式网箱及钢质全浮式升降网箱，形成了独有技术，工艺和结构已接近国外产品。目前，已在浙江、山东、福建、广东、海南等多个沿海地区建立了十多个抗风浪网箱养殖示范基地，网箱数量达4000多个。抗风浪深水网箱研究成果的推广，对于改造传统网箱养殖业，加速海水养殖增长方式的转变，拓展海水养殖的发展空间，以及引导渔民转产转业和增收都具有重要的意义。

（三）池塘养殖装备发展历程

1. 增氧机械　增氧机是水产养殖专用机械。在夏季出现闷热天气时，使用增氧机可以防止因水体缺氧而发生鱼类浮头（死亡）现象。目前我国在水产养殖生产中使用的增氧机械主要有叶轮式、水车式和射流式三种类型，主要用于亩产在500kg以上的池塘、工业化封闭式循环养殖系统及鱼虾养殖池等，对精养和高产起到了重要作用。初步估计，全国各系列叶轮式增氧机保有量已达到数百万台，年产量约为20万台，叶轮式增氧机创造了巨大的经济和社会效益。水车式增氧机是随着20世纪80年代养鳗业的兴起而开始从国外引进的，它的开发主体是生产企业，目前它的产量约占增氧机械总产量的25%。射流式增氧机主要适用于特种水产品养殖及工厂化养殖，产量约为增氧机械总产量的5%。当前，各种不同类型、不同功能的增氧机械被不断研制出来并广泛应用，极大地促进了水产养殖业的发展。

2. 挖塘、清淤机械　挖塘、清淤机械的开发研究始于1963年。科研人员从水力采煤原理得到启发，探索水力机械化方案。1966年首先研制出立式泥浆泵，1979年研制成功水力挖塘机组。该机组为国内首创的水力土方施工机械，适用于土方开挖、疏浚、筑堤等，工效高，成本低，至今仍是鱼塘、水利清淤必用的施工机械，已累计生产20余万套，该成果获得1981年国家水产总局技术改进成果一等奖。潜走式池塘清淤机，能在水底淤泥层灵活移动并集淤抽吸，解决了带水清淤、淤地行走和翻越塘堤等难题，该成果获得1990年中国水产科学研究院科技成果一等奖。

3. 投饲机械　我国投饲机械（投饵机）的研究始于20世纪80年代中期，但直至90年代中期，养鱼户认识到使用投饵机可以提高饲料利用率，可以增产、增收，因而投饲机械的产销量才开始大幅度提高。2008年，国内各种类型投饵机的年产量估计达到16万台，产量仅次于增氧机。目前，投饵机的投饵方式有气动式、螺旋输送式、离心抛物式，也有电子控制的投饵船、鱼动式投饵机。产量比较大的机型为机械离心式投料装置、机械振动式下料装置。近年来，完成深水网箱养殖系统投饲机械设计，该投饲系统基于气力输送工艺，输送距离可达50m，投饲能力为500kg/h。其核心部件是由突然扩大装置改装成的引射器，以一定的水流将饵料抛向网箱，可向多方向、距离不同的网箱供饵。

4. 活鱼及活鱼苗（种）运输装备　为适应水产养殖业的发展及市场对活鱼需求量的与日俱增，我国自主研发出装有增氧、净水及保温设备的海淡水活鱼运输车和船用运输装置，可运输或暂存活鱼（虾），解决大中城市副食品基地与市场间的活鱼（虾）运输困难问题，可连续运输20h以上，鱼的成活率大于90%。

二、水产养殖装备类型

水产养殖机械是水产养殖过程中所使用的机械设备，用于构筑或翻整养殖场地，控制或改善养殖环境条件，以扩大生产规模，提高生产效率。根据养殖水质的不同，大体可分为淡水养殖机械和海水养殖机械两大类。

（一）淡水养殖机械

淡水养殖机械按机械功能主要分为以下五大类。

1. 排灌机械　其作用一般是利用各类水泵给鱼池灌注清新水，调节鱼池水位，防洪排涝及排污。在排灌中，达到要求的水质、水温、水量和促进浮游生物世代交替，提高鱼池初级生产力。

常见的排灌机械有轴流泵、混流泵、离心泵、深井泵和潜水泵等。

2. 清淤、挖塘、筑堤机械　通用类的土方工程机械有单斗挖掘机、多斗挖掘机、水陆两用挖掘机、推土机、铲运机等。这些设备清淤、挖塘、筑堤功效高，但投资大，较适合较大面积鱼池和其他养殖水域工程。国内目前普遍推广的有以泥浆为主体的水力挖塘机组，可同时完成挖、装、运、卸、填等五道工序。近年来，还成功研制出了潜式池塘清淤机。此外，还有挖泥船、动力索铲和具备机械脱水造粒功能的泥浆处理装置等。

国外广泛采用各式各样的土方工程机械，如与履带式拖拉机配套的推土机，各种形式的挖掘机、开沟机、铲运机、牵引机及水力机械土方工程设备等。日本还制造了一种可深入水下推土的潜式水陆两用推土机，可在陆地上和不超过 7m 深的水下挖掘。国外土方工程机械普遍采用液压技术，通过液压进行操纵与驱动，机具结构紧凑、操作方便、负载能力强。由于机械具有大型化和科技含量高的特点，作业功效高。

3. 增氧机械、水质调温设备及水质检测仪器设备　增氧机械品种很多，常见的有叶轮式、水车式、充气式、喷水式、射流式增氧机及各形式的增氧船等。近年来研制出的新产品有管式增氧机、涡轮喷射式增氧机、风力增氧机及多功能水质调温设备、水温自控系统，必要时还配以温室。热泵是一种新型节能调温装置，比常规调温设备节电 50% 左右。它可加温也可降温，在国外工业化养鱼系统中已广泛使用。

为了控制水质，必须配置一系列水质检测仪器设备，如溶氧仪、氨测定仪、pH 测定仪、水温计等。

4. 饲料采集、加工、投饲及施肥机械　饲料采集机械主要是路上和水下割草机，常见的有三种类型，即联合收割机、旋转式收割机和人工背负的圆盘式收割机。此外还有吸蚬机、吸蚬泵。

饲料加工机械包括青饲料切碎、打浆机械，饲料粉碎机械，饲料混合、搅拌机械，颗粒饲料加工、破碎机械和轧螺蚬机械等。

投饲机械有喷浆机（液态饲料投饲机），鱼动、机动、气动及太阳能投饲机、投饲车、投饲船，目前在国外工业化养鱼中应用广泛，在我国北方地区也得到了普遍推广。

施肥机械以粪泵为主要设备，有施肥机、施肥车、施肥船。

5. 赶捕机械、运输机械　赶捕机械有各种绞纲机、起网机、电赶鱼机、电脉冲装置、气幕赶鱼器、电赶船、拦网船等。在我国北方，还推广使用了一系列的冰下捕鱼机械，包括冰上钻孔机、冰下电动穿索器等。现在，大型养鱼场、水库、湖泊已开始采用吸水泵。

运输机械包括各种活鱼车、活鱼船和活鱼箱。

（二）海水养殖机械

海水养殖机械品种繁多，主要有如下几种。

1. 养殖平台　我国的深远海养殖探索虽然落后于美国，但最近几年发展势头良好。

2014 年 11 月，农业部联合中国水产科学研究院及相关企业正式启动了国内首个“深海大型养殖平台”的构建，标志着我国深海养殖平台项目进入实质性推进阶段。该“深远海大型养殖平台”由 10 万吨级阿芙拉型油船改装而成，主要包括整船平台、养殖系统、物流加工系统和管理控制系统，形长 243.8m、型宽 42m，型深 21.4m，能够提供养殖水体近 8 万 m^3，满足 3000m 水深以内的海上养殖，并具备 12 级台风下安全生产、移动躲避超强台风等优越功能。

养殖系统由 14 个养殖仓构成，设有变水层测温取水装置、饵料集中投喂系统。同时，物流加工系统具备远海捕获渔船的物流补给、渔获物海上收鲜与初加工功能。管理系统可实现对养殖系统的机械化、自动化控制，以及物流、捕获等整个生产系统的信息化管理。

2. 养殖工船　养殖工船就相当于一个超大的浮动网箱，养殖工船能深入普通养殖网箱无法到达的深海区。冷水团养殖工船通过循环抽取海洋冷水团中的低温海水，可以低成本进行三文鱼等高价值的海洋冷水鱼类养殖。

山东省渔业四大重点科研项目之一——“黄海冷水团高效绿色养鱼”项目的承担单位，通过将原来的甲板货轮改造成养殖工船，开展黄海冷水团鱼类养殖示范技术、营养饲料、繁殖等研究工作。该船总长86m，型宽18m，型深5.2m，设计吃水3.8m，主机总功率1856kW，满载排水量为4832t，由中国海洋大学与中国水产科学研究院渔业机械仪器研究所联合设计。该船改造后设计养鱼舱13个，备用鱼舱1个，舱容共2400m^3；设计3个集污舱收集养殖废水；设计3个燃油舱提高养殖渔船的持续能力。该船将在日照离岸50海里[①]的黄海作业，作业时养殖工船将取水管底端深入冷水团内，收取低温海水循环进行冷水鱼类养殖。在养鱼舱的周边采用保温隔热材料，防止热量交换导致水温过高，保证即使在夏季较高气温下仍然能够保持15℃左右的海洋冷水鱼类的最佳生长水温。

3. 滩涂耕耘机械　海水养殖场主要采用滩涂耕耘机（船），安装耙、犁机具翻耕滩涂，改善蛏、蛙、蛤等的养殖条件。滩涂耕耘机可进行翻土、耙土、平整、抹平、开沟、分畦等作业，使滩涂适于蛏苗等的播种和养成。

4. 养殖过程作业机械　主要有养鱼用的排灌机械，增加水域溶氧量的增氧机械，投放粉状、颗粒饲料或液体饲料的投饲机械和投饲料车、投饲料船，对养殖用水进行过滤消毒的水质净化装置，使水域保持适宜水温的温控装置，藻类养殖用的打桩机、拔桩机及海带夹苗机等。

5. 采收机械　用于浅海滩涂采收贝、藻类，包括以旋转刀具割下和分离海水的紫菜收割机，以及用耙、犁在水下采捕贝类的机械等。

6. 饲料机械　饲料采集机械有陆上和水下割草机、吸蚬机等。饲料加工机械有粉碎、搅拌、成形、烘干或冷却、发酵、膨化等机械，以及用于切碎植物、打浆、磨浆等的机械。

三、鱼用饲料加工机械

（一）鱼用饲料加工工艺流程

鱼用饲料的加工方法可分为化学、生物、物理加工方法三类。其中物理加工方法是目前养鱼生产中所使用的主要方法，包括切细、粉碎、浸泡、烘干、蒸煮、混合、变形和压粒等。物理加工方法正朝着机械化、自动化方向发展，以代替笨重、低效的人工调制方法。

配合饲料的加工工艺流程安排必须符合以下几个要求：具有良好的物料加工适应性

① 1海里＝1.852km

和灵活性；设备系统配套合理、紧凑；工艺流程相对完备又不出现重复工序；加工产品准确、质量稳定；技术经济指标先进、合理，并能够安全投入生产。合理安排工艺流程是一件十分复杂的技术工作，要完全符合上述各项要求，难度很大，必须因地制宜。配合饲料的加工工艺流程一般由以下6个主要工序组成：清理工序、计量配料工序、粉碎工序、混合工序、压粒工序和包装工序。其中，最基本的工序是计量、粉碎配料和混合。

（二）鱼用饲料加工机械分类

1）原料清理设备，包括各种除杂质、去石、除铁设备。

2）饲料粉碎机械，包括粉碎机、微粉碎机和超微粉碎机等。

3）青饲料切碎、打浆机械。

4）饲料混合机械。

5）颗粒饲料加工机械，包括饲料压制机、颗粒饲料膨化机、膜颗粒机、颗粒破碎机和微颗粒饲料加工装置。

6）其他机械，包括计量配料装置、分级筛、颗粒饲料油脂喷涂设备、输送机械、包装机械。此外，还有轧螺蚬机、秸秆处理机等。

四、挖塘清淤机械

（一）水力挖塘机组

水力挖塘机组由泥浆输泥系统（泥浆泵、浮筒、输泥管）、高压泵冲泥系统（高压泵、水枪、输水管）和配电系统（配电箱）等部分组成。

水力挖塘机组是模拟自然界水流冲刷原理，借助水力作用进行挖土、输土、填土。水流经高压泵产生压力，通过水枪的喷嘴喷出一股密实的高压、高速水柱，在人工控制下切割、粉碎土体，使之湿化、崩解，形成泥浆和泥块的混合液。立式泥浆泵置于浮筒上，可以直接在工作面吸淤泥，再通过输泥管吸送泥浆至弃土场。因此，机组可以同时完成挖、装、运、卸、填等五道工序，工效高，成本低，施工不受天气影响。

高压泵冲泥系统由高压泵、水枪、输水管组成。高压泵宜选用比转数小的工业用高压泵，也可采用已定形的喷灌机。水力冲土所需压力根据土质、淤泥不同有很大差异。

（二）水下清淤机

水下清淤机可以在池塘负水的状态下进行工作，利用洗泥头（洗耙）深入淤泥层中洗泥。因此，要求它在水面或水下能够自动行走，而不像水力挖塘机组要人力牵拽，故操作方便，可带水作业，不必抽干池水。它又分为漂浮式和潜水式两种形式。

五、增氧机械

增氧机用来增加养殖水体中水的溶氧量和改善水质，防止鱼类由于缺氧而浮头甚至死亡，可提高养殖密度，提高饲料利用率，加速鱼类生长。

（一）叶轮式增氧机

叶轮式增氧机浮于水面工作，不受水位变化的影响。在鱼池中运转的主要机械作用有三个方面，即增氧、搅水、曝气，是在运转过程中同时完成的。其增氧是通过水跃、液面更新、负压进气等联合作用而实现的。

各种型号的叶轮式增氧机，外形和尺寸虽有所不同，但基本结构是一致的，主要由电动机、减速箱、叶轮、撑杆、浮筒等部分组成。就叶轮而言，又分为倒伞叶轮和深水叶轮。

（二）水车式增氧机

水车式增氧机以电动机为动力，通过减速器减速，带动叶轮转动。工作时，叶轮上叶片部分或全部浸没于水中。旋转过程中，叶片刚入水时，击打水面，激起水花，并把空气压入水中，同时产生强劲的作用力，一方面把表层水压向池底，另一方面将水推向后流动。当叶片与水面垂直时，则产生一个与水面平行的作用力，形成一股定向的水流。当叶片即将离开水面时，在叶背形成负压，可以将下层水提升。当叶片离开水面时，它把存在叶弯处的水和叶片上附着的水往上扬，在离心力的作用下水进一步被甩向空中，从而激起强烈的水花和水露，进一步溶解大量空气。叶轮转动形成的气流，也可加速空气的溶解。

使用水车式增氧机，可使水域处于流动状态，促进水体水平和垂直方向溶氧均匀性，适用于养鳗池，它可造成方向性水流，并能诱使鳗上食台摄食。一台功率为 1kW 的水车式增氧机能使 1000m^2 养殖池的溶氧量保持在良好水平。整机质量也较小，较大水面可装 2 或 3 台，并可进一步组织水流。

水车式增氧机主要由电动机、减速箱、机架、浮筒、叶轮 5 个部分组成。

（三）射流式增氧机

射流式增氧机水泵输出的水体通过射流器喷嘴喷出，形成一股高速射流。而高速射流具有卷吸作用，使得射流周围的气体被卷进射流中，压力降低，使吸入室产生真空，在大气压力作用下，外界空气经吸气管进到吸入室。这样外界空气不断地被吸入，也不断地被高速射流所卷吸。被高速射流所卷吸的气体进入喉管中，被水流冲击分割成无数微小部分，形成气泡，并混合在水流中，这样将大大增加水与气体的接触面积，进而大大增强氧分子的扩散作用，加速溶氧过程。气体以微小气泡的形式存在于水流中，还有利于提高氧的吸收率。喉管中气、液两相混合流最后经扩散管喷出。喷出的混合流是一股高溶氧量的流体，促使池水的溶氧量迅速增加，起到增氧作用。

射流式增氧机有多种结构形式，主要组成部分是射流器、分水器、水泵、浮筒等。其主要工作部件是射流器，又称为引射器。它依靠高压流体（水），流经喷嘴后，形成高速流，射流引射另一种低压流体（空气），并在装置中进行能量交换与物质掺混，从而达到增氧目的。

（四）深水充气增氧机

深水充气增氧机主要建立在“偿还氧债理论”的基础上，它既能利用浮游植物光合作用所释放的氧，又能有效地偿还深层水域底部的氧债，从而改善水质。

深水充气增氧机的原理：晴天中午开机，叶轮高速旋转，不断将上层过饱和溶氧水沿轴向向下推送，叶轮背后方形成负压区，随轴一起高速旋转的风斗充气管强制进气，以及水面漩涡吸入大量空气，并进入负压区，气水混合，形成的大气泡被高速旋转的叶轮撞击成无数微小的气泡，高溶氧水沿导流管流入深层水域底部并向四周扩散，从而使下层水体溶氧量增加，达到偿还氧债的目的。为了充分利用浮游植物光合作用所释放的氧，该增氧机强调中午开机，为此，还设有光控开关，能在最佳时间自控开、关机，也可反转，抽吸底层低温贫氧水进行喷水增氧。

深水充气增氧机主要由电动机、浮筒、风斗充气管、叶轮、导流管等部分组成。

（五）风力式增氧机

风力式增氧机的原理：当风力作用到风叶上时，一方面，两边风叶对风的阻力不同，使得风轮转动，并带动空心轴转动，使安装在空心轴下端的螺旋桨式叶轮旋转推水；另一方面，空心轴上端进气孔由于风轮的转动而强制进气，空气经空心轴末端进入水体。由于叶轮旋转推水，在空心轴末端出口处产生负压区，负压进气，气水混合，形成的大气泡在导流管中又被旋转的水流击碎成无数的小气泡，并送入深层水域，从而增加深层水域的溶氧量，达到偿还深层水域氧债的目的。

风力式增氧机的基本结构主要由风轮、空心轴、叶轮、导流管、连接座、尼龙轴承座和浮筒等部分组成。

六、水质处理机械

水质处理机械是一类能够改善水质、增加水体溶氧量的机械统称。水质处理机械种类繁多，按其功能来分，可分为水质改良机和水质净化机两大类。水质改良机的功能类似于增氧机；水质净化机主要是用来处理水体中的有机物和氨氮等有害物质。

（一）水质改良机

水质改良机由船形吸头、导流管、潜水电动泵、快速接头、输流管、喷头、喷头浮子、环形浮筒等部分组成。具有翻喷塘泥、喷水增氧、喷施泥肥、抽水排灌 4 种功能。

水质改良机潜入水下工作，船形吸头底部与池底淤泥相接触，喷头浮在水面上。船形吸头上部设有吸水口，底部设有吸泥口。潜水电动泵外壳与导流管内壁为流体通道。船形吸头两端系有牵引绳，靠人力牵引移动机器。

开机并移动时，从吸水口进入的水流和吸泥口吸上的淤泥，被搅拌混合成泥浆，然后经流体通道进入泵体，再经输流管到喷头，被喷至空中。这样，可促使淤泥中的有机物及其中间产物在空气中氧化分解，并去除对鱼类有害的气体，泥浆落于上层富氧水中进一步氧化分解，从而达到白天偿还氧债，减少淤泥夜间耗氧量的目的，避免或减轻鱼类清晨的浮头现象；同时也可增加水中的营养盐类，促进浮游生物大量繁殖和生长。

当机器处于选定的某一水中位置而不移动时，开动机器可抽吸底层低温贫氧水并喷射至空气中，成为喷水式增氧机。清晨开机，增加水体溶氧量，防止鱼类浮头；晴天中午开机，促使上下层水体对流，增加底层水溶氧量，也起到偿还氧债的作用，而且有助于促进上层水中浮游植物的光合作用。

卸下喷头，装接施肥管后，移动机器，即可抽吸淤泥为塘埂上的植物施肥。

整机或卸出潜水电动泵单独使用，均可用于抽水排灌。

（二）水质净化机

生物转盘和生物转筒统称为水质净化机。它适用于蟹苗和贝苗繁殖，罗非鱼越冬，鱼种培育，鲤、鲫鱼早春繁殖等，可达到不流水、不换水而净化水质的目的。

七、投饲机械

（一）投饲机械类型

1. 按应用范围分类

1）池塘投饲机：这是投饲机中应用最广、使用量最大的一种。由于池塘养殖饲料主要为颗粒饲料，其抛撒机构一般使用电动机带动转盘，靠离心力把饲料抛撒出去。根据池塘大小，其抛撒面积为5～10m^2。

2）网箱投饲机：根据使用状况分为水面网箱投饲机和深水网箱投饲机。单个水面网箱面积一般为5m×5m，抛撒位置应在网箱中央，抛撒面积一般控制在3m^{2}左右，面积过大可能使饲料随水流涌出网箱。深水网箱投饲机需把饲料直接输送到距水面几米以下的网箱中央。

3）工厂化养鱼自动投饲机：一般用于工厂化养鱼和温室养鱼，要求投饲机每次下料量少且精确，抛撒面积一般在1m^{2}左右。此类投饲机能够联网进行远距离监控，实现自动化管理。

2. 按投喂饲料性状分类

1）颗粒饲料投饲机：由于颗粒饲料广泛使用，此类投饲机使用量最大，技术也较成熟。

2）粉状饲料投饲机：粉状饲料一般用于鱼苗的喂养。由于鱼苗的摄食量较少，每次投喂量要精确。目前此类投饲机应用较少。

3）糊状饲料投饲机：主要应用于鳗、鳖等的自动投喂，其应用范围较窄。

4）鲜料投饲机：主要应用于以冻鲜鱼饲喂肉食性鱼类的网箱养殖中。

（二）常见的投饲机械

1. 液态饲料投饲机　液态饲料投饲机采用拖拉机作为动力，采用离心泵作为输出泵，通过操纵杆控制张紧轮进而控制水泵启动或停止。喷洒器有两根支喷管，与水平线各呈45°夹角，各装一个球阀，顶端以螺纹连接，各装一个喷嘴。喷嘴的大小和形状直接影响饲料的喷洒距离、速度和均匀程度。不同的饲料粒径对喷嘴规格也有不同要求，因此要配备几套不同规格的喷嘴。

该机体积小，轮距窄，拐弯调头灵便，车体质量小，对道路压力小，适于道路狭窄、行驶条件差的池埂、塘坝。

2. 鱼动投饲机　鱼动投饲机由万向节、撞料板、垂直杆、挡板、料筒、料斗等组成。在无鱼撞击撞料板时，饲料被挡板挡住不能落下；当鱼撞动撞料板时，挡板对料筒做相对运动，饲料就通过增大了的间隙撒落水中，完成一次投饲动作。该机构十分简单，不需电器控制元件，不消耗动力，造价也低廉，适用于体长15cm以上的吞食性鱼类的投饲。

3. 自动投饲机　自动投饲机一般由机壳、料筒、排料器、饲料抛送器和时间控制器等组成，有的还附有增氧装置。投饲机可设计成固定式和移动式两种。移动式投饲机还可发展成投饲车、投饲船。投饲机的工作过程可分为两个动作：第一个动作是使料筒内的饲料形成流量一定的、稳定的饲料流，对饲料起分配作用；第二个动作是将饲料均匀地投撒在水面上。两个动作可以同时进行，第一个动作由排料器完成，第二个动作则由饲料抛送器来完成。

自动投饲机主要由料筒、排料器、鼓风机和定时器4部分组成。排料器安装于料筒出口处，由排料轮、排料杯、固定弹片、调节弹片和调节螺杆组成，工作时，排料轮的转动带动固定弹片振动。同时，通过调节螺杆对调节弹片的张开度进行控制，料筒中的饲料被均匀地排入排料杯并送入喷管，然后依靠鼓风机的风力喷撒到鱼池中。投饲量可按需要无级调节。喷撒距离为 1.5～3.0m，单机可用机械式定时器（昼夜钟）控制，多机组合则可采用可编程时间控制器实现全自动控制。以 24h 为工作周期自动循环，全自动定时、定量投饲。最小时间调节单元为 1min。

第三节　渔业捕捞机械与装备

一、渔业捕捞装备发展历程

渔业捕捞装备是海洋和内陆水域作业过程使用的机械和仪器。

我国渔业捕捞装备研究始于 20 世纪 60 年代，随着海洋渔业船只从木帆船向机帆渔船和钢质渔船转型，捕捞装备的研究在个别进口仪器或设备的基础上开始起步，到了 70 年代尤其是整个 80 年代，进入全面发展时期。中高压液压技术的应用推动了我国捕捞装备技术的快速发展，使捕捞装备水平跃上了新台阶；“新型高海况打捞设备”在载人航天工程中的应用，标志着捕捞装备技术获得了突破性拓展；双钩型织网机的问世实现了我国织网机工业零的突破；8154 型双拖尾滑道冷冻渔船和 8201 型围网渔轮的成功设计、建造成为我国渔船建造史上的经典；渔用定位仪和探鱼仪的广泛应用彻底改变了我国的捕鱼传统；渔用 GPS 又将捕捞技术向前推进了一大步。但是，基于对海洋渔业资源的保护，从 20 世纪 90 年代中期开始，我国渔船捕捞装备的发展逐渐进入一个平台期。“十二五”以来，我国在标准化船型研发与应用上取得了一定成效，在大洋性渔船设计的一些领域具有自主设计能力，许多标准化船型获得应用推广。同时，以电液控制捕捞装备技术为核心，应用于海洋工程装备领域的部分成果，已达到国际先进技术水平。

二、捕捞装备类型

渔业捕捞机械的分类方式有多种，具体如下。

（一）按捕捞方式

可分为拖网、围网、刺网、地曳网、敷网、钓捕机械等。

（二）按捕捞机械工作特点

可分为渔用绞机、渔具绞机和捕捞辅助机械。

渔用绞机，又称为绞纲机，是用来牵引和卷扬渔具纲绳的机械。除绞收网具的纲绳外，还可用于吊网卸鱼及其他作业。功率一般为几十至数百千瓦，高的达 1000kW 以上。绞速较高，通常为 60～20m/min。一般为单卷筒或双卷筒结构，有的有 3～8 个卷筒。纲绳在卷筒上多层卷绕，常达 10～20 层。绞机上广泛应用排绳器。放纲绳时卷筒能随纲绳快速放出而高速旋转，不用动力驱动。

渔具绞机是直接绞收渔具的机械，功率一般为几千瓦至数十千瓦。主要有三类：①起网机。将渔网从水中起到船上、岸上或冰面上的机械。根据其工作原理分为摩擦式、挤压摩擦式和夹紧式三种。在地曳网、流刺网、定置网、围网和部分拖网作业中使用。②卷网机。能将全部或部分网具进行绞收、储存并放出的机械。在小型围网、流刺网、地曳网及中层拖网与底拖网作业中使用。③起钓机械。将钓线或钓竿起到船上，以达到取鱼目的的机械，在延绳钓、曳绳钓、竿钓作业中使用。自动钓机可自动进行放线钓鱼和摘鱼等。

捕捞辅助机械，主要分为：①辅助绞机。即捕捞作业中进行辅助性工作的绞机的总称。该种绞机作用单一、转速慢、功率较低（大型专用起重机除外）。常以用途命名，如放网绞机、吊网绞机、三角抄网绞机、理网机移位绞机、舷外支架移位绞机等。②网具捕捞辅助机械。例如，理网机是用来将起到船上的围网或流刺网网衣顺序堆放在甲板上；振网机是用来将刺入刺网网具中的渔获物振落；抄鱼机是用来将围网中的鱼用瓢形小网抄出；打桩机是用来将桩头打入水底以固定网具；钻冰机是用来在封冻的水域上钻冲冰孔，便于穿送纲绳，供放网、曳网和起网用。③钓具捕捞辅助机械。主要在金枪鱼延绳钓作业上使用，有放线机、卷线机和理线机等。

（三）按驱动原动力

可分为内燃机驱动、电动驱动与液压驱动。

（四）按传动方式

可分为带传动、齿轮传动、链条传动、蜗杆传动和液压传动。

有些捕捞机械还可以按照其构件形式和数量分类，如绞机根据卷筒的排列可分为串联绞机、并联绞机、分列式绞机；起网机根据结构可分为槽轮式、滚柱式、鼓轮式与夹爪式等。

三、拖网捕捞机械

（一）拖网作业

拖网属于过滤性的运动渔具，其捕鱼原理是依靠渔船拖曳具有一囊两翼或仅具袋型的网具，在水底或水中前进，迫使渔具将经过水域的各种鱼拖入网内达到捕捞的目的。拖网类渔具中的大型拖网，有规模大、产量高、产值大等特点。

目前主要的近海拖网作业分为双拖网作业与单拖网作业。

双拖网作业在世界拖网中所占的比例不大，但在中国机轮和机帆渔船拖网中占有较大的比例。我国沿海和近海海域广阔，水深变化缓慢，同时底层鱼虾类资源密度较高，集群状态较大，多适宜两船共同拖曳大规格的拖网捕捞。但单拖网作业因作业自主灵活，便于向较深海域发展，不受较大风浪时不能作业的制约，渔船和人员的投入较少，所以在世界范围内占的比例较大。

中层拖网也称为变水层拖网，通过调节，可控制拖网在一定的水层中作业，可不受水深和海域限制，可以捕捞除底层与表层以外的不同水层的鱼虾类。深水拖网也称为深水底层拖网，是一种能捕捞大陆坡（水深 20～3000m）海区的底层鱼虾类的作业方式。

（二）拖网捕捞机械的配置

根据拖网作业的特点和需要，应配备如下捕捞机械和设备。

1）拖网绞机：主要用于牵引、卷扬拖网上的曳纲和手纲。其特点是绞收速度快、拉力大。绞收速度快可缩短起网时间，提高捕捞效益；拉力大可克服绞纲阻力。

2）卷网机：用于卷收全部或部分网衣及属具。

3）辅助绞纲机：用于拖曳网衣至甲板，放网时拖曳网衣等入水，起网时抽拉网底束纲。

4）其他设备：用于完成绞收、起重等任务的辅助设备，如超重吊杆、龙门架、各种导向滑轮等。

以上机械与设备依渔船的大小、自动化及机械化的不同来配置。

群众渔业广泛使用功率在147kW以下的小型渔船，由于船的尺寸较小，安装多种捕捞机械较困难，因此一般要求安装一机多用、结构简单、成本低的小型机械，如目前使用的拖网绞机，绞机的摩擦鼓轮从机舱棚的左、右侧伸出。鼓轮由天轴带动，天轴是由机舱中主机经带轮、传动轴带轮和大、小锥齿轮传动的。起网时，先合上主机与绞机间的离合器。再合上摩擦鼓轮旁边的控制绞机启动和停止的离合器手柄，摩擦鼓轮就开始转动。将曳纲绕在鼓轮上，依靠摩擦力的作用将曳纲绞至甲板。为了将曳纲整齐缠绕，在舷楼外设有卷筒绞绳车。

大中型拖网渔船配有拖网绞机、辅助绞机、各种导向滑轮，有的还配有卷网机。这种拖网渔船，起放网操作方便，用一台主绞纲机就可完成各种工作。

（三）拖网捕捞机械的发展趋势

1949年以来，渔船的数量呈较快增长。其中拖网渔船占主要地位。随拖网作业的海区扩大，单艘渔船的总吨位和功率不断增加，20世纪60年代建造的801型184kW混合式拖网渔船已从国有渔业企业中淘汰，而以2.91吨位，441kW的渔船代之。20世纪80年代以后，我国远洋渔业的迅速发展带动了造船业的发展。

拖网渔船主要的起网机械为绞纲机，其次为部分渔船安装的卷网机，还有船尾辅助绞纲机等。我国441～735kW拖网渔船绞纲机的拉力为78kN，能满足绞纲和吊网的要求。441～735kW渔船绞纲机的线速度约为70m/min，一般认为基本满足要求。我国用于中型拖网渔船的中高压绞纲机的卷筒容绳量为2500m（22mm钢丝绳），能满足在水深500m海区单拖网作业的要求；双船拖网的作业水深一般不超过200m，因此也能满足要求。

拖网绞机正向单卷筒、多机发展，新型绞机一般装有曳纲张力、长度自动控制装置，超载时可自动放出，并能进行减速控制；张力过小时能自动收进；两曳纲受力不等时能自动调整，保证曳纲等长同步工作，并可预定曳纲放出长度和绞纲终止长度，以实现自动起放网。辅助绞机正日趋专用化，其驱动方式大多向中高压液压传动发展。全船各种捕捞机械的控制采用集中遥控并和机侧遥控相结合的方式，并开始采用计算机程序控制。

四、围网捕捞机械

（一）围网渔业

围网是一种捕捞集群鱼类，规模大、产量高的过滤性渔具。围网捕鱼原理是发现鱼群后，放出长带形网或较长的网衣，网衣在水中垂直张开形成网壁，包围或阻拦鱼群的逃跑，收绞括纲，封锁网底口，然后逐步缩小包围面积，使鱼群集中到取鱼部而捕获；或驱赶鱼群进入网衣而捕获。

我国现有的围网主要有鲐、鲹光诱围网和大型金枪鱼围网。

鲐、鲹光诱围网是根据中上层鱼类的趋光性，夜间利用集鱼灯光等把分散的鱼群诱集成群，然后依靠围网渔具，包围鱼群来达到捕捞目的。目前我国主要有渔业公司的机轮光诱围网与以个体为主的小型光诱围网。这几年渔业公司的机轮光诱围网的规模在逐渐缩小，而以个体为主的小型光诱围网发展较快。

一组灯光围网船，一般包括1艘网船、2艘灯船和1艘运输船。网船是船组的首领，大部分捕鱼作业均在网船上进行，所以网船需要装载15～20t的网具和属具，同时甲板上装置各种捕鱼机械10～20台，其中收网最主要采用的是液压动力滑车。目前国内的大部分捕鱼机械所用装置都已国产化，就连小功率的动力滑车也已经完成国产化，通过这几年的使用，总体反映效果较好。灯船在围网作业中的功能为在灯光诱鱼时作为主要诱鱼光源，与网船共同侦查鱼群，协同网船和运输船进行放网、起网和捞鱼操作，所以灯船上除了安装必要的渔航仪器外，还装有用于光诱的主要灯具设备。灯具分为水上灯与水下灯。水上灯设置在灯船的甲板上，离水面有固定的高度，并有一定的入射角，在水面近表层形成光场，对表层趋光性鱼类诱捕能力较强。目前使用的水上灯主要功率为500～2000W，采用的灯泡主要有白炽灯、卤钨灯、水银灯与金卤灯。水上灯的组成主要有发电机组、配电板、船用电缆、镇流器、灯头与灯泡，目前所有的小功率产品已全部实现国产化，但2000W的系列金卤灯仍有使用日本进口的。对于金卤灯使用的镇流器，国外目前使用的全部是带保护的壳装镇流器箱，而国内大部分个体渔船使用的是无保护壳的镇流器。

（二）围网机械的类型

围网机械是用于起放围网渔具的机械，可分为绞纲、起网和辅助机械三类。一般围网渔船上所配备的围网机械由几台至二十几台单机组成。其数量和配置由渔船大小、网具规格、作业方式、渔场条件和机械化程度等决定。传动方式可分为电传动和液压传动；控制方式有机侧控制、集中控制和遥控。因液压传动可无级变速，操纵方便，防过载性能好，故自20世纪60年代以来一直被广泛采用。

1. 绞纲机械　主要用于收、放围网的纲绳，或通过绞收钢索完成某种捕捞动作。按用途主要有括纲绞机、跑纲绞机、网头绳绞机、束纲绞机、变幅理网绞机、理网移位绞机、斜桁支索绞机、浮子纲绞机、抄网绞机等十余种。其中以括纲绞机使用最为广泛。该机亦称围网绞机，主要用于收、放围网括纲，其基本结构与拖网绞机类似。结构形式有单轴单卷筒、单轴双卷筒、双轴双卷筒、双轴多卷筒等多种，以采用双轴双卷筒绞机居多。操作时由原动机驱动卷筒主轴，通过离合器使卷筒运转。卷筒上设有制动器。对容绳量大的绞机，还装有排绳器。中国的围网渔船主要采用两台单轴单卷筒括纲绞机或一台单轴双卷筒括纲绞机。机上设有过载保护装置，以抵抗由网船的升沉和摇摆引起的频繁冲击载荷。

2. 起网机械　即起收并整理围网网衣的专用机械，有集束型和平展型两类。

集束型起网机，主要用于起收、整理网长方向的网衣，有悬挂式和落地式两种。

（1）悬挂式起网机　又称为动力滑车，是最早应用的围网起网机械之一，具有体积小、质量小、使用方便等优点。主要由原动机、传动（减速）机构、V形槽轮和护板吊架等组成。V形槽轮是动力滑车的关键部件，槽轮上的楔紧力、包角和表面摩擦阻尼综合构成起网摩擦力。动力滑车悬挂于理网吊杆的顶部，一般在甲板上方8～10m以至超过20m处，起网拉力一般为20～80kN，起网速度为12～20m/min，适于尾甲板作业的围网渔船使用。如在动力滑车的基础上增加一台理网滑车，可专门用于整理起收上来的网衣。

（2）落地式起网机　有多种形式，主要有以下几种。

1）三鼓轮起网机，又称为阿巴斯起网机组，由起网鼓轮、理网鼓轮、导网鼓轮及理网吊杆组成。起网鼓轮装在放网舷（右舷）、船的中部甲板上。理网鼓轮悬挂在船尾网舱部位的理网吊杆上。导网鼓轮及网槽设在两者之间，形成船中起网、船尾理网的三鼓轮作业线。起网鼓轮除V形槽轮和支座外，增设了水平回转机构，可在140°范围内调整槽轮的进网角，并可在70°范围内调整槽轮两侧板的俯仰角度，以调整浮子纲和沉子纲及其网衣的起收速度。通过导网鼓轮，增加了起网包角，从而增加了起网摩擦力，降低了起网作用力，减少了船舶倾覆力矩。该机适用于舷侧起网，起网拉力为20～60kN，起网速度为30～40m/min。

2）船尾起网机，由附装在横移机构上的起网机、导网卷筒、理网滑车和理网吊杆组成，在船尾部位形成了一条起网-理网作业线。横移机构为导轨螺杆式，由动力驱动。起网机的工作部件——V形轮槽不设俯仰机构，故不能调整浮子纲、沉子纲及其网衣的起收速度。由于起网作用力点更低，又相应地增加了起网包角，能在较大风浪条件下作业。但船尾的升沉幅度较大，因而增大了起网动载荷，故往往要借助人力起收浮子纲。起网拉力通常为20～150kN。

3）三滚筒式起网机，适用于船中起网。起网工作部件由3个轴线平行的圆柱、滚筒组成。设有机座水平回转机构和滚筒俯仰机构。由于“三滚筒”增加了起网包角，网衣不易打滑，起网效率较高。起网时，网衣在滚筒间呈扁平状通过，网衣各部位的起收速度比较均匀，能较满意地起收网衣。但该机对冲击载荷缺乏缓冲作用，要求有足够高的机械强度和刚度。起网拉力为20～150kN。

（3）平展型起网机　主要用于起收取鱼部网高方向的网衣，有舷边滚筒和夹持式V形两种。其基本工作原理是利用摩擦力逐步将展开的取鱼部网衣起收到甲板上，以收小网兜，便于捞鱼。

1）舷边滚筒起网机，有起倒式、固定式和顶伸式三种，以前两种使用较多。通常在网船起网舷边设置3组滚筒，其中两组为起倒式，装于船中部，不用时可倒伏并收拢于舷墙内侧，不致影响甲板过道；起倒机构采用回转主轴带动滚筒支架的形式。另一组为固定式，装于船尾，用2或3只约2m长的外敷橡胶的起网滚筒串接在一起，由原动机驱动。舷边滚筒全长18m左右，起网时，网衣靠人力拉紧并随滚筒旋转而起收。其组成长度可根据需要调整。

2）夹持式V形起网机，由一对充气的橡胶圆筒构成V形，装于船中部的专用吊杆上，可随吊杆移动。原动机通过传动机构使滚筒做相对运转，部分网衣夹在两滚筒的夹角中间，用液压力调整两滚筒的夹角，改变对网衣的正压力，达到摩擦起网的目的。该机常与舷边滚筒配套使用。

3. 辅助机械　辅助机械用于进行围网捕捞的某些辅助作业，有底环制动器、底环解环机、鱼泵专用吊机、放灯绞机、吸鱼泵。

五、刺网捕捞机械

刺网捕捞机械是起放刺网渔具和收取渔获物的各种机械的总称。有起网机、振网机、理网机、绞盘和动力滚柱等。小型渔船只配置绞盘和起网机。大型渔船可有各种机械5或6台，实现起网、摘鱼、理网和放网的机械化。

（一）刺网起网机

刺网起网机为绞收刺网网衣的机械。根据工作原理可分为缠绕式、夹紧式和挤压式三类。

1）缠绕式起网机：通过旋转机件与纲绳或通过网衣间的摩擦力进行起网的机械。分为绞纲类和绞网类。绞纲类缠绕式起网机有双滚筒、三滚筒、三滚柱等，纲绳与滚筒（柱）呈S形或Ω形接触，以增加包角和摩擦力，另由人力对纲绳施加初拉力将网起上；滚筒表面镶嵌橡胶，以增大摩擦因数，提高起网机的性能。绞网类缠绕式起网机有槽轮式和摩擦鼓轮式两种，网衣分别靠槽轮楔紧摩擦力和鼓轮表面摩擦力而起网。槽轮摩擦力与轮的结构、楔角大小及轮面覆盖材料等有关。

2）夹紧式起网机：通过旋转的夹具将刺网的纲绳或网衣夹持或楔紧而起网的机械。常见的有夹爪式和夹轮式。夹爪式起网机在一个水平槽轮上装有若干夹爪，能随槽轮同时转动，通过爪与槽轮表面夹住刺网的上纲或下纲进行转动而起网。每个夹爪在转动一周内依次做夹紧绞拉和松脱动作一次，实现连续起网。起网机的拉力与同时保持夹持状态的夹爪数有关。夹轮式起网机是用槽轮将网衣夹持后转动一个角度然后松脱而起网。槽轮有固定的和可调的两种。固定的槽轮，其圆周槽宽不等距，网衣在狭槽处夹紧、宽槽处松脱。可调的槽轮由两个半体组成，其中一个半体可以移动。工作时，槽轮一个半体倾斜压紧，另一个半体松开。槽轮材料有金属、金属嵌橡胶条和充气橡胶轮胎等。

3）挤压式起网机：通过两个相对转动的轮子挤压纲绳或网衣而起网的机械。常见的有球压式和轮压式。球压式起网机是通过两只充气圆球夹持纲绳连续对滚而起网，结构轻巧，体积小，通常悬挂在船的上空。轮压式起网机由两只直筒形的充气滚筒挤压网衣连续对滚而起网，拉力超过球压式，体积较大，装在甲板上，绞收较大的网具。

（二）刺网振网机

刺网振网机是利用振动原理将刺入或缠于刺网网衣上的渔获物振落的机械。主要由三根滚柱和曲柄连杆机构组成。大滚柱承受网衣载荷，两根小滚柱是振动元件。曲柄连杆机构与支撑两根滚柱的系杆组成摆动装置，实现振动抖鱼动作。工作时，网衣呈S形进入两根小滚柱间，再由大滚柱进行牵引。大滚柱的工作速度约为40m/min，两根小滚柱相距200～400mm，振动频率约为200次/min，振幅为200～400mm，摘鱼效率高，但机械需占甲板面积6～9m^2，有垂直式与水平式两种结构。还可在振网机前网衣通过的下方加装输送带，接收抖落的鱼类，以保证鱼品质量并提高处理效率。振网机适用于吨位较大的渔船。

（三）刺网理网机

刺网理网机又称为叠网机，是将完成摘鱼作业后的网衣顺序整齐地排列堆高的机械。网衣在一对滚柱间通过后，在连续垂直下放过程中由曲柄连杆机构带动左右摆动，实现反复折叠。浮子纲和沉子纲分别排列在两侧，理网效果较好。机体较大，适用于吨位较大的渔船。有的用两台滚筒式机械分别绞纲带网、输送网衣，并靠人力协助自然堆叠，效果较差，但网衣部分不需通过机械，机体较小，适用于百吨位以下的小船。

（四）刺网绞盘

刺网绞盘用于绞收带网纲和引纲的机械。它具有垂直的摩擦鼓轮，对渔具纲绳通过摩擦进行绞收而不储存。有的在绞盘下装有引纲自动调整装置。该装置主要由用于缓冲的钢丝绳及其卷筒、排绳器、安全离合器和报警装置等组成，钢丝绳与流刺网上的带网纲相联系。当带网纲张力超过安全离合器调定值时，离合器脱开，卷筒放出钢丝绳，缓和船与网之间的张紧度，使负荷降低，消除断纲丢网事故。张力减少时离合器自动闭合，卷筒停转。多次使用时，待钢丝绳放出的长度达预定值后，能自动报警，卷筒即自动收绳，排绳器使绳在卷筒上顺序排列。利用报警信号及时通知开船，配合收绳，以减少阻力。

（五）动力滚柱

动力滚柱是起网或放网的辅助装置，由动力装置和一个两头小、中间大的圆锥筒组成。滚柱长 2～4m，大多装在船舷，可加快起放网速度，有的装在船尾，用于放网。

国外单船式刺网渔船总长在 40m 以下，主机功率在 300kW 以下，每船带 60～150 网片。日本多采用金枪鱼钓船、底拖网船、秋刀鱼舷提网船和鱿鱼机钓船兼作近海鲑鳟流网船。其船舶总重为 30～60t，主机功率为 150～250kW。有些流网渔船已装有专门化的系列机械设备，包括带网纲自动调节装置、起网滚柱、起网绞机、盘网机和抖鱼机等，实现了流网作业的半自动化和自动化。

我国沿海海洋刺网作业一般以小型渔船和机帆船为主，起网机械设备比较简单。机械化程度不高，这些渔船尚无专门的流网作业机械设备，一般只装有起网绞机。船舶总长度为 12～24m，型宽为 3.0～5.0m，型深为 1.2～2.0m，主机功率为 9～135kW。

六、钓捕机械

随着我国远洋鱿钓渔业的快速发展，国内对鱿鱼钓机的需求量也逐年增加，但迄今为止各渔业公司所选用的鱿鱼钓机基本上是从日本进口的。1990 年以来，国内所选用过的鱿鱼钓机主要有以下 4 种：KE-BM-1001 型（日本海鸥）、MY-2D 型（日本东和）、SE-58 型（日本三明）和 SE-81 型（日本三明）。其中 KE-BM-1001 型和 SE-58 型钓机由于电控部分为一般的控制电路，称为基本型钓机；而 MY-2D 型和 SE-81 型鱿鱼钓机由于电控部分是计算机控制的，称为计算机型钓机。

SE-81 型钓机着眼于钓捕大个体鱿鱼，设计中加粗了主轴的直径。为了增强钓机的负载能力，改良了专用直流电动机，并采用了大减速比，也有自动切换功能。速度分七段可调（放线三段、收线四段），意在提高钓获率（渔获效果）。由于可调参数多（包括许多隐藏功能），操作人员不易全面掌握。电控部分的核心元件采用 Z80 CPU。程序记忆功能由集中控制盘（简称集控盘）实现，使钓机在不接集中控制盘而独立运行时无法调用程序。

MY-2D 型钓机早于 SE-81 型钓机问世，但调速采用交流调频技术，电控部分的核心元件采用 MCS-51 系列单片机。交流电动机相对直流电动机来说具有结构简单、故障少、维护方便等优点，但启动力矩较小。在 MY-2D 型的操作面板上，除了一个防水电源开关外，全部采用触摸式按钮，有利于提高钓机在恶劣环境中的三防（防水、防雾、防盐雾）能力。与 SE-81 型相比，MY-2D 型钓机操作面板的布置更为合理。虽然单机独立功能比 SE-81 型的更强（除没有自动切换功能外），但操作更直观、容易掌握。四显示窗比三显示窗也可提供更多的动态信息。在与集控盘联用时，MY-2D 型的控制电缆为串联接法，比较省事。但 MY-2D 型最多只能使 16 台钓机联机受控，这对每舷钓机超过 16 台的钓船来说，会产生一些不便。

第四节　水产品加工机械与装备

一、水产品加工装备发展历程

水产品加工装备技术的研究是伴随着捕捞和养殖生产的发展及市场的需求而逐步开展起来的，30 多年来的专业研究，逐步形成了包括原料处理机械、藻类加工机械、水产品速冻机械、鱼糜加工机械、鱼粉加工机械等专业装备系列。我国最早的水产品加工装备研究始于 20 世纪 60 年代，1968 年研制的鱼片联合加工机械，集去鳞、去内脏、去鱼头及剖鱼片功能于一体，该机从原料鱼进入到鱼片送出一次完成。“十二五”以来，水产品加工装备的创新水平明显提高，南极磷虾加工装备研发取得重要进展，一些新的产品技术开始推广应用。

（一）冷冻鱼糜生产设备发展历程

20 世纪 80 年代，我国自主研发水产品深加工机械，用于综合利用低值海水产品，开发淡水养殖品种的加工产品，以及生产方便食用的鱼糜制品，以满足市场的急迫需求。此后，开始冷冻鱼糜生产设备的研发工作。鱼肉采取机（1992 年）用于对已去鳞、去头、去内脏的海、淡水鱼的胴体进行肉骨分离及虾类的采肉，是鱼（虾）糜生产中的关键设备；同期完成的鱼糜精滤机用于对经过漂洗、脱水后的鱼糜做进一步的过滤；鱼丸成型机（1993 年）将经配料、调味后的鱼糜加工成鱼丸；斩拌机（1996 年）集斩碎、擂溃、搅拌等功能于一体。90 年代中期完成的鱼糜脱水机，用于脱去漂洗后鱼糜的水分。由此形成了完整的成套冷冻鱼糜生产设备。该成果在山东、福建、浙江、广东等地有很大范围的推广。

（二）海带综合利用加工设备发展历程

20 世纪 80 年代初期，为解决全国海带大量积压的问题，国家经济委员会、国家水产总局下达了研制海带工业利用主要设备的任务，科研工作者经过 6 年攻关，解决了因设备落后造成的难以有效从海带中提取褐藻胶的问题，先后研究开发出褐藻胶造粒机、快速沸腾式烘干机、褐藻酸螺旋脱水机和褐藻胶捏合机等单机。上述设备的应用，实现了我国海带工业综合利用生产设备的国产化，使国家从 1984 年起不再进口同类国外设备。

（三）制冰、冷藏设备发展历程

片冰机是一种快速、连续、自动生产片状冰的设备，用片冰替代机制块冰，成本低、冷却快、损耗小。1978 年和 1983 年，卧式片冰机和立式片冰机先后问世。除渔业之外，片冰机还在水利工程的混凝土搅拌工艺中获得应用，混凝土中加入碎冰可以消除应力。1989 年，具有国内领先水平的管冰机及其配套设备研制成功，该设备可用于渔船、铁路冷藏车加冰保鲜，获得 1992 年农业部科学技术进步奖二等奖。其相关成果——自动化管冰机配套在铁路冷藏车加冰系统的研究，因为解决了冷藏列车加冰的技术难题，获得 1993 年铁道部科学技术进步奖二等奖。

（四）其他加工机械

1982年研制的冷热风干燥设备用于当时大量捕获的马面鲀的风干加工，取得显著的经济和社会效益，获得1983年农牧渔业部技术改进奖二等奖；1988年研制的高温高压灭菌装置，灭菌锅内采用热水循环，温度波动小，杀菌效果好，推广成效显著。

2002年，国内第一台完全国产化的全自动紫菜加工机组在南通诞生，该设备将条斑紫菜原藻加工成标准干紫菜，又进一步开发了二次加工即食产品的成套加工设备。新一代智能型紫菜生产线多项技术超过国际先进水平，并拥有全套知识产权，成果推广应用也相当成功，改变了我国作为紫菜养殖大国加工设备依赖进口的局面，项目获得2003年南通市科技进步奖特等奖。

二、水产品加工装备类型

水产品加工机械是以水产动植物为原料进行加工的加工机械，是食品加工机械的重要组成部分。由于水产品加工原料的品种多，有易腐败变质的特点，有别于其他食品加工原料，从而构成这类机械设备的专用性。但无论何种原料，在其加工过程中都有相同的单元操作，如清洗、分级、切割、混合、灌装和热处理等，这些工序都会使用到各种通用机械设备。因此，水产品加工机械是由食品加工通用机械和水产品加工专用机械组成的。人们在筹建某种水产品加工机械生产线时，要根据加工工艺要求选择合适的通用机械与专用机械，组成高效生产线。

（一）水产品加工机械按工作特点可分为如下几种

1）原料处理机械，用于各种水产品的清洗、分级、切头、剖腹、去内脏、去鳞、脱壳等。

2）成品加工机械。

3）渔用制冷装置，包括渔业上常用的各式制冰机械、冻结装置及专门用于保鲜、冷却鱼品的制冷装置。

（二）根据水产加工原料，水产品加工机械又可分为以下几类

1）鱼片机械：包括定向排列机、去头机、去内脏机、切鱼片机、去皮机等。

2）鱼糜制品机械：包括鱼肉采取机、去骨刺机、漂洗机、斩切机、香肠结扎机、成形机、油炸机等。

3）熏、干制品机械：包括制熏鱼的熏烟发生器、回转式烟熏装置、加工干鱼的各式烘干机、烘烤机、滚轧片机等。

4）水产品罐头机械：与一般食品罐头机械类似，工业发达国家规定水产品罐头机械不得加工果、蔬、禽、畜类食品。

5）鱼粉鱼油加工机械：包括预煮机、压榨机、干燥机、汁液浓缩装置、粉碎机、高速离心机、除臭装置和鱼油氢化设备等。

6）鱼肝油加工机械：包括切肝机、消化反应锅、高速离心机、低温压滤机，以及加工鱼肝油丸的各式制丸机等。

7）贝、藻加工机械：包括用于加工紫菜的清洗、切碎、制饼、干燥机械；加工褐藻胶的回转式过滤机、螺旋压滤机、造粒机、沸式干燥机、磨粉机；用于加工贝类的清洗、蒸煮、脱壳装置；等等。

三、鱼糜加工机械

鱼糜加工机械按加工工序可分为鱼糜原料加工机械和鱼糜制品加工机械两部分，前者从原料鱼取得鱼糜原料，后者将鱼糜原料加工为油炸、蒸煮、烘烤鱼糜制品和鱼香肠等。由于我国有大量的低值海、淡水鱼类，这些原料适合生产为鱼糜制品，因而鱼糜加工机械在我国水产品加工生产中占有重要的地位。

（一）鱼糜原料加工机械

鱼糜原料加工机械根据加工工艺对鱼糜原料的要求可分为普通鱼糜原料加工机组和冷冻鱼糜原料加工机组。普通鱼糜原料加工机组由鱼肉采取机、鱼肉精滤机和擂溃机组成，其鱼糜原料未经过漂洗、脱脂、脱色等处理，质量稍差。冷冻鱼糜原料是经漂洗、脱脂和脱色的高级鱼糜原料，肉质洁白，弹性较好。由于在高速搅拌过程中加入具有防腐作用的添加剂，并且鱼糜搅拌后会凝胶化，速冻后可长期储藏，不会发生蛋白质变性而影响品质。冷冻鱼糜原料加工机组由鱼肉采取机、回转筛、漂洗槽、螺旋压榨脱水机、精滤机和高速搅拌机组成。冷冻鱼糜原料虽然品质高但产肉率低，仅占原料鱼质量的20%，比一般的鱼糜原料生产得率低一半。目前我国的鱼糜原料加工机组大都是较简单的普通鱼糜原料加工机组。近年国际市场对高级鱼糜原料需求量不断增加，国内也引进多套冷冻鱼糜加工机组。

1. 带式鱼肉采取机　　带式鱼肉采取机是利用弹性橡胶带挤压鱼体，使柔软的鱼肉通过滤孔与鱼骨、鱼皮分离。带式鱼肉采取机的工作原理如下：弹性橡胶带由主动带轮拖动，托辊使得在弹性橡胶带和布满小孔的采肉转筒间构成包角约为90°的挤压区。原料鱼进入采肉转筒与弹性橡胶带间的挤压区时，受到弹性橡胶带的柔性挤压力，鱼肉即通过转筒的小孔进入筒内，留在转筒表面的鱼皮由刮刀清除。

2. 鱼肉精滤机　　鱼肉精滤机供采取的鱼肉滤去所含少量的细骨、碎皮屑等杂质，提高鱼糜制品的质量。鱼肉精滤机由供料、过滤和排废料装置三部分组成。储料桶内的鱼肉被回转轴上的压料板压入活动进料板下面的螺膛内。螺膛内的转动螺旋由两段不同结构的螺旋组成，前段螺旋安装在螺膛内，是一根等直径变螺距的进料螺旋，用于将鱼肉送至过滤部分；后段螺旋伸出螺膛外，螺旋轴上有三段带一定升角的梯形滤肉螺旋，外套不锈钢滤筒，两者之间很小的配合间隙使受挤压的鱼肉从滤筒的筛孔滤出。滤筒前端用螺旋套筒与螺膛座连接，后端与排废料的锥形管连接，便于拆卸清洗。滤筒的筛孔直径为1.5～2mm。排废料锥形管的活动盖上装有平衡杆和可移动重块。可移动重块使活动盖受到一定的压力，其目的是使废料排出受到一定的阻力，从而使鱼肉在滤筒内有充分的停留时间并从滤筒滤出。

3. 漂洗槽　　鱼肉漂洗可除去鱼肉中的脂肪、水溶性蛋白质、无机盐和色素等杂质，加工成的鱼糜制品弹性好，色泽洁白。漂洗槽是带有搅拌器的不锈钢板制的长方形槽，搅拌器可加快漂洗效果，转速约为12r/min。一般漂洗工艺要求鱼肉经过2或3次反复漂洗与脱水，通常由数台漂洗槽和回转筛进行间断的漂洗和预脱水，但也可在同一漂洗槽内连续漂洗。在第一漂洗槽内加入冷水或碱盐混合液对鱼肉进行搅拌和漂洗，鱼浆溢流入第二漂洗槽继续搅拌漂洗，最后溢流入第三漂洗槽做最后漂洗。鱼肉泵将鱼浆从各漂洗槽底部的管道送到回转筛预脱水，浮在表面的脂肪由人工或除油装置清除。鱼肉漂洗工艺及其效果随鱼的种类、鲜度和用水量等而异。一般鲜度高、脂肪少的原料鱼用清水漂洗，鱼肉与水的比例为 1 :（5～10），水量多漂洗效果好，但耗水量会增加。多脂性红色鱼肉的中上层海水鱼，一般用 0.1%～0.3%NaCl 溶液与 10%～40%$NaHCO_3$ 溶液配制的混合液或单一溶液分别漂洗。

4. *螺旋压榨脱水机*　漂洗后的鱼肉含大量水分，先由回转筛预先滤去 80% 的水分，然后在螺旋压榨脱水机内挤压去除剩余水分，使鱼糜原料达到规定的含水率。回转筛由筛筒、导轨和喷头构成，筛筒是用不锈钢板制成的回转筒，筛孔直径约为 0.5mm。鱼浆沿倾斜安装的筛筒转动时，鱼肉从另一端卸下，水流过筛孔到集水槽。为了防止筛孔堵塞影响过滤效率，筛筒上部装有一只喷头，该喷头可沿导轨往复移动，喷水冲洗筛孔。回转筛除了使鱼浆脱水外，还能清除鱼肉中的血水，故又称为肉质调整机。螺旋压榨脱水机由榨螺杆、滤筒和调节圆锥等构成。榨螺杆由数节焊有螺旋叶片的圆锥筒套在传动轴上组成，构成一个底径逐渐增大的变螺距螺杆。滤筒用不锈钢板制成，滤孔直径为 0.3～0.7mm，滤筒外套由用较厚钢板制成的有孔圆筒和加强箍加固。从进料斗进入的鱼肉在开始挤压时滤出大量游离水分，鱼肉在随螺杆移动过程中相互的距离逐渐缩小，鱼肉内不易分离的水分在中压和高压段被挤出。螺杆压榨脱水机的脱水效率与鱼肉原料鲜度、pH、含水量等因素有关，可通过调节鱼肉的脱水速度或螺杆的挤压力来控制。机器的调节部分是榨螺杆前端的调节圆锥及调速电动机。一般情况下，可转动调节螺母的手轮，使螺杆轴向移动，减少或增大调节圆锥与滤筒间的间隙，使鱼肉排出速度减少或加快，从而使鱼肉脱水速度变化。鱼肉原料变化情况较大时，需要通过调速电动机改变螺杆转速来适应。一般当原料为含水量较少的新鲜鱼肉时，可提高螺杆转速，加快脱水速度。鲜度差的鱼肉原料，漂洗后 pH 增加，鱼肉与水分结合牢固，使得鱼肉压缩性差，脱水困难，此时应降低螺杆转速来调节脱水速度。此外，对于含水量大而新鲜的原料，螺杆转速过快将使鱼肉脱水不充分，应降低螺杆转速。

（二）鱼糜制品加工机械

鱼糜原料成形后，可采用蒸煮、油炸、烘烤等各种热处理工序，使鱼蛋白质凝固，得到鱼丸、鱼糕、鱼卷和鱼香肠等鱼糜制品。日本的鱼糜制品加工机械由各种成形机、热处理设备和包装机械组成。欧式鱼糜制品加工机械由成形机、淋浆机、洒粉机和油炸设备或连续速冻设备组成。成形机械是将鱼糜原料制成一定形状（如球形、圆柱形和异形等）、尺寸和质量规格的生坯料的机械设备。各种类型的成形机械是根据制品成形要求设计成的，其主要部件是物料输送机构和成形模具。简单或专用的成形机只能完成单一形状制品，如鱼丸机和鱼卷机。万能成形机可通过置换模具或变动成形模具，完成多种形状的制品。复合成形机可加工包馅的鱼糜制品。

1. *鱼丸成形机*　国产 YWJ-1 型鱼丸成形机，由成形模、输送螺旋、进料斗、蜗轮减速箱、无级变速箱、圆锥齿轮机构、电动机、偏心圆盘和连杆组成。电动机通过 V 带传动，经无级变速箱、链传动装置和蜗轮减速箱变速，再由链传动装置带动鱼糜输送螺旋。输送螺旋是一根圆锥形底径、等螺距的螺杆，鱼糜原料在输送过程中受挤压从成形模中挤出。在无级变速箱输入端通过圆锥齿轮机构、蜗轮减速箱和二级链传动装置带动偏心圆盘，再由偏心圆盘和连杆组成的曲柄连杆机构带动成形模内半圆环形刮鱼丸刀往复回转。为了使输送螺旋挤出的鱼糜量与成形模内的刮鱼丸刀相配合，以得到一定规格的鱼丸，可通过变速箱调节输送螺旋的转速。成形模座用法兰和螺栓与螺膛的机座连接，可拆卸清洗。

2. 油炸鱼糜制品成形机　这种成形机械是多功能的，通过置换模具或成形部件，可以形成多种不同形状（如球形、长方形、圆柱形等）和尺寸的鱼糜制品。日本的KTM-100型油炸鱼糜成形机由叶片泵、成形模、电动机和输送带等构成。料斗内的鱼糜被一对相对转动的进料螺旋推送入叶片泵，叶片泵将鱼糜连续地从成形模中挤出，回转臂的切断钢丝切断一段鱼糜并使之落在输送带上。输送带上装置的辗压辊和切断铡刀分别根据制品需要将鱼糜碾压成具有一定的厚度和切断成具有一定尺寸的制品。为了防止成形后的鱼糜制品黏在输送带上，在往前输送鱼品时，将其用固定在输送带平面上的分离钢丝分离开。前端的反转轮与被动带轮转向相反，使成形制品从输送带落入反转轮时自动翻身，然后落入自动油炸设备的油槽内，这样可防止制品断裂。机器的无级变速箱可调节切断钢丝、切断铡刀和输送带的速度，使之相互配合，制成所需规格的鱼糜制品。辗压辊与输送带间的间距决定了制品的厚度，可预先调节辗压辊的位置。成形模口的截面可为长方形或圆形，根据制品需要更换。在生产鱼丸时，成形模前部可连接鱼丸成形模，模具结构与鱼丸成形机相同，此时通过离合器可停止输送带上各成形部件的动作。

3. 欧式鱼糜或肉糜成形机　欧式鱼糜或肉糜成形机成形的制品为汉堡饼或鱼、肉排，成形制品常油炸或速冻。欧式成形机由液压传动的叶片泵、料斗、控制箱、制品自动衬纸堆垛装置和制品输送带组成。

制品成形过程如下：料斗内的物料由螺旋板进料器推送入叶片泵，此时因模板的开口孔不在叶片泵的出料口下面时，叶片泵不转动，模板沿导槽移动；当模板的开口孔处于叶片泵的出料口下面时，叶片泵做瞬间转动，物料被挤入模板的开口处；当开口孔内物料达到某一恒定填充压力时，叶片泵停止转动，模板沿导槽向前移动到脱模器的位置，脱模器迅速落下冲入模板的开口处，成形的制品被击落在塑料或不锈钢网输送带上，并被送出机外。

4. 烘烤鱼卷成形机　其由鱼糜输送、芯棒输送和鱼卷成形三部分机构组成。鱼糜输送机构由4只不同直径的塑料辊和不锈钢辊组成，利用塑料和不锈钢对鱼糜的不同摩擦力及各辊的线速度的不同，使鱼糜层产生差速流动，形成挤压力，将鱼糜从出料槽挤出。成形机构由等速相对转动的成形轮和成形轮两侧的成形带构成。成形轮的圆周面有一层3mm的橡胶层，橡胶层上是1mm厚的布层。成形轮转动时，转刷利用水槽的水蘸湿布面，目的是防止鱼糜黏结并使鱼卷成形时表面光滑。两根塑料成形带贴近成形轮两侧的成形环，与之做相对移动，带与环间的间距小于成形芯棒的直径。不锈钢芯棒的直径约为10mm，芯棒的一端为圆锥形，其头部为圆环状，以便将芯棒从烤熟的鱼卷中拔出。芯棒从输入槽进入槽轮，再由输送链等距装置销子进入成形轮。输送链在成形轮上的部分链条曲率与成形轮曲率相同，其圆周速度与成形轮圆周速度相等并同向。鱼卷成形机工作时，输送链将芯棒带至鱼糜料斗的出料槽，芯棒中部将挤出的一层鱼糜带走，随后芯棒进入成形轮并搁在两端的成形环上，被成形带与成形环夹持，由于成形带和成形轮的相对运动，芯棒在摩擦力的作用下自转。芯棒中间的鱼糜与湿布层接触，由于芯棒的自转和湿布接触面的作用，鱼糜在芯棒上形成表面光滑的鱼卷。鱼卷成形后随输送链落到下一输送链上，被传送到烘烤装置。

四、贝类加工机械

可食用贝类的种类很多，以贝类为原料加工生产的贝类食品或半成品的品种也日益增多。在生产贝类加工食品或半成品的过程中，原料的脱壳和壳肉分离是重要的工序。

双壳贝类的贝肉通过闭壳肌与贝壳连接，同时通过闭壳肌的作用控制贝壳的张开和闭合。为了从鲜活的贝壳中取出贝肉，必须使闭壳肌失效并与贝壳分离，从而使贝壳张开，贝肉从贝壳中脱落。据此，以鲜活贝类为原料加工贝肉的常用工艺流程为清洗—加热—脱壳—壳肉分离。

（一）清洗

清洗的目的主要是清除贝类体内的泥沙、污物等。常用的是紫外线净化设备，主要包括水泵、养贝箱、紫外线发生器及净化池等。水泵将海水吸入水池，水经紫外线照射消毒并增氧后，再由水泵送入净化池内循环使用。净化池内装有箱架，架中可层层叠放养贝箱。贝类在箱内放养一段时间后，体内的泥沙、污物等即陆续排入水中而达到净化目的。排出的废物通过箱底排除。

（二）加热

加热的目的是使闭壳肌失去控制贝壳张合的能力，贝壳张开并与贝肉分离。常用的热源是蒸汽。近年来国内外均有采用微波作为热源对贝类进行加热、脱壳的报道。微波脱壳时，采用一聚焦力极强的小功率微波发生器，仅对贝类闭壳肌的某一特定点加热，使贝壳张开，壳肉分离，而未经微波辐射的大部分贝肉仍保持其原有的鲜度和温度，避免了常规加热法使贝类体液流失的缺陷，这种方法适于生产鲜贝肉。

为了保证脱壳效果，提高分离效率，应根据原料的品种、特性选定加热方式和工作参数。例如，据有关资料介绍，加热毛蚶时保证工作室的温度在100～104℃，蒸汽压力为0.4MPa，加热时间为4min左右，可取得良好效果。但是，用蒸汽一次加热的贻贝常出现部分贝壳不能充分张开或完全不张开的情况，而且有的贻贝壳虽然开度较大，但闭壳肌仍与贝壳牢固连接，贝肉不易脱落，从而会降低壳肉分离效果。长期的生产实践表明，如果采用低温水预煮和高温蒸汽加热相结合的方式，则贻贝的全开壳率可达98%以上，贝肉的自然脱壳率可达90%左右。采用这种加热方式时，其工作参数为：预煮阶段，水温控制在55～60℃，预煮时间为2～5min；汽蒸阶段，汽蒸室温度控制在100℃左右，汽蒸时间为3.5min左右。

（三）脱壳

如果加热方式得当，工作参数选用合理，经加热后的贝类壳体会充分张开，闭壳肌与壳体完全分离，从而为贝肉的脱壳和肉壳分离提供方便。

通常采用施加外力的方法使贝肉脱离贝壳。其具体措施有振动、拍击、搅拌和水力冲击等。应根据贝壳和贝肉的特性选用脱壳方法。例如，贻贝的壳薄肉嫩，采用拍击、搅拌等剧烈的方法易使贝壳破碎、贝肉损伤，影响产品质量，而采用振动法则可收到良好效果，但对于壳体和贝肉不易破碎、可经受较大外力作用的贝类，则可选用上述各种脱壳方法。

（四）壳肉分离

常用的壳肉分离方法有利用贝类个体壳肉几何尺寸大小不同的筛分法和利用壳肉密

度不同的浮选法。

筛分法是基于任何一种双壳贝，其个体的贝壳尺寸总是大于贝肉这一事实。按被分离贝类的个体尺寸选用相应规格的筛网，使散布在筛网上方的贝肉可通过筛孔落到筛网下方，而贝壳则无法通过筛孔仍被阻留在筛网上方，从而达到壳肉分离的目的。但在实际生产中，由于原料的规格不可能相同，因此会经常出现小贝壳与大贝肉一起通过筛孔的情况。事先对原料进行分级，使同一批贝类的规格趋于一致，可降低分离后的贝肉中混杂贝壳的程度，提高分离效率。

浮选法即水分离法，是近年来国内外普遍采用的贝类壳肉分离法。浮选法又可分为饱和盐水分离和助析水分离两种。根据测定，各种贝类的壳的密度均明显大于贝肉的密度。例如，毛蚶壳的密度为2.5g/cm^3，毛蚶肉的密度为1.13g/cm^3，贻贝壳的密度为2.2g/cm^3，贻贝肉的密度为1.06g/cm^3。饱和盐水分离法是选用其密度值介于贝壳和贝肉密度值之间的饱和盐水，使浸入盐水中的贝壳下沉，贝肉漂浮，从而将壳肉分离。助析水分离法是提供一股与壳肉流向相反（或成一定角度）的辅助水流，借以“放大”壳肉的密度差，以利于壳肉的分离。助析水分离法可避免饱和盐水分离法所带来的贝肉含盐量增加、贝肉鲜度降低和消耗盐的缺点。浮选法的分离效果不受贝类规格差异的影响，且由于壳肉在水中分离，贝肉易于保持完整和清洁。

五、藻类加工机械

当前，用作食品加工原料的常见藻类有紫菜、海带和裙带菜等。这些藻类的加工均分为一次加工（初加工）和二次加工（精加工）两类。紫菜的初加工是指以海中生长的紫菜为原料，通过一定的工序将紫菜制成低含水量紫菜饼的工艺过程。其工艺流程是：原料收割—切碎—洗净—调和—制饼—脱水—烘干—剥离—分拣集束—二次干燥。

目前，国产全自动紫菜初加工机械已被相关生产单位采用，并取得良好的效果。该设备由切菜机、清洗机、调和机、搅拌槽、浇饼机构、脱水机构、加热箱、烘干箱、剥离机构、干紫菜输送带、主机传动系统、分拣集束机及二次热风干燥机等组成。

该设备中的清洗机结构简单、紧凑，清洗效果良好。它由外圆筒、清洗刷及传动系统等组成。由供液泵抽吸来的菜液经进料口进入清洗机的内圆筛筒中。在高速旋转的清洗刷的作用下，菜液中的泥沙随清洗水经筛筒壁流出，从排水口排出筒外。被留在筛筒内的紫菜在螺旋状清洗刷的推动下向上移动，经出料口进入调和槽中。

该设备的搅拌槽的输液管道上设置了菜液浓度控制器，具体如下：设置在输液管上的光电传感器将储液槽中紫菜液的浓度值传递到浓度控制器中，当槽中的紫菜液浓度高于设定值时，浓度控制器发出信号使清水泵启动，向储液槽中注入清水，使菜液的浓度达到设定值；当菜液的浓度低于设定值时，浓度控制器发出的信号使混合液泵启动，从储液槽中经滤网由清水槽中抽水，使菜液的浓度提高到设定值。

该设备的脱水机构先靠吸水风机吸去菜饼中的部分水分，使其定型，然后进入一次和二次脱水。脱水通过采用脱水海绵对紫菜饼进行挤压吸水来实现。为了防止挤压菜饼的海绵上附着紫菜，在脱水海绵外包上了具有高弹性和高孔隙度的保护海绵。

该设备的剥离机构分超前剥离、前剥离和后剥离三道工序，将烘干的菜饼从菜帘剥离。超前剥离是将菜帘的中部压紧，然后靠剥菜辊使菜帘上的前半张紫菜与菜帘分离；

前剥离时，压块压住菜帘的中部，剥菜辊继续使菜饼松动；后剥离时，剥菜压杆滚轴从菜帘的背部滚压，并使已经松动的菜饼从帘上脱落。

第五节　渔业资源修复工程

一、渔业资源修复工程发展历程

国内渔业资源修复工程技术发展的重点在于人工渔礁的应用研究方面。

人工鱼礁是指经人为制造而成的适合鱼类等海洋生物聚集、繁殖的一类海洋工程设施，它可以为鱼类等海洋生物提供生长、繁殖、栖息的适宜环境，达到保护、增殖渔业资源并改善区域海洋生态环境的目的。

人工鱼礁大致可分为资源增殖型、资源保护型和休闲生态型三种类型。资源增殖型鱼礁以自然增殖为主，适当放流一些经济鱼、虾、蟹类及软体动物类，改善产卵场生态环境，诱集并可进行采捕利用；资源保护型鱼礁以阻止过度捕捞为主，保护渔业资源的合理开发利用；休闲生态型鱼礁以自然增殖和人工放流增殖附礁性鱼类相结合，以游钓为特色。

人工鱼礁历史悠久，但真正发展是在20世纪80年代后，其中具有代表性的国家是日本和美国。例如，20世纪90年代，在日本，人工鱼礁已形成产业化。近年来日本政府每年投入600亿日元用于鱼礁建设，建礁体积每年约有600万m^3。在建礁决策、选址、建造和效果调查等方面更趋科学化、合理化、制度化。

我国从20世纪80年代初开始在沿海部分省市进行人工鱼礁试点建设，并进行了人工鱼礁礁体结构、鱼礁模型流态及人工鱼礁投放效果评估等研究工作。期间虽然取得了一定成果，但是效果并不十分明显。近年来，我国沿海人工鱼礁建设进入了大发展时期。仅山东省截至2008年底，扶持建设了16处人工鱼礁区，累计投石造礁111.8万m^3，投放混凝土构件礁60.3万m^3，投放报废渔船315艘，建成礁区941hm^2，新建人工鱼礁规模达到180万m^3；到2015年，形成60个人工鱼礁群，建礁面积达到1.56万hm^2。

当前，我国人工鱼礁的礁体建造有以下4个发展趋势：①礁体大型化。混凝土预制件都在2m×2m×2m以上，并根据需要组合成更大礁体。而钢制鱼礁的礁体更大，为几百立方米到几千立方米。礁体太大，制作、运输和投放比较麻烦，但可防止底拖网作业的破坏和海流冲击而移位，能产生较大的涡流与缓和区，减少沉积物埋没，为大量鱼类提供较大的活动空间。②材料综合化。礁体中既有混凝土构件，又有钢制构件及石头、瓦片、贝壳等材料，可以充分发挥不同材料的优点，发挥增殖资源、改善环境、诱集与聚集鱼类等综合效益。综合礁体中可有适合不同种生物栖息、生长与繁殖的环境。这种生态环境既能贴近大自然，又有丰富的饵料，安全舒适。③结构复杂化。在节省材料、经济、施工方便的前提下，尽可能使其结构复杂一些，以利于增加表面积和形成不同大小的空间，为不同生物提供适宜的栖息、生长、繁殖和避敌环境，提高生态环境的安全系数。④类型多样化。

二、人工鱼礁种类

了解人工鱼礁种类的目的，是为后继的人工鱼礁设计提供依据，因为不同的人工鱼礁有不同的功能，而且造礁的材料也不一样。至于如何划分人工鱼礁的种类，目前还没有统一的方法。然而，一般是根据投礁水深、建礁目的或鱼礁功能、造礁材料、礁体结构和形状4个方面来划分。

（一）按适宜投礁水深划分

1. *浅海* 鱼礁投放在水深2～9m的沿岸浅海水域，并以水产养殖为主的小型人工鱼礁，如海珍品礁、海藻礁、鲍鱼礁及牡蛎礁等。

2. *近海鱼礁* 在水深10～30m近海水域投放的各种类型的鱼礁，如增殖型鱼礁、幼鱼保护型鱼礁、渔获型鱼礁、游钓鱼礁等。

3. *外海鱼礁* 在水深40～99m外海水域投放各种类型的鱼礁，如增殖型鱼礁、渔获型鱼礁、浮式鱼礁等。

（二）按建礁目的或鱼礁功能划分

1. *养殖型鱼礁* 以养殖为目的，根据养殖对象习性来设计和设置的鱼礁，如海珍品礁、鲍鱼礁、龙虾礁、海参礁、牡蛎礁、海螺礁及海藻礁等。

2. *幼鱼保护型鱼礁* 以保护幼鱼为目的而设计和投放的鱼礁。这类鱼礁的设计与其他鱼礁的区别在于鱼礁内部有隔墙，隔墙的开孔要小于鱼礁外层所开的孔，以便幼鱼躲入鱼礁后可四处逃逸，阻碍敌鱼或其他个体较大的鱼类追捕。同时，在躲避风浪时也比较安全。浅海幼鱼保护型鱼礁设有顶盖。

3. *增殖型鱼礁* 以增殖水产资源和改善鱼类种群结构为主要目的而设计的鱼礁。一般投放于浅海区域，主要放养海参、鲍、扇贝、龙虾等高值品种，起到增殖作用，如贻贝增殖礁。或者投放于产卵渔场的外围，以确保产卵鱼类的正常产卵生殖，增加鱼卵的附着场所，并提高仔鱼的成活率，达到增加渔业资源的目的。也可以结合人工放流鱼苗，改善鱼类种群结构。实际上，这类鱼礁也是保护型鱼礁，因为保护了成鱼就是保护了鱼类繁殖后代的基础。鱼礁区的存在可以使得大型渔具不敢靠近，无论拖网、围网、刺网都要避开鱼礁区，以免网具缠住鱼礁而造成损坏或丢失。这样，鱼礁就自然而然地成了鱼类的避难所，从而保护了礁区鱼类的各种生物资源。同时，又因为鱼礁区饵料丰富，自然就成为鱼类栖息、索饵和繁殖的场所，丰富了海区的资源，起到增殖资源的效果。

4. *渔获型鱼礁* 以提高渔获量为目的而设计的鱼礁。一般投放在鱼类的洄游通道，主要为诱集鱼类形成优良渔场，以达到增加捕捞效果的目的。它与增殖型鱼礁的不同主要在于布局上有很大差异。一般来说，这类鱼礁的礁体要大些，最小单体也要3m×3m×3m；礁区既可容纳一定数量的可捕资源，又要为进行捕捞生产留出足够的作业范围，因此鱼礁区要有适当规模。

5. *浮式鱼礁* 主要是为诱集中上层鱼类而设计的鱼礁，也属于渔获型鱼礁的一种。这种鱼礁一般投放在水深25～50m处，甚至更深水域，礁体要离海面5～10m。礁体高度为3～10m，具体视投放水域深度和航船情况而定，所以浅水区不宜投放这类鱼礁。

6. *游钓型鱼礁* 专为旅游者提供垂钓等娱乐活动而设计和投放的鱼礁。这类鱼礁一般设置在滨海城市旅游区的沿岸水域，供旅游和钓鱼等活动之用，也可以达到一定的生产效益。这类鱼礁以半球形设计为宜，要求鱼礁外表光滑、没有棱角，以免绊住钓钩或钓线。游钓型鱼礁是以营利为目的的设施，所以要有一整套经营管理的理念。

（三）按造礁材料划分

1. *混凝土鱼礁* 以混凝土为主，中间以钢条或硬性竹条为筋作原材料而制成的鱼礁。混凝土预制件可塑性强，可制成各种不同形状的礁体，因此这种鱼礁的使用最为普遍，不但效果好，而且经久耐用。

2. *钢材鱼礁* 以钢制材料制成的框架式鱼礁。这种鱼礁制作容易，运输方便，一般较为大型，多数为框架式礁体。其直径和高度均达15m以上，重量达60t以上。钢材鱼礁一般投放在外海，水深40～100m处。钢材鱼礁在日本使用较多，在我国使用较少。

3. *木竹鱼礁* 有些地方的渔民用木材钉成框架，中间压以石块，沉放在沿岸、近海海底成为一种沉式人工鱼礁。也有一些渔民把竹、木捆扎成筏，漂浮在海面上或悬浮于水中，以其阴影来诱集鱼类，然后围而捕之，成为浮式人工鱼礁之一。

4. *塑料鱼礁* 以塑料或塑料构件为原材料制成的鱼礁。这种鱼礁材料大多数应用于浮式鱼礁。因为浮式鱼礁要求礁体又轻又耐用，所以塑料是一种比较理想的材料。

5. *石料鱼礁* 以天然石块做成的礁体，直接投放在海底堆叠成一定形状的鱼礁，如广西北海和钦州投放的增殖海参用石块鱼礁，或者预先将天然石块加工成条石料，然后砌成所需类型的鱼礁。

上述这些鱼礁，无论哪种材料制成，都必须符合以下要求：①功能性，适宜鱼类、贝类和其他生物的聚集、栖息和繁殖，能与渔具渔法相适应；②安全性，礁体在搬运投放过程中不损坏变形，设置后不因风浪和潮流的冲击而移动、流失或埋没，所用材料不能溶出有毒物质，影响生物附着或污染海域环境；③耐久性，礁体的结构能长期保持预定形状，使用年限要长；④经济性，材料价格要便宜，制作、组装、投放容易，费用要少；⑤供给性，材料来源广，供给稳定、充足。

（四）按礁体结构和形状划分

人工鱼礁也有各种不同的结构和形状，常见的有箱形鱼礁、三角形鱼礁、圆台形鱼礁、框架形鱼礁、梯形鱼礁、塔型鱼礁、船型鱼礁、半球形鱼礁、星形鱼礁、组合型鱼礁等。

三、人工鱼礁渔场

（一）鱼礁渔场的构成

人工鱼礁渔场由鱼礁单体、单位鱼礁、鱼礁群和鱼礁带构成。鱼礁单体，是指用于构成鱼礁渔场的单一构造物，是构成单位鱼礁的构造物，并有多种形状和大小。单位鱼礁是指由一个或几个鱼礁单体所构成的最小规模的鱼礁渔场，其规模以400m^{3}以上的体积为标准，其形式通常是小型鱼礁单体的集合物，也可以是大型组合鱼礁与小型鱼礁单体的组合。鱼礁群是指由相互关联的几个鱼礁单体和单位鱼礁所构成的鱼礁渔场，它是根据捕捞对象和渔法等的不同而决定采用鱼礁单体还是采用单位鱼礁。鱼礁带是指由几个鱼礁群等所构成的广域鱼礁渔场，其目的在于稳定和提高产量和捕捞作业效率。

1. *单位鱼礁渔场* 鱼礁渔场的构成，有以一个单位鱼礁来修整天然礁构成的，也有由几个单位鱼礁或鱼礁群组合构成的。单位鱼礁的机能，应根据各个单位鱼礁的构成目的来确定。单位鱼礁的规模，以400m^{3}以上为标准作为鱼礁渔场的最小单位，并取决于施工精度、对象鱼种特性、海域环境特点、设置水深及渔业生产者的作业要求等因素。

2. *鱼礁群渔场* 它是以多种配置形式将单位鱼礁渔场相互联系起来构成渔业上

所需要的渔场。作业上要考虑垂钓、延绳钓和刺网渔具渔法的需要。同时要考虑资源的增殖量和洄游量。从资源增殖角度来看，由于鱼礁的设置所形成的可供栖息场所的增大，Ⅰ型鱼种（趋触性鱼类）的数量有可能增多；对于Ⅱ型鱼种（趋光性、趋音性鱼类），由于鱼礁周围的浮游生物、底栖生物的增多，饵料环境会带来良好的增殖效果；对于Ⅲ型鱼种（表层、中层鱼类），应通过估计洄游量来组建单位鱼礁。由单位鱼礁构成的渔场作为相互连成的整体鱼礁群能有效地聚集鱼群。构成鱼礁群的单位鱼礁间距一般在400（Ⅰ型和Ⅱ型）～600m（Ⅲ型）。

3. *鱼礁带渔场*　它是为了连续不断、有效地利用渔场而有计划地设置多个单位鱼礁或鱼礁群的大面积鱼礁场。设置鱼礁群的基本点在于不降低各鱼礁群的鱼群密度，使随水团移动的鱼群和季节性移动的鱼群能连续不断地聚集起来形成渔场。鱼礁群之间的距离最好为鱼类可感知鱼礁距离的2倍以上。另外，鱼礁设置的方向应根据海洋物理、化学环境来推断水团移动的路径和生物环境来推断对象鱼种的季节性移动路径，并考虑到捕鱼作业上的实际情况来确定。

（二）鱼礁渔场的造成位置

在选定鱼礁渔场造成海域时，应分析各种基本调查情况，因为设置人工鱼礁的海域，实际上就是形成鱼礁渔场或是提高渔场机能的海域。对于渔业者有效利用这个渔场的海域，应从对象生物和海域环境的角度来考虑。

1. *对象生物与鱼礁渔场的造成位置*　对于趋触性鱼类来说，设置鱼礁等于扩大了鱼类的栖息场所，成为幼鱼分布和放流鱼种等易于进入鱼礁的海域；对于趋光性、趋音性鱼类，就成为幼鱼分布或成鱼通道的海域；对表层、中层鱼类，则成为成鱼通道的海域。因为在进行调查时，要按现存渔场的分布、渔获物调查和放流实验等方法进行，根据鱼礁的设置情况，确定渔场的造成、改良及扩大海域。

2. *理化条件与鱼礁渔场的造成位置*　鱼礁渔场的海底地形是土堆、海盆、坑洼、海脊、海角、海谷等变化复杂的场所，这些场地的环境变化大，流速减慢，形成倒流等滞留区，蓄积内汐和内波，产生垂直混合和涌升流等，生息环境条件优越，在这里设置鱼礁就能使鱼礁性鱼类的增值量和滞留量增大。

（三）在鱼礁渔场中鱼礁的有效影响范围

鱼礁的有效影响范围对计算鱼礁的覆盖面积，计算礁区的渔获量及鱼礁在海里应如何合理布局等都有很大关系。

底层鱼类与鱼礁的高度关系不大，所以以底层鱼为对象的鱼礁不必设计得很高，也不要堆积得很高，单体礁的高度有0.8～1.5m或堆砌到3m就足够了，应该着重于扩大平面面积，但是也要注意礁与礁之间的距离，因为这些都可算作渔场的有效面积。

鱼礁的有效影响范围与流速、流向有关，而流速和流向又是处于经常变化中，所以要充分了解设礁地点的水流情况，才能最有效地利用水流的作用。

对于鱼礁带渔场的有效影响范围问题，从实践中看到，如果把单体鱼礁分散布置就会削弱环境对鱼类刺激的作用，而使鱼类的密度减少；如果把小型鱼礁做不规则投放，就会形成很多空隙，会对鱼类起到更好的刺激作用。一般认为2个鱼礁群的间距为1000～1500m可使2个鱼礁群起到优势互补作用。作为人工鱼礁渔场的布局，可以设计成鱼礁带形式，各鱼礁群成带状排列，可以扩大渔场，延长鱼群滞留的区域，不会降低可捕鱼群的密度。

至于鱼礁的规模问题，通常认为：无论是天然鱼礁还是人工鱼礁，随着规模的增大，其集鱼效果也必然增大，主要原因在于规模增大，礁区面积也增大，就能以更大的面积诱集更多鱼类，使大量的鱼群能做长时间停留，单位面积集鱼效果就越高，鱼礁的利用率也必然随之提高。

思考题

1. 什么是渔业装备与工程技术？渔业装备与工程在渔业生产中的地位是什么？
2. 我国渔业装备与工程技术存在的主要问题是什么？
3. 简述池塘养殖装备的主要种类。
4. 鱼用配合饲料的加工工艺流程是什么？
5. 简述增氧机的主要种类及工作原理。
6. 拖网捕捞应配备哪些捕捞机械和设备？
7. 什么是围网渔业？围网机械有哪些类型？
8. 简述刺网捕捞机械主要构造。
9. 根据水产加工原料，水产品加工机械可分为哪些种类？
10. 简述鱼糜加工机械的加工工序。
11. 以鲜活贝类为原料，简述加工贝肉的常用工艺流程。
12. 什么是人工鱼礁？主要种类有哪些？
13. 简述人工鱼礁渔场的构成。
14. 如何理解人工鱼礁渔场中鱼礁的有效影响范围？

第八章　休闲渔业

第一节　休闲渔业概述

休闲渔业就是利用渔村设备、渔村空间、渔业生产场地、渔法渔具、渔业产品、渔业经营活动、自然生物、渔业自然环境及渔村人文资源，经过规划设计，以发挥渔业与渔村休闲旅游功能，增进国人对渔村与渔业的体验，提升旅游品质，并提高渔民收益，促进渔村发展的一种新型产业。

休闲渔业是社会经济和渔业经济发展到一定阶段而形成的一种新兴产业，它是水产业可持续发展的一种新形式，实现第一产业与第三产业的结合配置，以提高渔民收入、发展渔区经济为最终目的，是渔业与现代旅游业相结合，集渔业与游钓休闲、旅游观光为一体的新型产业。

一、休闲渔业的基本特征

1. 依托性　休闲渔业首先是开发具有休闲价值的渔业自然及人文资源、渔业产品、渔业设备及空间、渔业生态环境及与此相关的各种活动，经过合理设计与规划而发展起来的。因此，休闲渔业具有渔业依托性。

2. 复合性　休闲渔业拓宽了渔业空间，建立起集鱼类养殖、垂钓、餐饮与旅游度假为一体的新型经营模式，突破了以渔为本的传统生产经营模式，既是第一产业的延伸和发展，又是第三产业向第一产业的转移渗透和扩展。因此，休闲渔业不再是一个独立的概念，具有多功能复合性。

3. 地域性　一方面，休闲渔业是由传统渔业延伸而来，受到传统渔业地域性制约，具有明显的地域性；另一方面，休闲需求强烈、交通便捷地区的休闲渔业发展条件比较优越。因此，休闲渔业具有显著的地域性。

4. 市场导向性　休闲渔业具有服务大都市居民的基本功能，以都市人口规模为依据进行休闲渔业开发，风险最小。因此，休闲渔业开发具有显著的市场导向性。

5. 体验与重复利用性　养鱼观鱼、水上行舟、撒网垂钓等休闲渔业活动体验性强，既丰富多彩又颇具特色，大大丰富了人们的休闲体验。

6. 体验性　休闲渔业生产者向消费者同时提供了两类产品：有形的水产品和无形的体验。消费者的购买并不在于该有形产品本身而在于参与“表演”的体验。甚至有形的产品可能一无所获，但因为经历了身在其中的深刻感受，在记忆中留下了难忘的情愫，满足了审美的或是休憩的或是教育的或是娱乐的需要，消费者仍然会认为其为此付费是值得的，这也是休闲渔业与生产有形物为经济提供物的常规渔业的不同所在。

二、休闲渔业的分类

根据表现形态，我国现代休闲渔业可分为以下四类。

1. 生产经营型　以渔业生产活动为依托，让人们直接参与渔业生产，亲身体验猎渔活动，开发具有休闲价值的渔业资源、渔业产品、渔业设备及空间、渔业生态环境及与此相关的各种活动，主要是以垂钓、观赏捕鱼等为标志的生产经营形式。

2. 饮食服务型　让人们更加贴近产地，直接品尝美味的水产品佳肴，建立起集鱼类养殖、垂钓、餐饮与旅游度假为一体的新型经营形式，主要表现在都市郊区以渔为依托的农家乐、避暑山庄、都市鱼庄等。

3. 游览观光型　以走进海洋、江河、湖库等自然环境，结合旅游景点、综合开发渔业资源，"住水边、玩水面、食水鲜"，既有垂钓、餐饮，又能游览观景、休闲、度假。

4. 科普教育型　主要是以水产品种、习性等知识性教育和科普为目的的展示形式，如水族馆、海洋博物馆等。

三、发展休闲渔业的意义

1）有利于带动其他产业的发展，特别是本地的旅游业，安排就业容量大，实现了第一产业、第二产业和第三产业的相互结合和转移，从而创造出更大的经济效益和社会效益。

2）有利于提高人们的生活质量，特别是沿海地区，随着近年来旅游市场的不断发展，旅游消费不断提高，沿湖沿海的渔村、渔区已经成为一些城镇居民向往的旅游和休闲之地。促进沿海地区的对外开放，有利于就地消化吸收日益多余的捕捞渔业劳动力，繁荣渔区经济，增加渔民收入，改善渔村环境，美化家园，加快现代化新渔区建设。

3）投资少，起步容易，见效快，有利于渔业产业结构的调整，它能带动其他相关产业的发展，增加就业机会，还能促进城乡交流及对外开放。

4）有利于降低海洋捕捞强度，控制近海及江湖中的盲目捕捞，增加就地转产的工作岗位。并有利于渔民知识技能的提高，减少盲目增加的捕捞船只。

5）有利于促进沿海经济对外开放，促进沿海城乡与内陆的交流，繁荣渔业经济，直接带动旅游业的健康发展，同时也提高了海岛渔区的知名度。

第二节　渔　文　化

一、渔文化概述

渔文化是指人类在长期的渔业生产实践活动中所创造的并传承至今的物质与精神成果的总和。渔文化作为整个人类文化体系中的一个分支，是以渔和鱼为特色的文化体系。

中国渔文化的起源可以追溯至旧石器时代。从原始社会到现代社会，人们从捕鱼、养鱼、吃鱼发展到赏鱼、写鱼、说鱼、唱鱼，逐渐形成了古老绚丽、丰富多彩的渔文化。中国悠久的渔业生产历史，加上不同地区的自然与人文的巨大差异，使渔文化形成了漫长曲折的历史特色、形形色色的地域特色、多姿多彩的民族特色和兼收并蓄的时代特色。

在新的历史时期，随着现代科学技术和市场经济的不断渗透，渔文化的内涵更加丰富、功能更加多样化。不仅为当地居民提供了丰富的食物来源和良好的生活环境，还具有提供重要基因资源、生计安全、能源保障、生活休闲、旅游度假、景观保留、文化教育及科学研究等多重价值和功能；不但能够提高和改善人们的物质生活水平，而且在满足人们的精神需求方面也起着重要作用。随着经济的快速发展和人们生活水平的日益提高，文化在经济领域和经济活动中的渗透无处不在，产品的文化创意设计、地方特色经济与文化的结合等，无不在使文化资源转变为经济资源，促进经济发展。

中国传统渔文化经过长期的历史积淀，在科学技术日新月异和市场经济迅猛发展的今天，为休闲渔业提供了重要的内容和发展思路，也为发展休闲渔业奠定了深厚的历史文化基础。

二、休闲渔业与渔文化

休闲渔业作为一种新型渔业经营形式，为弘扬传统渔文化提供了新的契机。有别于养殖、捕捞、加工等其他传统渔业生产形式，休闲渔业主要利用水域资源、渔业设施、渔村村舍、生产器具和水产品，结合当地的传统文化、历史背景和渔风渔俗，设计相关的休闲活动和空间来满足大众体验渔业的需求，实现休闲、娱乐的目的。悠久的历史景观、优美的自然风光和传统的民俗文化是休闲渔业发展的重要资源。

休闲渔业不仅拓展了渔文化的经济价值功能，与渔文化相结合的休闲渔业还为渔业创造了一定的文化附加值。同时，着重突出休闲渔业“渔”的特色，将传统的渔文化融入现代服务经济中已成为发展休闲渔业的新热点。

三、基于渔文化视角的休闲渔业发展策略

（一）深入挖掘传统渔文化资源，不断丰富休闲渔业的文化内涵

传统渔文化几乎涉及渔区渔村人们生活的所有领域，大量形式各异、充满活力的渔文化资源，如民俗节庆、食俗文化、渔具渔法、特色水产品及渔业景观或遗址等都为休闲渔业开发提供了丰富的文化资源，大力挖掘和开发传统渔业文化资源有利于丰富休闲渔业的文化内涵，使休闲渔业开发形式更加多元化，更具吸引力和竞争力。

（二）全面认识渔文化资源的价值，正确处理保护与开发的关系

渔文化不仅具有显著的经济价值，还具有不可估量的历史价值、科研价值和生态价值。在发展休闲渔业的过程中，对渔文化资源的开发利用，要坚持可持续发展观，正确处理好保护与开发的关系。

渔文化资源具有不可再生性，一旦消亡或流失，将不可复制或再生。在进行渔文化休闲活动的同时，加强自然资源保护与环境建设，维护渔业生物多样性，反对盲目追求经济利益的最大化而牺牲生态环境。因此，要适度开发、合理利用渔文化资源，通过有效的资金支持，加大对渔文化的挖掘、整理、抢救和保护力度，既要坚持发展创新、与时俱进，又要尽可能原汁原味地保持和呈现传统渔文化的优秀成分，将文化资源开发与传统文化保护结合起来。

（三）整合渔文化资源，增强休闲渔业的参与性和体验性

休闲渔业中的渔文化内涵更强调民众的文化欣赏、文化体验、文化参与。因此，在制定休闲渔业发展规划时，应以增强消费者参与性和体验性为目标整合当地渔业生产、渔民生活、渔村风俗、特色水产品等各种渔文化资源，针对不同休闲渔业经营方式进行体验化设计，开发出参与性和体验性强、满意度高的休闲娱乐项目和服务。通过独特的民俗风情、丰富的活动形式，进一步增强休闲渔业的互动参与性，更好地满足绝大多数

人的体验需求。

（四）加强渔文化理论研究创新，提高休闲渔业服务水平

渔文化不仅是发展休闲渔业的重要资源，还为休闲渔业多元化发展提供了重要的依托和平台，但是当前对于渔文化的理论研究特别是针对休闲渔业中的渔文化研究仍然比较薄弱，与休闲渔业发展对渔文化理论研究的要求还存在差距。因此，必须尽快加强渔文化理论研究和创新，加强相关学科建设和专业人才培养，为休闲渔业发展提供坚实的理论依据和专业科学的系统指导；同时，加大对休闲渔业从业人员的培训和管理力度，增强从业人员对当地历史文化和风土人情的了解，提高休闲渔业的服务水平与层次。

中国的渔文化历史悠久、种类繁多、特色明显，具有较高的生态价值、经济价值和科研价值。对中国千百年来在淡水和海水养殖、内陆和海洋捕捞、水产加工流通和休闲渔业等方面的渔文化进行总结、分析，并开展其发展策略研究，对于维护渔村景观、保护生态多样性、传承传统渔文化、保持渔文化的国际地位、促进中国渔业可持续发展都有着极其重要的现实意义和深远的历史意义。休闲渔业是一种新兴渔业产业形式，是现代渔业的重要组成部分和发展方向，对促进渔民持续增收、渔业持续增效有很大的推动作用。在发展休闲渔业的过程中，要找准其与中国传统渔文化的契合点，通过挖掘文化资源、生产文化产品，弘扬渔文化，丰富休闲渔业的内涵，使文化建设与经济发展彼此联动、互相促进，为实现现代渔业持续快速健康发展做出新的贡献。

第三节 游钓渔业

一、游钓水域资源

（一）内陆游钓水域资源

1. 江河　我国江河众多，流域面积在100km^{2}以上的有5万多条，其中流域面积在1000km^{2}以上的有5800多条；流域面积在10 000km^{2}以上的有79条。绝大部分河流分布在我国东南部湿润、多雨的季风区内。我国有直接流入海洋的外流河，也有不与海洋相通的内陆河。外流河区域占国土总面积的65%，内陆河区域占35%。在海拔4000m以上的青藏高原，内陆河水系发达，也是长江、黄河、雅鲁藏布江三大外流河的发源地，水域资源极为丰富，迄今尚未充分开发利用。往东至沿海，为长江、黄河、珠江等外流河水域，河流、湖泊、水库、池塘丰富，是我国淡水渔业的重要基地，也是发展休闲渔业的重要资源。

2. 湖泊　据初步统计，我国共有湖泊24 880多个，总面积为83 400多平方千米。通常大型湖泊是鱼类索饵育肥的场所，中小型湖泊是放流增殖和养殖鱼类的场所，城市附近的湖泊既是风景区，又是供应城市的活鱼仓库。湖泊是渔业的主要生产领域，也是开发休闲渔业富有生命力的水域。

3. 水库　水库又称为人工湖，是人类充分开发利用水资源的产物，具有防洪、发电、供水、灌溉、渔业、航运与旅游等多种功能，也是垂钓淡水鱼、发展休闲渔业极其理想的场所之一。

1949 年以前，我国仅有 20 多座水库，既无水利可言，更谈不上水利渔业和休闲渔业。现在我国有大、中、小型水库 8 万多座，水面 3000 多万公顷。其中蓄水 10 亿 m^3 的大型水库就多达 310 多座。水库丰富的水资源、生物资源和较高的生产力，为渔业发展提供了很好的基础。全国各地密集分布的水库，是游钓爱好者最理想的天然钓场，它为休闲渔业的发展提供了广阔的用武之地。各地水库纷纷依据生态景观特色，大力发展休闲渔业模式。特别是随着生活水平的提高，旅游、度假、休闲日益成为消费新时尚。大中型水库多数都山清水秀，景色宜人，具有旅游休闲功能。根据水库生态景观特色，挖掘当地人文、历史内涵，以水库游钓为主，结合渔业科技园区建设、观赏性网箱养殖、绿色优质水产品特色饮食等，将旅游和渔业有机结合，相互促进，推动水库休闲渔业新模式的迅速发展。

4. *池塘* 我国现有池塘水面 2000 多万亩，仅占全国淡水总水面的 6.7%。但由于池塘面积较小，有利于人工控制水体环境条件和科学管理，容易实行精养，因此池塘养鱼在我国已成为淡水养殖业的一个重要组成部分。在世界上，我国池塘养殖水平已居先进行列。目前，我国的游钓渔业主要集中在池塘上，“一根鱼竿救活一个渔场”的例子在我国有很多。

（二）海洋游钓水域资源

除淡水水域资源外，我国的海洋游钓资源也十分丰富，除少数沿海地区开发建设了沿海游钓场地之外，绝大多数海域钓场尚有待于开发。

我国的海岸线从北起辽东与朝鲜交界的鸭绿江口算起，历经辽宁、河北、天津、山东、江苏、上海、浙江、福建、广东、广西、海南及台湾 12 个省（自治区、直辖市），长达 1.8 万余千米，其间既有岩岸也有沙滩。大连、青岛、天津、大沽、连云港、福州、厦门、汕头，以及台湾的基隆、高雄都有港口，都是开发海洋休闲渔业的良好场所。

海钓渔场分为海礁海场和船钓渔场。

海礁渔场俗称“坐帮”的好地方，就是可以在礁石边直接甩竿垂钓的地方。船钓渔场俗称“锚地”，就是可以抛锚泊船垂钓的地方。我国的海洋游钓在海礁岸边游钓上有了一定的发展，但船钓却较差。海滨游钓也只是利用天然的海滨垂钓而已，没有专门的钓台、钓位等特别设施。海滨公园大多设有海滨浴场，却少有游钓场。

二、游钓鱼类资源

游钓鱼类资源是构成游钓活动的客体，是游钓的吸引物，也是游钓业赖以生存和发展的物质基础和条件。发展游钓渔业，首先要掌握鱼类的资源状况及分布特点。鱼类是垂钓的主要物质基础和对象。目前，全世界共有 2 万余种鱼类，其中 1/3 生活在淡水中。我国现有鱼类 2000 余种，其中 60% 以上为海水鱼，淡水鱼仅有约 800 种，占世界淡水鱼类的 10% 左右，这些鱼遍布于全国各种类型的水域，它们适应范围广泛，区系组成复杂，形态千变万化。

（一）淡水游钓鱼类资源

1）鱼类的种类由东到西、由南而北逐渐递减。

珠江水系约 381 种，长江水系约 370 种，黄河水系约 191 种，黑龙江等水系约 175 种，新疆约 50 种，西藏约 44 种。

2）鲤科鱼类种类特别多，在全国各大水系中均有 45%～60% 的鲤科鱼类。

鲤科是全世界淡水鱼类中种类最多的一个科，总共约有 2000 种，我国就有 420 种，占总数的 1/5 以上。鲤科鱼类遍布于各类水域，占比例最大，超过了鱼类总数的 50%，而在各类水域的分布情况也不平衡。2017 年珠江水系鲃亚科鱼类最为丰富；长江水系各科均有存在，而以鳊鲌亚科、鲤亚科为最多；黄河、东北水系，鮈亚科最丰富；青藏高原水系，裂腹鱼亚科较多；西北地区水系，裂腹鱼亚科和雅罗鱼亚科的种类较多。四海区共有鱼类 1694 种，隶属 37 目 243 科 776 属，其中软骨鱼纲 175 种、硬骨鱼纲 1519 种。

3）东部外流河水系富有洄游性鱼类，河口富有半咸水种类和近海性鱼类。西部内陆河水系没有上述鱼类，即便有少数外流河水系，也因远离河口，不存在洄游鱼类。

4）有许多广布性鱼类物种，由于生态环境条件的差异，在生长速度和繁殖能力等方面表现出较大的地区差异。西北部的鱼类资源远不如东部、南部的优越。

我国鱼类资源丰富，绝大多数鱼类品种均可作为游钓对象，但有些名贵稀有的鱼类需要加以保护，使其增殖和开发，有朝一日成为可垂钓的对象。

（二）海洋游钓鱼类资源

在旅游发达国家，海洋游钓业已凸显为旅游业和渔业中的一个重要组成部分。例如，在美国，每年参加游钓活动的人数达到 5400 万人次，占全美人口的 1/4，钓捕渔业产量达 140 万吨，占渔业总产量的 35%；日本的游钓渔业也十分发达，每逢节假日，许多人驱车到海滨旅游景点，租一条小艇，出海垂钓，以消除工作所带来的压力与疲劳。日本全国光消耗掉的传统钓饵——岩虫，每年即达到 500 多吨，可见其旅游垂钓行业的发达程度。

我国沿海地区气候温和、地理位置适中，海岸线绵长，岛屿星罗棋布，鱼类种群繁多，交通发达，传统旅游市、县各具特色的渔区多如繁星，存在着巨大的发展休闲渔业的潜力与空间。眼下不少旅游业、渔业发达的省市已把发展休闲渔业放在了重要位置。

但是，海洋有它独特的自然环境，海洋旅游垂钓中某些项目投入较大，有一定风险，安全问题也比较突出；垂钓季节性强，每天垂钓时间不仅受潮汐制约，还受交通、客流、大风、台风、寒潮等客观因素影响。另外，还必须考虑当地传统资源的保护问题。因此，发展海洋游钓业，须经充分论证，应从岸边到浅海、从陆基到岛礁浅海，切忌盲目发展。特别要注意保护海洋环境和生物资源，坚持可持续发展的方针。

第四节 观赏渔业

观赏渔业是水产养殖业的一个分支，是我国发展潜力巨大的新兴产业之一。世界上有数千种观赏鱼，淡水观赏鱼类约有 750 种，观赏鱼的种类繁多且发展较快，了解观赏鱼的种类及其特点对发展观赏渔业具有重大意义。

一、淡水观赏鱼资源

在国际观赏鱼市场中，通常由三大系列组成，即温带淡水观赏鱼、热带淡水观赏鱼和热带海水观赏鱼，也有分成四大类的，即热带淡水鱼、冷水性淡水鱼、热带海水鱼和冷水性海水鱼。在国内，还有根据我国观赏鱼常见种类和水温特性，将观赏鱼分为五类，即金鱼、锦鲤、热带鱼、淡水其他观赏鱼及海水其他观赏鱼；或者直接分为四大类，即金鱼、锦鲤、热带鱼和海水鱼。

我国所饲养的淡水观赏鱼（表 8-1）有 500 余种，其中包括 200 余种热带鱼，300 余种金鱼及部分锦鲤。大部分金鱼和锦鲤并非生物分类上真正意义的种，而是种内的不同品种。目前，国内饲养较普遍的热带鱼主要为丽鱼科、脂鲤科、鲤科、胎鳉科等科的鱼类，分布于 2 纲 17 目 49 科。大宗淡水观赏鱼品种主要有金鱼、锦鲤、孔雀鱼、七彩神仙鱼、龙鱼、花罗汉鱼等。

表 8-1 我国淡水观赏鱼代表性种类及分类

纲	目	科	代表性种类、学名
软骨鱼纲	鲼形目	河魟科	珍珠魟（*Potamotrygon motoro*）
硬骨鱼纲	鲟形目	鲟科	小体鲟（*Acipenser ruthenus*）
		匙吻鲟科	匙吻鲟（*Polyodon spathula*）
	单鳔肺鱼目	澳洲肺鱼科	澳洲肺鱼（*Neoceratodus forsteri*）
	双鳔肺鱼目	非洲肺鱼科	非洲肺鱼（*Protopterus annectens*）
	多鳍鱼目	多鳍鱼科	九角龙鱼（*Polypterus senegalus*）
	雀鳝目	雀鳝科	长吻雀鳝（*Lepisosteus osseus*）
	骨舌鱼目	骨舌鱼科	美丽硬骨舌鱼（*Scleropages formosus*）
		齿鲽鱼科	蝴蝶鱼（*Pantodon buchholzi*）
		裸臀鱼科	尼罗河魔鱼（*Gymnarchus niloticus*）
		驼背鱼科	七星刀鱼（*Notopterus chitala*）
		长颌鱼科	鹳嘴长颌鱼（*Gnathonemus elephas*）
	鲤形目	鲤科	锦鲤（*Cyprinus carpio*）
		鳅科	青苔鼠鱼（*Acantopsis choirornchos*）
		胭脂鱼科	胭脂鱼（*Myxocyprinus asiaticus*）
		双孔鱼科	食藻鱼（*Gyrinocheilus aymonieri*）
	脂鲤目	脂鲤科	霓虹灯鱼（*Paracheirodon innesi*）
		脂鱼科	金铅笔鱼（*Nannostomus beckfordi*）
		上口脂鲤科	大铅笔鱼（*Anostomus anostomus*）
		胸斧鱼科	阴阳燕子鱼（*Carnegiella strigata*）
		无齿脂鲤科	网球鱼（*Chilodus punctatus*）
		间齿鱼科	企鹅鱼（*Hemiodopsis semitaeniatus*）
		琴鲤科	褐色小丑鱼（*Distichodus affinis*）
	鲇形目	电鲇科	电鲇（*Malapterurus electricus*）
		花鲇科	红尾鲇（*Phractocephalus hemiliopterus*）
		甲鲇科	琵琶鼠鱼（*Hypostomus plecostomus*）
		岐须鮠科	反游猫鱼（*Synodontis nigriventris*）

续表

纲	目	科	代表性种类、学名
硬骨鱼纲	鲇形目	鱼芒科	虎头鲨（*Pangasianodon hypophthalmus*）
		美鲇科	金翅珍珠鼠鱼（*Corydoras sterbaiv*）
		鲇科	玻璃鲇（*Kryptopterus bicirrhis*）
		棘甲鲇科	棘甲鲇（*Acanthodoras spinosissimus*）
		项鳍鲇科	武士鲇（*Trachycorystes fisheri*）
	银汉鱼目	鲻银汉鱼科	霓虹燕子鱼（*Pseudomugil furcatus*）
		黑纹鱼科	澳洲彩虹鱼（*Melanotaenia maccullochi*）
	颌针鱼目	鱵科	鹤嘴鱼（*Hyporhamphus sajori*）
	裸背电鳗目	线鳍电鳗科	黑鬼鱼（*Apternotus albifrons*）
		鳍电鳗科	玻璃飞刀鱼（*Eigenmannia virescens*）
	鳉形目	花鳉科	孔雀鱼（*Poecilia reticulata*）
		鳉科	美国旗鱼（*Jordanella floridae*）
		四眼鱼科	四眼鱼（*Anableps anableps*）
		溪鳉科	爱琴鱼（*Aphyosemion celiae*）
		颌针鱼科	针嘴鱼（*Xenentodon cancila*）
	鲈形目	丽鱼科	七彩神仙鱼（*Symphsodon discus*）
		斗鱼科	叉尾斗鱼（*Macropodus opercularis*）
		沼口鱼科	接吻鱼（*Helostoma temmincki*）
		丝足鲈科	黄金战船鱼（*Osphronemus goramy*）
		鳢科	小盾鳢（*Channa micropeltes*）
	鲀形目	鲀科	暗绿鲀（*Tetraodon nigroviridis*）
	鲑形目	狗鱼科	白斑狗鱼（*Esox lucius*）

1. 金鱼　金鱼的鼻祖为数百年前的红鲫，目前饲养的品种约有280个。除常见的龙睛、水泡、红帽、狮头、珍珠、望天、绒球、虎头等品种外，其他多属于杂交品种。根据金鱼不同的外貌特点，可将金鱼分为四大类：草种金鱼、文种金鱼、龙种金鱼和蛋种金鱼。其中草种金鱼为其他金鱼的祖先，其他品种的金鱼都是经过长时间的人工培育与杂交而出的不同颜色、不同体型的金鱼类别（表8-2）。

草种金鱼是最普通的金鱼品种，包括燕尾草金鱼和普通的草金鱼两种，此种金鱼极易饲养，价格也较低，品种类别也比较单一。

文种金鱼是品种最多、门类最多的金鱼品种，此种金鱼的特点是体型短小，各鳍都较长，有背鳍，尾鳍双叶。其可以分为五大类：头顶光滑的文鱼；头顶发达的顶瘤但是肉瘤并不伸向两颊的文鱼；头顶肉瘤发达并将眼睛、鳃盖等包裹的文鱼；鼻膜处有两个大的绒球形状的文鱼；水泡眼型文鱼。

表 8-2 金鱼主要品种

主要类别	主要特征	大分类	小分类
草种类（草金鱼）	金鱼原始种	尾鳍变化	单尾、三尾、长尾、短尾
文种类	盆养条件下体形变短	文鱼系列	宽尾文鱼、红文鱼、凤尾文鱼、五花文鱼、黄文鱼
		狮头系列	草莓头瘤鹤顶红、凤尾鹤顶红、凤尾高头、红白凤尾高头、蓝凤尾高头、五花凤尾高头、鱼印高头、杂色高头、白高头、蓝高头、紫高头、红白高头、红顶狮子头、五花狮子头、玉印狮子头、红白狮子头、红白元宝狮子头、蓝元宝狮子头、黑狮子头、三色琉金、红白琉金、五花琉金、红绒球、红顶白绒球、铁包金绒球
		珍珠系列	皇冠珍珠
龙种类	眼球突起，有背鳍	眼球	苹果眼、算盘眼球、葡萄眼、灯泡眼、大眼
		身形	普通型、短身型
		尾形	中尾、长尾、蝶尾
		颜色	红、蓝、墨、紫、五花、红百花、紫蓝花、三色、红头
蛋种类	无背鳍，光背，正常眼	身形	长身：各色丹凤、蛤蟆头 短身：寿星、虎头、猫狮、蛋绒球、水泡、望天等
		颜色	黑虎头、五花虎头、五花猫狮、黑猫狮、红猫狮、紫蛋球、五花蛋球、红水泡、包金水泡、五花水泡、红白水泡、黑水泡、蓝龙背、黑白蝶尾龙背、五花龙背虎头、白龙背虎头、黑龙背

龙种金鱼是金鱼的代表品种，也是主要品种。其主要特征是体形粗短，头平而宽，各鳍发达；眼球形状各异，有圆球形、梨形、圆筒形及葡萄形，膨大突出眼眶之外，鳞大而圆；臀鳍和尾鳍都成双而伸长，尾鳍四叶，胸鳍呈三角形，背鳍高耸。龙种分七大类：头顶光滑的为龙睛型；头顶部具肉瘤的为虎头龙睛型；鼻膜发达形成双绒球的为龙球型；鳃盖翻转生长的为龙睛翻鳃型；眼球微凸，头呈三角形的为扯旗蛤蟆头型；眼球向上生长的为扯旗朝天龙型；眼球角膜突出的为灯泡眼型。

蛋种金鱼最明显的特点就是背部无背鳍，体型短小，体缩短，圆似鸭蛋。尾鳍有长尾和短尾两种类型，短尾者称“蛋”，长尾者称“丹凤”，其他各鳍均短小。高品质的蛋种金鱼，背部圆滑，呈弧形，最高点在背脊的中央。蛋种分七大类：尾短为蛋鱼型；尾长为丹凤型；头部肉瘤仅限于顶部的为鹅头型；头部肉瘤发达并包向两颊，眼陷于肉内的为狮头型；鼻膜发达形成双绒球的为蛋球型；鳃盖翻转生长的为翻鳃型；眼球外带半透明泡的为水泡眼型。

2. *锦鲤* 锦鲤被称为“会游泳的艺术品”“水中活宝石”，其原始品种为红鲤，早期由中国传入日本，但经日本近200年的选育，至今已培育出100多个品种，根据色彩、斑纹及鳞片的分布情况，主要划分为13个品系：红白锦鲤、大正三色锦鲤、昭和三色锦鲤、无花纹皮光鲤、花纹皮光鲤、写鲤、光写锦鲤、别光锦鲤、浅黄锦鲤、衣锦鲤、丹顶锦鲤、金银鳞锦鲤、变种鲤（表8-3）。还有将锦鲤分为13个大类126种。

表 8-3 锦鲤主要品种

大分类	小分类
红白锦鲤	白无地、赤无地、绯鲤、赤羽白、口红红白、覆面、掩鼻、二段红白、三段红白、四段红白、闪电纹红白、一条红、德国红白、拿破仑、御殿樱、金樱、富士红白
大正三色锦鲤	口红三色、赤三色、德国三色、德国赤三色、富士三色
昭和三色锦鲤	淡黑昭和、绯昭和、近代昭和、德国昭和
无花纹皮光鲤	黄金、灰黄金、白黄金、白金、山吹黄金、橘黄金、绯黄金、金松叶、银松叶、德国黄金、德国白金、德国橘黄金、瑞穗黄金、金兜、银兜、金棒、银棒
花纹皮光鲤	贴分、山吹贴分、橘黄贴分、贴分松叶、德国贴分、菊水、白金富士、大和锦、锦水、银水、松竹梅、孔雀黄金、虎黄金
写鲤	白写、黄写、绯写、德国写鲤
光写锦鲤	金昭和、银昭和、银白、金黄写
别光锦鲤	白别光、黄别光、赤别光、德国别光
浅黄锦鲤	绀青浅黄、鸣海浅黄、水浅黄、浅黄三色、泷浅黄、花秋翠、黄秋翠、珍珠秋翠
衣锦鲤	蓝衣、墨衣、葡萄三色、衣三色、衣昭和
丹顶锦鲤	丹顶红白、丹顶三色、丹顶昭和
金银鳞锦鲤	各种金银鳞红白、三色、昭和、别光、皮光鲤
变种鲤	乌鲤、羽白、秃白、四白、墨流、松川化、九纹龙、黄鲤、茶鲤、绿鲤、松叶、三色秋翠、昭和秋翠、五色秋翠、鹿子红白、鹿子三色、影写、影昭和、德国系统鲤、黑五色、白五色

3. 孔雀鱼　孔雀鱼因纹理、尾鳍、色彩、形态不同而呈现多个品种，且大部分品种同时具有纹理、体色等多种特点。孔雀鱼根据尾鳍的形状，可分为顶剑尾、底剑尾、双剑尾、琴尾、针尾、圆尾、冠尾、扇尾、三角尾、燕尾、缎带等；根据身体的色泽，可分为野生型、黄化型、白化型、白子型、白化白子型、真红眼白子型、虎纹型、蓝化型、粉红型。孔雀鱼详细分类见表 8-4。

表 8-4 孔雀鱼主要品种

大分类	小分类
十大纹路系	草尾、马赛克、蛇王类、金属类、豹纹、剑尾、白金、单色、古老系、礼服
色彩型	红、黄、蓝（分化出来的橙、粉红、绿、紫色）、黑白色
形态型	国旗背、延长背、细长背
尾型	扇尾、三角尾（三角尾蛇纹组、三角尾马赛克组、三角尾草尾组、三角尾礼服组、三角尾单色红鱼组、三角尾单色蓝鱼组、三角尾其他）、圆尾、双剑尾、顶剑尾、底剑尾、琴尾、铲尾、矛尾、针尾、冠尾、缎带、燕尾等

4. 七彩神仙鱼　七彩神仙鱼生性清逸，品味高雅，灵性近人，素有“热带鱼之王”的美誉，原分布于南美洲亚马孙河水系。1840 年由鱼类学家黑格尔首先命名，后经多代学者的研究，到目前为止，共分为 2 种 5 亚种，七彩神仙鱼主要品种分类见表 8-5。

表 8-5　七彩神仙鱼主要品种

主要种类	大分类	小分类
野生七彩神仙鱼原种	盘丽鱼	黑格尔七彩神仙鱼
		威立史瓦滋七彩神仙鱼
	均纹盘丽鱼	绿七彩神仙鱼
		蓝七彩神仙鱼
		棕七彩神仙鱼
七彩神仙鱼育种品系	条纹松石七彩神仙系列	蓝松石七彩神仙鱼、红松石七彩神仙鱼
	绿七彩神仙系列	绿松石七彩神仙鱼、红点绿七彩神仙鱼
	蛇纹七彩神仙系列	蛇纹七彩神仙鱼、红点蛇纹七彩神仙鱼
	豹点七彩神仙系列	豹纹豹点七彩神仙鱼、豹蛇七彩神仙鱼
	鸽子七彩神仙系列	鸽子红七彩神仙鱼、白鸽子七彩神仙鱼
	纯红色七彩神仙系列	鸽子系万宝路、红妃、一片红
	纯蓝色七彩神仙系列	一片蓝、天子蓝
	黄金七彩神仙系列	黄金七彩神仙鱼、黄金蛇纹七彩神仙鱼、黄金鸽子七彩神仙鱼、红点黄金七彩神仙鱼
	其他变种	魔鬼七彩神仙鱼、雪玉七彩神仙鱼

5. *龙鱼*　龙鱼是一种很古老的鱼类，在350万年前的石炭纪就已存在，被称为活化石。龙鱼体貌威严且霸气十足，有灵性，深得水族爱好者的喜爱，有“观赏鱼之王”的美誉。现形成了澳洲龙鱼、南美洲龙鱼、非洲龙鱼和亚洲龙鱼等不同地区性的龙鱼品种。龙鱼可分为10种，详见表8-6。

表 8-6　龙鱼的种类

种类	拉丁文	原产地
红龙	*Scleropages formosus*	东南亚水域，如印度尼西亚的加里曼丹岛和苏门答腊、马来西亚
金龙	*S. formosus*	东南亚水域，如印度尼西亚的加里曼丹岛和苏门答腊、马来西亚
过背金龙	*S. formosus*	原产于马来西亚，现野生个体罕见
黄尾龙	*S. formosus*	产于印度尼西亚加里曼丹岛东部的班扎尔马新
青龙	*S. formosus*	产于泰国、马来西亚、印度尼西亚、越南、柬埔寨和缅甸等
非洲黑龙	*Heterotis niloticus*	非洲尼罗河流域的中、上游及非洲一带水域
黑龙	*Osteoglossum ferreirai*	南美洲亚马孙河支流勃伦科河
珍珠龙 / 星点珍珠龙	*S. jardini*	澳大利亚北部地区水域
银龙	*O. bicirrhosum*	南美洲亚马孙河流域
新龙鱼品种		东南亚各养殖场

6. *花罗汉鱼*　花罗汉鱼是马来西亚养殖者改良而来的观赏鱼类品种。花罗汉鱼是由一种名为“青金虎”的野生慈鲷繁殖而来，繁殖者将其与金刚鹦鹉鱼杂交，再经过人

工选育，而成为现在人们所说的“花罗汉”的育种杂交慈鲷，逐渐被大众接受。因其貌相像寿星，也称为寿星鱼，知名度提升很快。加上其新品种不断地变化及品质色彩提升，而变得家喻户晓，花罗汉鱼主要品种见表 8-7。

表 8-7 花罗汉鱼主要品种

大分类	形态特征
珍珠系统	体型较小，精致，高身，三角形，多数前额隆起，水头、荔枝头，眼眶红色，体色艳丽，墨斑、珍珠点亮鳞
罗汉系统	体型壮硕，福额饱满，包尾，眼睛平贴、眼睛分橙眼和红眼，尾鳍、背鳍、臀鳍漂亮
金花系统	方型，少前头隆起，背鳍和臀鳍末端往尾鳍延伸，好像要把尾鳍包起来一样
花角系统	黑斑，珠点亮丽完整、金属银边、鳞片金属光泽，眼睛鲜红明艳，头较小属硬头，体型较小

7. 魟　见过观赏魟的人绝对会对其独特的外形与曼妙的泳姿留下深刻的印象，近几年来随着其繁殖和养殖技术的解决，魟价格回归理性，逐渐成为大宗性观赏鱼类而被越来越多的爱好者养殖。魟又称为魔鬼鱼，一般来说，属软骨鱼类板腮亚纲鳐形目（Rajiformes）鲼亚目（Myliobatoidei），与出现在中生代侏罗纪（1.8 亿～1.4 亿年前）的鲨为同类，具有藏身在水底沙地的习性。身体扁平，略呈圆形或菱形，软骨无鳞，胸鳍发达，如蝶展翅，尾呈鞭状，有毒刺。为卵胎生动物，体内孵卵，卵要在母体内发育成新的个体后，才产出母体之外，就像胎生动物。魟有自卫的方法，在它们的尾柄上通常有 1～3 根毒刺，必须要特别小心，一旦被刺到，会引起红肿发烧，甚至丧命。魟在分类上一般有十大系列，分别是珍珠魟、黑白魟与金点魟、黑帝王魟、帝王魟、豹魟、龟甲魟、梅花魟、小眼魟、亚洲淡水魟系列及其他品种系列等（表 8-8），也可根据眼睛大小分为两类（表 8-9）。

表 8-8 魟的主要品系

大分类	小分类	形态特征
珍珠魟系列	秘鲁珍珠魟、巴西珍珠魟、哥伦比亚三色珍珠魟	体盘上有很多黄色大圆点
黑白魟与金点魟系列	黑白魟、皇冠黑白魟、金点魟、黑白满天星魟等	黑色的体盘，上面点缀白色圆点
黑帝王魟系列	黑帝王魟	基底为浅黄色，纹路为黑色圆形斑点，部分斑纹没有规则，部分斑点呈“8”字
帝王魟系列	帝王魟、金帝王魟	幼体体色较浅，体型长大后会有颜色明显对比
豹魟系列	豹魟	体色为黑、咖啡色系，圆点较小且多而密，体盘边缘呈整圈的浅色细边
龟甲魟系列	巨型龟甲魟、龟甲魟、钻石龟甲魟	背部呈现出蜂窝状的纹路，眼睛较小，尾长显著短于体盘直径
梅花魟系列	梅花魟与黄金梅花魟	体色土黄，搭配深浅不一的色块与深色规则线条
小眼魟系列	天线魟、苹果魟	个体纹变化性大，纹路细致凌乱到完全无斑纹

续表

大分类	小分类	形态特征
亚洲淡水魟系列	湄公河巨魟、白边魟、老虎魟、军舰魟	
其他品种系列	烟圈魟、迷你魟、花魟、泰鲁魟、豹爪魟、幽灵帝王魟、黄金黑帝王魟、巴西蓝蛇纹、古铜帝王魟	

表 8-9　大眼魟与小眼魟

大分类	小分类（常见种类）	形态特征
大眼魟	珍珠魟 黑白魟 老虎魟 豹魟	体盘上的眼睛较大且直立突出；瞳孔较大成 U 字形；体盘厚度高；体盘几乎接近圆形或为前后稍拉长的椭圆形；尾柄较粗、毒刺明显
小眼魟	中国魟 苹果魟 天线魟	体盘上的眼睛较小且也不特别突出；瞳孔为圆形；体盘直径大且较为扁薄；体盘前端有凹陷的缺口或是前后稍拉长的椭圆形；尾柄细长、毒刺小

二、海水观赏鱼资源

热带海水观赏鱼是全世界最有发展潜力的观赏鱼类。我国热带海水观赏鱼产业发展较晚且相对发展缓慢，主要是其对资源和技术含量要求较高。自 20 世纪 90 年代起，耐腐蚀水泵、蛋白质分离器、人工海盐的研发及许多海洋馆的建立，为我国海水水族饲养发展奠定了基础，提供了经验，现阶段海水观赏鱼多属珊瑚礁鱼类，有鲈形目、金眼鲷目、刺鱼目、鲉形目和鲀形目 5 目 24 科 53 属（表 8-10）。海水观赏鱼也分为几个常见大类：小丑鱼、雀鲷、蝴蝶鱼、倒吊鱼、神仙鱼、炮弹鱼及其他海水观赏鱼类。

表 8-10　我国海水观赏鱼代表性种类及分类

目	科	属	代表性种类
鲈形目	蝴蝶鱼科	蝴蝶鱼属	人字蝶鱼
		钻嘴鱼属	三间火箭
		霞蝶鱼属	印度霞蝶鱼
		副蝴蝶鱼属	黄斑马蝶鱼
	刺盖鱼科	刺盖鱼属	蓝环神仙鱼
		荷包鱼属	澳洲神仙鱼
		刺尻鱼属	石美人鱼
		甲尻鱼属	皇帝神仙鱼
		副锯刺盖鱼属	多带神仙鱼
		月蝶鱼属	半纹神仙鱼
	刺尾鱼科	鼻鱼属	天狗倒吊鱼
		副刺尾鱼属	蓝倒吊鱼
		刺尾鱼属	鸡心倒吊鱼

续表

目	科	属	代表性种类
鲈形目	篮子鱼科	管吻篮子鱼属	印度狐狸鱼
		篮子鱼属	大眼狐狸鱼
	隆头鱼科	猪齿鱼属	红线猪齿鱼
		阿南鱼属	蓝点阿南鱼
		普提鱼属	红西班牙鱼
		海猪鱼属	蓝侧海猪鱼
		唇鱼属	绿尾唇鱼
		盔鱼属	露珠盔鱼
		锦鱼属	新月锦鱼
		厚唇鱼属	角龙鱼
		尖嘴鱼属	红海尖嘴龙鱼
	雀鲷科	双锯鱼属	公子小丑鱼
		宅泥鱼属	三间雀
		豆娘鱼属	豆娘鱼
		光鳃鱼属	东海光鳃鱼
		密鳃鱼属	密鳃鱼
		雀鲷属	黄雀鲷
	笛鲷科	笛鲷属	黄笛鲷
		羽鳃笛鲷属	浮水花旦鱼
	镰鱼科	镰鱼属	镰鱼
	天竺鲷科	圆天竺鲷属	玫瑰鱼
	白鲳科	燕鱼属	燕鱼
	鲹科	无齿鲹属	黄金鲹
	拟雀鲷科	拟雀鲷属	双色拟雀鲷
	石鲈科	胡椒鲷属	妞妞鱼
	塘鳢科	丝鳍塘鳢属	雷达鱼
	鱼翁科	尖吻鱼翁属	尖嘴红格鱼
金眼鲷目	松球鱼科	松球鱼属	松球鱼
刺鱼目	玻甲鱼科	鰕鱼属	刀片鱼
	海龙科	海马属	海马
鲉形目	鲉科	蓑鲉属	鬼蓑鲉
		短鳍蓑鲉属	象鼻狮
鲀形目	鳞鲀科	钩鳞鲀属	黄带炮弹鱼
		角鳞鲀属	玻璃炮弹鱼
		拟鳞鲀属	小丑炮弹鱼

续表

目	科	属	代表性种类
鲀形日	鳞鲀科	锉鳞鲀属	鸳鸯炮弹鱼
		黄鳞鲀属	蓝面炮弹鱼
	单角鲀科	棘皮鲀属	龙须炮弹鱼
	箱鲀科	箱鲀属	木瓜鱼
	鲀科	叉鼻鲀属	白点叉鼻鲀

1. **小丑鱼** 小丑鱼属雀鲷科双锯鱼属鱼类，主要分布在太平洋、印度洋、红海等海域。据目前统计，小丑鱼品种有28种，常见小丑鱼品种有公子小丑鱼、黑豹小丑鱼、透红小丑鱼、双带小丑鱼等。大部分小丑鱼体色鲜艳带有条纹，因脸上一般都有一条或两条白色条纹，跟我国京剧当中的小丑角色相似，所以称为“小丑鱼”。又因小丑鱼将海葵当作具有防御功能的居住地，而小丑鱼又吸引其他鱼类靠近，增加海葵的捕食机会，所以小丑鱼又被称为“海葵鱼”，小丑鱼同海葵是共生关系（表8-11）。

表 8-11 小丑鱼的代表性种类

主要种类	拉丁名	地理分布
公子小丑鱼	*Amphiprion ocellaris*	中国南海、菲律宾、西太平洋的礁岩海域
红小丑鱼	*Amphiprion frenatus*	泰国湾至帕劳群岛西南部，北至日本南部，南至印度尼西亚的爪哇海域
黑双带小丑鱼	*Amphiprion sebae*	印度洋中的珊瑚礁海域
透红小丑鱼	*Premnas biaculeatus*	印度洋、太平洋的珊瑚礁海域
红双带小丑鱼	*Amphiprion clarkii*	印度洋、太平洋的珊瑚礁海域和中国台湾、中国南海及菲律宾等海域
咖啡小丑鱼	*Amphiprion perideraion*	菲律宾、中国台湾、太平洋珊瑚礁海域
黑豹小丑鱼	*Amphiprion latezonatus*	澳大利亚和新喀里多尼亚海域
印度红小丑	*Amphiprion ephippium*	安达曼和尼科巴群岛、泰国、马来西亚以及印度尼西亚爪哇和苏门答腊岛海域
印度洋银线小丑	*Amphiprion akallopisos*	非洲岛国、塞舌尔、安达曼海、苏门答腊岛和千岛群岛海域
太平洋银线小丑	*Amphiprion sandaracinos*	圣诞岛、澳大利亚西部至琉球群岛、中国台湾、菲律宾、新几内亚、当特尔卡斯托群岛
太平洋双带小丑	*Amphiprion chrysopterus*	澳大利亚昆士兰和新几内亚至马绍尔群岛和土木土群岛海域
太平洋三带小丑	*Amphiprion tricinctus*	马绍尔群岛海域
毛里求斯三带小丑	*Amphiprion chrysogaster*	毛里求斯海域
克氏双带小丑	*Amphiprion clarkii*	波斯湾至西澳大利亚，北至中国台湾，南至日本和琉球群岛海域
红海双带小丑	*Amphiprion bicinctus*	红海和查戈斯群岛海域
大堡礁双带小丑	*Amphiprion akindynos*	西太平洋的珊瑚礁海域
查戈斯双带小丑	*Amphiprion chagosensis*	西印度洋的珊瑚礁海域

2. **雀鲷** 雀鲷是鲈形目雀鲷科（除双锯鱼属）的一种海产小型鱼类的统称，主要

分布于大西洋和印度洋-太平洋热带水域，常以附着在珊瑚礁上的小型甲壳类和浮游动物为食物。雀鲷生活在热带海洋中，是十分美丽的鱼，体形像鲷，但却不属于鲷科，身躯很小，如麻雀般大，所以称为雀鲷。雀鲷科大概包含了30余属，全世界至少有400种，在观赏鱼贸易中常见的有30余种（表8-12）。

表8-12 雀鲷的代表性种类

主要种类	拉丁名	地理分布
三点白	*Dascyllus trimaculayus*	印度洋、太平洋、红海的珊瑚礁海域和日本、中国台湾、中国南海等地
二间雀	*Dascyllus reticulatus*	东印度太平洋区
三间雀	*Dascyllus aruanus*	琉球群岛至印度洋
四间雀	*Dascyllus melanurus*	印度洋
蓝魔	*Chrysiptera cyanea*	菲律宾、大洋洲、斐济、日本等海域
黄尾蓝魔	*Chrysiptera parasema*	印度尼西亚和马来西亚的海域
黄肚蓝魔	*Chrysiptera hemicyanea*	澳大利亚北部和印度尼西亚海域
斐济蓝魔	*Chrysiptera taupou*	南太平洋大堡礁、斐济等海域
蓝宝石魔	*Chrysiptera springeri*	印度尼西亚的托米尼亚湾、苏拉威西海域
深水蓝魔	*Chrysiptera starki*	西南太平洋的北澳大利亚、汤加海域到日本南部
特氏金翅雀鲷	*Chrysiptera traceyi*	太平洋的加罗林群岛、美国关岛海域
粉红魔	*Chrysiptera talboti*（Allen，1975）	珊瑚海、印度洋
蓝线雀	*Chrysiptera leucopoma*	印度洋
厚壳仔	*Chrysiptera tricincta*	东澳大利亚海域
蓝天堂	*Pomacentrus aueiventris*	印度尼西亚
子弹魔	*Pomacentrus alleni*	安达曼群岛、巴厘岛附近
黄魔	*Pomacentrus moluccensis*	西太平洋到印度洋
皇帝雀	*Neoglyphidodon xanthurus*	印度尼西亚巴厘岛
火燕子	*Neoglyphidodon crossi*	印度尼西亚的苏拉威西岛和弗洛雷斯海域
蓝丝绒	*Neoglyphidodon oxyodon*	中国台湾海峡到印度尼西亚西部海域
五彩雀	*Neoglyphidodon melas*	西太平洋到印度洋珊瑚礁海域
青魔	*Chromis viridis*	菲律宾等东南亚海域
燕尾蓝魔	*Chromis cyaneus*	加勒比海、百慕大、佛罗里达南部海域
半身魔	*Chromis dimidiata*	印度沿海和红海地区
五带豆娘	*Abudefduf vaigiensis*	印度和太平洋海域
美国红雀	*Hypsypops rubicundus*（Girard，1854）	太平洋珊瑚礁海域

3．蝴蝶鱼　蝴蝶鱼科隶属于鲈形目，通称蝴蝶鱼（表8-13）。广泛分布于世界各温带到热带的海域，但绝大多数生活于印度-西太平洋区，尤其是珊瑚礁海域。全世界有12属120多种。体身侧扁而高，菱形或近于卵圆形。口小，前位，略能向前伸出。

两颌齿细长，尖锐，刚毛状或刷毛状；腭骨无齿。鳃盖膜与鳃颊相连。有椎骨 10～14 枚。后颞骨固连于颅骨。侧线完全或不延至尾鳍基。体被中等大或小型弱栉鳞，奇鳍密被小鳍，无鳞鞘。臀鳍有三鳍棘；尾鳍后缘截形或圆凸。蝴蝶鱼一般个体较小，数量较少；体色大部鲜艳美丽。中国产蝴蝶鱼有 9 属约 57 种，主要分布于南海，只有少部分进入东海南部。

表 8-13　蝴蝶鱼的代表性种类

主要种类	拉丁名	地理分布
丝蝴蝶鱼	*Chaetodon auriga*	印度及太平洋珊瑚礁海域
红海黄金蝶	*Chaetodon semilarvatus*（Cuvier，1831）	西印度洋珊瑚礁海域
澳洲彩虹蝶	*Chaetodon rainfordi*	原产澳大利亚
斜纹蝴蝶鱼	*Chaetodon vagabundus*	大西洋、印度洋和太平洋的热带与暖温带海洋
八线蝶	*Chaetodon octofasciatus*	印度洋及西太平洋珊瑚礁海域
蓝纹蝴蝶鱼	*Chaetodon fremblii*	夏威夷海域
四眼蝶	*Chaetodon capistratus*	西太平洋的珊瑚礁海域
马夫鱼	*Heniochus acuminatus*	印度洋及太平洋的热带海域
羽毛关刀	*Heniochus chrysostomus*	印度洋及太平洋的珊瑚礁海域
红海关刀	*Heniochus intermedius*	印度洋及红海珊瑚礁海域
三间火箭	*Chelmon rostratus*	印度洋及太平洋珊瑚礁海域
黄火箭	*Forcipiger flavissimus*	中国南海、中国台湾和印度洋、太平洋珊瑚礁海域
霞蝶	*Hemitaurichthys polylepis*	中西部太平洋珊瑚礁海域

4. 倒吊鱼　倒吊鱼通常指鲈形目刺尾鱼科具有观赏价值的鱼类。身体大多呈椭圆形，头部有隆起的前额，鱼尾两侧各有一个或几个锋利突起的骨质硬刺，可以用来自卫与攻击（表 8-14）。

表 8-14　倒吊鱼的代表性种类

主要种类	拉丁名	地理分布
粉蓝倒吊	*Acanthurus leucosternon*	印度洋珊瑚礁海域
五彩倒吊	*Acanthurus nigricans*	东印度洋和太平洋的珊瑚礁海域
红海骑士倒吊	*Acanthurus sohal*	红海、阿拉伯湾、阿拉伯海等海域
纹倒吊	*Acanthurus lineatus*	斐济、马尔代夫等海域
汤臣倒吊	*Acanthurus thompsoni*	印度洋等海域
斑马倒吊	*Acanthurus triostegus*	塔西提岛等海域
粉蓝倒吊	*Acanthurus leucosternon*	印度洋珊瑚礁海域
紫蓝倒吊	*Acanthurus coeruleus*	加勒比海等海域
橙波纹倒吊	*Acanthurus dussumieri*	印度洋西部及太平洋中部等海域
雀斑倒吊	*Acanthurus maculiceps*	太平洋海岸

续表

主要种类	拉丁名	地理分布
白尾倒吊	*Ctenochaetus flavicauda*	太平洋群岛等海域
火箭倒吊	*Ctenochaetus tominiensis*	南太平洋等海域
独角倒吊	*Naso unicornis*	塔西提岛等海域
蓝点倒吊	*Naso vlamingii*	所罗门群岛等海域
天狗倒吊	*Naso lituratus*	红海、印度洋、夏威夷、太平洋珊瑚礁海域
珍珠倒吊	*Zebrasoma gemmatum*	印度洋海岸等海域
珍珠大帆倒吊	*Zebrasoma desjardinii*	马尔代夫、红海、斯里兰卡一带
三角倒吊	*Zebrasoma flavescens*	夏威夷到印度尼西亚及澳大利亚大堡礁
紫倒吊	*Zebrasoma xanthurum*	西印度洋珊瑚礁海域
丝绒倒吊	*Zebrasoma rostratum*	圣诞岛
横带高鳍刺尾鱼	*Zebrasoma velifer*	太平洋热带海域
黄尾副刺尾鱼	*Paracanthurus hepatus*	中国海、印度尼西亚、马尔代夫、毛里求斯及南太平洋所罗门群岛等多地

5. 神仙鱼　属刺盖鱼科，是世界各大洋热带珊瑚礁鱼类的主要类群之一，由于体型优雅、体色艳丽美观，是国际上著名的观赏鱼类，因此统称为神仙鱼。全世界现有8属89种，主要分布在西太平洋、印度洋和大西洋的热带和暖温带珊瑚礁海域（表8-15）。我国刺盖鱼科鱼类共有7属30种，均分布于南海至中国台湾海峡附近。

表 8-15　神仙鱼的代表性种类

主要种类	俗称	拉丁名	地理分布
主刺盖鱼	皇后神仙	*Pomacanthus imperator*	印度太平洋区
半环刺盖鱼	蓝纹神仙	*Pomacanthus semicirculatus*	红海及印度洋珊瑚礁海域、太平洋、中国台湾海域
肩环刺盖鱼	蓝环神仙	*Pomacanthus annularis*	印度洋非洲东岸，印度尼西亚，日本，中国海南、福建及台湾海域
法国神仙	法国神仙	*Pomacanthus paru*	加勒比海、太平洋珊瑚礁海域
灰神仙	灰神仙	*Pomacanthus arcuatus*	佛罗里达到巴西及西大西洋
紫月神仙	紫月神仙	*Pomacanthus Maculosus*	西印度洋珊瑚礁海域
耳斑神仙	耳斑神仙	*Pomacanthus chrysurus*	非洲南部，红海南部
额斑刺蝶鱼	女王神仙	*Holacanthus ciliaris*	西大西洋海域
国王神仙	国王神仙	*Holacanthus passer*（Valenciennes，1864）	东太平洋和大西洋珊瑚礁海域
三色刺蝶鱼	美国石美人	*Holacanthus tricolor*	大西洋西部加勒比海域
马鞍神仙	马鞍神仙	*Euxiphipops navarchus*	印度洋及太平洋珊瑚礁海域
蓝面神仙	蓝面神仙	*Euxiphipops xanthometapon*	印度洋及西太平洋珊瑚礁海域
澳洲神仙	澳洲神仙	*Chaetodontoplus duboulayi*	太平洋珊瑚礁海域
双棘甲尻鱼	帝王神仙	*Pygoplites diacanthus*（Boddaert，1772）	西太平洋至北澳大利亚海域

续表

主要种类	俗称	拉丁名	地理分布
阿拉伯神仙	阿拉伯神仙	*Arusetta asfur*	印度洋、波斯湾及红海珊瑚礁海域
蓝嘴黄新娘神仙	蓝嘴黄新娘神仙	*Apolemichthys trimaculatus*	印度洋、西太平洋珊瑚礁海域
胄刺尻鱼	火焰神仙	*Centropyge loriculus*	太平洋西部及中部珊瑚礁
火背仙	梦幻神仙	*Centropyge aurantonotus*	加勒比海岸
海氏刺尻鱼	黄新娘	*Centropyge heraldi*	太平洋大堡礁、中国台湾、日本南部
黄刺尻鱼	蓝眼黄新娘	*Centropyge flavissima*（Cuvier，1831）	中部太平洋海域
二色刺尻鱼	石美人	*Centropyge bicolor*（Bloch，1787）	印度洋及太平洋海域
双棘刺尻鱼	珊瑚美人	*Centropyge bispinosus*	印度洋及太平洋海域
虎纹刺尻鱼	虎纹仙	*Centropyge eibli*	马尔代夫至印度尼西亚西部海域
波氏刺尻鱼	花豹神仙	*Centropyge potteri*	夏威夷、大洋洲海域的珊瑚礁区
多彩刺尻鱼	多彩神仙	*Centropyge multicolor*	中、西太平洋
乔卡刺尻鱼	可可仙	*Centropyge joculator*	东印度洋的可可岛与圣诞岛
八线新娘神仙	十一间仙	*Centropyge multifasciatus*	印度洋及太平洋海域
渡边颊刺鱼	蓝宝神仙	*Genicanthus watanabei*（Yasuda and Tominaga，1970）	西太平洋、中国台湾礁岩海域
拉马克神仙	燕尾斑马仙	*Genicanthus lamarck*	印度洋及太平洋海域

三、原生态观赏鱼类资源

越来越多的人开始喜欢原生态观赏鱼类，一些美丽的土著鱼类是观赏鱼品种创新的重要途径，金鱼和锦鲤分别是从土著红鲫和鲤创新演变而来的。我国很多原生态鱼类有很大的潜在研究价值，近些年新发现的洞穴鱼类由于形状怪异、科研价值高，也可纳入观赏鱼类，如犀角金线鲃等；一些食用鱼由于形态特异、优美，如松江鲈等，也被列为观赏鱼（表 8-16）。

表 8-16　我国原生态淡水观赏鱼种类

目	科	中文名	拉丁文	分布地域
鲤形目	鲤科	唐鱼	*Tanichthys albonubes* Lin	广东白云山
		金线鼠	*Devario chrysotaeniatus* Chu	云南澜沧江
		宽鳍鱲	*Zacco platypus*	国内大部水系
		丽色低线鱲	*Barilius pulchellus*	元江、澜沧江
		中华鳑鲏	*Rhodeus sinensis*	国内大部水系
		似鱤	*Fustis vivus* Lin	西江水系
		华鳈	*Sarcocheilichthys sinensis*	国内大部水系
		小鳈	*Sarcocheilichthys parvus* Nichols	国内大部水系
		黑鳍鳈	*Sarcocheilichthys nigripinnis*	国内大部水系
		大鳞四须鲃	*Barbodes daruphani luosuoensis* Wu et Lin	云南澜沧江

续表

目	科	中文名	拉丁文	分布地域
鲤形目	鲤科	虹彩光唇鱼	*Acrossocheilus iridescens iridescens*	华东、海南
		七星金条鱼	*Puntius schuberti*	华南各水系
		犀角金线鲃	*Sinocyclocheilus rhinocerous*	云南罗平
		鸭嘴金线鲃	*Sinocyclocheilus anatirostris*	广西乐业县和凌云县
		瓦状角金线鲃	*Sinocyclocheilus tileihornes*	云南罗平
	胭脂鱼科	胭脂鱼	*Myxocyprinus asiaticus*	长江、闽江
	花鳅科	马头鳅	*Acantopsis choirorhynchos*	澜沧江
		壮体沙鳅	*Botia robusta* Wu	珠江、九龙江
		长薄鳅	*Leptobotia elongata*	长江中上游
		中华花鳅	*Cobitis sinensis* Sauvage et Dabfy	长江、珠江
	条鳅科	南方南鳅	*Schistura meridionalis* Zhu	澜沧江
		北方须鳅	*Nemachilus toni*（Dybowski）	辽河、鸭绿江等
	爬鳅科	犁头鳅	*Lepturichthys fimbriata*	长江
		四川华吸鳅	*Sinogastromyzon szechuanensis*	长江上游
		横斑原缨口鳅	*Vanmanenia striata* Chen	澜沧江水系和元江上游
鲉形目	杜父鱼科	淞江鲈	*Trachidermus fasciatus* Heckel	辽宁沿海河口区及黄海、东海沿岸河口
鲈形目	虎鱼科	栉鰕虎	*Ctenogobius giurinus*	国内大部水系
	攀鲈科	攀鲈	*Anabas testudineus* Bloch	江南各水系
	斗鱼科	叉尾斗鱼	*Macropodus opercularis*（Linnaeus）	江南各水系
		圆尾斗鱼	*Macropodus chinensis*（Bloch）	国内大部水系
		毛足鲈	*Trichogaster trichopterus*	西双版纳
	鳢科	月鳢	*Channa asiatica*	江南各水系
鲀形目	鲀科	斑腰单孔鲀	*Monotremus leiurus*	澜沧江上游

第五节 观光渔业

观光渔业是指以观赏动物养殖为主的各类水族馆、海洋公园，以及以垂钓休闲、大水面渔业生产体验与观光为主的专项旅游等为主要内容的休闲渔业。

一、水族馆

水族馆是以科普教育、科学研究、自然保护、娱乐休闲为目的，饲养和展示水生生物的生态系统，也是野生水生动物移地保护的设施。水族馆，顾名思义就是饲养、展示水族的场所。水族，按《现代汉语词典》解释，是指“生活在水中的动物的总称”，这个解释对现代意义上的水族馆已不适合。因为现在的水族馆饲养展示的水族包括种类已经很多，既有动物也有植物，如各种观赏水草等；在动物中，除了形体较大、比较活跃的如鱼、兽

（海豚、江豚）以外，也包括了形体不大的如虾类和并不活跃的如珊瑚、海葵等。

水族馆与其他类型博物馆一样，具有收藏、研究和教育、娱乐等功能，不同之处在于水族馆展示项目大多为活体的水族动物。水族馆在进行收集、研究、饲养、保藏和展览的过程中，重塑和再现海洋、海洋生态及其他水域生态学，从而达到传送科学技术和文化知识的目的。同时，水族馆还能够充分发挥其旅游观光、科普教育、科学研究、自然保护、水生野生动物迁地保护的功能。

（一）我国水族馆的特点

我国已修建、重建及在建的水族馆总数已达百余家，水族馆建设大有方兴未艾之势，已遍布除西藏、青海、甘肃、宁夏等少数几个地区外的省（自治区、直辖市）。

目前，我国水族馆的展示形式大多为大型综合式。水族馆的结构、规模和展示方式已接近国外先进水平。新一代水族馆克服了老一代水族馆技术和规模的不足，进行了很大的改善。具有以下特点：投资大；有巨大容量的大尺寸水槽；有高科技装备的生命支撑系统；采用全浸入式概念等。相关的产业包括水族馆概念设计、建筑设计和制造、生命支撑系统设计和建造、布展设计、有关产品的制造，相关器材包括过滤器、臭氧发生器、蛋白分离器、热交换器等。

经过多年的发展，中国水族馆已由注重营利开始逐步重视在水族馆开展科学研究和环保活动，科普教育的理念更加深入人心。

（二）我国水族馆分类

我国水族馆的类型都比较丰富，可以按以下几个类型进行分类。

1. *按水质条件划分*　有淡水水族馆、海水水族馆和海淡水水族馆。淡水水族馆如徐州云龙水上世界等；海水水族馆如大连圣亚海洋世界、青岛海洋馆等；海淡水水族馆占大多数，如北京海洋馆等。

2. *按地区划分*　有内陆城市型水族馆和海滨城市型水族馆。内陆城市型水族馆如北京海洋馆、昆明水族馆、哈尔滨极地海洋馆等；海滨城市型水族馆如大连极地海洋馆、深圳海底世界等。

3. *按所属性质划分*　有国有的、合资的和私有的水族馆。国有的水族馆如青岛海洋馆、无锡东方水族世界等；合资的水族馆如大连圣亚海洋世界、北京富国海底世界等；私有的水族馆如西安海洋馆、福建左海水族馆等。

4. *按目的划分*　有以科学教育为主、以科学研究为主、以旅游观光为主的水族馆。多数水族馆都有科学教育功能；以科研为主的水族馆如位于武汉的中国科学院水生生物研究所的白鳍豚馆和位于青岛的中国科学院海洋研究所的水族楼等；以旅游观光为主的水族馆如深圳海洋世界、上海海洋水族馆等。

（三）现代水族馆发展的新理念

近几年，水族馆展示发生了巨大变化：从按生物分类展示为代表的"展物"理念逐步转化到以尊重生物多样性、尊重观众需求的"人本"理念；从以技术专家为主的个人主导的策展转化到专业团队策展；从以扩大水族馆生物数量转化到提升水族馆主题内容、吸引力，增加展示教育互动，进而形成特别的理念。

水族馆的科技条件需要从三个方面考虑：①水生生物的饲养技术。目前我国在海洋生物和淡水生物及特种水产养殖方面、一些水生生物的人工繁殖、生物遗传工程等方面已经取得巨大成就，处于世界领先水平。这些科学技术的发展，将为水族馆的建设和发展提供所需的技术、信息资料及展示的题材和内容。另外，我国还有几十所设有水产养殖和水族科学与技术专业的各种院校及科研院所，能够不断为水族馆事业的发展奠定人才基础。②建筑设计与施工技术。水族馆的建设具有很高的技术含量，我国的建筑设计水平已达到国际标准，而且在水族馆的建设中积累了相当丰富的经验，如水槽的设计基准、丙烯酸玻璃的基本物理性能、贮水槽容量、过滤方式等。目前，我国已达到能够自行设计和建设大型现代化水族馆的水平。③我国虽然在生产与水族馆相配套的各类设备方面还相对缺乏，但绝大多数材料设备都可以自行解决，现代化的水族馆已趋向联机化、组合化、数控化和机电一体化等，这方面的组合技术，我国已经具备，有些已处于世界领先水平。

我国水族馆发展不能仅局限于旅游观光，还要借助于科学研究等途径创造更多的价值，获取更高的经济效益和社会效益。实际上，水族馆的科技含量很高，它包括了水质处理、人工海水的配制、生态系统的自动控制、水生动物的饲养和疾病防治、水生生物饲料及水族馆的建造材料、照明、布景等多种学科，可以利用水族馆的有利条件，进行珍稀水生动物的繁育保护及新技术、新产品的开发，保持水族馆发展强大的生命力。

二、大水面观光渔业

大水面观光渔业是以大水面捕捞渔业生产体验与观光为主，辅以垂钓、餐饮、渔家文化体验和采摘等项目的休闲渔业。观光渔业是通过资源优化配置，把旅游观光与现代渔业有机结合，从而创造出较高的经济效益和社会效益的一种新型产业。它拓展了渔业空间，开辟了渔业发展的新领域。不仅具有传统渔业的生产功能，还具有旅游观光、休闲度假、文化教育等新的功能。

（一）大水面观光渔业的类型

1. 休闲观光型　休闲观光型是充分利用大水面碧波荡漾的水体资源和丰富的渔业资源，结合独特的大水面渔业捕捞方式而形成的观光旅游形式。例如，浙江千岛湖巨网捕鱼休闲观光旅游项目、吉林查干湖壮观的冬季冰下巨网捕鱼观光项目，这些项目都已经成为千岛湖和查干湖旅游的金名片，吸引众多国内外游客，创造了巨大的经济效益和社会效益。

2. 垂钓休闲型　垂钓休闲型是利用大水面渔业资源和大水面网箱养殖模式发展而来的垂钓休闲类型。利用网箱和库湾水面资源优势，以养殖为主，放养大规格半成品鱼种和部分成品鱼，配备一定的设施，供游人垂钓休闲。与其他类型相比，此类型具有投资少、见效快的特点，可明显增加养殖户的收入。

3. 大水面渔业生产体验型　利用大水面渔业资源和渔民渔船，配以一定的安全保障设施，让旅游者参与渔民的拉网捕鱼活动，让游客感受群鱼狂舞的壮观场面，以体验渔业生产活动刺激的感觉。

4. 餐饮与渔家文化休闲型　让游客品尝渔家美味，感受渔家文化，既能满足游客感受渔民生活和渔家文化的好奇心理，又能满足消费者品尝水产品的需求，带动相关产业的发展，实现经济效益和社会效益双赢。

（二）大水面观光渔业发展范例

1．千岛湖休闲渔业　千岛湖位于浙江省杭州市淳安县千岛湖镇。千岛湖湖水清澈、碧波荡漾，群岛森林密布、披绿叠翠，可谓“万顷平湖浮翠岛，春光荡漾碧波中”，这为休闲渔业的发展提供了优越的生态环境。千岛湖发展渔业开发已有40多年的历史，已建立起“养、管、捕、加、销、研、烹、旅”完整的八字产业链，千岛湖渔业处于全国领先、世界先进水平。有机鱼餐饮业已成为特色产业，休闲食品开发也有所突破。千岛湖80万亩水面和1078个岛屿可以吸引众多投资商参与开发建设大型水上休闲渔业项目。通过几年的发展，千岛湖已成为中国第一个有机鱼之乡。

千岛湖山水文化引导、支撑、鼓舞着千岛湖人画好“山水画”，打造“绿富美”，探索出了一条具有千岛湖地域特色的以林渔资源为基础的综合发展模式，成为“绿水青山就是金山银山”的实践样本。千岛湖遵循“科学规划、合理布局、保持特色、保护资源、持续发展”原则，充分发挥当地的自然资源与人文资源优势，建立起适应不同消费层次、不同类型的休闲渔业项目，打造千岛湖休闲渔业的特色品牌。

目前千岛湖已经开发了湖区休闲垂钓业（参与健身类）、巨网捕鱼（观赏类）、水上餐饮休闲（吃住娱乐休闲类）、库湾水面休闲度假等项目。

为了加强监督管理，确保休闲渔业健康发展，千岛湖管理部门还规范休闲渔业的有关市场行为，规范垂钓活动行为，保护垂钓者和经营者的权益。同时加强对从业者相关知识的培训，对从事传统渔业生产转岗转业的农民进行培训，提高休闲渔业从业者的素质和经营管理能力。

2．查干湖休闲渔业　查干湖又名查干淖尔（蒙古语意为白色的湖），位于吉林省松原市前郭县的西北部、松花江畔的前郭尔罗斯大草原上，总面积为420km^2，蓄水量7亿m^3，平均水深2.5m，最深达6m，是吉林省最大的内陆湖泊，也是吉林省著名的渔业生产基地，盛产胖头鱼、鲤、鲢等68种鱼类。近年来，吉林查干湖渔场通过不断完善基础设施建设，深入挖掘传统渔猎和民俗宗教文化，不断丰富渔文化内涵和表现形式，走出了一条独具特色的休闲渔业营销、推广和发展模式，取得了明显的经济和社会效益。

查干湖的自然资源丰富，除盛产鳙、鲤、草鱼、鲫等15科68种鱼类、芦苇、珍珠等水产资源外，这里自古至今是野生动物的天堂。据初步调查，草原上、树林间、田野中，有狐、兔、貉、獾等野生动物20多种；在水肥草美的绿野平畴上，栖息着天鹅、丹顶鹤、野鸡、野鸭、大雁、灰鸥、鹭鸟等珍贵鸟类80多种；同时，查干湖也是个天然植物园，有野生植物200多种，其中药用植物149种。由于查干湖丰富的资源与优美的环境，2006年查干湖被批准为国家级水利风景区。2007年被国务院正式批准为查干湖国家级自然保护区。

近年来，查干湖渔场通过不断完善基础设施建设，深入挖掘传统渔猎和民俗宗教文化，不断丰富文化内涵和表现形式，走出了一条独具特色的休闲渔业营销、推广和发展模式，取得了明显的经济和社会效益。利用本身优势，发展经济，挖掘历史。查干湖渔场将捞到的“头鱼”，进行拍卖，提升品牌影响力，吸引大众目光。同时，还在冰上开辟了冰上超市，把刚刚捕到的鲜鱼直接销售给游客。融入满蒙文化、渔猎文化、湿地文化元素的查干湖休闲渔业提升了查干湖休闲渔业品牌价值。建立“互联网＋鱼产品”营销模式，与电商跨界合作，开展鱼产品线上和线下销售，游客与商家争相抢购查干湖有机鱼；体验式消费服务、宾馆住宿、餐饮预订异常火爆，带动周边几万人就业。将品尝“头鱼宴”和“头鹅宴”融入休闲渔业活动中来，使渔民融入活动中来，将整个冬捕过程展示给游客，提高新奇感。举办文化旅游节，延伸产业链。截至2015年末，查干湖现有资产总额12.5亿元，其中湖内水产品总值8亿元、其他资产4.5亿元，年渔业产值2.2亿元，其中休闲渔业产值1.3亿元，年接待游客近百万人次。

三、海洋观光渔业

蜈支洲岛位于海南亚龙湾景区内。海南蜈支洲岛位于三亚市海棠湾内，别名古崎洲岛、牛奇洲岛，距海岸线2.7km，方圆1.48km^2，呈不规则的蝴蝶状，东西长1400m，南北宽1100m，岛上最高峰海拔79.9m。蜈支洲岛南邻亚龙湾，北望南湾猴岛，距离三亚市区约30km，毗邻海南东线高速公路，交通便利，位置优越。

作为中、高端旅游者常选的海南旅游景点，蜈支洲岛集热带海岛旅游资源的丰富性和独特性于一体。蜈支洲岛及其周围海域物种丰富，盛产夜光螺、海参、龙虾、马鲛、海胆、鲳及五颜六色的热带鱼，四周海域清澈透明，海水能见度为6～27m，南部海域有成片的珊瑚礁，海滨沙滩沙质细滑，恍若玉带天成，是世界上极少数沙滩没有礁石或者鹅卵石混杂的海岛，也是国内最佳潜水基地。蜈支洲岛东、南、西三面漫山叠翠，拥有85科2700多种原生植物，有恐龙时代就存在的桫椤、“地球植物老寿星”之称的龙血树等珍稀植物。

近年来，过度捕捞、污水排放，造成海域破坏，海洋生物丧失栖息地，发生赤潮等灾害，严重影响了海洋的可持续开发。因此，海洋牧场作为一种新型的海洋渔业生产方式，拥有修复生态环境、改善水质的作用。蜈支洲岛海洋牧场作为中国第一个热带海洋牧场，有效修复了生态环境，但其目的是为了发展旅游业。海洋牧场旅游是三亚市海洋旅游重点开发的项目，蜈支洲岛海洋牧场已经初具规模，形成了良好的生物圈，开展了潜水、海底观光、海钓等旅游服务项目，其生态环境是吸引海洋牧场旅游者的重要资源。

据规划，2021年三亚蜈支洲岛海底生态公园全部建成后，将建设海底村庄、海底艺术区、海底博物馆、海底动物园、海底狩猎区，打造海上平台、海底走廊等来实现海洋生态“恢复＋旅游”结合的新项目，从而为三亚旅游业态3.0版带来全新的海洋元素。届时，极具海南民俗风情船的人工景观鱼礁构成的海底村落，非同寻常的壮观飞机战舰残骸组成的海底博物馆，形态各异的现代雕塑组成的海底艺术区，集观赏性、实用性、艺术性于一体的海上娱乐平台……将会使游人在五彩斑斓人工鱼礁生态丛林中，产生史无前例的心灵碰撞。

思考题

1. 什么是休闲渔业？具有哪些基本特征？
2. 发展休闲渔业的意义是什么？
3. 如何理解渔文化？
4. 简述休闲渔业中渔文化的体现形式有哪些。

5. 论述基于渔文化视角的休闲渔业发展策略。
6. 我国发展游钓渔业的优势是什么？
7. 如何借鉴国外经验，发展我国游钓渔业？
8. 阐述我国开展观赏渔业的发展思路。
9. 我国大宗淡水观赏鱼有几大类？
10. 我国金鱼分几大类？
11. 我国锦鲤分几大类？
12. 我国常见海水观赏鱼分几大类？
13. 简述水族馆的功能。
14. 现代水族馆发展的新理念是什么？
15. 大水面观光渔业有哪些类型？

第九章 渔业管理

第一节 渔业管理与渔业管理学

一、渔业管理概述

渔业管理是国家利用行政和法律手段调整渔业领域内人与人、人与自然的关系，维护国家渔业权益及渔业生产过程的合法利益，持续发展渔业生产力，促进渔业生态平衡，为社会和人民提供优质水产品而采取的一系列监督管理活动。

渔业管理机构必须依靠渔业法律、法规的授权来行使职权，故渔业管理又是国家运用法制程序实行政府对渔业进行行政监督和科学管理的过程。法制程序包括渔业立法、渔业执法和渔业守法。我国农业农村部下设渔业渔政管理局，负责全国渔业及渔政管理；各省、市设有相应的水产局（厅）、海洋与渔业局（厅）等渔业主管部门，负责本省、市的渔业管理。我国渔业管理的原则是“统一领导，分级管理”。1949 年以来，仅与渔业管理相关的法律、法规规范性文件多达 500 余件。《中华人民共和国渔业法》是我国渔业管理的基本法律法规，实施该法的主要目的是加强渔业资源保护和增殖，使渔业做到合理开发和利用。

二、渔业管理学概述

渔业作为一种生产活动，是人类利用水域的一种最古老的产业。从原始社会开始，渔业活动就是人们获取食物的重要手段，但是在相当长的历史时期，由于社会生产力水平较低，渔业活动一直仅限于对自然水生生物资源的采捕。第二次世界大战之后，渔业才逐步从原来的单一捕捞业发展到养殖业、水产品加工业等。为适应渔业生产发展的需要，渔业管理学逐渐发展起来。

渔业管理学是一门系统研究渔业管理活动及其发展规律的管理科学，以渔业管理活动为研究对象，也是国家对渔业各种活动实施管理的总称。主要包括渔业资源管理、渔业经济管理、渔业行政管理、水域环境管理、渔民社区管理、渔业港口管理、渔业电讯管理、渔业生产管理等。

渔业管理学是一门边缘性、交叉性学科。它的发展与渔业资源学、捕捞学、水产养殖学、渔业经济学、食品科学、国际法学、水域环境学等学科的发展密切相关。渔业生产手段多种多样，所利用的资源大多属于流动性资源，渔业产品多种多样，这些特征决定了渔业管理学研究范围的广泛性和复杂性。渔业管理学的研究对象、体系和内容来自于渔业管理实践的要求，渔业管理学的基本理论也都是对渔业管理实践的总结和升华，同时又在渔业管理实践中有较强的指导性和应用性。因此，渔业管理学又是一门综合性、交叉性及实践性学科。

第二节 渔业资源管理

渔业资源管理是遵循水生生物生长及繁殖等生物学规律，采取有效措施对渔业资源进行养护及合理利用，从而保证水生生物资源可持续利用的一系列管理活动；也是国家为合理利用渔业资源，维持渔业再生产能力并获得最佳渔获量所采取的各项措施和方法。维护再生产能力是指维持经济水生生物基本的生态过程、生命保障系统以及遗传的多样性，其目的是保证人类对生物物种和生态系统最大限度的持续利用，使天然水域能为人类长久地提供大量经济水产品。

渔业资源管理措施主要包括规定禁渔区、休渔期，规定禁用渔具和渔法，限制网目尺寸，控制渔获物最小体长，限制渔获量，限制捕捞力量。其中前 4 项主要是保护幼体和亲体，以利于繁殖活动的正常进行，是定性的初级管理手段；后两项主要在于控制捕捞死亡量，是定量的高级管理手段。

（一）规定禁渔区、休渔期

根据渔获对象生活史及产卵场、越冬场和幼鱼发育等具体情况，规定禁渔区、休渔期或保护区，以便保护亲鱼繁殖及稚幼鱼成长，保护鱼类顺利越冬。规定禁渔区作为整个海域渔业资源初级管理手段，是限制捕捞力量和保护幼鱼的措施。规定休渔期通常在产卵季节实行，可对处于衰退状态的渔业起到保护鱼种的作用。

我国自 1995 年起在黄海和东海两大海区，自 1999 年起在南海海区，每年施行 2～3 个月的休渔期。连续实行伏季休渔制度至今，在缓解过多渔船和过大捕捞强度对渔业资源造成的巨大压力、遏制海洋渔业资源衰退势头、增加主要经济鱼类的资源量中起到了重要的作用。

2017 年初，农业部对新休渔制度进行了第 14 次调整。新休渔制度统一并扩大了休渔类型，首次将南海的单层刺网纳入休渔范围，即在我国北纬 12° 以北的四大海区除钓具外的所有作业类型均要休渔；首次要求为捕捞渔船配套服务的捕捞辅助船同步休渔。根据新的休渔制度规定，南海伏季休渔期为 5 月 1 日 12 时至 8 月 16 日 12 时。同时，延长休渔时间。总体上各海区休渔结束时间保持相对稳定，休渔开始时间向前移半个月到 1 个月，总休渔时间普遍延长 1 个月；各类作业方式休渔时间均有所延长，最少休渔 3 个月。

（二）规定禁用渔具和渔法

凡严重损害鱼卵、幼鱼或会引起渔获群体大量死亡的渔具渔法，都会破坏渔业资源。因此，《中华人民共和国水产资源繁殖保护条例》中明确规定，对危害渔业资源较轻的渔具和渔法，应有计划、有步骤地予以改进，对严重危害渔业资源的渔具和渔法应加以禁止或限期淘汰，在没有完全淘汰之前，应适当限制其作业场所和时间。

（三）限制网目尺寸

网具的网目越大，则小鱼逃脱率就越高。使用网目大小适当的渔具时，渔获物中成鱼的比例高、杂鱼少，渔获物受损失也少，经济效益也会随之上升。

放大网目比调整渔捞力量有大得多的潜力，有可能会大幅度提高世代产量。中国对各类网具的最小网目尺寸都有明确规定。但在一个拥有众多鱼种的渔场中，各鱼种在不同时间内所占数量比重有差异，各种鱼体形状和大小也相差较大，故网目尺寸的确定比捕捞单一鱼种时要困难得多。

（四）控制渔获物最小体长

控制渔获物最小体长是控制被捕捞群体再生产能力的重要手段之一。规定捕捞长度的目的在于保护将达到性成熟的个体，保障生殖群体有必要的补充量，保障被捕捞群体的产量逐年提高并保持稳定。鱼类的最小体长是根据不同鱼类的生物学特性和捕捞经济效益确定的。

中日渔业协定规定，拖网捕捞每航次的渔获量中幼鱼所占比例不得超过同种渔获量的20%，小黄鱼体长19cm以下、带鱼肛长23cm以下为幼鱼。控制最小体长的措施在渔港进行比较有效，多与网目限制的措施相结合。

（五）限制渔获量

限制渔获量是对渔业产出量的限制措施。国际渔业条约往往以最大持续产量为标准，规定总允许渔获量，然后对相关国家进行配额。随着沿海国渔业管理权的扩大，对所有渔业资源都将开始实行渔获量的限制。这种措施可直接控制捕捞死亡量，是资源管理的重要手段。但对资源量变动大或资源量评估准确程度低的鱼类，可能导致配额不均和生产低效能。

（六）限制渔捞力量

对渔业投入量的限制措施主要包括限制许可船数、吨位、马力、渔具数量和捕捞力量等。由于某些渔业的捕捞参数几乎变化无常，从而难以精确测定，因此用控制船、网、工具数量的方法来控制捕捞死亡就非常困难。虽然如此，这仍是一种常用的管理措施，特别在国际渔业协定间得到普遍采用。表示捕捞力量的指标主要为渔场滞在天数、作业天数、拖网次数和时间等。

第三节 渔业经济管理

渔业经济管理是指在研究渔业生产、交换、分配、消费等经济活动的运动规律的基础上，运用计划、组织、指挥、协调、控制等职能，对渔业经济运行进行整合，使人、财、物、信息等各种资源尽可能达到最佳组合，得到合理利用，从而获得尽可能好的经济效益、社会效益与生态效益活动的总称。

渔业经济管理的研究对象具有两重性：一方面人与物、与渔业环境相结合，表现为渔业生产力；另一方面人与人、人与社会相结合，表现为生产关系。具体来说，渔业经济管理包括渔业产品质量管理、渔业产品流通管理、渔业生产劳动力管理、渔业生产资金管理、渔业经济体制管理等。

一、渔业产品质量管理

渔业产品质量主要包括捕捞产品质量、养殖产品质量和水产食品加工质量。对捕捞产品质量的管理，实际上是对渔业资源的管理。养殖产品质量的管理，离不开饲养管理。水产品加工质量的管理，主要是防止产品腐败变质和确保达到卫生标准等。

（一）捕捞产品质量管理

渔业资源管理最有效的管理措施是规定捕捞对象的可捕标准，即可捕体长或体重及兼捕的幼鱼比例等，这不仅关系到资源保护问题，同样涉及产品质量和价值等问题。

捕捞产品质量管理措施如下。

1）规定可捕标准和幼鱼比例：其是恢复捕捞群体再生能力的重要措施之一。规定可捕水生动物标准可以保护初次性成熟个体的生殖机会，从而保留足够数量的亲体得以正常繁殖，使渔业资源得到应有的补充，确保渔业资源的稳定繁殖。在实际捕捞生产过程中不可避免地会兼捕到幼鱼，因此我国相关渔业法规明确规定了渔获物种幼鱼的比例。拖网航次渔获量中幼鱼所占比例不得超过同类渔获量的20%；围网渔业中每网次渔获量的幼鱼所占比例不得超过15%，如果超出标准，必须迅速主动转运作业渔场。

2）限定网目尺寸：为了减少捕捞小于法定标准的幼鱼的量，需要严格规定网目尺寸。使用网目尺寸适当的网具，渔获物中成鱼比例较高，经济效益也有所上升。

3）严格执行休渔期和禁渔区规定。

（二）养殖产品质量管理

渔业养殖产品是指养殖鱼虾贝藻等水产品。渔业养殖产品根据所处养殖环境特性，其质量管理概括起来就是对养殖产品所处水体环境进行科学管理。

养殖水域水质环境恶化，直接危害养殖对象健康，对其生长速度、饲料效率、成活率都存在不利影响。因此，必须充分认识养殖环境特性并加以科学管理，这是渔业养殖产品质量管理的重要工作。常用于反映养殖产品水环境的水质指标有温度、盐度、溶解氧、氨氮、亚硝酸盐、硝酸盐、酸碱度、生物耗氧量、化学需氧量等。

（三）水产食品加工质量管理

鱼糜制品质量管理：鱼糜制品常见质量问题，主要是指鱼糜制品的腐败变质，如无包装或建议包装鱼糜制品的变质，包装良好的鱼糕类制品变质，以及鱼肉香肠制品的变质等，质量控制是指防止鱼糜制品变质的措施。防止鱼糜制品变质的措施：①减少原辅料的污染度；②采用适合的加热温度，杀死腐败细菌；③防止包装二次污染；④采取添加防腐剂、低温贮藏和流通中的保鲜手段。

水产罐头生产质量管理：重点是对其质量问题进行原因分析，如硫化物污染、血蛋白、色泽变暗、玻璃状晶体等问题。

发酵水产制品的质量管理：这种水产品制品的管理，包括蟹酱、虾酱的成品质量管理，虾油卫生标准及鱼露生产质量管理。

二、渔业产品流通管理

渔业产品流通，更确切地是指水产品流通。是指以货币为媒介，通过商品交换形式，实现从生产领域向消费领域转移的经济活动。水产品流通是渔业再生产整个经济活动的重要环节，也是沟通渔业生产和消费的桥梁。流通是再生产的前提，没有生产也就没有流通；而没有流通，社会再生产也就无法进行。流通使水产品的效用增加，对于渔业的价值有了保证。

水产品流通的特点如下。

（1）水产品生产受自然环境影响较大　水产品生产不仅受自然条件的约束，还受赖以生存繁殖的饵料、饲料来源的限制，因而风险较大，产量难以稳定。

（2）水产品鲜活与易腐性　水产品一旦离水就会很快死亡，而且不少海洋鱼类，脂肪含量高，蛋白质丰富，采捕后极易腐败变质。因此，在水产品生产和流通中，都必须十分重视保鲜、加工、贮运等产后的处理，增加冷冻/冷藏设施，提高贮藏和吞吐能力。

（3）水产品生产地偏远性　海水产品出产在沿海，消费却分布于全国乃至国外。内陆水域虽分布在各地，但也离很多消费城市较远。因此，水产品市场明显地呈现出产地市场与消费市场的差异。因此，加强水产品集散市场的建设，有着十分重要的意义。

（4）水产品价格弹性较大　水产品既不是生活必需品，又无相应的替代品，而且难以保活保鲜，因而具有更大的价格弹性，特别是珍稀水产品的价格弹性更大。这就要求水产品的流通要更好地把握消费市场的弹性变化，了解弹性需求，从而做出灵活反应。

（5）水产品流通环节过多　水产品从生产者到达终端市场需经多人之手流转最终到达消费者手中。水产品流通环节过多，会致使水产品腐败生病或死亡，也会导致流通成本升高，水产品价格因流通成本增加而升高。

（6）水产品流通受消费偏好影响　社会经济发展的不平衡，也对水产品流通产生深远影响。不仅不同的民族文化、历史传统、价值观念等会影响对水产品的消费需求，不同的经济收入水平也会影响人们对水产品的消费需求。

三、渔业生产劳动力管理

渔业劳动，是指渔业劳动者以渔业水域为依托，运用渔业生产工具开发利用渔业资源，以获得社会需要的水产品的生产活动。由于渔业生产的劳动对象是有生命的水生生物，并受渔业水域自然环境影响很大。因此，渔业劳动可以看成由劳动者、生产工具、水产资源和渔业水域自然环境等因素相结合的生产活动。在渔业劳动中，生产工具和渔业水域环境，对有效地利用水产资源和获得较好的经济效益起着重要作用。但是，如果没有准确掌握水产资源的特性并熟练地使用渔业生产工具的渔业劳动者，再好的水域环境、再丰富的渔业资源、再先进的生产工具，也不能创造出社会需求的水产品来，所以人的因素在渔业劳动中起着最为重要的决定性作用。

渔业劳动的特点如下。

（1）渔业劳动季节性强　在渔业生产中，不同时间或不同季节，劳动项目、劳动辛苦程度和劳动力的需求量有很大差别。因此，要求渔业劳动者能掌握一专多能的本领，以适应不同季节、不同时间的工种变化，从而提高渔业劳动的利用率和劳动生产率。

（2）渔业劳动流动性较大　渔业生产，除了从事养殖生产的劳动比较固定之外，捕捞生产特别是海洋捕捞生产是在广阔的水域中流动进行的，不仅在沿岸生产，还要到近海、外海甚至远洋生产。这就要求渔业劳动者不仅要掌握鱼类生长及洄游的规律，还应具备航海和捕捞技术。劳动组织和劳动方式要“因活制宜”，灵活安排。

（3）渔业劳动环境条件差　渔业生产无论是捕捞还是养殖，都是在露天的水域中进行的，尤其是海洋捕捞，还经常冒着狂风巨浪、严寒酷暑进行生产，劳动条件十分艰苦，如遇上渔汛旺时，更是不分昼夜地连续作业。因此，对于渔业劳动者应给予优厚待遇，如在捕捞生产中，远洋应高于外海，外海应高于近海，近海应高于沿岸，以体现按劳分配的原则。

（4）养殖业生产周期长，见效慢　养殖业生产周期长且生产时间和劳动时间不一致，连续或间断劳动。由于这个特点，在渔业生产中，保证平时劳动质量对最终成果特别重要。养殖周期长，一年只收获一两次，平时劳动成效不明显，很难考察实际效果对最终成果的影响，如发现问题补救很难。

（5）渔业劳动成果受自然条件影响较大　渔业劳动成果的大小固然与人们投入劳动的数量和质量有密切关系，但在很大程度上受自然条件的影响，如天气、水温、盐度、生物饵料等，它们往往对渔业劳动成果起着很大作用。因此，在不同的渔业水域投入同量劳动所取得的劳动成果也就有很大差异。

（6）渔业劳动既有集中性又有分散性　因为渔业生产是在广阔的水域中分散进行的，这就应按基本作业单位如单船、双船或网组等组织劳动，以激发基本作业单位的积极性，增强渔民的责任心。当然，对一些可以由个人完成的就应该把生产任务安排给直接的劳动者。同时又因渔业生产具有较强的季节性和风险性，因此必须强调适当集中和统一指挥，以适应季节的变化。

四、渔业生产资金管理

渔业资金是指渔业部门在生产过程中所占用的物质财富和劳动的货币形态，它不仅是价值、生产材料和劳动力的代表物，还是投放渔业生产经营活动全部生产要素的代表物，是聚合各种生产要素的前提。它是渔业再生产过程的保证，是形成价值和创造价值的参与者，是渔业扩大再生产的前提。因此，合理安排渔业资金，既能满足生产需要，又可保证渔业生产顺利进行，促进渔业的发展。合理有效地使用渔业资金，充分发挥各项资金的作用，能以较少的资金耗费取得较大的经济效果。搞好渔业资金的管理，减少资金的挤压和浪费，加速资金周转，可以达到少花钱，多办事，增产不增资或增产少增资的效果。

渔业资金特点如下。

（1）渔业资金投入具有一定的风险性　渔业是一个受自然条件、资源条件影响较大的部门，尤其是海洋渔业，近海资源衰退，远洋渔业又受许多国际上的制约因素影响，偶然性很大，丰歉很不稳定。渔业的投入与产出不完全成正比，有时成反比，越是捕不到鱼，越是要往返找鱼群，就要投入更多的财力、物力。淡水渔业同样会受到台风等自然灾害的影响，使投入得不到应有的产出。

（2）渔业资金占用的不均衡性　渔业生产是有季节性的，而人们需要的水产品却是日常性的。因此，在海洋渔业中，储备资金占有比重相当大，尤其在渔汛旺发阶段，就要准备足够的各种物资，供渔业生产使用，而供销企业为保证人民节日供应，又占有大量的成品资金。

（3）渔业资金周转速度较慢　养殖业的生产过程是经济再生产和自然再生产过程的统一。同时，养殖业的生产周期比较长，如养殖一般鱼类，最快也要一年，慢的要三四年，因而占用的储备资源和生产资金时间较长，周转速度就比较慢。

（4）渔业生产资金投入较大　在海洋捕捞业中，造一艘渔船需要几百万甚至上千万元，再加上价格昂贵的各种仪器以及产前产后的配套设备等。而养殖业的生产周期长，储备资金包括各种抗灾、抗病物资储备及生产资金等，必然要在相应时期内保持一个较大的数额，这样资金占用量也同样较大。

（5）空间上的并存性和时间上的继起性　各种资金形态具有空间上的并存性和时

间上的继起性。空间并存性在于货币资金、固定资金、生产储备资金、未完工产品资金、成品资金等形态；时间继起性在于资金任何一部分循环的某一个阶段发生停顿，都会使整个资金循环发生障碍。

五、渔业经济体制管理

渔业经济体制是指组织与管理渔业经济的形成和运行方式，是整个国民经济管理体制的一个有机组成部分，它属于上层建筑范畴。渔业经济体制既反映渔业经济基础的状况，又对渔业经济基础产生深刻影响，从而影响渔业生产力的发展。社会主义渔业经济体制的内容，主要包括社会主义渔业经济所有制的构成形式、组织形式、决策方式、指导调节方式及效益分配方式等。

我国20世纪六七十年代渔业经济体制是传统的高度集中的计划经济模式，这种僵化的渔业经济体制，必然严重束缚渔业生产力的发展，其主要弊端表现为政企职责不分，条块分割；忽视水产品的商品性，使得价值规律和市场机制不能发挥作用；在所有制结构上，片面强调全民所有制渔业的主导作用，忽视集体渔业和其他经济的必要发展；在经济方式上过分单一化；在分配上存在严重的平均主义。

我国渔业经济体制经过30年来的一系列改革，已发生深刻的变化。从全面推行渔业联产承包责任制，调整经济结构，改革经营体制，确立渔业劳动者生产经营自主权，逐步放宽水产品购销政策，直至价格全面开放，实行市场调节，不断给渔业的发展注入新的活力。现在全国渔区基本形成多种经济成分、多种经营方式、多种责任制形式、多种分配办法和多种流通渠道并存，分散经营和集中服务相结合的渔业经济体制新格局。这种渔业经济新体制，将大大促进我国渔业生产力的持续发展，增加水产品市场的有效供应，改善人民生活。

第四节 渔政管理

渔政管理属国家行政管理的范畴，是国家对渔业实施监督和管理的重要行政管理行为，也是我国各级人民政府渔业行政主管部门的一项重要任务。但对渔政管理的概念至今尚未有一个统一的、完整的解释。一般认为，渔政管理是国家对渔业实施行政监督管理的简称，即渔业行政管理。根据目前我国对渔业实施监督管理的现状，对渔政管理的概念有广义和狭义两种理解。

广义上的渔政管理是国家领导和管理渔业的法律制度和行政管理活动的总称，指国家通过立法和执法手段，对渔业活动实施计划、组织、指挥、协调和监督等一系列的管理活动。此意义上的渔政管理，包含国家对渔业实施国家行政管理的一切活动。

狭义上的渔政管理是指经法律授权的专门国家机关及有关机构，即各级人民政府渔业行政主管部门及其所属渔政监督管理机构，按照法定的权限、程序和方式，根据渔业法规，对渔业活动实施的一系列监督和管理活动。简单地讲，狭义上的渔政管理就是对渔业活动的行政执法活动。

在我国渔政管理实践中，渔业行政管理的内容非常广泛，常常包括对渔业生产捕捞生产和水产养殖的监督管理、渔业水域生态环境保护和管理、水生野生动物保护与管理，以及渔港监督管理、渔业船舶检验管理等。在机构设置上，渔政、渔港监督和渔业船舶检验常常为分别设置的三个机构，尽管现实中存在三个机构合署或其中两个机构合署的情况。由于渔港监督管理和渔业船舶检验在管理内容、对象等方面具有特殊性，因此习惯上又将渔政管理分为“大渔政”和“小渔政”。“小渔政”是指地方各级渔政管理机构的职能管理活动，不包括渔港监督管理、渔业船舶检验方面的内容。“大渔政”则包括了“小渔政”、渔港监督管理、渔业船舶检验等。“大渔政”和“小渔政”均是狭义上的渔政管理的概念。

一、渔政管理特征

渔政管理属国家行政管理的范畴。行政管理是国家行政管理机关或机构根据法律规定的权限和程序，执行国家在经济、社会等方面的法律规范活动，其目的是贯彻执行国家制定的法律法规，保证和监督社会活动和行政管理在法制轨道上运行，同时调整由此产生的各种经济、行政、社会等矛盾。行政管理部门的性质、任务、组织机构和工作程序由国家法律明确规定，并对国家法律负有执行的职责。

渔政管理是国家渔业管理的组成部分，也是国家实施渔业管理的主要方式和内容。在当前我国渔业管理体制下，渔政管理是各级人民政府渔业行政主管部门管理工作的重要组成部分，各级渔政监督管理机构受同级渔业行政主管部门的领导，在业务上受上级渔政监督管理机构的指导，渔政管理活动的对象是从事渔业活动的单位和个人，其本质是调整渔业活动中产生的行政法律关系，其管理主体是代表国家的政府。

在渔政管理过程中需要通过制约人的生产活动，不断调节人与自然资源和环境之间的关系，在保持自然资源生态平衡的前提下确保自然资源的可持续利用。在维持渔业生态平衡的前提下，渔政管理调节捕捞强度以符合渔业资源的生长繁殖规律，这必须有科学理论作指导，这些都是渔政管理的自然属性和科学性的反映。国家渔业法规还规定了渔政管理机构行使行政处罚权，依法对违反渔业法规的行为予以行政处罚，确保渔业法规的贯彻实施，因此渔政管理在社会属性方面具有鲜明的法制性。

渔政管理作为一种国家行政管理行为，既具有国家行政管理的一般特征，又具有技术性行政管理的行业特征。渔政管理特征主要表现为以下几个方面：①渔政管理具有强制性，又具局限性。②渔政管理在内容上既包括事先管理，也包括事后监督。渔政管理的事先管理内容主要包括渔业政策、法规及渔业管理措施的制定，渔业许可，渔业资源保护措施，对渔业生产、经营活动的监督检查等；事后监督则主要是指对渔业违法行为的惩处，也称为事后补救。③渔政管理具有一定的艰巨性和复杂性，并受自然生态规律的制约。④渔政管理作为一种行业行政管理，既涉及社会科学，也涉及自然科学，这一特性也是渔政管理兼具社会属性和自然属性的体现。

二、渔政管理的职能和任务

渔政管理的核心任务是保证国家渔业法规的贯彻执行，促进渔业资源的保护、增殖和合理开发、利用，对内维护渔业生产秩序和渔业生产者的合法权益，对外维护国家渔业权益。

（一）渔政管理的职能

渔政管理的职能是政府渔业行政主管部门及其所属的渔政监督管理机构依法对渔业

活动实施行政管理和公共服务过程中应承担的职责和所发挥的作用，反映渔政管理的基本内容和活动方向，是渔政管理的本质表现。

渔政管理的职能主要表现为，国家对渔业的监督、保障、服务、协调、引导等方面。监督职能是指渔政管理对渔业水域、渔业生产者的渔业活动及其一切影响渔业的行为予以监督、检查、制裁或纠正的职能，它是渔政管理的最基本职能。保障职能是指通过渔政管理保障渔业法规和各级政府渔业发展政策、计划的贯彻落实，保障渔业活动按国家拟订的发展计划实施，保障国家的渔业权益和渔业生产者的合法权益，保障渔业资源的合理开发和利用，保障水产品的供应和人民健康。服务职能是指渔政管理为渔业生产提供各种行政服务，通过科学的宏观规划和实施，依法监督管理等进行行政服务。协调职能包括对生产各环节之间的协调，如渔业生产各部门之间、政府与生产者之间、不同的行政区域之间的协调，渔业生产与渔业资源和渔业水域生态环境之间的协调（即人与自然的协调）等。引导职能是指通过渔政管理引导渔业生产者的生产方式、产业结构等经济要素，从而促进渔业发展向有利于保护和合理利用渔业资源的持续、健康的方向发展，向高效率、高效益的生产方式发展。

（二）渔政管理的基本任务

渔政管理的上述职能是通过开展渔政管理活动来实现的，具体体现在渔政管理的基本任务中。根据我国有关法律、法规的规定和我国渔政管理的实践，我国渔政管理的基本任务主要包括以下几个方面的内容：①监督检查渔业法规的贯彻执行；②监督检查渔业资源的保护、增殖和合理利用；③保护渔业水域生态环境，依法对渔业水域进行监测和对渔业污染事故进行调查处理；④监督检查珍贵、濒危水生野生动物的保护、增殖；⑤维护渔业生产秩序，协调处理渔业生产纠纷；⑥依法进行渔业行政服务；⑦代表国家维护国家渔业利益，监督检查国际渔业协定、公约的执行。

三、渔政管理基本原则

渔政管理的基本原则是指导渔政管理权的获得、行使及对其监督的基本准则，贯穿于渔政管理活动的整个过程。渔政管理活动必须符合这些基本原则，才能得以正确地开展。渔政管理的基本原则与国家行政管理的基本原则、渔业管理的特殊要求有着密切的关系，主要包括以下几个方面。

（一）依法行政原则

依法行政原则又称为行政合法性原则，是行政管理的根本性原则。由于渔政管理属于国家行政管理的范畴，渔政管理必须遵循依法行政的基本原则。在渔政管理中遵循依法行政原则，有利于推进渔业法治，有利于从根本上保护国家及公民、法人和其他组织的合法权益，有利于渔政管理主体依法行使渔政管理职权。

依法行政原则，主要包括以下几个方面的要求：①渔政管理主体的行政职权由法律授予，不享有任何法律规定之外的特权。②渔政管理行为必须严格按照法律、法规规定的内容进行，不得和法律、法规相违背。在没有法律、法规和规章具体规定的情况下，渔政管理主体不得做出任何影响公民、法人或其他组织权利和义务的处理决定。③渔政管理主体在职权范围内进行符合法律规定的渔政管理行为，如果行为不按法定的程序进行，也将导致行为违法，使渔政管理行为无效。④渔政管理职权和职责统一。渔政管理主体在依法享有渔政管理职权的同时，必须承担相应的行政责任，渔政管理职权同时又是职责，不得放弃，否则造成失职，应受到法律追究。⑤违法进行渔政管理活动必须承担法律责任。

（二）统一领导、分级管理原则

“统一领导，分级管理”是《中华人民共和国渔业法》中提出的渔业监督管理的基本原则。“统一领导”既体现我国行政管理民主集中制原则的基本要求，也是渔业资源洄游性、渔业生产流动性的要求。“分级管理”则体现地方各级渔业行政主管部门及其渔政管理机构实施地区性管理的必要性，以充分调动和发挥各方面的积极性。

我国渔政管理“统一领导”的原则，主要体现在：①统一渔业法规。建立全国统一的渔业法规，明确渔业发展方针，对主要渔业活动做出必要的统一规定，加强宏观控制。②统一执法机构。全国渔政管理机构的设置，渔政船和人员的标志、制服等统一，各级渔政管理机构依法做好职权范围内工作的同时，服从上级渔政管理机构的业务指导和监督检查，防止各自为政、片面顾及地方利益的地方保护主义和工作中的上下脱节。③统一协调不同行政区间的渔政管理。各级渔政管理机构需要统一协调，全面开展管理和保护、增殖规划。对于洄游性强的渔业资源的管理，在必要时还需要采取特殊的统一管理措施。

我国渔政管理“分级管理”的原则，主要体现在责、权、利的有机结合。分级管理是在统一领导下的分级管理，各地的管理措施不得违背或超越统一的渔业法规。统一领导是分级管理的前提，分级管理是统一领导的基础。

（三）专管和群管相结合的原则

专管和群管相结合，是指政府渔业行政主管部门及其所属的渔政监督管理机构的专门管理与群众组织的自发性管理相结合。就渔政管理本身的特性而言，在某种意义上应强调推行渔民群众自我管理，依靠群众自发地贯彻执行渔业法规，积极开展内部监督。这对提高渔业管理效果，降低渔业管理成本都有重要作用。

（四）综合效益原则

综合效益原则即经济效益、社会效益、生态效益相统一的原则。这既是渔业发展应遵循的原则，也应是渔政管理的指导思想和管理目的。

第五节 渔业信息化

渔业信息化是指利用现代信息技术和信息系统为渔业产、供、销及相关的管理和服务提供有效的信息支持，并提高渔业的综合生产力和经营管理效率的信息技术手段和发展过程。

渔业信息化的基本含义是指信息及知识越来越成为渔业生产活动的基本资源和发展动力，信息和技术咨询服务业越来越成为整个渔业结构的基础产业之一，以及信息和智力活动对渔业增长的贡献越来越大的过程。渔业信息化是渔业现代化的重要内容，是实现渔业现代化的一个重要支撑条件，它将主导着未来一个时期渔业现代化的方向。

从渔业内部各产业结构角度来看，渔业信息化是养殖业信息化、捕捞业信息化、加工业信息化及渔业装备与工程信息化的综合；从渔业经济和管理层面来看，渔业信息化是渔业宏观决策信息化、渔业生产管理信息化、渔业市场信息化和渔业科技推广信息化的综合；从认识渔业对象发生发展规律来看，渔业信息化是渔业对象信息化和渔业过程信息化的综合；从渔业信息自身属性来看，渔业信息化是渔业信息获取、存储、处理、传输、分布和表达的综合；从渔业信息技术的应用形式来看，渔业信息化是渔业管理信息系统、渔业资源与生态环境监测信息系统、渔业生产与执法过程管理调度系统、渔业决策支持系统、渔业专家系统、精确渔业系统、渔业流通电子商务系统和渔业教育培训等系统的综合。渔业信息技术体系所包含的内容中，既有信息科学的共性技术，又有渔业领域的特有技术，其中渔业领域特有的信息技术将是今后渔业信息技术发展的重点。面向特定目标的渔业信息技术组装和集成为渔业信息应用系统，而渔业信息资源的网络化传播是渔业信息的服务系统。

一、渔业信息化内容

1. *渔业信息技术的标准化技术* 信息处理的标准化、规范化是信息工作的基础。只有实现信息工作的标准化，才能实现信息的有序化、矢量化，才能达到信息的增殖。渔业信息标准化工作目前最重要的环节是制定出各类信息代码，如水产品分类代码、水产企业代码、渔业船舶分类代码、渔村及渔港代码、渔需物质商品代码、渔业统计指标分类代码等。

2. *渔业基础数据库的开发与应用* 渔业基础数据库是渔业信息资源开发利用的重要环节，是实现渔业信息共享的基础，包括渔业组织机构数据库、渔业自然资源数据库、渔业生产信息数据库、渔业文献档案数据库和国外渔业数据库等。

世界渔业研究中心（World Fish Center）建立了世界上最大的鱼类种质资源数据库FISHBASE，该库收集了3万多种鱼类信息，几乎涵盖了全世界鱼类资源的绝大多数信息。联合国粮食及农业组织和环境规划署都建立了世界范围的渔业资源、渔业环境、市场及人力资源等方面的数据库，如Fi SAT、FISHERS、FISHSTAT plus、FISHERY FLEET等。

中国在渔业信息积累和数据库建设方面，经过多年的努力已建成一些实用数据库和信息系统。其中，有的已经推广应用。例如：①渔业资源数据库，是中国科学院“十一五”信息化建设专项“数据应用环境建设和服务项目”提供支持建设的人地系统主题数据库中生物资源数据库中的一个分库。②渔业与水产科学数据库是由国家科技部“国家科技基础条件平台”支持建设的农业科学数据共享中心的资源的一部分，其中有水域资源与生态特征数据库、渔业物种资源与生物基础数据库、渔业生产与经济管理数据库、渔业生物资源野外调查数据库和渔业生态环境野外调查数据库5个库。③渔业科学数据库，由中国水产科学研究院淡水渔业研究中心渔业经济与信息研究室负责建设并维护，包含了有关渔业生产、渔业统计、标准法规、科学研究、水产教学、商务商情、休闲娱乐等方面的近20个子库，覆盖水产生物学、水产养殖学、水产饲料学、水产资源学、水产经济学等水产学相关领域。④水产科技信息查询系统，由中国水产科学研究院信息技术研究中心开发设计。该系统主要数据内容有中国水产文摘数据库、国外水产文献数据库、水产科技成果数据库、水产专利数据库、渔用药物数据库、渔业政策法规数据库、水产机构名录数据库、馆藏图书书目数据库、病害防治技术咨询库、中国渔业概况、中国水产发展战略、水产养殖实用技术库等。⑤集美大学创建了中国渔业科技数据库、中国水产界名人数据库、我国鳗鱼、对虾多媒体病害防治专家咨询系统、海水鱼类病害防治数据库以及渔用饲料配方数据库。

3. *渔业信息网络建设与开发* 网络和通信系统对于信息工作的重要性不言而喻，是实现真正意义上信息共享的先决条件之一。一个成熟的渔业信息网络系统应该是一个高起点、易扩充、能升级、方便管理和使用，并通过国际互联网向全国辐射，提供全方位的渔业信息服务，使用户能通过该网快速传播渔业信息，了解国内外渔业发展动态、市场信息、养殖技术、渔业政策法规、查阅文献资料的信息平台。国外渔业信息网络建设已较成熟，数量和类型众多，覆盖面广，特色鲜明，信息服务功能多样，交互功能强，网站设计简洁实用，如美国大湖地区水产资源网、密西西比水产资源信息网等，还有联合国粮农组织渔业处、世界水产养殖学会、亚洲水产养殖中心网、美国农业部水产养殖信息中心、美国农业部以及一些大学的水产养殖学院的网站。

近几年，中国渔业信息网络建设正如火如荼地进行着，已经建立了许多区域性和全国性的渔业信息网络。目前，我国渔业网站主要有政府机构创办的网站以及各省市渔业主管部门创建的水产网站，如中华人民共和国农业农村部渔业海政管理局网站；行业协会和水产机构创办的网站，如中华全国工商业联合会水产业商会主办的“中华水产网”等；教育科研机构创办的网站，如上海海洋大学创办的“中国水产网”，中国水产科学研究院信息技术研究中心创办的“中国水产科学研究院网”等；企业和民间组织创办的网站，如中国舟山国际水产城创建的“中国渔市”等。

4. *地球空间信息科学技术在渔业中的应用* 地球空间信息科学技术是以全球定位系统（GPS）、地理信息系统（GIS）和遥感（RS）等空间信息技术（简称“3S”系统）为主要内容，并以计算机技术和通信技术为主要技术支撑，用来采集、测量、分析、存储、管理、传播和应用与空间信息有关数据的一门综合和集成的信息技术。它在渔业生产、管理和科研中有着广泛的应用，如以GIS技术为基础，开发研究渔业管理辅助决策系统、我国专属经济区和大陆生物资源地理信息系统、全国渔业资源环境地理系统以及区划管理地理信息系统等；将RS图像处理技术和GIS技术相结合，建立海况、渔况监测预报服务系统和全国渔业环境监控预普服务系统；将GPS图像处理技术、GIS技术以及卫星通信技术相结合，建立渔业通信、导航综合指挥系统等。

早在20世纪60年代，美国国家海洋测量局利用GIS进行航海图自动化制图。目前，美国使用的渔船检测系统包括ARGOS、Boatrace Eutelsat、INMARSAT、Mobile Datacom等。欧盟各国也开展了一系列船舶遥感检测方面的研究，目前在欧盟范围内已经建立了多个船舶遥感探测和监视系统，挪威NDRE（Norwegian Defence Research Establishment）的FFI开发的基于SAR技术进行渔业监测的Eldhuset系统，挪威Kongsberg开发的Meos View系统，欧盟JRC的VDS、法国Kerguelen的CLS和法国BOOST船舶遥感探测系统等；此外，还有非项目合作单位所发展的系统，如英国DERA、罗马大学和意大利Alenia Aerospazio公司的船舶探测系统等。

我国地球空间信息科学技术在渔业方面的应用有将近30年的历史，在该领域中国一直追随国际的最新科技的发展趋势。“十一五”期间，我国空间信息技术及软件产业取得了巨大发展，研发出以Map GIS、Super Map、Beyon DB、Geo Bean、Geo Globe、Titan、Geo Way、DPGRID等为代表的国产自主品牌软件，形成了与国际品牌软件竞争的新态势。

目前，我国遥感卫星应用国家工程实验室海洋遥感部正式成立，由国家海洋环境监测中心与中国科学院遥感应用研究所联合组建。近年来，我国也加大了与国际的交流，承担和完成许多合作项目，引进国外技术和管理人才等。

5. 人工智能技术在渔业中的应用　人工智能（artificial intelligence，AI）是研究、开发用于模拟、延伸和扩展人的智能的理论、方法、技术及应用系统的一门新的技术科学。人工智能技术是研究人类智能活动的规律，构造具有一定智能行为的人工系统。这样的系统通过友好的人机对话，可用于水产养殖的技术咨询、生产管理、病虫害防治、水质管理等。

国外较早地将人工智能技术应用于渔业等领域。1995 年，罗马尼亚加拉茨的多瑙河下游大学水产学、计算机和疾病病理学方面的专家组成的研究小组研制出世界上第一个鱼病诊断专家系统。20 世纪 80 年代末专家系统扩展到海洋渔业领域。

20 世纪 90 年代初期，我国开始开发水产专家系统。目前，国内已研制开发出许多水产养殖专家系统，这些成果已在渔业的科研、生产和管理方面发挥出不同程度的作用。

通过对比分析国内外人工智能技术在渔业中应用的发展和现状，可发现我国的渔业专家系统水平参差不齐，综合水平偏低、性能较差、准确性低、应用与开发脱节、推广困难。

二、渔业信息化作用

1. 加速渔业生产现代化　将全球卫星定位 GPS、飞机拍照和海岸声呐探渔技术相结合，运用计算机对信号滤波，对图像加以分辨和模拟，实现对鱼群的跟踪和分辨，从而实现海洋捕捞的高效化。此项技术只在发达国家广泛应用。地球空间信息技术在渔业生产中的应用，大大加强了对影响渔业资源的生态环境、生产条件、气象、生态灾变和生产状况的宏观监控和预警预报，提高了渔业生产的可控性、稳定性和精确性。

传统渔业的特点是周期长、劳动强度大，生产效率低。因此减轻劳动强度，提高生产效率是渔民多年来的梦想，也是新时期对渔业现代化的必然要求。以工厂化养鱼为代表的现代渔业，其核心内容就是养殖的自动化。通过把人工智能系统和相关的仪器、仪表相结合，通过计算机控制实现加水、控温、增氧、投饵、捕捞等自动化管理，减少了人力、物力的投入，同时也减少了人为误差造成的损失。

2. 加速渔业科研现代化　近年来，各地、各级水产科研部门和渔业行政管理机构在渔业信息积累和数据库建设方面，经过多年的努力，已建成一些实用数据库和信息系统。例如，渔业科技文献、科研成果管理、全国渔业区划、渔业统计、海洋渔业生物资源、海洋捕捞许可证与船籍证管理、远洋信息管理系统等，极大地提高了渔业科研和渔业管理的现代化水平。在渔政管理方面，我国已完成包括渔政船调度指挥基础信息、违法及涉外纠纷案件实时处理及档案信息、全国渔船船籍档案信息、全国渔船海上船位动态、国家 200 海里专属经济区与大陆架资源信息等工作。各级渔业行政执法部门和管理人员，可通过相关的渔政管理系统，及时获取渔船海上船位动态、资源状况和渔业及相关法律法规信息。调度指挥渔政船执法，及时了解违法及涉外纠纷案件，掌握渔船变化情况、海洋捕捞许可证发放、捕捞配额管理信息和渔港动态信息。调整国家渔业水域环境监测与生态保护信息等基础数据库的积累与建库工作，渔业生产分布、生产情况、科研成果、资源环境状况、统计分析等丰富的渔业管理数据，以代替传统的决策和办公方法，提高渔政执法和管理工作的水平和效率。

3. *加速渔业经济现代化* 渔业行业有着自身的行业特点，即渔业生产单位分布较广且分散，大多数生产单位规模较小，技术力量有限，地域特点明显，南北方互补性强。其主要原料和产品为鲜活水产品，商业活动中要求库存快速周转，即时经销，即时服务，故生产和生产交易时间性要求严格。产品交易和物资流通主要依赖传统方式完成，产、供、销三者隔离，缺乏有效的信息及交流手段。借助互联网为平台的渔业信息技术的广泛应用将会彻底地改变这种局面。水产专业网站作为网络化时代渔业信息技术的产物将在今后的渔业生产和经营活动中扮演越来越重要的角色，会有越来越多的渔业捕捞、养殖和水产品经销单位涉足这一领域。水产网站的建设和发展能使水产贸易中生产者、购买者和销售者更有效、更直接地联系起来，全面了解市场动态，及时掌握市场上水产品的供应量、质量和价格等信息。水产专业网站也使得渔业经济活动变得更加透明、更加公平。通过互联网上的水产网站，水产企业可以和科研机构更有效、更直接地联系起来，使科技转化为生产力的速度加快，而渔业生产者反馈的信息和问题又促进渔业科研水平的提高。两者的相互促进，使得水产业更飞速地发展，加速了渔业经济的腾飞。

21 世纪是信息技术日新月异，人类社会向信息化快速迈进的世纪。作为传统产业的渔业，所面临的不仅是严峻的考验，更是难得的机遇。我们应把握住这个机遇，正确地制定方针政策和规划，组织科研力量，根据渔业生产发展和管理的需要，适应市场经济规律，并投入必要的资金，大力发展信息技术在渔业中的应用。要利用现代信息技术改造我国传统渔业，提高渔业领域信息化水平，加大科技进步在渔业经济发展中的贡献率，促进渔业和渔业经济的可持续发展，实现渔业现代化这一宏伟目标。

三、渔业信息化意义

1. *加快推进渔业信息化是转型升级的迫切要求* 近年来，我国渔业持续较快发展，渔业供给总量充足，但发展不平衡、不协调、不可持续的问题也十分突出，传统管理手段、生产技术已无法满足现代渔业发展需要，迫切要求创新工作理念、工作方式和工作手段。以渔业信息化为引领和支撑，运用信息化的思维理念和技术手段，创新渔业生产、经营、管理和服务方式，能够有力推动渔业供给侧结构性改革，促进渔业转型升级。

2. *加快推进渔业信息化是补齐短板和破解难题的有效手段* 资源环境和质量安全是当前我国渔业发展的突出短板，渔业船舶水上安全监管是渔业工作的难题。利用现代信息技术提升渔业管理的专业化、科学化水平，提升渔业资源养护能力，有利于突破资源和生态环境对渔业产业发展的多重约束，促进绿色发展；利用现代信息技术对渔业生产的各种资源要素和生产过程进行精细化、智能化控制，有利于建立健全水产品质量安全监管体系，提高质量安全保障水平；利用现代信息技术，升级改造渔船渔港安全装备，有利于提升渔业防灾减灾能力，有效预防商渔船碰撞事故发生，提高“船、港、人”协同规范管理水平；利用现代化信息技术进行全天候、全覆盖渔政执法管理，有利于拓宽渔政执法范围和覆盖面，提升渔政执法效率和监管水平。

3. *加快推进渔业信息化是共享富渔的有力抓手* 信息化可以打破地域和时间上的局限性，是拉近政府部门与渔民群众距离的有效手段。大力推进渔业信息化，有利于帮助渔民脱贫致富，促进生产节本增效，拓展经营渠道，增加生产经营收入；有利于提升渔民综合素质，满足渔民群众对最新市场信息、政策法规以及科学技术的需求；有利于促进新农村建设，让渔民充分享受信息化建设的成果。

4. 渔业信息化建设开局良好但挑战不少　　总体来看，当前渔业信息化建设既有利用信息技术提高管理效率、提升管理水平的成果，也有借力智能信息技术推动渔业安全生产和新型水产健康养殖模式的实际应用，还有促进市场营销的水产品电子商务，监测渔业生产、经营运行及管理调度的"大渔情"。渔业信息化建设虽然已经取得了长足进展，但与国家信息化发展的总体要求和渔业转型升级的迫切需求相比，仍存在较大差距。主要是缺乏顶层设计和总体规划，软件产品开发同质化情况严重，硬件良莠不齐，设备设施之间兼容性不高；渔业信息化工作体系和手段不健全，标准化体系建设等基础工作滞后于信息化发展实践；资源统筹力度弱，不同领域、不同地区发展不平衡、不充分；信息系统互联互通、融合程度不高，信息孤岛和信息壁垒仍然存在，部分领域和部分地区仍很严重，信息化发展长效机制还没有建立；等等。

5. 突出重点提升信息化支撑服务渔业转型升级能力　　"十三五"期间，渔业的发展目标是"减量增收、提质增效、富裕渔民、绿色发展"，推动渔业转方式调结构和供给侧结构性改革是当前各级渔业主管部门最重要的工作任务。"十三五"期间渔业信息化的发展，必须围绕渔业发展目标和主要任务来展开。

思考题

1. 简述渔业管理研究范围及基本特征。
2. 什么是渔业资源管理?
3. 渔业资源管理措施有哪些?
4. 渔业产品质量管理包括哪些内容?
5. 如何管理水产养殖产品的质量?
6. 发展渔业产品流通管理的必要性是什么?
7. 如何做好水产品流通管理工作?
8. 我国渔业生产劳动力的特点是什么？如何管理渔业生产劳动力?
9. 渔业生产资金管理有何重要意义和作用?
10. 渔业生产资金有何特点?
11. 简述改革我国原有渔业经济体制的必要性。
12. 如何理解渔政管理的含义？
13. 为什么说渔政管理既具有社会属性又具有自然属性？
14. 渔政管理具有哪些职能？
15. 渔政管理的基本任务有哪些？
16. 为什么渔政管理的实施需要一定的条件？
17. 为什么渔政管理要遵循综合效益原则？
18. "统一领导、分级管理"原则有哪些具体要求？
19. 什么是渔业信息化？发展渔业信息化的意义是什么?
20. 简述渔业信息化的作用。

参 考 文 献

“世界各国和地区渔业概况研究”课题组．2002．世界各国和地区渔业概况（上册）[M]．北京：海洋出版社．
“世界各国和地区渔业概况研究”课题组．2004．世界各国和地区渔业概况（下册）[M]．北京：海洋出版社．
蔡茂胜，倪裕贤，向国春，等．2007．浅析千岛湖休闲渔业发展现状及对策 [J]．科学养鱼，(05)：71～72．
蔡生力．2015．水产养殖学概论 [M]．北京：海洋出版社．
曹杰．2018．长江流域渔政管理与渔业资源保护浅析 [J]．中国水产，04：26～29．
曹钻．2009．选择极限的动力学及选择效率世代指数研究 [D]．咸阳：西北农林科技大学硕士学位论文．
柴帆．2018．科学推进海洋牧场建设促进近海渔业转型升级 [J]．中国农村科技，04：47～51．
陈爱平，江育林，钱冬，等．2010．传染性脾肾坏死病 [J]．中国水产，(11)：57～58．
陈大庆，段辛斌，刘绍平，等．2002．长江渔业资源变动和管理对策 [J]．水生生物学报，26 (06)：685～690．
陈大庆，邱顺林，黄木桂，等．1995．长江渔业资源动态监测的研究 [J]．长江流域资源与环境，04 (04)：303～307．
陈国宏，张勤．2009．动物遗传原理与育种方法 [M]．北京：中国农业出版社．
陈力群，张朝晖，王宗灵．2006．海洋渔业资源可持续利用的一种模式——海洋牧场 [J]．海岸工程，25 (04)：71～76．
陈玲玲．2008．青岛开发区人工鱼礁建设项目可行性研究 [D]．青岛：中国海洋大学硕士学位论文．
陈寿文．2010．推进水产科技创新加快渔业经济发展 [J]．安庆科技，(2)：10～13．
陈松林，邵长伟，徐鹏．2016．水产生物技术发展战略研究 [J]．中国工程科学，18 (03)：49～56．
陈新军．2014．渔业资源与渔场学 [M]．2 版．北京：海洋出版社．
陈云龙．2017．黄海和长江口水域渔业资源时空变化的研究 [D]．青岛：中国科学院海洋研究所博士学位论文．
邓景耀，叶昌臣．2001．渔业资源学 [M]．重庆：重庆出版社．
董双林．2015．论我国水产养殖业生态集约化发展 [J]．中国渔业经济，33 (05)：4～9．
董双林，田相利，高勤峰．2017．养殖水域生态学 [M]．北京：科学出版社．
董双林，赵文．2004．养殖水域生态学 [M]．北京：中国农业出版社．
杜慧霞．2013．仿刺参 (*Apostichopusjaponicus*) 转录组分析与遗传图谱构建 [D]．青岛：中国海洋大学博士学位论文．
杜明山．2005．论渔业信息产业建设 [J]．安阳工学院学报，(01)：46～49．
傅萃长．2003．长江流域鱼类多样性空间格局与资源分析 [D]．上海：复旦大学博士学位论文．
葛一健．2010．我国投饲机产品的发展与现状分析 [J]．渔业现代化，37 (04)：63～65．
巩沐歌．2011．国内外渔业信息化发展现状对比分析 [J]．现代渔业信息，26 (12)：20～24．
桂建芳，包振民，张晓娟．2016．水产遗传育种与水产种业发展战略研究 [J]．中国工程科学，18 (3)：8～14．
郭庆海．2013．中国海洋渔业资源可持续机制研究 [D]．青岛：中国海洋大学硕士学位论文．
韩立民，李大海，王波．2015．“蓝色基本农田”：粮食安全保障与制度构想 [J]．中国农村经济，10：34～41．
韩明轩．2009．黄河流域渔业资源调查及可持续利用研究 [D]．北京：中国农业科学院硕士学位论文．
何铜．2010．凡纳滨对虾生长性状多元统计分析和遗传参数估计 [D]．咸阳：西北农林科技大学硕士学位论文．
何小燕．2009．大口黑鲈生长发育分析及微卫星标记的亲权鉴定 [D]．咸阳：西北农林科技大学硕士学位论文．
何卓．2006．我国水族馆旅游发展现状与对策研究 [D]．哈尔滨：东北林业大学硕士学位论文．
胡笑波，骆乐．1995．渔业经济学 [M]．北京：中国农业出版社．
黄硕琳，唐仪．2010．渔业法规与渔政管理 [M]．北京：中国农业出版社．
黄一心，徐皓，刘晃．2015．我国渔业装备科技发展研究 [J]．渔业现代化，42 (4)：68～74．
季星辉．2001．国际渔业 [M]．北京：中国农业出版社．
江育林，陈爱平．2012．水生动物疾病诊断图鉴 [M]．2 版．北京：中国农业出版社．
冷向军．2017．水产动物维生素营养研究进展 [J]．饲料工业，38 (16)：1～6．
李大良．2010．资源与环境约束下我国渔业发展战略研究 [D]．青岛：中国海洋大学博士学位论文．
李刚．2007．凡纳滨对虾选择育种效应与生长规律的研究 [D]．咸阳：西北农林科技大学硕士学位论文．
李涵，韩立民．2015．远洋渔业的产业特征及其政策支持 [J]．中国渔业经济，33 (06)：68～73．
李红艳．2012．我国水产动物疾病与防控研究 [J]．农业技术与装备，(15)：50～51．
李继勋．2014．鱼病防治关键技术及实用图谱 [M]．北京：中国农业大学出版社．
李莉，许飞，张国范．2011．水产动物基因资源和分子育种的研究与应用 [J]．中国农业科技导报，13 (05)：102～110．

李云玲，孙振兴，张明青．2005．贝类杂交育种技术及其应用［J］．齐鲁渔业，22（12）：7，22～24．
李振龙．2006．水产健康养殖的综合防病措施［J］．中国水产，07：52～54．
联合国粮食及农业组织．2018．2018年世界渔业和水产养殖状况——实现可持续发展目标．罗马．
梁兆基，冯子恩，叶柱均，等．1998．农林经济管理概论［M］．广州：华南农业大学出版社．
林香红，郑莉，高健．2017．我国渔业科技发展现状及问题研究［J］．海洋信息，1：58～64．
刘庆营．2009．水产健康养殖综合防病技术［J］．养殖与饲料，01：14～16．
龙华．2000．试论我国淡水渔业资源开发与利用的可持续发展Ⅰ我国淡水渔业资源的现状［J］．水利渔业，20（04）：16～18．
龙华．2000．试论我国淡水渔业资源开发与利用的可持续发展Ⅱ淡水渔业资源的开发与利用对策［J］．水利渔业，20（05）：23～26．
龙华．2000．试论我国淡水渔业资源开发与利用的可持续发展Ⅲ淡水渔业可持续发展的评估［J］．水利渔业，20（06）：37～38．
鲁统赢，陈梦霞．2016．我国淡水渔业生产现状及发展策略［J］．南方农业，10（15）：146，148．
罗凤娟，董晓萌，袁志发，等．2008．主基因-多基因混合遗传数量性状的单性状选择模型［J］．西北农林科技大学学报（自然科学版），36（09）：190～196，202．
罗相忠，邹桂伟，潘光碧，等．2005．我国淡水渔业的现状与发展趋势［J］．长江大学学报（自科版），（05）：98～102，114．
骆小年，刘刚，闫有利．2015．我国观赏鱼种类概述与发展［J］．水产科学，34（9）：580～588．
麦康森．2011．水产动物营养与饲料学［M］．2版．北京：中国农业出版社．
阙华勇，陈勇，张秀梅，等．2016．现代海洋牧场建设的现状与发展对策［J］．中国工程科学，18（03）：79～84．
佘远安．2008．韩国、日本海洋牧场发展情况及我国开展此项工作的必要性分析［J］．中国水产，03：22～24．
史红卫．2006．正方体人工鱼礁模型试验与礁体设计［D］．青岛：中国海洋大学硕士学位论文．
帅方敏，李新辉，刘乾甫，等．2017．珠江水系鱼类群落多样性空间分布格局［J］．生态学报，37（09）：3182～3192．
宋正杰．2009．人工鱼礁的作用与分类［J］．齐鲁渔业，26（01）：55～56．
苏国强．2003．信息技术在渔业中的应用［J］．科技管理研究，（06）：83～85．
苏跃朋，崔阔鹏．2016．珠江河口渔业产业概况及发展思路［J］．海洋开发与管理，33（07）：31～36．
孙建富．2008．渔业概论［M］．西安：西安地图出版社．
孙洁．2018．科技之手为耕海牧渔谱新曲［J］．中国农村科技，04：40～43．
孙效文．2010．鱼类分子育种学［M］．北京：海洋出版社．
孙效文，梁利群，沈俊宝．2005．基因组时代中国水产动物遗传育种的战略思考［C］/中国水产学会全国水产学科前沿与发展战略研讨会．
唐启升．2013．水产学学科发展现状及发展方向研究报告［M］．北京：海洋出版社．
唐启升，韩冬，毛玉泽，等．2016．中国水产养殖种类组成、不投饵率和营养级［J］．中国水产科学，23（4）：729～758．
畑井喜司雄，小川和夫．2007．新鱼病图谱［M］．任晓明译．北京：中国农业大学出版社．
汪开毓，耿毅，黄锦炉，等．2012．鱼病诊治彩色图谱［M］．北京：中国农业出版社．
王爱香，韩立民．2003．我国渔业发展面临的问题与对策建议［J］．农业经济问题，09：50～53．
王光贵，章期红．2007．千岛湖休闲渔业发展方向探讨［J］．中国渔业经济，（1）：58～59．
王恒山．2013．黄河流域渔业资源管理及保护对策［J］．河北渔业，（09）：26～29．
王建平，王加启，卜登攀，等．2009．脂肪的生理功能及作用机制［J］．中国畜牧兽医，36（2）：42～45．
王磊．2007．人工鱼礁的优化设计和礁区布局的初步研究［D］．青岛：中国海洋大学硕士学位论文．
王蕾．2002．基于Web的河蟹养殖专家系统的研究［D］．北京：中国农业大学硕士学位论文．
王琪，田莹莹．2016．蓝色海湾整治背景下的我国围填海政策评析及优化［J］．中国海洋大学学报（社会科学版），（04）：42～48．
王强，鄢慧丽，徐帆．2017．人工鱼礁建设概述［J］．农技服务，34（03）：149～151．
王尧．2011．我国沿海渔业全要素生产率的变动及其收敛性研究［D］．杭州：浙江工商大学硕士学位论文．
吴成龙，孔晓瑜，史成银．2007．鱼类细胞肿大虹彩病毒病研究进展［J］．动物医学进展，28（03）：70～74．
吴东峰．2013．液体维生素在异育银鲫饲料中应用效果研究［D］．苏州：苏州大学硕士学位论文．
吴隆杰．2006．基于渔业生态足迹指数的渔业资源可持续利用测度研究［D］．青岛：中国海洋大学博士学位论文．
吴淑勤，王亚军．2010．我国水产养殖病害控制技术现状与发展趋势［J］．中国水产，08：9～10．
吴文琦．2011．两化融合促现代渔业发展与保护［J］．上海信息化，12：46～48．

夏章英．2011．人工鱼礁工程学［M］．北京：海洋出版社．
夏章英．2011．渔业生产与经济管理［M］．北京：海洋出版社．
夏章英，颜云榕．2008．渔业管理［M］．北京：海洋出版社．
肖调义．2011．大通湖渔业现状与发展战略分析［A］．湖南省洞庭湖区域经济社会发展研究会．2011 洞庭湖发展论坛文集［C］．湖南省洞庭湖区域经济社会发展研究会：8．
肖徐进．2017．东海区渔业资源的区域合作管理与共同养护研究［J］．海峡科技与产业，（06）：195～196．
解绶启，张文兵，韩冬，等．2016．水产养殖动物营养与饲料工程发展战略研究［J］．中国工程科学，18（3）：29～36．
徐皓．2007．我国渔业装备与工程学科发展报告（2005～2006）［J］．渔业现代化，34（04）：1～8．
徐皓，张建华，丁建乐，等．2010．国内外渔业装备与工程技术研究进展综述［J］．渔业现代化，37（2）：1～18．
徐皓，张建华，丁建乐，等．2010．国内外渔业装备与工程技术研究进展综述（续）［J］．渔业现代化，37（3）：1～5，19．
徐乐俊，陆永辉．2018．2018 年中国渔业统计年鉴［M］．北京：中国农业出版社．
徐连章．2010．新制度经济学视角下的我国海洋渔业资源可持续利用研究［D］．青岛：中国海洋大学博士学位论文．
杨红生．2016．我国海洋牧场建设回顾与展望［J］．水产学报，40（7）：1133～1140．
杨红生．2017．我国海洋牧场建设回顾与展望［A］．中国水产学会海洋牧场研究会．现代海洋（淡水）牧场国际学术研讨会论文摘要集［C］．中国水产学会海洋牧场研究会：2．
杨红生，邢丽丽，张立斌．2016．现代渔业创新发展亟待链条设计与原创驱动［J］．中国科学院院刊，31（12）：1339～1346．
杨吝，刘同渝．2005．我国人工鱼礁种类的划分方法［J］．渔业现代化，06：22～23，25．
杨宁生．2005．现阶段我国渔业信息化存在的问题及今后的发展重点［J］．中国渔业经济，（02）：15～17．
杨宁生，袁永明，孙英泽．2016 物联网技术在我国水产养殖上的应用发展对策［J］．中国工程科学，18（03）：57～61．
姚林杰．2013．团头鲂（*Megalobrama amblycephala*）三个生长阶段适宜蛋白 / 脂肪（蛋白 / 能量）比和脂肪需要量的研究［D］．苏州：苏州大学硕士学位论文．
姚志刚．2010．水产动物病害防治技术［M］．北京：化学工业出版社．
于洪贤．2009．休闲渔业［M］．哈尔滨：东北林业大学出版社．
于洪贤，马建章，柴方营，等．1996．我国游钓渔业的开发与管理［J］．野生动物，（02）：3～6．
于会娟，王金环．2015．从战略高度重视和推进我国海洋牧场建设［J］．农村经济，03：50～53．
于庆华，吴翔，刘双凤．2014．水产动物疾病学发展及水产动物疾病的综合防治措施［J］．黑龙江水产，（01）：39～42．
俞开康．1996．水产养殖动物疾病的综合预防措施［J］．江西水产科技，（01）：31～34．
俞开康．2008．海水鱼虾蟹贝病诊断与防治原色图谱［M］．北京：中国农业出版社．
占家智．2002．采取科学预防措施，减少鱼病的损失［J］．北京水产，06：50～51．
战文斌．2001．水产病害与健康养殖［A］．中国海洋湖沼学会、中国海洋学会、青岛市科协、青岛市海洋与渔业局．第三届全国海珍品养殖研讨会论文集［C］．中国海洋湖沼学会、中国海洋学会、青岛市科协、青岛市海洋与渔业局：12．
战文斌．2004．水产动物病害学［M］．北京：中国农业出版社．
张建华，李应仁，丁建乐．2008．国外主要渔业研究机构概况［J］．渔业现代化，35（03）：59～64．
张剑诚，于金海，王吉桥．2004．人工渔礁建设研究现状［J］．水产科学，23（11）：27～30．
张健，李佳芮．2014．我国人工鱼礁建设概况、问题及建设途径［J］．河北渔业，（03）：59～61．
张劳．2003．动物遗传育种学［M］．北京：中央广播电视大学出版社．
张明．2005．鲈鱼鳗弧菌灭活苗的研制及 20 种中草药的抑制作用研究［D］．咸阳：西北农林科技大学硕士学位论文．
张奇亚．2002．我国水生动物病毒病研究概况［J］．水生生物学报，26（01）：89～101．
张守都．2013．海湾扇贝的选择和杂交育种［D］．青岛：中国科学院海洋研究所博士学位论文．
张思源，欧江涛，王资生，等．2017．基因组学技术及其在水产动物研究中的应用综述［J］．江苏农业科学，45（15）：1～6．
张显良．2011．中国现代渔业体系建设关键技术发展战略研究［M］．北京：海洋出版社．
张显良．2018．加快推进渔业信息化的战略思考［J］．农村工作通讯，04：19～21．
张欣，蒋艾青．2009．水产养殖概论［M］．北京：化学工业出版社．
张玉，陈开健，肖调义，等．2011．大通湖渔业现状与发展战略分析［J］．当代水产，36（11）：36～39．
张志刚．2012．舟山市休闲渔业发展对策研究［D］．舟山：浙江海洋学院硕士学位论文．
张子仪．1994．中国现行饲料分类编码系统说明［J］．中国饲料，（04）：19～21．
章秋虎，张晓明，蔡茂胜．2008．千岛湖休闲渔业发展现状及对策［J］．中国水产，（04）：77～79．
章秋虎，张晓明，蔡茂胜．2008．浅析千岛湖休闲渔业发展现状及对策［J］．内陆水产，（02）：35～36．

赵建华，李洪进．2007．渔业信息化与渔业现代化［J］．北京水产，(02)：1～3．
赵蕾，刘红梅，杨子江．2014．基于渔文化视角的休闲渔业发展初探［J］．中国海洋大学学报（社会科学版），1：45～49．
郑曙光．1995．论渔政管理中的若干理论问题［J］．浙江水产学院学报，14（03）：194～199．
郑雄胜．2015．渔业机械化概论［M］．武汉：华中科技大学出版社．
周歧存，麦康森．1997．水产动物对脂溶性维生素的营养需要［J］．中国饲料，18：27～30．
周乔，程延林．2006．水产概论［M］．北京：中国农业出版社．
周洵，杨丽丽．2014．中国渔业的云化——云计算在渔业信息化中的应用与发展［J］．中国水产，12：40～42．
朱琳．2011．基于生态文化的休闲渔村旅游开发和景观规划设计研究［D］．哈尔滨：东北农业大学硕士学位论文．
Seaman W．2015．人工鱼礁评估及其在自然海洋生境中的应用［M］．秦传新译．北京：海洋出版社．

附　录

附录 1　我国水产相关学科设置

系统、部门	学科设置	学科代码	学科级别
中华人民共和国国家质量监督检验检疫总局、中国国家标准化管理委员会《中华人民共和国国家标准-学科分类与代码》(GB/T 13745—2009)	水产学	240	*
	水产学基础科学	24010	**
	水产化学	2401010	***
	水产地理学	2401020	***
	水产生物学	2401030	***
	水产遗传育种学	2401033	***
	水产动物医学	2401036	***
	水域生态学	2401040	***
	水产学基础学科其他学科	2401099	***
	水产增殖学	24015	**
	水产养殖学	24020	**
	水产饲料学	24025	**
	水产保护学	24030	**
	捕捞学	24035	**
	水产品贮藏与加工	24040	**
	水产工程学	24045	**
	水产资源学	24050	**
	水产经济学	24055	**
	水产学其他学科	24099	**
中国工程院《中国工程院院士增选学部专业划分标准(试行)》	水产学		*
	水产养殖	07-12-010	**
	捕捞与工程	07-12-020	**
	渔业资源	07-12-030	**
	水产品加工与贮藏工程	07-12-040	**
	农业生物工程		*
	动物(水产)生物工程	07-02-020	**
国务院学位委员会《授予博士、硕士学位和培养研究生的学科、专业目录(2008 更新版)》	水产	0908	*
	水产养殖	090801	**
	捕捞学	090802	**
	渔业资源	090803	**

续表

系统、部门	学科设置	学科代码	学科级别
国务院学位委员会《授予博士、硕士学位和培养研究生的学科、专业目录（2008 更新版）》	海洋科学	0707	*
	物理海洋学	070701	**
	海洋化学	070702	**
	海洋生物学	070703	**
	海洋地质	070704	**
	生物学	0710	*
	植物学	071001	**
	动物学	071002	**
	生理学	071003	**
	水生生物学	071004	**
	微生物学	071005	**
	神经生物学	071006	**
	遗传学	071007	**
	发育生物学	071008	**
	细胞生物学	071009	**
	生物化学与分子生物学	071010	**
	生物物理学	071011	**
	生态学	071012	**
	食品科学与工程	0832	*
	水产品加工及贮藏工程	083204	**
国家自然科学基金委员会《国家自然科学基金申请代码》	水产学	C19	*
	水产基础生物学	C1901	**
	水产生物生理学	C190101	**
	水产生物繁殖与发育学	C190102	***
	水产生物遗传学	C190103	***
	水产生物遗传育种学	C1902	**
	鱼类遗传育种学	C190201	***
	虾蟹类遗传育种学	C190202	***
	贝类遗传育种学	C190203	***
	藻类遗传育种学	C190204	***
	其他水产经济生物遗传育种学	C190205	***
	水产资源与保护学	C1903	**
	水产生物多样性	C190301	***
	水产生物种质资源	C190302	***
	水产保护生物学	C190303	***
	水产养殖生态系统恢复	C190304	***
	水产生物营养与饲料学	C1904	**
	水产生物营养学	C190401	***
	水产生物饲料学	C190402	***

续表

系统、部门	学科设置	学科代码	学科级别
国家自然科学基金委员会《国家自然科学基金申请代码》	水产养殖学	C1905	**
	鱼类养殖学	C190501	***
	虾蟹类养殖学	C190502	***
	贝类养殖学	C190503	***
	藻类养殖学	C190504	***
中国水产科学研究院《中国水产科学研究院中长期发展规划（2009～2020）》	水产学（渔业科学）		*
	渔业资源保护与利用		**
	渔业生态环境		**
	水产生物技术		**
	水产遗传育种		**
	水产病害防治		**
	水产养殖技术		**
	水产加工与产物资源利用		**
	水产品质量安全		**
	渔业装备与工程		**
	渔业信息与发展战略		**

* 为一级学科，** 为二级学科，*** 为三级学科。

附录 2　我国禁用渔药清单

序号	药物名称	英文名	别名	引用依据
1	克仑特罗及其盐、酯及制剂	Clenbuterol		农业部第 193 号公告　农业部第 235 号公告　农业部第 176 号公告
2	沙丁胺醇及其盐、酯及制剂	Salbutamol		农业部第 193 号公告　农业部第 235 号公告　农业部第 176 号公告
3	西马特罗及其盐、酯及制剂	Cimaterol		农业部第 193 号公告　农业部第 235 号公告
4	己烯雌酚及其盐、酯及制剂	Diethylstilbestrol	己烯雌酚	农业部第 193 号公告　农业部第 235 号公告　农业部 31 号令　农业部第 176 号公告
5	玉米赤霉醇及制剂	Zeranol		农业部第 193 号公告
6	去甲雄三烯醇酮及制剂	Trenbolone		农业部第 193 号公告　农业部第 235 号公告
7	醋酸甲孕酮及制剂	Mengestrol Acetate		农业部第 193 号公告　农业部第 235 号公告
8	氯霉素及其盐、酯（包括琥珀氯霉素 Chloramphenicol Succinate）及制剂	Chloramphenicol		农业部第 193 号公告　农业部第 235 号公告　农业部 31 号令

续表

序号	药物名称	英文名	别名	引用依据
9	氨苯砜及制剂	Dapsone		农业部第 193 号公告　农业部第 235 号公告
10	呋喃唑酮及制剂	Furazolidone	痢特灵	农业部第 193 号公告　农业部 31 号令
11	呋喃它酮及制剂	Furaltadone		农业部第 193 号公告　农业部第 235 号公告
12	呋喃苯烯酸钠及制剂	Nifurstyrenate sodium		农业部第 193 号公告　农业部第 235 号公告
13	硝基酚钠及制剂	Sodium nitrophenolate		农业部第 193 号公告　农业部第 235 号公告
14	硝呋烯腙及制剂	Nitrovin		农业部第 193 号公告　农业部第 235 号公告
15	安眠酮及制剂	Methaqualone		农业部第 193 号公告　农业部第 235 号公告
16	林丹	Lindane 或 Gammaxare	丙体六六六	农业部第 193 号公告　农业部第 235 号公告　农业部 31 号令
17	毒杀芬	Camahechlor	氯化烯	农业部第 193 号公告　农业部第 235 号公告　农业部 31 号令
18	呋喃丹	Carbofuran	克百威	农业部第 193 号公告　农业部第 235 号公告　农业部 31 号令
19	杀虫脒	Chlordimeform	克死螨	农业部第 193 号公告　农业部第 235 号公告　农业部 31 号令
20	双甲脒	Amitraz	二甲苯胺脒	农业部第 193 号公告　农业部第 235 号公告　农业部 31 号令
21	酒石酸锑钾	Antimony potassium tartrate		农业部第 193 号公告　农业部第 235 号公告
22	锥虫胂胺	Tryparsamide		农业部第 193 号公告　农业部第 235 号公告　农业部 31 号令
23	孔雀石绿	Malachite green	碱性绿、盐基块绿、孔雀绿	农业部第 193 号公告　农业部第 235 号公告　农业部 31 号令
24	五氯酚酸钠	Pentachlorophenol sodium		农业部第 193 号公告　农业部第 235 号公告　农业部 31 号令
25	氯化亚汞	Calomel	甘汞	农业部第 193 号公告　农业部第 235 号公告　农业部 31 号令
26	硝酸亚汞	Mercurous nitrate		农业部第 193 号公告　农业部第 235 号公告　农业部 31 号令
27	醋酸汞	Mercurous acetate	乙酸汞	农业部第 193 号公告　农业部第 235 号公告
28	吡啶基醋酸汞	Pyridyl mercurous acetate		农业部第 193 号公告　农业部第 235 号公告

续表

序号	药物名称	英文名	别名	引用依据
29	甲基睾丸酮及其盐、酯及制剂	Mcthyltestosterone	甲睾酮	农业部第193号公告　农业部第235号公告　农业部31号令
30	丙酸睾酮及其盐、酯及制剂	Testosterone Propionate		农业部第193号公告
31	苯丙酸诺龙及其盐、酯及制剂	Nandrolone Phenylpropionate		农业部第193号公告
32	苯甲酸雌二醇及其盐、酯及制剂	Estradiol Benzoate		农业部第193号公告
33	氯丙嗪及其盐、酯及制剂	Chlorpromazine		农业部第193号公告　农业部第176号公告
34	地西泮及其盐、酯及制剂	Diazepam	安定	农业部第193号公告　农业部第176号公告
35	甲硝唑及其盐、酯及制剂	Metronidazole		农业部第193号公告
36	地美硝唑及其盐、酯及制剂	Dimetronidazole		农业部第193号公告
37	洛硝达唑	Ronidazole		农业部第235号公告
38	群勃龙	Trenbolone		农业部第235号公告
39	地虫硫磷	fonofos	大风雷	农业部31号令
40	六六六	BHC（HCH）或 Benzem		农业部31号令
41	滴滴涕	DDT		农业部31号令
42	氟氯氰菊酯	cyfluthrin	百树菊酯、百树得	农业部31号令
43	氟氰戊菊酯	flucythrinate	保好江乌、氟氰菊酯	农业部31号令
44	酒石酸锑钾	antimonyl potassium tartrate		农业部31号令
45	磺胺噻唑	sulfathiazolum ST，norsultazo	消治龙	农业部31号令
46	磺胺脒	sulfaguanidine	磺胺胍	农业部31号令
47	呋喃西林	furacillinum，nitrofurazone	呋喃新	农业部31号令
48	呋喃那斯	furanace，nifurpirinol	P-7138	农业部31号令
49	红霉素	erythromycin		农业部31号令
50	杆菌钛锌	zinc bacitracin premin	枯草菌肽	农业部31号令
51	泰乐菌素	tylosin		农业部31号令
52	环丙沙星	ciprofloxacin（CIPRO）	环丙氟哌酸	农业部31号令

续表

序号	药物名称	英文名	别名	引用依据
53	阿伏帕星	avoparcin	阿伏霉素	农业部 31 号令
54	喹乙醇	olaquindox	喹酰胺醇羟乙喹氧	农业部 31 号令
55	速达肥	fenbendazole	苯硫哒唑氨甲基甲酯	农业部 31 号令
56	硫酸沙丁胺醇	Salbutamol Sulfate		农业部第 176 号公告
57	莱克多巴胺	Ractopamine		农业部第 176 号公告
58	盐酸多巴胺	Dopamine Hydrochloride		农业部第 176 号公告
59	西马特罗	Cimaterol		农业部第 176 号公告
60	硫酸特布他林	Terbutaline Sulfate		农业部第 176 号公告
61	雌二醇	Estradiol		农业部第 176 号公告
62	戊酸雌二醇	Estradiol Valerate		农业部第 176 号公告
63	苯甲酸雌二醇	Estradiol Benzoate		农业部第 176 号公告
64	氯烯雌醚	Chlorotrianisene		农业部第 176 号公告
65	炔诺醇	Ethinylestradiol		农业部第 176 号公告
66	炔诺醚	Quinestrol		农业部第 176 号公告
67	醋酸氯地孕酮	Chlormadinone acetate		农业部第 176 号公告
68	左炔诺孕酮	Levonorgestrel		农业部第 176 号公告
69	炔诺酮	Norethisterone		农业部第 176 号公告
70	绒毛膜促性腺激素	Chorionic Gonadotrophin	绒促性素	农业部第 176 号公告
71	促卵泡生长激素	Menotropins		农业部第 176 号公告
72	碘化酪蛋白	Iodinated Casein		农业部第 176 号公告
73	苯丙酸诺龙及苯丙酸诺龙注射液	Nandrolone phenylpropionate		农业部第 176 号公告
74	盐酸异丙嗪	Promethazine Hydrochloride		农业部第 176 号公告
75	苯巴比妥	Phenobarbital		农业部第 176 号公告
76	苯巴比妥钠	Phenobarbital Sodium		农业部第 176 号公告
77	巴比妥	Barbital		农业部第 176 号公告
78	异戊巴比妥	Amobarbital		农业部第 176 号公告
79	异戊巴比妥钠	Amobarbital Sodium		农业部第 176 号公告
80	利血平	Reserpine		农业部第 176 号公告
81	艾司唑仑	Estazolam		农业部第 176 号公告
82	甲丙氨脂	Meprobamate		农业部第 176 号公告

续表

序号	药物名称	英文名	别名	引用依据
83	咪达唑仑	Midazolam		农业部第 176 号公告
84	硝西泮	Nitrazepam		农业部第 176 号公告
85	奥沙西泮	Oxazepam		农业部第 176 号公告
86	匹莫林	Pemoline		农业部第 176 号公告
87	三唑仑	Triazolam		农业部第 176 号公告
88	唑吡旦	Zolpidem		农业部第 176 号公告
89	其他国家管制的精神药品			农业部第 176 号公告
90	抗生素滤渣			农业部第 176 号公告
91	沙丁胺醇及其盐、酯及制剂			农业部第 560 号公告
92	呋喃妥因及其盐、酯及制剂			农业部第 560 号公告
93	替硝唑及其盐、酯及制剂			农业部第 560 号公告
94	卡巴氧及其盐、酯及制剂			农业部第 560 号公告
95	万古霉素及其盐、酯及制剂			农业部第 560 号公告

附录 3　农业部（现农业农村部）公告的水产新品种名录（1996～2017 年）

序号	品种名称	登记号	培育单位
1	兴国红鲤	GS-01-001-1996	兴国县红鲤鱼繁殖场、江西大学生物系
2	荷包红鲤	GS-01-002-1996	婺源县荷包红鲤研究所、江西大学生物系
3	彭泽鲫	GS-01-003-1996	江西省水产科学研究所、九江市水产科学研究所
4	建鲤	GS-01-004-1996	中国水产科学研究院淡水渔业研究中心
5	松浦银鲫	GS-01-005-1996	中国水产科学研究院黑龙江水产研究所
6	荷包红鲤抗寒品系	GS-01-006-1996	中国水产科学研究院黑龙江水产研究所
7	德国镜鲤选育系	GS-01-007-1996	中国水产科学研究院黑龙江水产研究所
8	奥尼鱼	GS-02-001-1996	广州市水产研究所、中国水产科学研究院淡水渔业研究中心
9	福寿鱼	GS-02-002-1996	中国水产科学研究院珠江水产研究所
10	颖鲤	GS-02-003-1996	中国水产科学研究院长江水产研究所
11	丰鲤	GS-02-004-1996	中国科学院水生生物研究所
12	荷元鲤	GS-02-005-1996	中国水产科学研究院长江水产研究所
13	岳鲤	GS-02-006-1996	湖南师范学院生物系（现湖南师范大学生命科学学院）、长江岳麓渔场
14	三杂交鲤	GS-02-007-1996	中国水产科学研究院长江水产研究所
15	芙蓉鲤	GS-02-008-1996	湖南省水产科学研究所
16	异育银鲫	GS-02-009-1996	中国科学院水生生物研究所

续表

序号	品种名称	登记号	培育单位
17	尼罗罗非鱼	GS-03-001-1996	中国水产科学研究院长江水产研究所
18	奥利亚罗非鱼	GS-03-002-1996	广州市水产研究所
19	大口黑鲈（加州鲈）	GS-03-003-1996	广东省水产良种二场
20	短盖巨脂鲤（淡水白鲳）	GS-03-004-1996	广东省水产养殖开发公司
21	斑点叉尾鮰	GS-03-005-1996	湖北省水产科学研究所
22	虹鳟	GS-03-006-1996	中国水产科学研究院黑龙江水产研究所
23	道纳尔逊氏虹鳟	GS-03-007-1996	青岛海洋大学（现中国海洋大学）
24	革胡子鲇	GS-03-008-1996	广东省淡水养殖良种场
25	德国镜鲤	GS-03-009-1996	中国水产科学研究院黑龙江水产研究所
26	散鳞镜鲤	GS-03-010-1996	中国水产科学研究院黑龙江水产研究所
27	露斯塔野鲮	GS-03-011-1996	中国水产科学研究院珠江水产研究所
28	罗氏沼虾	GS-03-012-1996	中国水产科学研究院南海水产研究所
29	牛蛙	GS-03-013-1996	中国水产科学研究院长江水产研究所
30	美国青蛙	GS-03-014-1996	广东肇庆市鱼苗场
31	海湾扇贝	GS-03-015-1996	中国科学院海洋研究所
32	虾夷扇贝	GS-03-016-1996	辽宁省海洋水产研究所（现辽宁省海洋水产科学研究院）
33	太平洋牡蛎	GS-03-017-1996	浙江省海洋水产研究所
34	“901”海带	GS-01-001-1997	烟台市水产技术推广中心（现山东东方海洋科技股份有限公司）
35	松浦鲤	GS-01-002-1997	中国水产科学研究院黑龙江水产研究所、哈尔滨市水产研究所、黑龙江省嫩江水产研究所
36	吉富品系尼罗罗非鱼	GS-03-001-1997	上海水产大学（现上海海洋大学）
37	团头鲂“浦江一号”	GS-01-001-2000	上海水产大学（现上海海洋大学）
38	万安玻璃红鲤	GS-01-002-2000	江西省万安玻璃红鲤良种场
39	大菱鲆	GS-03-001-2000	中国水产科学研究院黄海水产研究所、蓬莱市鱼类养殖场
40	美国大口胭脂鱼	GS-03-002-2000	湖北省水产科学研究所
41	湘云鲤	GS-02-001-2001	湖南师范大学
42	湘云鲫	GS-02-002-2001	湖南师范大学
43	红白长尾鲫	GS-02-001-2002	天津市换新水产良种场
44	蓝花长尾鲫	GS-02-002-2002	天津市换新水产良种场
45	SPF 凡纳滨对虾	GS-03-001-2002	海南省水产研究所（现海南省海洋与渔业科学院）
46	中国对虾“黄海 1 号”	GS-01-001-2003	中国水产科学研究院黄海水产研究所、山东省日照水产研究所
47	松荷鲤	GS-01-002-2003	中国水产科学研究院黑龙江水产研究所
48	剑尾鱼 RR-B 系	GS-01-003-2003	中国水产科学研究院珠江水产研究所
49	墨龙鲤	GS -01-004-2003	天津市换新水产良种场
50	豫选黄河鲤	GS-01-001-2004	河南省水产科学研究院
51	“东方 2 号”杂交海带	GS-02-001-2004	山东东方海洋科技股份有限公司

续表

序号	品种名称	登记号	培育单位
52	“荣福”海带	GS-02-002-2004	中国海洋大学、山东荣成海兴水产有限公司
53	“大连1号”杂交鲍	GS-02-003-2004	中国科学院海洋研究所
54	鳄龟	GS-03-001-2004	北京市水产技术推广站
55	苏氏圆腹𩷶	GS-03-002-2004	北京市水产技术推广站
56	池蝶蚌	GS-03-003-2004	江西省抚州市洪门水库开发公司
57	“新吉富”罗非鱼	GS-01-001-2005	上海水产大学（现上海海洋大学）、青岛罗非鱼良种场、广东罗非鱼良种场
58	“蓬莱红”扇贝	GS-02-001-2005	中国海洋大学
59	乌克兰鳞鲤	GS-03-001-2005	天津换新水产良种场
60	高白鲑	GS-03-002-2005	新疆天润赛里木湖渔业科技开发有限责任公司
61	小体鲟	GS-03-003-2005	中国水产科学研究院黑龙江水产研究所、中国水产科学研究院鲟鱼繁育技术工程中心
62	甘肃金鳟	GS-01-001-2006	甘肃省渔业技术推广总站
63	“夏威夷1号”奥利亚罗非鱼	GS-01-002-2006	中国水产科学研究院淡水渔业研究中心
64	津新鲤	GS-01-003-2006	天津市换新水产良种场
65	“中科红”海湾扇贝	GS-01-004-2006	中国科学院海洋研究所
66	“981”龙须菜	GS-01-005-2006	中国科学院海洋研究所、中国海洋大学
67	康乐蚌	GS-02-001-2006	上海水产大学（现上海海洋大学）
68	萍乡红鲫	GS-01-001-2007	江西省萍乡市水产科学研究所、南昌大学、江西省水产科学研究所
69	异育银鲫“中科3号”	GS-01-002-2007	中国科学院水生生物研究所
70	杂交黄金鲫	GS-02-001-2007	天津市换新水产良种场
71	杂交海带“东方3号”	GS-02-002-2007	山东烟台海带良种场
72	中华鳖日本品系	GS -03-001-2007	杭州萧山天福生物科技有限公司、浙江省水产引种育种中心
73	漠斑牙鲆	GS -03-002-2007	莱州市大华水产有限公司、全国水产技术推广总站
74	松浦镜鲤	GS -01-001-2008	中国水产科学研究院黑龙江水产研究所
75	中国对虾“黄海2号”	GS -01-002-2008	中国水产科学研究院黄海水产研究所
76	清溪乌鳖	GS -01-003-2008	浙江清溪鳖业有限公司、浙江省水产引种育种中心
77	湘云鲫2号	GS -02-001-2008	湖南师范大学
78	杂交青虾“太湖1号”	GS-01-005-2011	中国水产科学研究院淡水渔业研究中心
79	匙吻鲟	GS-03-001-2008	湖北省仙桃市水产技术推广中心
80	虾“南太湖2号”	GS-01-001-2009	浙江省淡水水产研究所、浙江南太湖淡水水产种业有限公司
81	海大金贝	GS-01-002-2009	中国海洋大学、大连獐子岛渔业集团股份有限公司
82	坛紫菜“申福1号”	GS-01-003-2009	上海海洋大学
83	芙蓉鲤鲫	GS-02-001-2009	湖南省水产科学研究所
84	“吉丽”罗非鱼	GS-02-002-2009	上海海洋大学

续表

序号	品种名称	登记号	培育单位
85	杂交鳢“杭鳢 1 号”	GS-02-003-2009	杭州市农业科学研究所
86	杂色鲍“东优 1 号”	GS-02-004-2009	厦门大学
87	刺参“水院 1 号”	GS-02-005-2009	大连水产学院、大连力源水产有限公司、大连太平洋海珍品有限公司
88	长丰鲢	GS-01-001-2010	中国水产科学研究院长江水产研究所
89	津鲢	GS-01-002-2010	天津市换新水产良种场
90	福瑞鲤	GS-01-003-2010	中国水产科学研究院淡水渔业研究中心
91	大口黑鲈“优鲈 1 号”	GS-01-004-2010	中国水产科学研究院珠江水产研究所、广东省佛山市南海区九江镇农林服务中心
92	大黄鱼“闽优 1 号”	GS-01-005-2010	集美大学、宁德市水产技术推广站
93	凡纳滨对虾“科海 1 号”	GS-01-006-2010	中国科学院海洋研究所、西北农林科技大学、海南东方中科海洋生物育种有限公司
94	凡纳滨对虾“中科 1 号”	GS-01-007-2010	中国科学院南海海洋研究所、湛江市东海岛东方实业有限公司、湛江海茂水产生物科技有限公司、广东广垦水产发展有限公司
95	凡纳滨对虾“中兴 1 号”	GS-01-008-2010	中山大学、广东恒兴饲料实业股份有限公司
96	斑节对虾“南海 1 号”	GS-01-009-2010	中国水产科学研究院南海水产研究所
97	“爱伦湾”海带	GS-01-010-2010	山东寻山集团公司、中国海洋大学
98	大菱鲆“丹法鲆”	GS-02-001-2010	中国水产科学研究院黄海水产研究所、山东海阳市黄海水产有限公司
99	牙鲆“鲆优 1 号”	GS-02-002-2010	中国水产科学研究院黄海水产研究所、山东海阳市黄海水产有限公司
100	黄颡鱼“全雄 1 号”	GS-04-001-2010	水利部 / 中国科学院水工程生态研究所、中国科学院水生生物研究所、武汉百瑞生物科技有限公司
101	松浦红镜鲤	GS-01-001-2011	中国水产科学研究院黑龙江水产研究所
102	瓯江彩鲤“龙申 1 号”	GS-01-002-2011	上海海洋大学、浙江龙泉省级瓯江彩鲤良种场
103	中华绒螯蟹“长江 1 号”	GS-01-003-2011	江苏省淡水水产研究所
104	中华绒螯蟹“光合 1 号”	GS-01-004-2011	盘锦光合蟹业有限公司
105	海湾扇贝“中科 2 号”	GS-01-005-2011	中国科学院海洋研究所
106	海带“黄官 1 号”	GS-01-006-2011	中国水产科学研究院黄海水产研究所、福建省连江县官坞海洋开发有限公司
107	鳊鲴杂交鱼	GS-02-001-2011	湖南师范大学
108	马氏珠母贝“海优 1 号”	GS-02-002-2011	海南大学
109	牙鲆“北鲆 1 号”	GS-04-001-2011	中国水产科学研究院北戴河中心实验站
110	凡纳滨对虾“桂海 1 号”	GS-01-001-2012	广西壮族自治区水产研究所
111	三疣梭子蟹“黄选 1 号”	GS-01-002-2012	中国水产科学研究院黄海水产研究所、昌邑市海丰水产养殖有限责任公司

续表

序号	品种名称	登记号	培育单位
112	“三海”海带	GS-01-003-2012	中国海洋大学、福建省霞浦三沙鑫晟海带良种有限公司、福建省三沙渔业有限公司、荣成海兴水产有限公司
113	杂交鲌“先锋1号”	GS-02-001-2012	武汉市水产科学研究所、武汉先锋水产科技有限公司
114	芦台鲂鲌	GS-02-002-2012	天津市换新水产良种场
115	尼罗罗非鱼“鹭雄1号”	GS-04-001-2012	厦门鹭业水产有限公司、广州鹭业水产有限公司、广州市鹭业水产种苗有限公司、海南鹭业水产有限公司
116	坛紫菜“闽丰1号”	GS-04-002-2012	集美大学
117	大黄鱼“东海1号”	GS-01-001-2013	宁波大学、象山港湾水产苗种有限公司
118	中国对虾“黄海3号”	GS-01-002-2013	中国水产科学研究院黄海水产研究所、昌邑市海丰水产养殖责任有限公司、日照海辰水产有限公司
119	三疣梭子蟹“科甬1号”	GS-01-003-2013	中国科学院海洋研究所、宁波大学
120	中华绒螯蟹“长江2号”	GS-01-004-2013	江苏省淡水水产研究所
121	长牡蛎“海大1号”	GS-01-005-2013	中国海洋大学
122	栉孔扇贝“蓬莱红2号”	GS-01-006-2013	中国海洋大学、威海长青海洋科技股份有限公司、青岛八仙墩海珍品养殖有限公司
123	文蛤“科浙1号”	GS-01-007-2013	中国科学院海洋研究所、浙江省海洋水产养殖研究所
124	条斑紫菜“苏通1号”	GS-01-008-2013	江苏省海洋水产研究所、常熟理工大学
125	坛紫菜“申福2号”	GS-01-009-2013	上海海洋大学、福建省大成水产良种繁育试验中心
126	裙带菜“海宝1号”	GS-01-010-2013	中国科学院海洋研究所、大连海宝渔业有限公司
127	龙须菜“2007”	GS-01-011-2013	中国海洋大学、汕头大学
128	北鲆2号	GS-02-001-2013	中国水产科学研究院北戴河中心实验站、中国水产科学研究院资源与环境研究中心
129	津新乌鲫	GS-02-002-2013	天津市换新水产良种场
130	斑点叉尾鮰“江丰1号”	GS-02-003-2013	江苏省淡水水产研究所、全国水产技术推广总站、中国水产科学研究院黄海水产研究所
131	海带“东方6号”	GS-02-004-2013	山东东方海洋科技股份有限公司
132	翘嘴鳜“华康1号”	GS-01-001-2014	华中农业大学、通威股份有限公司、广东清远宇顺农牧渔业科技服务有限公司
133	易捕鲤	GS-01-002-2014	中国水产科学研究院黑龙江水产研究所
134	吉福罗非鱼“中威1号”	GS-01-003-2014	中国水产科学研究院淡水渔业研究中心、通威股份有限公司
135	日本囊对虾“闽海1号”	GS-01-004-2014	厦门大学
136	菲律宾蛤仔“斑马蛤”	GS-01-005-2014	大连海洋大学、中国科学院海洋研究所
137	泥蚶“乐清湾1号”	GS-01-006-2014	浙江省海洋水产养殖研究所、中国科学院海洋研究所
138	文蛤“万里红”	GS-01-007-2014	浙江万里学院
139	马氏珠母贝“海选1号”	GS-01-008-2014	广东海洋大学、雷州市海威水产养殖有限公司、广东绍海珍珠有限公司
140	华贵栉孔扇贝“南澳金贝”	GS-01-009-2014	汕头大学

续表

序号	品种名称	登记号	培育单位
141	海带“205”	GS-01-010-2014	中国科学院海洋研究所、荣成市蜊江水产有限责任公司
142	海带“东方7号”	GS-01-011-2014	山东东方海洋科技股份有限公司
143	裙带菜“海宝2号”	GS-01-012-2014	大连海宝渔业有限公司、中国科学院海洋研究所
144	坛紫菜“浙东1号”	GS-01-013-2014	宁波大学、浙江省海洋水产养殖研究所
145	条斑紫菜“苏通2号”	GS-01-014-2014	常熟理工学院、浙江省海洋水产研究所
146	刺参“崆峒岛1号”	GS-01-015-2014	山东省海洋资源与环境研究所、烟台市崆峒岛实业有限公司、烟台市芝罘区渔业技术推广站、好当家集团有限公司
147	中间球海胆“大金”	GS-01-016-2014	大连海洋大学、大连海宝渔业有限公司
148	大菱鲆“多宝1号”	GS-02-001-2014	中国水产科学研究院黄海水产研究所、烟台开发区天源水产有限公司
149	乌斑杂交鳢	GS-02-002-2014	中国水产科学研究院珠江水产研究所、广东省中山区三角镇惠农水产种苗繁殖场
150	吉奥罗非鱼	GS-02-003-2014	茂名市伟业罗非鱼良种场、上海海洋大学
151	杂交翘嘴鲂	GS-02-004-2014	湖南师范大学
152	秋浦杂交斑鳜	GS-02-005-2014	池州市秋浦特种水产开发有限公司、上海海洋大学
153	津新鲤2号	GS-02-006-2014	天津市换新水产良种场
154	凡纳滨对虾“壬海1号”	GS-02-007-2014	中国水产科学研究院黄海水产研究所、青岛海壬水产种业科技有限公司
155	西盘鲍	GS-02-008-2014	厦门大学
156	龙须菜“鲁龙1号”	GS-04-001-2014	中国海洋大学、福建省莆田市水产技术推广站
157	白金丰产鲫	GS-01-001-2015	华南师范大学、佛山市三水白金水产种苗有限公司、中国水产科学研究院珠江水产研究所
158	香鱼“浙闽1号”	GS-01-002-2015	宁波大学、宁德市众合农业发展有限公司
159	扇贝“渤海红”	GS-01-003-2015	青岛农业大学、青岛海弘达生物科技有限公司
160	虾夷扇贝“獐子岛红”	GS-01-004-2015	獐子岛集团股份有限公司、中国海洋大学
161	马氏珠母贝“南珍1号”	GS-01-005-2015	中国水产科学研究院南海水产研究所、广东岸华集团有限公司
162	马氏珠母贝“南科1号”	GS-01-006-2015	中国科学院南海海洋研究所
163	赣昌鲤鲫	GS-02-001-2015	江西省水产技术推广站、南昌县莲塘鱼病防治所、江西生物科技职业学院
164	莫荷罗非鱼“广福1号”	GS-02-002-2015	中国水产科学研究院珠江水产研究所
165	中华绒螯蟹“江海21”	GS-02-003-2015	上海海洋大学、上海市水产研究所、明光市永言水产（集团）有限公司、上海市崇明县水产技术推广站、上海市松江区水产良种场、上海宝岛蟹业有限公司、上海福岛水产养殖专业合作社
166	牡蛎“华南1号”	GS-02-004-2015	中国科学院南海海洋研究所
167	中华鳖“浙新花鳖”	GS-02-005-2015	浙江省水产引种育种中心、浙江清溪鳖业有限公司

续表

序号	品种名称	登记号	培育单位
168	长丰鲫	GS-04-001-2015	中国水产科学研究院长江水产研究所、中国科学院水生生物研究所
169	团头鲂“华海1号”	GS-01-001-2016	华中农业大学、湖北百容水产良种有限公司、湖北省团头鲂（武昌鱼）原种场
170	黄姑鱼“金鳞1号”	GS-01-002-2016	集美大学、宁德市横屿岛水产有限公司
171	凡纳滨对虾“广泰1号”	GS-01-003-2016	中国科学院海洋研究所、西北农林科技大学、海南广泰海洋育种有限公司
172	凡纳滨对虾“海兴农2号”	GS-01-004-2016	广东海兴农集团有限公司、广东海大集团股份有限公司、中山大学、中国水产科学研究院黄海水产研究所
173	中华绒螯蟹“诺亚1号”	GS-01-005-2016	中国水产科学研究院淡水渔业研究中心、江苏诺亚方舟农业科技有限公司、常州市武进区水产技术推广站
174	海湾扇贝“海益丰12”	GS-01-006-2016	中国海洋大学、烟台海益苗业有限公司
175	长牡蛎“海大2号”	GS-01-007-2016	中国海洋大学、烟台海益苗业有限公司
176	葡萄牙牡蛎“金蛎1号”	GS-01-008-2016	福建省水产研究所
177	菲律宾蛤仔“白斑马蛤”	GS-01-009-2016	大连海洋大学、中国科学院海洋研究所
178	合方鲫	GS-02-001-2016	湖南师范大学
179	杂交鲟“鲟龙1号”	GS-02-002-2016	中国水产科学研究院黑龙江水产研究所、杭州千岛湖鲟龙科技股份有限公司、中国水产科学研究院鲟鱼繁育技术工程中心
180	长珠杂交鳜	GS-02-003-2016	中山大学、广东海大集团股份有限公司、佛山市南海百容水产良种有限公司
181	虎龙杂交斑	GS-02-004-2016	广东省海洋渔业试验中心、中山大学、海南大学、海南晨海水产有限公司
182	牙鲆“鲆优2号”	GS-02-005-2016	中国水产科学研究院黄海水产研究所、海阳市黄海水产有限公司
183	异育银鲫“中科5号”	GS-01-001-2017	中国科学院水生生物研究所、黄石市富尔水产苗种有限责任公司
184	滇池金线鲃“鲃优1号”	GS-01-002-2017	中国科学院昆明动物研究所、深圳华大海洋科技有限公司、中国水产科学研究院淡水渔业研究中心
185	“福瑞鲤2号”	GS-01-003-2017	中国水产科学研究院淡水渔业研究中心
186	脊尾白虾“科苏红1号”	GS-01-004-2017	中国科学院海洋研究所、江苏省海洋水产研究所、启东市庆健水产养殖有限公司
187	脊尾白虾“黄育1号”	GS-01-005-2017	中国水产科学研究院黄海水产研究所、日照海辰水产有限公司
188	凡纳滨对虾“正金阳1号”	GS-01-006-2017	中国科学院南海海洋研究所、茂名市金阳热带海珍养殖有限公司
189	凡纳滨对虾“兴海1号”	GS-01-007-2017	广东海洋大学、湛江市德海实业有限公司、湛江市国兴水产科技有限公司
190	中国对虾“黄海5号”	GS-01-008-2017	中国水产科学研究院黄海水产研究所

续表

序号	品种名称	登记号	培育单位
191	青虾“太湖2号”	GS-01-009-2017	中国水产科学研究院淡水渔业研究中心、无锡施瑞水产科技有限公司、深圳华大海洋科技有限公司、南京市水产科技研究所、江苏省渔业技术推广中心
192	虾夷扇贝“明月贝”	GS-01-010-2017	大连海洋大学、獐子岛集团股份有限公司
193	三角帆蚌“申紫1号”	GS-01-011-2017	上海海洋大学、金华市浙星珍珠商贸有限公司
194	文蛤“万里2号”	GS-01-012-2017	浙江万里学院
195	缢蛏“申浙1号”	GS-01-013-2017	上海海洋大学、三门东航水产育苗科技有限公司
196	刺参“安源1号”	GS-01-014-2017	山东安源水产股份有限公司、大连海洋大学
197	刺参“东科1号”	GS-01-015-2017	中国科学院海洋研究所、山东东方海洋科技股份有限公司
198	刺参“参优1号”	GS-01-016-2017	中国水产科学研究院黄海水产研究所、青岛瑞滋海珍品发展有限公司
199	太湖鲂鲌	GS-02-01-2017	浙江省淡水水产研究所
200	斑节对虾“南海2号”	GS-02-02-2017	中国水产科学研究院南海水产研究所
201	扇贝“青农2号”	GS-02-03-2017	青岛农业大学、青岛海弘达生物科技有限公司